职业技能鉴定国家题库石化分库试题选编

供　水　工

中国石油化工集团公司职业技能鉴定指导中心　编

中国石化出版社

内 容 提 要

《供水工》为《职业技能鉴定国家题库石化分库试题选编》丛书之一，由中国石油化工集团公司职业技能鉴定指导中心按照《国家职业标准》及《职业技能鉴定国家题库开发技术规程》组织编写。内容包括：供水工初级工、中级工、高级工、技师的鉴定要素细目表、理论知识试题和技能操作试题，是供水工进行职业技能鉴定的必备学习资料。

图书在版编目(CIP)数据

供水工/中国石油化工集团公司职业技能鉴定指导中心编.
—北京:中国石化出版社，2006(2015.11 重印)
(职业技能鉴定国家题库石化分库试题选编)
ISBN 978-7-80229-167-6

Ⅰ.供… Ⅱ.中… Ⅲ.给水工程-职业技能鉴定-习题 Ⅳ.TU991-44

中国版本图书馆 CIP 数据核字(2006)第 107739 号

中国石化出版社出版发行
地址:北京市东城区安定门外大街 58 号
邮编:100011 电话:(010)84271850
读者服务部电话:(010)84289974
http://www.sinopec-press.com
E-mail:press@sinopec.com.cn
北京艾普海德印刷有限公司印刷
全国各地新华书店经销

*

787×1092 毫米 16 开本 22.5 印张 544 千字
2006 年 9 月第 1 版 2015 年 11 月第 1 版第 4 次印刷
定价:65.00 元

职业技能鉴定国家题库
石化分库开发领导小组

前　言

受劳动和社会保障部职业技能鉴定中心委托，按照中国石油天然气集团公司、中国石油化工集团公司职业技能鉴定工作协议，中国石油化工集团公司职业技能鉴定指导中心组织有关专家，依据《职业技能鉴定国家题库开发技术规程》和《国家职业标准》，开发了32个职业95个工种的职业技能鉴定国家题库石化分库，并于2006年5月正式启用。

为满足员工学习专业知识、提高操作技能的需要，我们选编了石化分库的部分试题，按职业(工种)出版《职业技能鉴定国家题库石化分库试题选编》套书。该套书内容包括国家职业标准、鉴定要素细目表、理论知识试题和技能操作试题等，其中，理论知识试题约占分库中该职业(工种)试题的50%，技能操作试题约占70%。

《供水工》分册由安庆石化主编，燕山石化、扬子石化等单位参编。主要执笔人：王晓昕。参审人员：沈洪源、曹宗祥、黄劲松、乔良、朱永祥、丁妙送、王伯舫、唐广奎、郑娅、高利民、姚鹃、于晓冬、龚华琴、程小武等。

由于水平有限，书中难免有遗漏或欠妥之处，敬请谅解并提出宝贵意见。

职业技能鉴定国家题库

石化分库开发领导小组办公室

目录

第四部分　技师

第一部分

初 级 工

一、理论知识鉴定要素细目表

行业通用理论知识鉴定要素细目表

鉴定范围						鉴定点		
一级		二级		三级		代码	名称	重要程度
代码	名称	代码	名称	代码	名称			
A	基本要求	B	基础知识	A	记录填写基础知识	001	运行记录的种类	X
						002	运行记录的填写要求	X
				B	识图基础知识	001	工艺流程图管线的表示方法	X
						002	工艺流程图管件的表示方法	X
						003	工艺流程图阀门的表示方法	X
						004	工艺流程图仪表电气控制点的表示方法	X
				C	安全环保基础知识	001	石化行业生产的不安全因素	X
						002	国家安全生产的方针	X
						003	三级安全教育的内涵	X
						004	头部的防护	X
						005	眼睛和面部的防护	X
						006	脚部的防护	X
						007	手部的防护	X
						008	耳部的防护	X
						009	口鼻的防护	X
						010	皮肤的防护	X
						011	机械设备对人体伤害的防护	X
						012	厂内交通安全知识	X
						013	石化行业防火防爆十大禁令的内容	X
						014	尘毒物质的分类	X
						015	职业中毒的种类	X
						016	急性中毒的现场抢救	X
						017	高处作业的防护措施	X
						018	石化行业污染的来源	X
						019	石化行业污染的途径	X
						020	石化行业污染的特点	X
						021	清洁生产的定义	X
						022	清洁生产的内容	X
						023	燃烧的三要素	X
						024	干粉灭火器的适用范围	X
						025	泡沫灭火器的适用范围	X
						026	1211 灭火器的适用范围	X

续表

鉴定范围						鉴定点		
一级		二级		三级		代码	名称	重要程度
代码	名称	代码	名称	代码	名称			
						027	ISO 14000 系列标准的含义	X
						028	HSE 管理体系的概念	X
						029	建立 HSE 管理体系的意义	X
						030	石化行业事故处理的原则	X
				D	质量基础知识	001	标准化的概念	X
						002	标准等级划分的类别	X
						003	标准的使用范围	X
						004	ISO 9000 族标准的特点	X
				E	计算机基础知识	001	计算机硬件的组成	X
						002	计算机的安全防护	X
						003	Word 文档的录入与排版	X
						004	计算机浏览器的使用	X
						005	电子邮件的收发	X
				F	法律常识	001	《劳动法》关于劳动者权益的规定	X
						002	劳动合同包含的条款	X
						003	劳动争议解决的途径	X
						004	《劳动法》关于劳动者工作时间的规定	X
						005	《劳动法》关于劳动安全卫生的规定	X
						006	《产品质量法》关于生产者的产品质量责任	X
						007	《产品质量法》关于生产者的产品质量义务	X
						008	《安全生产法》对从业人员的规定	X
						009	《消防法》关于对公民责任的规定	X
B	相关知识	F	培训与指导	B	鉴定与考评	001	职业技能鉴定的定义	X
						002	职业技能鉴定的目的	X
						003	职业资格等级的划分	X
						004	职业资格证书的用途	X
						005	职业、岗位与工种的关系	X

工种理论知识鉴定要素细目表

鉴定范围						鉴定点		
一级		二级		三级		代码	名称	重要程度
代码	名称	代码	名称	代码	名称			
A	基本要求	B	基础知识	G	石油化工基本常识	001	石油的一般性质	X
						002	石油的分类	Y

续表

鉴定范围						鉴定点		
一级		二级		三级		代码	名称	重要程度
代码	名称	代码	名称	代码	名称			
						003	石油中元素组成	Y
						004	石油中烃类组成	Z
						005	石油馏分的概念	X
						006	油品的燃烧性质	Y
						007	汽油的特性	Z
						008	柴油的特性	Z
				H	化学基础知识	001	元素符号	X
						002	元素周期表的组成	X
						003	元素化合价的概念	X
						004	溶解过程的特点	X
						005	饱和溶液的概念	X
						006	溶解度的概念	X
						007	氧气的基本性质	X
						008	空气的组成	X
						009	水分子的结构特点	X
						010	氧化反应的概念	X
						011	还原反应的概念	X
						012	分子的概念	X
						013	原子的概念	X
						014	元素的概念	X
						015	水的特性	X
						016	溶液的概念	X
						017	溶质的概念	X
						018	溶剂的概念	X
						019	氧化剂的概念	X
						020	还原剂的概念	X
						021	物质的量的概念	X
				I	水力学基础知识	001	流体的概念	X
						002	流体的密度	X
						003	流体的黏度	X
						004	流体的流量	X
						005	压强的概念	X
						006	真空的概念	X
						007	液体压强的特性	X
						008	流体的流动类型	X
						009	流动阻力的分类	X

续表

鉴定范围						鉴定点		
一级		二级		三级		代码	名　称	重要程度
代码	名　称	代码	名　称	代码	名　称			
				J	机械设备基础知识	001	常见泵的种类	X
						002	常见泵型号含义	Y
						003	常用管件的使用	X
						004	风机的种类	X
						005	压缩机的种类	Y
						006	常用阀门的种类	X
						007	常用阀门型号含义	Y
						008	常用法兰的类型	Z
						009	垫片的种类	Z
						010	螺栓的种类	Z
						011	常见管路连接方法	X
						012	密封的概念	Y
						013	润滑的概念	X
						014	常用润滑剂的种类	X
						015	静设备常见失效形式	Z
						016	常见金属材料的种类	Y
				K	电气基础知识	001	照明的基本常识	Y
						002	电流的常识	X
						003	直流电的概念	X
						004	交流电的概念	X
						005	电阻的概念	Y
						006	电压的概念	X
						007	串联电路的概念	X
						008	并联电路的概念	X
						009	防触电常识	X
						010	人工呼吸常识	X
						011	装置电器设备灭火常识	X
				L	仪表基础知识	001	常规控制的概念	X
						002	仪表误差的概念	Y
						003	简单调节系统的组成	X
						004	控制室常规仪表的种类	Y
						005	常用控制阀的分类	X
						006	压力测量仪表的分类	X
						007	流量测量仪表的分类	X

续表

鉴定范围						鉴定点		
一级		二级		三级		代码	名称	重要程度
代码	名称	代码	名称	代码	名称			
						008	常用液位计的种类	X
						009	温度测量仪表的分类	X
						010	控制阀的风开风关原则	Y
						011	DCS 系统的基本概念	X
						012	DCS 操作系统的组成	X
				M	计量基础知识	001	计量工作的作用	Y
						002	计量的特点	X
						003	法定计量单位的概念	X
						004	国际单位制的概念	X
						005	国际单位制的基本单位	X
						006	国际单位制的词头	X
						007	SI 词头的使用要求	X
						008	常用法定计量单位的使用要求	X
						009	单位的换算	X
B	相关知识（通用模块）	A	工艺操作	A	供水系统基本知识	001	给水工程的任务	X
						002	给水系统的组成	X
						003	给水系统的布置形式	Z
						004	给水水源的分类	Y
						005	地下水的水质特点	X
						006	江河水的水质特点	X
						007	湖泊及水库水的特点	Y
						008	水的用途	Y
						009	工业用水的特点	X
						010	给水管网的流量关系	Y
						011	给水管网的水压关系	Y
						012	水的浑浊度概念	X
						013	水的色度概念	X
						014	水中二氧化硅含量的意义	X
						015	水的含盐量概念	X
						016	水的硬度概念	X
						017	水的碱度概念	X

续表

鉴定范围						鉴定点		
一级		二级		三级		代码	名称	重要程度
代码	名称	代码	名称	代码	名称			
						018	水的 pH 值概念	X
						019	水的酸度概念	X
						020	水的电导率概念	X
						021	天然水中的溶解物质	X
						022	天然水中悬浮物成分	X
				B	工业用水预处理知识	001	工业水的常规预处理工艺流程	X
						002	工业用水预处理的基本概念	X
						003	混凝的概念	X
						004	混凝过程的特点	X
						005	混凝机理	X
						006	混凝剂溶液的投加方式	X
						007	反应池的分类	X
						008	澄清池的分类	X
						009	澄清池的处理机理	X
						010	过滤的概念	X
						011	过滤的作用	X
						012	滤池的分类	X
						013	快滤池的过滤原理	X
						014	快滤池的冲洗机理	X
				C	水泵及泵站基础理论知识	001	给水泵站的类型	Y
						002	给水泵站的构造特点	Z
						003	水泵的分类	Y
						004	叶片式水泵的分类	X
						005	离心泵的基本性能参数	X
						006	泵站的引水方法	X
						007	水泵启动时的注意事项	X
						008	离心泵的工作原理	X
						009	离心泵装置的工作扬程	X
						010	电压对电机性能的影响	Y
						011	水锤的基本概念	X
						012	停泵水锤的危害	X
						013	比转数的概念	Y
						014	气蚀的概念	X

续表

鉴定范围						鉴定点		
一级		二级		三级		代码	名称	重要程度
代码	名称	代码	名称	代码	名称			
		B	设备使用与维护	A	使用设备	001	给水管道材料的分类	Y
						002	铸铁管的特点	X
						003	钢管的特点	X
						004	给水管道配件类型	X
						005	蝶阀的性能特点	X
						006	阀门型号表示方法	Y
						007	水泵型号表示方法	X
				B	维护设备	001	给水管道的腐蚀特点	Y
						002	盘根的种类与性能	Z
						003	设备完好率的定义	Z
						004	“五定”“三级”的过滤内容	X
						005	机泵盘车操作注意事项	X
						006	动火作业许可证分级管理制度	Z
						007	动火监护人的职责	X
						008	用火现场应具备的条件	X
						009	润滑油的选择原则	Z
						010	润滑脂的选择原则	Z
		C	绘图与计算	A	绘图	001	图线的种类	X
						002	细实线的用途	Y
						003	图线的起止和交接处的画法	Y
						004	完整尺寸的组成	Z
						005	平面图形的尺寸的种类	Z
						006	尺寸基准的含义	Y
				B	计算	001	流量的计算	X
						002	流速的计算	X
						003	容积的计算	X
						004	电机工作电流的计算	X
						005	水泵扬程的计算	X
						006	水泵效率的计算	X
						007	水泵轴功率的计算	X
						008	药剂稀释计算	X
						009	冲洗强度的计算	X
						010	沉淀池的相关计算	X
						011	滤速的计算	X
						012	滤池面积的计算	X

续表

鉴定范围						鉴定点		
一级		二级		三级		代码	名称	重要程度
代码	名称	代码	名称	代码	名称			
C	相关知识（净水处理模块）	A	工艺操作	A	原辅材料基础知识	001	混凝剂的分类	X
						002	三氯化铁的物理化学性质	Y
						003	硫酸亚铁的物理化学性质	Y
						004	硫酸铝的物理化学性质	Y
						005	聚合氯化铝的物理化学性质	X
						006	氯气的物理化学特性	X
						007	源水中杂质分类	X
						008	胶体的特点	X
				B	水处理专业知识	001	生活水的常规处理工艺流程	X
						002	混凝过程中混合的方式	X
						003	水射器加药系统的组成	X
						004	隔板反应池的分类	Y
						005	机械搅拌反应池的特点	X
						006	沉淀池的分类	X
						007	平流式沉淀池的沉淀机理	X
						008	平流式沉淀池的排泥方式	X
						009	异重流的概念	X
						010	斜管沉淀池的类型及其特点	X
						011	滤池的工艺参数	X
						012	影响滤池运行的因素	X
						013	过滤的概念及作用	X
						014	滤池反冲洗过程的基本概念	X
						015	快滤池反冲洗水的供给方式	X
						016	快滤池的反冲洗方式	X
						017	水的消毒方法	Y
						018	氯气消毒原理	X
						019	生活水卫生标准感官性状指标	Y
						020	生活水水质标准细菌学指标	Y
						021	快滤池的过滤原理	X
						022	快滤池的冲洗机理	X
						023	V形滤池的工艺特点	Y

续表

鉴定范围						鉴定点		
一级		二级		三级		代码	名称	重要程度
代码	名称	代码	名称	代码	名称			
		B	设备使用与维护	A	使用设备	001	平流式沉淀池的构造	X
						002	普通快滤池的构造	X
						003	斜管沉淀池的构造	X
						004	转子加氯机的构造	X
						005	加氯间和氯库布置原则	Y
						006	罗茨鼓风机的工作原理	Y
				B	维护设备	001	液氯钢瓶的技术要求	Y
						002	沉淀池的运行管理	X
						003	常用现场管理方法	Y
		C	事故判断与处理	A	判断事故	001	混凝效果的影响因素	X
						002	平流式沉淀池处理效果的影响因素	X
						003	普通快滤池处理效果的影响因素	X
						004	源水输水管爆裂事故的判断	X
						005	影响斜管沉淀效率的因素	X
				B	处理事故	001	平流式沉淀池出水水质不合格的处理	X
						002	普通快滤池出水水质不合格的处理	X
						003	输水管道爆裂事故的处理	X
						004	氯瓶结霜的处理	X
						005	混凝剂投加系统故障的处理	X
						006	平流式沉淀池排泥设备故障的处理	X
						007	沉淀池矾花上浮的处理方法	X
D	相关知识（软化除盐处理模块）	A	工艺操作	A	原辅材料基础知识	001	离子交换树脂的分类	X
						002	离子交换树脂的物理性能	X
						003	硫酸的物理化学性质	X
						004	盐酸的物理化学性质	X
						005	氢氧化钠的物理化学性质	X
						006	氯化钠的物理化学性质	X
						007	石灰的物理化学性质	Y
						008	离子交换剂的种类	Y
						009	磺化煤的物理化学性能	Y
						010	离子交换树脂的组成	X
						011	离子交换树脂的结构	X
						012	离子交换树脂的型号	X
						013	离子交换树脂的交换容量	X
						014	除碳器的填料类型	Y

续表

鉴定范围						鉴定点		
一级		二级		三级		代码	名称	重要程度
代码	名称	代码	名称	代码	名称			
				B	软化除盐处理专业知识	001	锅炉用水的基本概念	Z
						002	锅炉用水水质不良对锅炉的危害	Y
						003	低压锅炉水质标准要求	Y
						004	中、高压锅炉水质标准要求	Y
						005	废热锅炉的水质标准要求	Y
						006	除盐处理的目的	X
						007	除盐处理的方法	X
						008	水的软化处理的目的	X
						009	水的软化处理的方法	X
						010	离子交换软化处理工艺流程	X
						011	石灰软化法的工作原理	X
						012	离子交换反应的可逆性	X
						013	强型树脂交换反应的特点	X
						014	弱型树脂交换反应的特点	X
						015	离子交换平衡的概念	X
						016	选择性系数的概念	X
						017	离子交换树脂层内的再生过程特点	X
						018	离子交换树脂层内的交换过程特点	X
						019	顺流式固定床离子交换的工艺特点	X
						020	离子交换再生的概念及其指标	X
						021	影响离子交换速度的因素	X
						022	离子交换软化水处理的基本原理	X
						023	钠型离子交换软化法的处理特点	X
						024	钠型离子交换软化系统的类型	X
						025	氢型强酸性阳离子交换树脂的 H－Na 离子交换特点	X
						026	氢型弱酸性阳离子交换树脂的 H－Na 离子交换特点	X
						027	H－Na 离子交换系统运行注意事项	X
		B	设备使用与维护	A	使用设备	001	水力循环澄清池的构造	X
						002	重力式无阀滤池的构造	X
						003	顺流再生离子交换器的结构特点	X
						004	射流泵的工作原理	X
						005	往复泵的工作原理	X
						006	射流泵的性能特点	X

续表

鉴定范围						鉴定点		
一级		二级		三级		代码	名称	重要程度
代码	名称	代码	名称	代码	名称			
						007	往复泵的性能特点	X
						008	水环式真空泵的工作原理	Y
						009	柱塞式往复泵的工作原理	X
						010	水环式真空泵的性能特点	Y
						011	柱塞式往复泵的性能特点	X
						012	无阀滤池的工作特点	X
						013	计量泵的类型	X
						014	压力滤池的工作特点	X
						015	水力循环澄清池的处理特点	X
						016	真空式除炭器的结构	Y
				B	维护设备	001	水力循环澄清池的维护保养	X
						002	无阀滤池的维护保养	X
						003	酸槽的维护保养要求	Y
						004	碱槽的维护保养要求	Y
		C	事故判断与处理	A	判断事故	001	水力循环澄清池处理效果的影响因素	X
						002	无阀滤池处理效果的影响因素	X
						003	机械搅拌澄清池处理效果的影响因素	X
						004	压力滤池处理效果的影响因素	X
						005	虹吸滤池处理效果的影响因素	X
						006	无阀滤池反冲洗效果的影响因素	X
						007	除炭效果的影响因素	X
				B	处理事故	001	水力循环澄清池出水水质不合格的处理方法	X
						002	无阀滤池出水水质不合格的处理方法	X
						003	无阀滤池反冲洗不能形成的处理	X
						004	无阀滤池反冲洗不能终止的处理	X
						005	机械搅拌澄清池出水不合格的处理	Y
						006	虹吸滤池出水不合格的处理	Y

二、理论知识试题

行业通用理论知识试题

判断题

1. 岗位交接班记录不属于运行记录。 (√)

2. 填写记录要求及时、准确、客观真实、内容完整、字迹清晰。 (√)

3. 工艺流程图中，主要物料(介质)的流程线用细实线表示。 (×)

正确答案：工艺流程图中，主要物料(介质)的流程线用粗实线表示。

4. 在工艺流程图中，表示法兰堵盖的符号是‖————。 (√)

5. 在工艺流程图中，符号——表示的是减压阀。 (×)

正确答案：在工艺流程图中，符号——表示的是减压阀。

6. 带控制点的工艺流程图中，表示压力调节阀的符号是——。 (×)

正确答案：带控制点的工艺流程图中，表示压力调节阀的符号是——。

7. 石化生产中存在诸多不安全因素。事故多，损失大。 (√)

8. 防护罩、安全阀等不属于安全防护装置。 (×)

正确答案：防护罩、安全阀等均属于安全防护装置。

9. 安全检查的任务是发现和查明各种危险和隐患，督促整改；监督各项安全管理规章制度的实施；制止违章指挥、违章作业。 (√)

10. 女工在从事转动设备作业时必须将长发或发辫盘卷在工作帽内。 (√)

11. 从事化工作业人员必须佩戴防护镜或防护面罩。 (×)

正确答案：从事对眼睛及面部有伤害危险作业时必须佩戴有关的防护镜或面罩。

12. 穿用防护鞋时应将裤脚插入鞋筒内。 (×)

正确答案：穿用防护鞋的职工禁止将裤脚插入鞋筒内。

13. 对于从事在生产过程中接触能通过皮肤侵入人体的有害尘毒作业人员，只需发放防护服。 (×)

正确答案：对于从事在生产过程中接触能通过皮肤侵入人体的有害尘毒作业人员，需发放防护服，并需有工业护肤用品，涂在手臂、脸部，以保护职工健康。

14. 在超过噪声标准的岗位工作的职工，要注意保护自己的听力，可戴上企业发给的各种耳塞、耳罩等。 (×)

正确答案：在超过噪声标准的岗位工作的职工，要注意保护自己的听力，一定要戴上企业发给的各种耳塞、耳罩等。

15. 口鼻的防护即口腔和鼻腔的防护。 (×)

正确答案：口鼻的防护即呼吸系统的防护。

16. 人体皮肤是化工生产中有毒有害物质侵入人体的主要途径。 (√)

17. 一般情况下，应将转动、传动部位用防护罩保护起来。 (√)

18. 在设备一侧的转动、传动部位要做好外侧及内侧的防护。 (×)

正确答案：在设备一侧的转动、传动部位要做好外侧及周边的防护。

19. 各种皮带运输机、链条机的转动部位，除装防护罩外，还应有安全防护绳。 (√)

20. 在传动设备的检修工作中，只需在电气开关上挂有“有人作业，禁止合闸”的安全警告牌。 (×)

正确答案：在传动设备的检修工作中，电气开关上应挂有“有人作业，禁止合闸”的安全警告牌，并设专人监护。

21. 限于厂内行驶的机动车不得用于载人。 (√)

22. 严禁在生产装置罐区及易燃易爆装置区内用有色金属工具进行敲打撞击作业。 (×)

正确答案：严禁在生产装置罐区及易燃易爆装置区内用黑色金属工具进行敲打撞击作业。

23. 烟、雾、粉尘等物质是气体，易进入呼吸系统，危害人体健康。 (×)

正确答案：烟、雾、粉尘等物质是气溶胶，易进入呼吸系统，危害人体健康。

24. 烟尘的颗粒直径在 0.1μm 以下。 (√)

25. 职业中毒是指在生产过程中使用的有毒物质或有毒产品，以及生产中产生的有毒废气、废液、废渣引起的中毒。 (√)

26. 毒物进入人体就叫中毒。 (×)

正确答案：毒物对有机体的毒害作用叫中毒。

27. 低毒物质进入人体所引发的病变称慢性中毒。 (×)

正确答案：低浓度的毒物长期作用于人体所引发的病变称慢性中毒。

28. 急性中毒患者呼吸困难时应立即吸氧。停止呼吸时，立即做人工呼吸，气管内插管给氧，维持呼吸通畅并使用兴奋剂药物。 (√)

29. 急性中毒患者心跳骤停应立即做胸外挤压术，每分钟 30～40 次。 (×)

正确答案：急性中毒患者心跳骤停应立即做胸外挤压术，每分钟 60～70 次。

30. 休克病人应平卧位，头部稍高。昏迷病人应保持呼吸道畅通，防止咽下呕吐物。 (×)

正确答案：休克病人应平卧位，头部稍低。昏迷病人应保持呼吸道畅通，防止咽下呕吐物。

31. 高处作业人员应系用与作业内容相适应的安全带，安全带应系挂在施工作业处上方的牢固挂件上，不得系挂在有尖锐的棱角部位。 (√)

32. 高处作业可以上下投掷工具和材料，所用材料应堆放平稳，必要时应设安全警戒区，并设专人监护。 (×)

正确答案：高处作业严禁上下投掷工具和材料，所用材料应堆放平稳，必要时应设安全警戒区，并设专人监护。

33. 高处作业人员不得站在不牢固的结构物上进行作业，可以在高处休息。 (×)

正确答案：高处作业人员不得站在不牢固的结构物上进行作业，不得在高处休息。

34. 燃烧产生的废气是石化行业污染的主要来源之一。 (√)

35. 工艺过程排放是造成石化行业污染的主要途径。 (√)

36. 成品或副产品不会造成石化行业的污染。 (×)

正确答案：成品或副产品的夹带也会造成石化行业的污染。

37. 石化行业污染的特点之一是污染物种类多、危害大。 (√)

38. 清洁生产通过末端治理污染来实现。 (×)

正确答案：清洁生产通过应用专门技术，改进工艺、设备和改变管理态度来实现。

39. 清洁的服务不属于清洁生产的内容。 (×)

正确答案：清洁的服务属于清洁生产的内容之一。

40. 引起闪燃的最高温度称为闪点。 (×)

正确答案：引起闪燃的最低温度称为闪点。

41. 燃点是指可燃物质在空气充足条件下，达到某一温度时与火源接触即行着火，并在移去火源后继续燃烧的最低温度。 (√)

42. 自燃点是指可燃物在没有火焰、电火花等火源直接作用下，在空气或氧气中被加热而引起燃烧的最高温度。 （×）

正确答案：自燃点是指可燃物在没有火焰、电火花等火源直接作用下，在空气或氧气中被加热而引起燃烧的最低温度。

43. 干粉灭火器能迅速扑灭液体火焰，同时泡沫能起到及时冷却作用。 （√）

44. 抗溶性泡沫灭火剂可以扑灭一般烃类液体火焰，但不能扑救水溶性有机溶剂的火灾。 （×）

正确答案：抗溶性泡沫灭火剂可以扑灭一般烃类液体火焰，同时能扑救水溶性有机溶剂的火灾。

45. 1211 灭火器仅适用于扑灭易燃、可燃气体或液体，不适用于扑灭一般易燃固体物质的火灾。 （×）

正确答案：1211 灭火器不仅适用于扑灭易燃、可燃气体或液体，也适用于扑灭一般易燃固体物质的火灾。

46. ISO 14000 系列环境管理标准是国际标准化组织（ISO）第 207 技术委员会（ISO/TC207）组织制订的环境管理体系标准，其标准号从 14001 到 14100，共 100 个标准号，统称为 ISO 14000 系列标准。 （√）

47. HSE 管理体系是指实施安全、环境与健康管理的组织机构、职责、做法、程序、过程和资源等而构成的整体。 （√）

48. HSE 中的 S（安全）是指在劳动生产过程中，努力改善劳动条件、克服安全因素，使劳动生产在保证劳动者健康、企业财产不受损失、人民生命安全的前提下顺利进行。 （×）

正确答案：HSE 中的 S（安全）是指在劳动生产过程中，努力改善劳动条件、克服不安全因素，使劳动生产在保证劳动者健康、企业财产不受损失、人民生命安全的前提下顺利进行。

49. 建立 HSE 管理体系可改善企业形象，取得经济效益和社会效益。 （√）

50. 建立 HSE 管理体系不能控制 HSE 风险和环境影响。 （×）

正确答案：建立 HSE 管理体系可有效控制 HSE 风险和环境影响。

51. 对工作不负责任，不严格执行各项规章制度，违反劳动纪律造成事故的主要责任者应严肃处理。 （√）

52. 标准化是指在经济、技术、科学及管理等社会实践中，对事物和概念通过制订、发布和实施标准达到统一，以获最佳秩序和社会效益。 （×）

正确答案：标准化是指在经济、技术、科学及管理等社会实践中，对重复性事物和概念通过制订、发布和实施标准达到统一，以获最佳秩序和社会效益。

53. 任何标准，都是在一定条件下的“统一规定”，标准化的统一是相对的。 （√）

54. 对已有国家标准、行业标准或地方标准的，鼓励企业制订低于国家标准、行业标准或地方标准要求的企业标准。 （×）

正确答案：对已有国家标准、行业标准或地方标准的，鼓励企业制订高于国家标准、行业标准或地方标准要求的企业标准。

55. 按约束力分，国家标准、行业标准可分为强制性标准、推荐性标准和指导性技术文件。 （√）

56. 只要企业活动和要素具有“重复性”，都可以进行标准化。 (√)

57.2000 版 ISO 9000 族标准可适用于所有产品类型、不同规模和各种类型的组织，并可根据实际需要增加某些质量管理要求。 (×)

正确答案：2000 版 ISO 9000 族标准可适用于所有产品类型、不同规模和各种类型的组织，并可根据实际需要减少某些质量管理要求。

58.ISO 9000 族标准是质量保证模式标准之一，用于合同环境下的外部质量保证。可作为供方质量保证工作的依据，也是评价供方质量体系的依据。 (√)

59. 计算机内存是可以由 CPU 直接存取数据的地方。 (√)

60. 杀毒软件对于病毒来说永远是落后的，也就是说，只有当一种病毒出现后，才能产生针对这种病毒的消除办法。 (√)

61. 在计算机应用软件 Word 中输入文字，当打满一行时，必须按一下 Enter 键换到下一行继续输入。 (×)

正确答案：在 Word 中输入文字，当打满一行时，不需按一下 Enter 键，系统可自动换到下一行继续输入。

62. 中国大陆地区的顶级域名是“cn”。 (√)

63. 使用应用程序 Outlook Express 可以同时向多个地址发送电子邮件，也可以把收到的邮件转发给第三者。 (√)

64.《劳动法》规定，对劳动者基本利益的保护是最基本的保护，不应由于用人单位所有制的不同或组织形式不同而有所差异。 (√)

65. 依据《劳动法》的规定，劳动争议当事人对仲裁裁决不服的，可以自收到仲裁裁决书之日起三十日内向人民法院提起诉讼。一方当事人在法定期限内不起诉又不履行仲裁裁决的，另一方当事人可申请人民法院强制执行。 (√)

66. 劳动安全卫生工作“三同时”是指：新建工程的劳动安全卫生设施必须与主体工程同时设计、同时施工、同时投入生产和使用。 (×)

正确答案：劳动安全卫生工作“三同时”是指：新建、改建或扩建工程的劳动安全卫生设施必须与主体工程同时设计、同时施工、同时投入生产和使用。

67.《产品质量法》规定，生产者不得生产国家明令淘汰的产品；不得伪造或者冒用认证标志等质量标志。 (√)

68. 产品质量义务分为积极义务和消极义务，“生产者不得伪造产地，不得伪造或者冒用他人的厂名、厂址”属于产品生产者的积极义务。 (×)

正确答案：产品质量义务分为积极义务和消极义务，“生产者不得伪造产地，不得伪造或者冒用他人的厂名、厂址”属于产品生产者的消极义务。

69. 从业人员在发现直接危及人身安全的紧急情况时，有权停止作业或者在采取可能的应急措施后撤离作业场所。 (√)

70.《消防法》第四十八条规定：埋压、圈占消火栓或者占用防火间距、堵塞消防通道的，或者损坏和擅自挪用、拆除、停用消防设施、器材的，处警告、罚款或者十日以下拘留。 (×)

正确答案：《消防法》第四十八条规定：埋压、圈占消火栓或者占用防火间距、堵塞消防通道的，或者损坏和擅自挪用、拆除、停用消防设施、器材的，处警告或者罚款。

71. 职业技能鉴定是按照国家规定的职业标准，通过政府授权的考核鉴定机构对劳动者的专业知识和技能水平进行客观、公正、科学规范地评价与认证的活动。(√)

72. 职业技能鉴定是为劳动者颁发职业资格证书。(×)

正确答案：职业技能鉴定是为劳动者持证上岗和用人单位就业准入提供资格认证的活动。

73. 职业技能鉴定考试是以社会劳动者的职业技能为对象，以规定的职业标准为参照系统，通过相关知识和实际操作的考核作为综合手段，为劳动者持证上岗和用人单位就业准入提供资格认证的活动。(√)

74. 职业资格证书分一级、二级、三级、四级、五级五个级别。(√)

75. 职业资格证书是劳动者的专业知识和职业技能水平的证明。(√)

76. 职业资格证书是劳动者持证上岗和用人单位录用员工的资格认证。(√)

77. 职业是指从业人员为获取主要生活来源所从事的社会工作类别。(√)

78. 一个职业可以包括一个或几个工种，一个工种又可以包括一个或几个岗位，它们是一种包含与被包含的关系。(√)

单选题

1. 运行记录填写错误需要更正时，必须采用(C)。

A. 撕页重写　　B. 用刀片刮去重写　　C. 划改　　D. 涂改

2. 化工管路图中，表示蒸汽伴热管道的规定线型是(C)。

A. 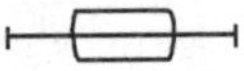　　B. 　　C. 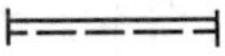　　D.

3. 化工管路图中，表示热保温管道的规定线型是(A)。

A. 　　B. 　　C. 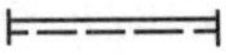　　D.

4. 在工艺流程图中，下列符号表示活接头的是(C)。

A. 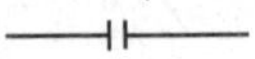　　B. 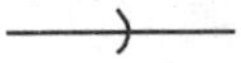　　C. 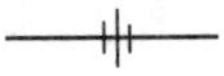　　D.

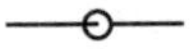

5. 在工艺流程图中，表示法兰连接的符号是(D)。

A. 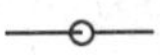　　B. 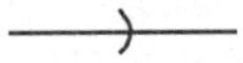　　C. 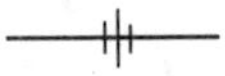　　D.

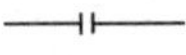

6. 在工艺流程图中，表示闸阀的符号是(B)。

A. 　　B. 　　C. 　　D.

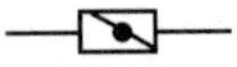

7. 在工艺流程图中，表示球阀的符号是(D)。

A. 　　B. 　　C.  M　　D.

8. 在工艺流程图中，表示截止阀的符号是(A)。

A. 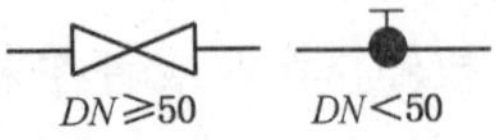 $DN \geq 50$　$DN<50$　　B.

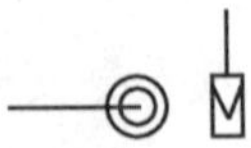

C. 　　D.  平面　系统

9. 带控制点的工艺流程图中，仪表控制点以(A)在相应的管路上用代号、符号画出。

A. 细实线　　B. 粗实线　　C. 虚线　　D. 点划线

10. 带控制点的工艺流程图中，表示指示的功能代号是(C)。

A. T　　B. J　　C. Z　　D. X

11. 带控制点的工艺流程图中，表示电磁流量计的符号是(B)。

A. ─[|]─　　B. ─○─(上下带点)　　C. ─(⊕)─　　D. ─○○─

12. 石化生产存在许多不安全因素，其中易燃、易爆、有毒、有(A)的物质较多是主要的不安全因素之一。

A. 腐蚀性　　B. 异味　　C. 挥发性　　D. 放射性

13. 石化生产的显著特点是工艺复杂、(C)要求严格。

A. 产品　　B. 原料　　C. 操作　　D. 温度

14. 我国安全生产的方针是"(C)第一，预防为主"。

A. 管理　　B. 效益　　C. 安全　　D. 质量

15."防消结合，以(D)为主"。

A. 管　　B. 消　　C. 人　　D. 防

16."三级安全教育"即厂级教育、车间级教育、(A)级教育。

A. 班组　　B. 分厂　　C. 处　　D. 工段

17. 工人的日常安全教育应以"周安全活动"为主要阵地进行，并对其进行(B)的安全教育考核。

A. 每季一次　　B. 每月一次　　C. 每半年一次　　D. 一年一次

18. 为保护头部不因重物坠落或其他物件碰撞而伤害头部的防护用品是(A)。

A. 安全帽　　B. 防护网　　C. 安全带　　D. 防护罩

19. 从事(B)作业时，作业人员必须穿好专用的工作服。

A. 电焊　　B. 酸碱　　C. 高空　　D. 气焊

20. 从事计算机、焊接及切割作业、光或其他各种射线作业时，需佩戴专用(C)。

A. 防护罩　　B. 防护网　　C. 防护镜　　D. 防护服

21. 从事有(B)、热水、热地作业时应穿相应胶鞋。

A. 硬地　　B. 腐蚀性　　C. 检修作业　　D. 机床作业

22. 从事(A)作业时应穿耐油胶鞋。

A. 各种油类　　B. 酸碱类　　C. 机加工　　D. 检查维护

23. 从事酸碱作业时，作业人员需戴(C)手套。

A. 布　　B. 皮

C. 耐酸碱各种橡胶　　D. 塑料

24. 线手套或(B)手套只可作为一般的劳动防护用品。

A. 皮　　B. 布　　C. 橡胶　　D. 塑料

25. 耳的防护即(A)的保护。

A. 听力　　B. 耳廓　　C. 头部　　D. 面部

26. 工作地点有有毒的气体、粉尘、雾滴时，为保护呼吸系统，作业人员应按规定携带戴好(A)。

A. 过滤式防毒面具　　B. 防护服

C. 口罩　　D. 防护面罩

27. 从事易燃、易爆岗位的作业人员应穿(B)工作服。

A. 腈纶　　B. 防静电　　C. 涤纶　　D. 防渗透

28. 从事苯、石油液化气等易燃液体作业人员应穿(D)工作服。

A. 耐腐蚀　　B. 阻燃　　C. 隔热　　D. 防静电

29. 各种皮带运输机、链条机的转动部位，除安装防护罩外，还应有(A)。

A. 安全防护绳　　B. 防护线　　C. 防护人　　D. 防护网

30. 厂内行人要注意风向及风力，以防在突发事故中被有毒气体侵害。遇到情况时要绕行、停行、(C)。

A. 顺风而行　　B. 穿行　　C. 逆风而行　　D. 快行

31. 不能用于擦洗设备的是(D)。

A. 肥皂　　B. 洗衣粉　　C. 洗洁精　　D. 汽油

32. 不属于有毒气体的是(C)。

A. 氯气　　B. 硫化氢　　C. 二氧化碳　　D. 一氧化碳

33. 属于气体物质的是(A)。

A. 氯气　　B. 烟气　　C. 盐酸雾滴　　D. 粉尘

34. 引起慢性中毒的毒物绝大部分具有(A)。

A. 蓄积作用　　B. 强毒性　　C. 弱毒性　　D. 中强毒性

35. 急性中毒现场抢救的第一步是(C)。

A. 迅速报警　　B. 迅速拨打 120 急救

C. 迅速将患者转移到空气新鲜处　　D. 迅速做人工呼吸

36. 酸烧伤时，应用(B)溶液冲洗。

A. 5%碳酸钠　　B. 5%碳酸氢钠　　C. 清水　　D. 5%硼酸

37. 高处作业是指在坠落高度基准面(含)(A)m 以上，有坠落可能的位置进行的作业。

A. 2　　B. 2.5　　C. 3　　D. 5

38. 一般不会造成环境污染的是(B)。

A. 化学反应不完全　　B. 化学反应完全

C. 装置的泄漏　　D. 化学反应中的副反应

39. 不属于石化行业污染主要途径的是(C)。

A. 工艺过程的排放　　B. 设备和管线的滴漏

C. 成品运输　　D. 催化剂、助剂等的弃用

40. 不属于石化行业污染特点的是(B)。

A. 毒性大　　B. 毒性小　　C. 有刺激性　　D. 有腐蚀性

41. 清洁生产是指在生产过程、产品寿命和(A)领域持续地应用整体预防的环境保护战略，增加生态效率，减少对人类和环境的危害。

A. 服务　　B. 能源　　C. 资源　　D. 管理

42. 清洁生产的内容包括清洁的能源、(D)、清洁的产品、清洁的服务。

A. 清洁的原材料　　B. 清洁的资源

C. 清洁的工艺　　D. 清洁的生产过程

43. 不属于燃烧三要素的是(C)。

A. 点火源　B. 可燃性物质　C. 阻燃性物质　D. 助燃性物质

44. 气体测爆仪测定的是可燃气体的(D)。

A. 爆炸下限　B. 爆炸上限　C. 爆炸极限范围　D. 浓度

45. MF4 型手提式干粉灭火器的灭火参考面积是(B)m^2。

A. 1.5　B. 1.8　C. 2.0　D. 2.5

46. MF8 型手提式干粉灭火器的喷射距离大于等于(B)m。

A. 3　B. 5　C. 6　D. 7

47. MFT70 型推车式干粉灭火器的灭火射程在(D)m。

A. 8~10　B. 17~20　C. 30~35　D. 10~13

48. MPT100 型推车式干粉灭火器的灭火射程在(A)m。

A. 16~18　B. 14~16　C. 12~14　D. 18~20

49. MY2 型手提式 1211 灭火器的灭火射程是(C)m。

A. 1　B. 2　C. 3　D. 4

50. MY0.5 型手提式 1211 灭火器的灭火射程在(D)m。

A. 3　B. 4.5　C. 2.5　D. 2

51. ISO 14000 系列标准的核心是(B)标准。

A. ISO 14000　B. ISO 14001　C. ISO 14010　D. ISO 14100

52. HSE 管理体系是指实施安全、环境与(C)管理的组织机构、职责、做法、程序、过程和资源等而构成的整体。

A. 生命　B. 过程　C. 健康　D. 资源

53. 建立 HSE 管理体系可提高企业安全、环境和健康(A)。

A. 管理水平　B. 操作水平　C. 使用水平　D. 能源水平

54. 事故处理要坚持(C)不放过的原则。

A. 二　B. 三　C. 四　D. 五

55. 违章作业、违反纪律等造成的一般事故，对责任者应给予(D)。

A. 警告处分　B. 记过处分　C. 行政处分　D. 处罚

56. 标准化包括(C)的过程。

A. 研究、制订及颁布标准　B. 制订、修改及使用标准

C. 制订、发布及实施标准　D. 研究、公认及发布标准

57. 根据《中华人民共和国标准化法》的规定，我国的标准分为(B)四级。

A. 国际标准、国家标准、地方标准和企业标准

B. 国家标准、行业标准、地方标准和企业标准

C. 国家标准、地方标准、行业标准和企业标准

D. 国际标准、国家标准、行业标准和地方标准

58. 我国在国家标准管理办法中规定国家标准的有效期一般为(C)年。

A. 3　B. 4　C. 5　D. 7

59. 2000 版 ISO 9000 族标准适用的范围是(D)。

A. 小企业　　B. 大中型企业
C. 制造业　　D. 所有行业和各种规模的组织

60. 在电脑的存储设备中，数据存取速度从快到慢的顺序是(B)。
A. 软盘、硬盘、光盘、内存　　B. 内存、硬盘、光盘、软盘
C. 软盘、硬盘、内存、光盘　　D. 光盘、软盘、内存、硬盘

61. 计算机硬件系统最核心的部件是(C)。
A. 内存储器　　B. 主机　　C. CPU　　D. 主板

62. 键盘是计算机的一种(D)设备。
A. 控制　　B. 存储　　C. 输出　　D. 输入

63. 计算机病毒会给计算机造成的损坏是(B)。
A. 只损坏软件　　B. 损坏硬件、软件或数据
C. 只损坏硬件　　D. 只损坏数据

64. 一张加了写保护的软磁盘(C)。
A. 不会向外传染病毒，但是会感染病毒
B. 不会向外传染病毒，也不会感染病毒
C. 不会再感染病毒，但是会向外传染病毒
D. 既向外传染病毒，又会感染病毒

65. 计算机防病毒软件可(B)。
A. 永远免除计算机病毒对计算机的侵害
B. 具有查病毒、杀病毒、防病毒的功能
C. 消除全部已发现的计算机病毒
D. 对已知病毒产生免疫力

66. 在计算机应用软件 Word 编辑中，以下键盘命令中执行复制操作的命令是(B)。
A. Ctrl + A　　B. Ctrl + C　　C. Ctrl + X　　D. Ctrl + V

67. 在计算机应用软件 Word 中常用工具栏中的“格式刷”用于复制文本和段落的格式，若要将选中的文本或段落格式重复用多次，应进行(A)操作。
A. 双击格式刷　　B. 拖动格式刷
C. 右击格式刷　　D. 单击格式刷

68. 使用 IE 浏览某网站时，出现的第一个页面称为网站的(C)。
A. WEB 页　　B. 网址　　C. 主页　　D. 网页

69. 在浏览 WEB 网页的过程中，如果你发现自己喜欢的网页并希望以后多次访问，应当使用的方法是(A)。
A. 放到收藏夹中　　B. 建立浏览　　C. 建立地址簿　　D. 用笔抄写到笔记本上

70. 发送电子邮件时，不可作为附件内容的是(B)。
A. 可执行文件　　B. 文件夹　　C. 压缩文件　　D. 图像文件

71. 某电子邮件地址为 new@public.bta.net.cn，其中 new 代表(A)。
A. 用户名　　B. 主机名　　C. 本机域名　　D. 密码

72.《劳动法》规定，所有劳动者的合法权益一律平等地受我国劳动法的保护，不应有任何歧视或差异。这体现了对劳动者权益(B)的保护。

A. 最基本　　B. 平等　　C. 侧重　　D. 全面

73.《劳动法》规定，(A)的保护是对劳动者的最低限度保护，是对劳动者基本利益的保护，对劳动者的意义最重要。

A. 最基本　　B. 全面　　C. 侧重　　D. 平等

74. 依据《劳动法》规定，劳动合同可以约定试用期。试用期最长不超过(C)个月。

A. 12　　B. 10　　C. 6　　D. 3

75. 能够认定劳动合同无效的机构是(B)。

A. 各级人民政府　　B. 劳动争议仲裁委员会

C. 各级劳动行政部门　　D. 工商行政管理部门

76. 我国劳动法律规定，集体协商职工一方代表在劳动合同期内，自担任代表之日起(A)年以内，除个人严重过失外，用人单位不得与其解除劳动合同。

A. 5　　B. 4　　C. 3　　D. 2

77. 依据《劳动法》的规定，发生劳动争议时，提出仲裁要求的一方应当自劳动争议发生之日起(D)日内向劳动争议仲裁委员会提出书面申请。

A. 三十　　B. 四十　　C. 五十　　D. 六十

78. 依据《劳动法》的规定，用人单位与劳动者发生劳动争议，当事人可以依法(B)，也可以协商解决。

A. 提起诉讼　　B. 申请调解、仲裁、提起诉讼

C. 申请仲裁　　D. 申请调解

79. 我国《劳动法》规定，安排劳动者延长劳动时间的，用人单位应支付不低于劳动者正常工作时间工资的(B)的工资报酬。

A. 100%　　B. 150%　　C. 200%　　D. 300%

80. 我国劳动法律规定的最低就业年龄是(C)周岁。

A. 18　　B. 17　　C. 16　　D. 15

81. 依据《劳动法》的规定，用人单位必须为劳动者提供符合国家规定的劳动安全卫生条件和必要的劳动防护用品，对从事有(B)危害作业的劳动者应当定期进行健康检查。

A. 身体　　B. 职业　　C. 潜在　　D. 健康

82.《产品质量法》规定，因产品存在缺陷造成人身、缺陷产品以外的其他财产损害的，应当由(D)承担赔偿责任。

A. 生产者和销售者共同　　B. 销售者

C. 消费者　　D. 生产者

83. 产品质量义务中的行为人必须为一定质量行为或不为一定质量行为的(C)性，是义务区别于权利的质的差异和主要特征。

A. 必然　　B. 重要　　C. 必要　　D. 强制

84.《安全生产法》规定，从业人员有获得符合(A)的劳动防护用品的权利。

A. 国家标准、行业标准　　B. 行业标准、企业标准

C. 国家标准、地方标准　　D. 企业标准、地方标准

85. 不属于《安全生产法》规定的从业人员安全生产保障知情权的一项是(D)。

A. 有权了解其作业场所和工作岗位存在的危险因素

B. 有权了解防范措施

C. 有权了解事故应急措施

D. 有权了解事故后赔偿情况

86. 下列说法不正确的是(C)。

A. 任何单位和个人不得损坏或者擅自挪用、拆除、停用消防设备、器材

B. 任何单位和个人不得占有防火间距、不得堵塞消防通道

C. 营业性场所不能保障疏散通道、安全出口畅通的，责令限期改正；逾期不改正的，对其直接负责的主管人员和其他直接责任人员依法给予行政处分或者处警告

D. 阻拦报火警或者谎报火警的，处警告、罚款或者十日以下拘留

87. 以机动车驾驶技能为例，个人日常生活中驾驶是属于(B)。

A. 职业技能　　B. 生活技能　　C. 操作技能　　D. 肢体技能

88. 职业技能鉴定考试的主要目的是(A)。

A. 为劳动者持证上岗和用人单位就业准入资格提供依据

B. 为劳动者提供就业证书

C. 检验劳动者的技能水平

D. 测量劳动者职业技能的等级

89. 职业技能鉴定考试属于(D)。

A. 常模参照考试　　B. 上岗考试

C. 取证考试　　D. 标准参照考试

90. 职业资格证书初级、中级、高级、技师、高级技师对应的级别分别是(A)。

A. 五 、四、三、二、一　　B. 一、二、三、四、五

C. 二、三、四、五、六　　D. 六、五、四、三、二

91. 职业资格证书是由(B)机构印制。

A. 各级教育部门　　B. 劳动保障部门

C. 劳动者所在的劳资部门　　D. 职业技能鉴定部门

92. 可以作为劳动者就业上岗和用人单位准入就业的主要依据是(C)。

A. 毕业证书　　B. 介绍信

C. 职业资格证书　　D. 成绩单

93. 职业具有社会性、稳定性、规范性、群体性和(A)等特点。

A. 目的性　　B. 开放性　　C. 先进性　　D. 实用性

工种理论知识试题

判断题

1. 石油通常是一种易流动的液体。 (×)

正确答案：石油通常是一种流动或半流动的黏稠液体。

2. 硫含量低于1.0%的原油为低硫原油。 (×)

正确答案：硫含量低于0.5%的原油为低硫原油。

3. 石油是由烷烃、环烷烃、芳香烃等各种烃类组成的复杂混合物，含有少量硫、氮、氧等有机化合物和微量金属。 (√)

4. 在一定条件下，石油中芳香烃上的侧链会被氧化成有机酸，这是油品氧化变质的重要原因之一。(√)

5. 石油馏分将直接成为石油产品。(×)

正确答案：石油馏分并不就是石油产品，需要将各馏分进行进一步加工才能成为石油产品。

6. 通常轻质油品测定其开口闪点，重质油和润滑油多测定其闭口闪点。(×)

正确答案：通常轻质油品测定其闭口闪点，重质油和润滑油多测定其开口闪点。

7. 卤族元素包括氧、氯、溴、碘，它们的原子最外层有6个电子。(×)

正确答案：卤族元素包括氟、氯、溴、碘，它们的原子最外层有7个电子。

8. 元素化合价与其价电子构型有关，价电子构型的周期性变化决定了元素化合价的周期性变化。(√)

9. 物质在溶解过程中，有的会放热，使溶液温度升高，有的会吸热，使溶液温度降低。(√)

10. 在水溶液中电离度大的物质溶解度不一定大。(√)

11. 空气是由 O_2 和 N_2 两种气体组成的混合物。(×)

正确答案：空气是由 O_2、N_2、CO_2、H_2O 等多种物质组成的混合物。

12. 水分子是很强的极性分子。(√)

13. 将氯气通入溴化钠溶液，溴被置换是还原。(×)

正确答案：将氯气通入溴化钠溶液，溴被置换是氧化。

14. 原子是由居于原子中心的带正电的原子核和核外带负电的电子构成的。(√)

15. 元素只分种类，不讲个数；而原子既讲种类又讲个数。(√)

16. 水分子间因为有氢键，使分子间产生较强的结合力。(√)

17. 一种以分子、原子或离子状态分散于另一种物质中构成的均匀而又稳定体系叫溶液。(√)

18. 固体、气体溶于液体时，固体、气体是溶质，液体是溶剂。(√)

19. 溶剂可以是气体或液体，但不可能是固体。(×)

正确答案：溶剂可以是气体、液体或固体。

20. 卤原子具有很强的得电子特性，所以在化学反应中卤素单质一律是氧化剂。(×)

正确答案：卤原子具有很强的得电子特性，但在与水的反应中，除氟只做氧化剂外，其余卤素既做氧化剂又做还原剂。

21. 氧化剂越容易接受电子，其氧化能力越强。(√)

22. 在 $C + H_2O(气) = CO\uparrow + H_2\uparrow$ 反应中，C 是还原剂。(√)

23. 1mol 水含有少于 6.023×10^{23} 个水分子。(×)

正确答案：1mol 水含有 6.023×10^{23} 个水分子。

24. 流体的抗剪和抗张能力大。(×)

正确答案：流体的抗剪和抗张能力小。

25. 单位体积流体所具有的质量称为流体的密度。(√)

26. 流体的运动黏度与密度有关。(√)

27. 体积流量一定时，流速与管径的平方成正比。(×)

正确答案：体积流量一定时，流速与管径的平方成反比。

28. 压力表上的读数表示被测流体的绝对压强比大气压小的数值。（×）

正确答案：压力表上的读数表示被测流体的绝对压比大气压大的数值。

29. 真空度越高，则其绝对压力越高。（×）

正确答案：真空度越高，则其绝对压力越低。

30. 一正方体悬浮于某种液体中，上表面与液体平行，则其上表面受到的液体压强小于下表面受到的液体压强。（√）

31. 流体的流动类型分为层流和紊流。（√）

32. 流体在管路中的流动阻力分为直管阻力和局部阻力。（√）

33. 螺杆泵是依靠螺杆旋转产生的离心力而输送液体的泵，故属叶片式泵。（×）

正确答案：螺杆泵是依靠螺杆旋转将封闭容积内液体进行挤压而提高压力的泵，故属容积式泵。

34. 往复泵是依靠泵内工作容积周期性变化来提高液体压力的泵。（√）

35. 压缩机因压力变化大、温升高，应考虑气体的压缩性，因此需要装配冷却设备。（√）

36. 螺杆压缩机是依靠螺杆旋转产生的离心力对气体进行压缩，故属离心式压缩机。（×）

正确答案：螺杆压缩机是利用阴阳螺杆的相互填塞，使齿容积发生周期性变化对气体进行压缩，故属容积式压缩机。

37. 动力驱动阀只有电动阀和气动阀。（×）

正确答案：动力驱动阀包括电动阀、气动阀和液动阀等。

38. Q21F－40P 型球阀为电动、外螺纹连接，其公称压力为 40MPa。（×）

正确答案：Q21F－40P 型球阀为手动、外螺纹连接，其公称压力为 4MPa。

39. 平焊钢法兰可用于高温高压管道的连接。（×）

正确答案：平焊钢法兰不能用于高温高压管道的连接。

40. 垫片可分为软质垫片、硬质垫片、液体密封垫片和填料等四类。（×）

正确答案：垫片可分为软质垫片、硬质垫片、液体密封垫片等三类。

41. 在水处理装置中，用得最多的螺栓是方头螺栓。（×）

正确答案：在水处理装置中，用得最多的螺栓是六角头螺栓。

42. 地脚螺栓是用于固定设备基础的。（√）

43. 螺纹连接又叫丝扣连接，常用来连接天然气、炼厂气、低压蒸汽、水和压缩空气的大直径管路。（×）

正确答案：螺纹连接又叫丝扣连接，只能用于小直径管路的连接。

44. 在各种压力管道中，由于生产工艺的要求或考虑制造、运输、安装、检修的方便，常采用可拆的结构。常见的可拆结构有法兰连接、螺纹连接和插套连接。（√）

45. 密封是防止工作介质从机器和设备中泄漏或防止外界杂质侵入机器和设备内部的一种装置或措施。（√）

46. 流体动压润滑的润滑膜较厚，能形成流体动压力完全将金属表面分隔开，支承物体的接触面不弹性变形。（√）

47. 容器破坏时器壁平均压力远低于材料的抗拉强度、甚至屈服强度，这种破坏形式属于脆性破坏。（×）

正确答案：容器破坏时器壁平均压力远低于材料的抗拉强度、甚至屈服强度，这种破坏形式属于腐蚀破坏。

48. 钢按化学成分可分为碳素钢和合金钢。 (√)

49. 正电荷的运动方向为电流方向。 (√)

50. 我国的交流电频率是 60Hz。 (×)

正确答案：我国的交流电频率是 50Hz。

51. 如果交流电的频率是 50Hz，则该电流的方向每秒改变 100 次。 (√)

52. 已知 a 点的电位 $U_a = 5V$，b 点的电位 $U_b = 3V$，则电压 $U_{ab} = 2V$。 (√)

53. 在串联电路中，总电压等于各串联导体分电阻的端电压，即 $U = U_1 = U_2$。 (×)

正确答案：在串联电路中，总电压等于各串联导体分电阻的端电压之和。

54. R_1 和 R_2 两电阻接成并联电路，其总电阻应为 $R = \frac{R_1 R_2}{R_1 + R_2}$。 (√)

55. 有人低压触电时，应立即将他拉开。 (×)

正确答案：首先要使他脱离电源，可用绝缘物使他和电源分离。

56. 对于呼吸和心跳都停止的触电人员，应立即实施胸外心脏挤压法抢救。 (×)

正确答案：应同时实施人工呼吸法和胸外心脏挤压法抢救。

57. 电动机容易起火的部位是大盖和小盖。 (×)

正确答案：电动机容易起火的部位是定子绕组和转子绕组。

58. 当用仪表对被测参数进行测量时，仪表指示值总要经过一段时间才能显示出来，这段时间称为仪表的反应时间。 (√)

59. 有一台温度变送器，其测量范围是 0～400℃，精度等级是 1 级，误差为 3℃。 (×)

正确答案：温度变送器其测量范围是 0～400℃，精度等级是 1 级，则其误差为 ±4℃。

60. 简单控制系统由被控对象、测量变送单元和调节器组成。 (×)

正确答案：简单控制系统由被控对象、测量变送单元、调节器和执行器组成。

61. 安全栅的作用是为变送器供电。 (×)

正确答案：安全栅的作用是限制能量。

62. 偏心阀特别适用于低压差、大口径、大流量的气体和浆状液体。 (×)

正确答案：偏心阀特别适用于高黏度、高压差、流通能力大以及调节系统要求密封和可调范围宽的场合。

63. 单管压力计同 U 形管压力计相比，其读数误差不变。 (×)

正确答案：单管压力计同 U 形管压力计相比，其读数误差减少一半。

64. 转子流量计对上游侧的直管要求不高。 (√)

65. 测量液位用的差压计，其差压量程由介质密度和封液高度决定。 (×)

正确答案：测量液位用的差压计，其差压量程由介质密度和取压点垂直高度决定，和封液高度无关。

66. 在热电偶测温回路中，只要显示仪表和连接导线两端温度相同，热电偶总电动势值不会因它们的接入而改变，这是根据中间导体定律而得出的结论。 (√)

67. 储罐液位调节系统，当调节阀装在入口管线上时，应选风关式调节阀。 (√)

68. DCS 系统是(Distributed Control System)集散控制系统的简称。 (√)

69. DCS 操作站中过程报警和系统报警的意义是一样的，都是由于工艺参数超过设定的报警值而产生。（×）

正确答案：DCS 操作站中过程报警和系统报警的意义是不一样的，过程报警是由于工艺参数超过设定的报警值而产生，系统报警是由于系统本身报警而产生的。

70. 保证测量器具的正确使用是计量工作的任务之一。（√）

71. 只有量值而无准确程度的结果，不是计量结果。（√）

72. 企业内部可以允许使用非法定计量单位。（×）

正确答案：企业内部不允许使用非法定计量单位。

73. "国际单位制(SI)"起源于法文，取其前两词的首位字母 S 和 I 构成它的国际简称"SI"。（√）

74. 开尔文是热力学温度单位，等于水的三相点热力学温度的 1/273.16。（√）

75. 在国际单位制中，词头都有特定的含义，可以单独使用。（×）

正确答案：在国际单位制中，词头都有特定的含义，但不能单独使用。

76. 给水处理工程的任务是通过必要的技术措施和工艺过程对不符合用户水质要求的水，进行水质改善处理，以达到符合饮用要求。（×）

正确答案：给水处理工程的任务是通过必要的技术措施和工艺过程对不符合用户水质要求的水，进行水质改善处理，以达到符合用户要求的水质标准。

77. 分系统给水的水源必须是同一水源。（×）

正确答案：分系统给水的水源可以是不同水源。

78. 一般情况下，地下水径流量较小，硬度高，但矿化度低。（×）

正确答案：一般情况下，地下水径流量较小，硬度高，但矿化度高。

79. 地下水中上层滞水的补给源主要是降雨，其水量随季节变化大，不稳定。（√）

80. 由于江河水长期暴露在空气中，水中溶解氧的含量较高，稀释和净化能力都较强。（√）

81. 纺织、造纸等工业用水对浊度、色度、硬度、铁和锰的含量等有特殊要求，否则会影响成品质地和色泽，产生斑点。（√）

82. 锅炉用水的水质要求根据锅炉的工作压力和温度的不同而不同。（√）

83. 当管网内无水塔时，二级泵站供水量应大于用水量。（×）

正确答案：当管网内无水塔时，任何时刻的二级泵站供水量应等于用水量。

84. 在水塔设在网前时，水塔的水柜底高度应保证最高用水量时，管网内最高点具有要求的自由水压。（×）

正确答案：在水塔设在网前时，水塔的水柜底高度应保证最高用水量时，管网内控制点具有要求的自由水压。

85. 浊度的测定值与水中悬浮物的含量有关，但与悬浮物微粒的大小、形状等因素无关。（×）

正确答案：浊度的测定值不仅与水中悬浮物的含量有关，而且与悬浮物微粒的大小、形状等因素有关。

86. 按色度的测定标准，当水中铂的浓度为 1mg/L 时所产生的颜色深浅定为 1 度。（√）

87. 在天然水中，硅酸呈溶解状态和胶体硅酸两种形式，不同形式硅酸的比例与水的 pH

值有关。 (√)

88. 源水的含盐量与其矿化度大致相等。 (×)

正确答案：源水的含盐量要大于其矿化度。

89. 水的碱度是指水中能够与强碱进行中和反应的物质含量。 (×)

正确答案：水的碱度是指水中能够与强酸进行中和反应的物质含量。

90. 水的 pH 值是指水中 H^+ 浓度的对数。 (×)

正确答案：水的 pH 值是指水中 H^+ 浓度的负对数。

91. 水的酸度是指水中能够与强酸进行中和反应的物质含量。 (×)

正确答案：水的酸度是指水中能够与强碱进行中和反应的物质含量。

92. 水越纯净，其含盐量越少，电阻越小，电导度越小。 (×)

正确答案：水越纯净，其含盐量越少，电阻越大，电导度越小。

93. 由于 Cl^- 与强碱阴离子交换树脂的亲和力比 OH^- 大，所以可用 OH 型阴离子交换除去。 (√)

94. 水中的悬浮物是指颗粒直径在 10^{-4}mm 以上的微粒，它是造成浊度、色度、气味的主要来源。 (√)

95. 工业用水的预处理是在对其进行深层次处理之前，将有碍深层次处理的悬浮物和胶体预先除去的水处理工艺。 (×)

正确答案：工业用水的预处理是在对其进行深层次处理之前，将有碍深层次处理的杂质预先除去的水处理工艺。

96. 胶体吸附层和扩散层电位差越小，胶粒越稳定越不易沉降。 (×)

正确答案：胶体的吸附层和扩散层电位差越大，则胶粒越稳定越不易沉降。

97. 混凝阶段所处理的对象，主要是水中的悬浮物。 (×)

正确答案：混凝阶段所处理的对象，主要是水中的悬浮物和胶体杂质。

98. 电解质高价反离子主要局限于按静电学原理压缩双电层以降低 ζ 电位，低价反离子可通过吸附－电性中和作用降低 ζ 电位。 (×)

正确答案：电解质低价反离子主要局限于按静电学原理压缩双电层以降低 ζ 电位，高价反离子可通过吸附－电性中和作用降低 ζ 电位。

99. 混凝剂投加系统必须具有投量准确且能随时调节的设备条件。 (√)

100. 悬浮澄清池形式很多，包括有穿孔底板式、无穿孔底板式，前者又分为单层锥底式、双层水力悬浮式。 (×)

正确答案：悬浮澄清池形式很多，包括有穿孔底板式、无穿孔底板式，后者又分为单层锥底式、双层水力悬浮式。

101. 在脉冲澄清池中，泥渣在一定范围内循环利用。 (×)

正确答案：在脉冲澄清池中，泥渣不能循环利用。

102. 在快滤池中，滤速是指单位时间的过滤水量，单位是 m^3/h。 (×)

正确答案：在快滤池中，滤速是指单位时间单位过滤面积上的过滤水量，单位是 m/h。

103. 过滤能起到减少水中有毒物质含量的作用。 (√)

104. 在上向流单层滤料滤池中，过滤水流是沿着滤料粒径由小到大的方向流动的。 (×)

正确答案：在上向流单层滤料滤池中，过滤水流是沿着滤料粒径由大到小的方向流动的。

105. 对于未经脱稳的悬浮物颗粒，其过滤效果比脱稳的好。（×）

正确答案： 对于未经脱稳的悬浮物颗粒，其过滤效果比脱稳的差。

106. 循环泵站的两个显著特点是，一是泵站的流量和扬程比较稳定；二是对吸水条件要求高。（×）

正确答案： 循环泵站的两个显著特点是，一是泵站的流量和扬程比较稳定；二是对供水的安全性要求较高。

107. 一级泵站抽升的多为源水，水中杂质较多，因此，一般需要另外接入自来水作为水泵的水封用水。（√）

108. 螺旋泵是利用旋转惯性原理来提高液体的位能。（×）

正确答案： 螺旋泵是利用螺旋推进原理来提高液体的位能。

109. 叶片式水泵按照主轴方向分为卧式泵、立式泵和斜式泵等三类。（√）

110. 扬程表示单位重量液体通过水泵后其所具有的能量值。（×）

正确答案： 扬程表示单位重量液体通过水泵后其能量的增加值。

111. 装有大型水泵、自动化程度高、供水安全要求高的泵站，宜采用吸入式引水方式工作。（×）

正确答案： 装有大型水泵、自动化程度高、供水安全要求高的泵站，宜采用自灌式引水方式工作。

112. 当电机的三根电源进线中任意两根对换时，其转向将会改变。（√）

113. 离心泵的工作过程实际上是一个能量的传递和转化的过程，它把电能直接转化为被抽升水的动能和势能。（×）

正确答案： 离心泵的工作过程实际上是一个能量的传递和转化的过程，它把电机的机械能转化为被抽升水的动能和势能。

114. 对于自灌式离心泵装置，其静扬程应等于水泵压水地形高度减去吸水地形高度。（√）

115. 当电压下降时，将会引起异步电机的电流减小，但不会使电机烧毁。（×）

正确答案： 当电压下降时，将会引起异步电机的电流增加，以致超过其额定电流，如不及时断开电源，有可能使电机烧毁。

116. 在计算比转速时，公式中的 Q 和 H 是指水泵最高效率时的流量和扬程，也即水泵的额定工况点。（√）

117. 给水管道材料的选择，取决于承受的水压、埋设条件、供应情况等。（√）

118. 给水管道承插口的接头材料分两层，里层为青铅或石棉水泥等填料，外层为油麻丝或胶圈。（×）

正确答案： 给水管道承插口的接头材料分两层，里层为油麻丝或胶圈，外层为青铅或石棉水泥等填料。

119. 焊接钢管按照焊缝形式分为直缝焊管和螺旋缝焊管。一般情况下大口径的焊管大都采用直缝，小口径焊管则采用螺旋缝。（×）

正确答案： 焊接钢管按照焊缝形式分为直缝焊管和螺旋缝焊管。一般情况下小口径的焊管大都采用直缝，大口径焊管则采用螺旋缝。

120. 在暗杆阀门启闭时，阀杆随闸板而升降。（×）

正确答案： 在暗杆阀门启闭时，阀杆不随闸板而升降。

121. 橡胶衬层的中线蝶阀采用的是挤压密封原理，其启闭力矩较小。 (×)

正确答案：橡胶衬层的中线蝶阀采用的是挤压密封原理，其启闭力矩偏大。

122. 阀门按照驱动动力分为手动、电动、气动等三种方式。 (×)

正确答案：阀门按照驱动动力分为手动、电动、气动、液压等四种方式。

123. 型号为 4B35A 的水泵，字母“B”表示单级单吸直联式离心泵。 (×)

正确答案：型号为 4B35A 的水泵，字母“B”表示单级单吸悬臂式离心泵。

124. 流速越小，给水钢管的腐蚀越快。 (×)

正确答案：流速越大，给水钢管的腐蚀越快。

125. 水泵盘根是用压盖来调整松紧度的，一般以水封管内水能够通过盘根缝隙呈细线状漏出为宜。 (×)

正确答案：水泵盘根是用压盖来调整松紧度的，一般以水封管内水能够通过盘根缝隙呈滴状渗出为宜。

126. 在设备统计中，全部设备是指生产、动力供应、机械加工、起重运输、土木防腐、机修、电气、探伤检验等在用、备用和停用设备，包括库存设备。 (×)

正确答案：在设备统计中，全部设备是指生产、动力供应、机械加工、起重运输、土木防腐、机修、电气、探伤检验等在用、备用和停用设备，但不包括库存、生活、医疗、分析仪表及工具等。

127. 水泵可以使用启动方式盘车。 (×)

正确答案：水泵严禁使用启动方式盘车。

128. 固定用火区是在厂区内，没有火灾危险性的区域划出固定用火区域。所有用火区域内，都可以设固定用火区。 (×)

正确答案：固定用火区是在厂区内，没有火灾危险性的区域划出固定用火区域。在二级以上用火区域内，不应设固定用火区。

129. 一张“三级用火作业许可证”可以多处用火、一人监护。 (×)

正确答案：一张“三级用火作业许可证”只限一处用火点，实行一处(一个用火地点)、一证(用火作业许可证)、一人(用火监护人)，不得用一张“用火作业许可证”进行多处用火。

130. 在用火作业过程中，当作业内容和条件发生变更时，应立即停止作业，“用火作业许可证”同时废止。 (√)

131. 在高速低负荷条件下工作的机泵应选用黏度小的润滑油。 (√)

132. 针入度表示润滑脂软硬的程度，针入度越大则润滑脂越硬。 (×)

正确答案：针入度表示润滑脂软硬的程度，针入度越小则润滑脂越硬。

133. 制图中，粗线的常用线宽为 0.7mm 左右。 (√)

134. 制图中，虚线与虚线或其他图线相交时，可以留有空隙。 (×)

正确答案：虚线与虚线或其他图线相交时，应以线段相交，不留空隙。

135. 一张图纸中尺寸线终端可以使用多种形式。 (×)

正确答案：一张图纸中尺寸线终端只能使用一种形式。

136. 对称图形的对称线、主要圆的中心线等可以作为平面图形的尺寸基准的要素。 (√)

137. 水厂清水池有效容积应等于调节容积与自用水量之和。 (×)

正确答案：水厂清水池有效容积应等于调节容积、消防用水与自用水量之和。

单选题

1. 石油的相对密度一般介于(C)之间。

A. 0.45 ~ 0.65　　B. 0.6 ~ 0.88　　C. 0.80 ~ 0.98　　D. 0.90 ~ 1.10

2. 原油按密度进行分类，其中密度(15℃)在 0.855 ~ 0.934g/cm³ 之间的称为(B)。

A. 轻质原油　　B. 中质原油　　C. 重质原油　　D. 特稠原油

3. 根据原油的特性因素分类，特性因素(A)为石蜡基原油。

A. 大于 12.1　　B. 11.5 ~ 12.1　　C. 10.5 ~ 11.5　　D. 小于 10.5

4. 石油组成非常复杂，主要是由(C)两种元素组成的各种烃类。

A. 氮和氢　　B. 氢和氧　　C. 碳和氢　　D. 碳和氧

5. 石油中，碳的平均含量一般为(D)。

A. 69% ~ 74%　　B. 74% ~ 79%　　C. 79% ~ 83%　　D. 83% ~ 87%

6. 石油主要由各种不同的烃类组成的，其主要类型为(B)。

A. 烷烃、环烷烃、脂肪烃　　B. 烷烃、环烷烃、芳香烃

C. 烷烃、芳香烃、脂肪烃　　D. 脂肪烃、环烷烃、芳香烃

7. 烷烃是石油的主要组分，在常温常压下，C_1 ~ C_4(即分子中含有 1 ~ 4 个碳原子)的烷烃为(C)。

A. 固体　　B. 液体　　C. 气体　　D. 无法确定

8. 通常把沸点小于(C)℃的馏分称为汽油馏分。

A. 150　　B. 180　　C. 200　　D. 250

9. 石油馏分是指原油蒸馏时分离出的具有一定馏程的组分，其中馏程指的是(A)。

A. 沸点范围　　B. 压力范围　　C. 密度范围　　D. 闪点范围

10. 在规定条件下，当火焰靠近油品表面的油气和空气混合物时即着火并持续燃烧至规定时间所需的最低温度，称为(A)。

A. 燃点　　B. 自燃点　　C. 闪点　　D. 沸点

11. 汽油的闪点约为(A)℃。

A. －50 ~ 30　　B. 28 ~ 60　　C. 50 ~ 120　　D. 130 ~ 325

12. 下列选项中，(C)表示汽油在汽油机中燃烧时的抗震性指标。

A. 异辛烷值　　B. 正庚烷值　　C. 辛烷值　　D. 十六烷值

13. 在测定车用汽油的辛烷值时，人为地选择了标准物，其中一种为(B)，规定其辛烷值为 100，它的抗暴性好。

A. 正辛烷　　B. 异辛烷　　C. 正己烷　　D. 正庚烷

14. 国产 0[#] 柴油表示其(D)不高于 0℃。

A. 浊点　　B. 结晶点　　C. 冰点　　D. 凝点

15. 测定柴油的十六烷值时，人为地选择了标准物，其中一种为(B)，它的抗暴性好，规定其十六烷值为 100。

A. 异十六烷　　B. 正十六烷　　C. 异辛烷　　D. α - 甲基萘

16. 钙元素的符号是(A)。

A. Ca　　B. Cr　　C. Co　　D. Cl

17. Hg 为(D)元素的符号。

A. 铂　B. 银　C. 金　D. 汞

18. 在元素周期表中，除第一、第七周期外，其他周期都是从(D)元素开始。

A. 非金属　B. 惰性气体　C. 卤素　D. 碱金属

19. 镁元素的核外电子排布正确的是(A)。

A. $1S^22S^22P^63S^2$　B. $1S^22S^22P^63S^1$　C. $1S^22S^22P^63S^3$　D. $1S^22S^22P^63S^4$

20. H_2SO_4 中硫元素的化合价为(C)。

A. +2　B. +4　C. +5　D. +6

21. 在一定温度下，将固体物质放入水中，溶质表面的分子或离子由于本身的运动和受到水分子的吸引，克服固体物质分子间的引力，逐渐分散到水中，这个过程叫作(C)。

A. 熔化　B. 稀释　C. 溶解　D. 分解

22. 在常温下，在 100g 溶剂中，能溶解(C)g 以上的物质称为易溶物质。

A. 1　B. 5　C. 10　D. 100

23. 饱和溶液在(C)情况下会向不饱和溶液转化。

A. 冷却　B. 增加溶质　C. 增加溶剂　D. 增加压力

24. 在一定条件下溶液达到饱和状态，下列说法错误的是(D)。

A. 溶解速度等于结晶速度　B. 溶液的浓度不变

C. 溶液中存在动态平衡　D. 溶液速度等于零

25. 溶解度的定义中，一定量的溶剂是指(C)g 溶剂的饱和溶液。

A. 1　B. 10　C. 100　D. 1000

26. 液态氧为(C)，透明且易于流动。

A. 无色　B. 蓝色　C. 淡蓝色　D. 白色

27. 在 $2H_2 + O_2 = 2H_2O$ 中，O_2 是被(B)。

A. 氧化　B. 还原　C. 置换　D. 非氧化还原

28. 空气中的氮气体积含量为(B)。

A. 75%　B. 79%　C. 85%　D. 70%

29. 水分子中，∠HOH 角度为(C)。

A. 102°40′　B. 103°40′　C. 104°40′　D. 105°40′

30. 下列关于氧化－还原反应的说法中，正确的是(C)。

A. 分解反应都是氧化－还原反应

B. 化合反应都是氧化－还原反应

C. 置换反应一定是氧化－还原反应

D. 复分解反应中，有一部分属于氧化－还原反应

31. 下列物质中，只具有氧化性的是(B)。

A. 氯酸钾　B. 氢离子　C. 氯气　D. 浓硝酸

32. 下列物质在高温时发生分解反应，但不属于氧化－还原反应的是(B)。

A. 碘化氢　B. 碳酸钙　C. 氯酸钾　D. 高锰酸钾

33. 下列微粒中，还原性最强的是(A)。

A. 碘离子　B. 氟离子　C. 氯原子　D. 碘原子

34. 能够独立存在并保持原物质化学性质的最小微粒的是(D)。
A. 原子　B. 质子　C. 电子　D. 分子

35. 将 100mL 水与 100mL 酒精混合后，总体积将(B)mL。
A. 大于 200　B. 小于 200　C. 等于 200　D. 等于 180

36. 下列物质各取 10g 时，其中所含原子最多的是(A)。
A. 钠　B. 镁　C. 铝　D. 铜

37. 化学上将众多原子划分为不同元素的依据是(C)。
A. 原子核的大小　B. 核内中子数　C. 核电荷数　D. 核外电子数

38. 地壳中含量最多的三种元素是(C)。
A. C、H、O　B. N、O、S　C. O、Si、Al　D. Fe、Al、Cu

39. 水在(B)℃时密度最大。
A. 0　B. 3.98　C. 14.98　D. 25

40. 分散相的粒子直径在(B)nm 的分散体系称为胶体溶液。
A. ≥1　B. 1～100　C. 10～1000　D. ≤100

41. 在氯化钠水溶液中，溶质是(C)。
A. 氯　B. 钠　C. 氯化钠　D. 水

42. 在氯化钠水溶液中，溶剂是(D)。
A. 氯　B. 钠　C. 氯化钠　D. 水

43. 实现下列变化，需要加入氧化剂的有(A)。
A. $HCl \rightarrow Cl_2$　B. $NaCl \rightarrow HCl$　C. $HCl \rightarrow H_2$　D. $CaCO_3 \rightarrow CO_2$

44. 在 $3Fe + 4H_2O \xlongequal{\Delta} Fe_3O_4 + 4H_2$ 反应中，铁是(B)。
A. 氧化剂　B. 还原剂　C. 催化剂　D. 脱水剂

45. 下列卤单质中，不具有还原性的是(A)。
A. F_2　B. Cl_2　C. Br_2　D. I_2

46. 物质的量是表示组成物质的(B)多少的物理量。
A. 单元数目　B. 基本单元数目
C. 所有单元数目　D. 阿伏加德罗常数

47. 下列流体的特点中，错误的是(B)。
A. 在外力作用下其内部发生相对运动　B. 流体是不可压缩的
C. 在运动状态下，流体具有黏性　D. 无固定形状，随容器的形状而变化

48. 在一定条件下，理想气体的密度(B)。
A. 与温度成正比　B. 与温度成反比
C. 与温度的平方成正比　D. 与温度的平方成反比

49. 液体的黏度随温度升高而(A)。
A. 减小　B. 不变　C. 增大　D. 无法确定

50. 体积流量(V_s)和质量流量(ω_s)的关系为(B)，其中 u 表示流体流速，ρ 表示流体的密度。
A. $\omega_s = V_s u$　B. $\omega_s = V_s \rho$　C. $\omega_s = V_s/\rho$　D. $\omega_s = V_s/u$

51. 表压应等于(B)。

A. 真空度减去大气压　　B. 绝对压力减去大气压

C. 真空度减去绝对压力　　D. 大气压减去真空度

52. 下列压强的单位换算中，错误的是(C)。

A. $1atm = 1.0133 \times 10^5 Pa$　　B. $1kgf/cm^2 = 735.6mmHg$

C. $1kgf/cm^2 = 1.0133 \times 10^5 Pa$　　D. $1atm = 760mmHg$

53. 真空度为66.7kPa时，则表压为(C)kPa。

A. 66.7　　B. 34.63　　C. −66.7　　D. −34.63

54. 关于液体压强的说法，正确的是(D)。

A. 液体只对容器的底和侧壁有压强

B. 液体的质量、体积越大，液体的压强越大

C. 液体的密度越大，液体的压强越大

D. 同一种液体的压强只与深度成正比

55. 流体的流动类型是用(D)来判断。

A. 流速　　B. 黏度　　C. 密度　　D. 雷诺数

56. 下列因素是流动阻力产生的根本原因为(A)。

A. 流体具有黏性　　B. 管壁的粗糙

C. 流量大小　　D. 流动方向的改变

57. 下列各种类型泵中，(B)属于叶片式泵。

A. 齿轮泵　　B. 离心泵　　C. 往复泵　　D. 射流泵

58. 某泵型号为10Sh−6，则该泵应为(A)。

A. 离心泵　　B. 往复泵　　C. 真空泵　　D. 轴流泵

59. 250JQ140 9型潜水泵"JQ"表示(D)。

A. 浅井提水，电动机不潜入水中运行　B. 浅井提水，电动机潜入水中运行

C. 深井提水，电动机不潜入水中运行　D. 深井提水，电动机潜入水中运行

60. 当管道系统因温差所引起的自由膨胀(或收缩)量过大，但由于结构原因而不能自由膨胀，以致引起过大的温差应力或温差应力和由内压引起的机械应力之和的总应力过大时，应设置(D)以起缓解作用，从而降低管道的轴向应力。

A. 活接头　　B. 弯头　　C. 异径管　　D. 膨胀节

61. 若两条垂直的管道需要连接时，应采用(C)。

A. 三通　　B. 45°弯头　　C. 90°弯头　　D. 活接头

62. 某两个长6m管径25mm的镀锌钢管需要延长使用，应采用(B)连接。

A. 外丝　　B. 内丝　　C. 异径管　　D. 弯头

63. 在设计条件下，出口风压小于(C)Pa的风机叫通风机。

A. 3000　　B. 9000　　C. 15000　　D. 300000

64. 鼓风机按工作原理可分为(D)。

A. 混流式鼓风机、回转式鼓风机、轴流式鼓风机

B. 混流式鼓风机、离心式鼓风机、回转式鼓风机

C. 离心式鼓风机、轴流式鼓风机、混流式鼓风机

D. 离心式鼓风机、回转式鼓风机、轴流式鼓风机

65. 按结构形式分，属于容积式压缩机的是(A)。

A. 螺杆压缩机　　B. 罗茨风机

C. 离心式压缩机　　D. 轴流压缩机

66. 阀瓣在阀杆的带动下，沿阀座密封面的轴线作升降运动而达到启闭目的的阀门，称为(D)。

A. 闸阀　　B. 隔膜阀　　C. 旋塞阀　　D. 截止阀

67. 低压阀是指公称压力(B)MPa 的阀门。

A. $\leqslant 1.0$　　B. $\leqslant 1.6$　　C. 1.0~3.0　　D. 1.0~5.0

68. 在阀门型号表示方法中，一般不包含(D)要素。

A. 驱动方式　　B. 连接形式　　C. 密封面材料　　D. 介质类型

69. 下列各种法兰中，(D)通常用于铜、铝等有色金属及不锈耐酸钢容器和管线连接上。

A. 平焊法兰　　B. 对焊法兰　　C. 螺纹法兰　　D. 活套法兰

70. 下列垫片中，具有密封性好，密封面结构简单、耐腐蚀，涂敷方便，成本低，适用面广等优点的是(C)。

A. 软质垫片　　B. 硬质垫片　　C. 液体密封垫片　　D. 填料

71. 钢管、铜管以及塑料管，通常使用的连接方式为(D)，该方式不适用于铸铁管。

A. 螺纹连接　　B. 法兰连接　　C. 插套连接　　D. 焊接连接

72. 下列密封中，(A)属于接触型动密封。

A. 机械密封　　B. 迷宫密封　　C. O 形环密封　　D. 液体密封

73. 下列密封形式中，(D)为非接触式密封。

A. 填料密封和普通机械密封　　B. 干气密封和"O"形圈密封

C. 浮环密封和泵耐磨环密封　　D. 浮环密封和迷宫密封

74. 滑动轴承的润滑主要为(A)。

A. 流体润滑　　B. 边界润滑　　C. 间隙润滑　　D. 混合润滑

75. 下列轴承中，一般使用石墨润滑脂润滑的是(A)。

A. 外露重载滑动轴承　　B. 滚动轴承

C. 高速运转滑动轴承　　D. 高温重载轴承

76. 金属材料在断裂前产生了明显塑性变形的破坏形式叫做(A)。

A. 韧性破坏　　B. 脆性破坏　　C. 腐蚀破坏　　D. 疲劳破坏

77. 20R 是(D)。

A. 低合金高强度钢　　B. 奥氏体不锈钢

C. 耐热钢　　D. 优质碳素结构钢

78. 普通钢含杂质元素较多，其中规定(B)，S、P 分别表示磷、硫含量。

A. $S \leqslant 0.030\%$、$P \leqslant 0.035\%$　　B. $S \leqslant 0.045\%$、$P \leqslant 0.055\%$

C. $S \leqslant 0.040\%$、$P \leqslant 0.040\%$　　D. $S \leqslant 0.035\%$、$P \leqslant 0.035\%$

79. 下列荧光灯的特点中，错误的是(D)。

A. 效率高　　B. 亮度高　　C. 寿命长　　D. 发光热量高

80. 下述各种照明灯，(D)的效率最高。

A. 白炽灯　　B. 荧光灯　　C. 高压汞灯　　D. 钠灯

81. 下列电流强度的说法中，正确的是(C)。

A. 通过导线横截面的电量越多，电流强度越大

B. 电子运动的速率越大，电流强度越大

C. 单位时间内通过导体横截面的电量越多，导体中的电流强度越大

D. 因为电流有方向，所以电流强度是矢量

82. 设在时间 t 内通过导体截面 S 的电量为 Q，已知导体电阻为 R，电压为 U，则电流强度 I 应为(B)。

A. $I=\frac{Q}{S}$　　B. $I=\frac{Q}{t}$　　C. $I=\frac{U}{t}$　　D. $I=\frac{Q}{R}$

83. 下列直流电的概念中，正确的说法为(B)。

A. 方向和强弱随时间而改变的电流　　B. 方向不随时间改变的电流

C. 强弱不随时间改变的电流　　D. 方向随时间改变的电流

84. 下列装置和设备中，不可以作为直流电的负载的是(A)。

A. 变压器　　B. 白炽灯　　C. 电炉丝　　D. 直流电动机

85. 交流电的有效值是根据(D)来规定的。

A. 电流的数值大小　　B. 电压的数值大小

C. 电阻的数值大小　　D. 电流的热效应

86. 某手电筒的电池电压为 3V，通过电珠的电流为 150mA，则该电珠的电阻应为(C)Ω。

A. 2　　B. 5　　C. 20　　D. 50

87. 当温度一定时，导体的电阻是由(D)决定的。

A. $R=\frac{L}{S}$　　B. $R=\rho\cdot L\cdot S$　　C. $R=\frac{\rho}{L\cdot S}$　　D. $R=\rho\frac{L}{S}$

88. 下列电压的概念中，错误的说法是(B)。

A. 电路中两点间的电势差，叫做电压

B. 电流是产生电压的条件

C. 电压可视为描述电场力做功大小的物理量

D. 电压越高，移动单位电荷做功越多

89. 在国际单位制中，电压的单位是(C)。

A. A　　B. Ω　　C. V　　D. W

90. 下列电路图中，(A)是串联电路。

A.
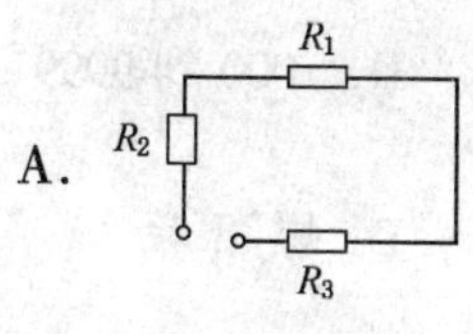

B.
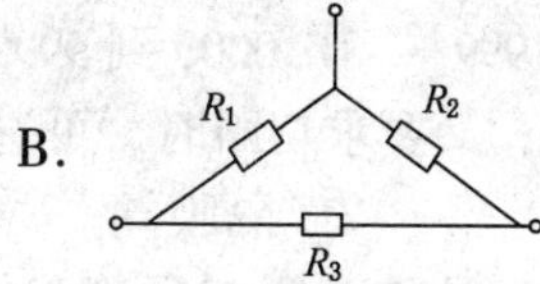

C.
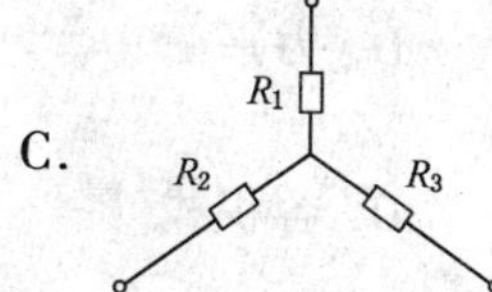

D.
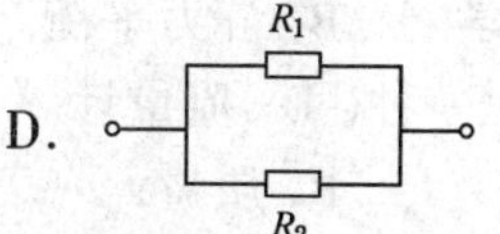

91. 关于串联电路的说法，错误的是(C)。

A. 在串联电路中，流过各串联导体的电流是相同的

B. 串联电路的总电压等于各串联导体电压之和

C. 在串联电路中，各串联导体的电压也是相同的

D. 在串联电路中，串联导体的电阻越大，该串联导体分电压越高

92. 下列电路图中，(C)是并联电路。

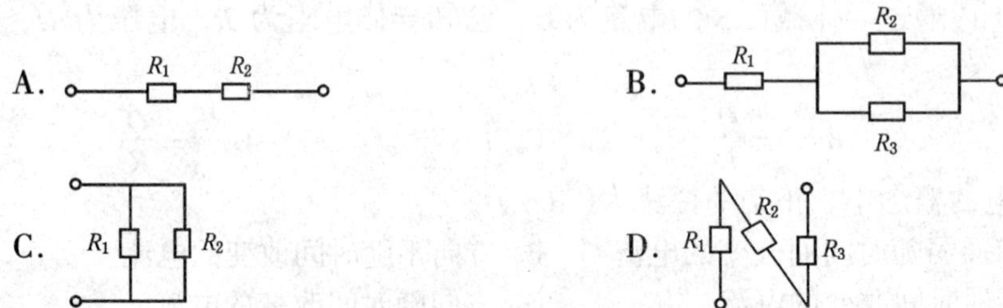

93. 国际规定，电压在(C)V以下不必考虑防止电击的危险。

A. 36　　B. 65　　C. 25　　D. 110

94. 如果工作场所潮湿，为避免触电，使用手持电动工具的人应(C)。

A. 站在木板上操作　　B. 穿布鞋操作

C. 站在绝缘胶板上操作　　D. 穿防静电鞋操作

95. 口对口(鼻)吹气法的吹气和换气时间分别为(B)s

A. 1，2　　B. 2，3　　C. 3，4　　D. 4，5

96. 若电气设备发生火灾，在许可的情况下应首先(D)。

A. 大声喊叫　　B. 打报警电话

C. 寻找合适的灭火器灭火　　D. 切断电源

97. 化工生产中要求保持的工艺指标称为(B)。

A. 测量值　　B. 给定值　　C. 输出值　　D. 偏差值

98. 自动调节对象应具备(A)。

A. 连续可测量　　B. 不断变化　　C. 不可测量　　D. 可以估算

99. 仪表的零点准确但终点不准确的误差称(A)。

A. 量程误差　　B. 基本误差　　C. 允许误差　　D. 零点误差

100. 自动控制系统是一个(B)。

A. 开环系统　　B. 闭环系统　　C. 定值系统　　D. 程序系统

101. 对一个 $3_{1/2}$位的显示仪表来说，其显示数(A)。

A. 0000 到 1999　　B. 0000 到 9999　　C. 1000 到 1999　　D. 1000 到 9999

102. 既要求调节，又要求切断时，可选用(C)。

A. 单座阀　　B. 隔膜阀　　C. 偏心旋转阀　　D. 蝶阀

103. 液柱式压力计是基于(A)原理工作的。

A. 液体静力学　　B. 静力平衡　　C. 霍尔效应　　D. 力平衡

104. 椭圆流量计是一种(D)流量计。

A. 速度式　　B. 质量　　C. 差压式　　D. 容积式

105. 用差压法测量容器液位时，显示液位的高低取决于(C)。

A. 容器上、下两点的压力差和容器截面
B. 压力差、容器截面和介质密度
C. 压力差、介质密度和取压位置
D. 容器高度和介质密度

106. 浮筒式液位计测量液位的最大测量范围就是(A)长度。
A. 浮筒　　B. 玻璃液位计
C. 浮筒正负引压阀垂直距离　　D. 玻璃液位计正负引压阀垂直距离

107. 下列关于热电阻温度计的说法中，错误的是(D)。
A. 电阻温度计的工作原理，是利用金属线(例如铂线)的电阻随温度作近于线性的变化
B. 电阻温度计在温度检测时，有时间延迟的缺点
C. 与电阻温度计相比，热电偶温度计能测更高的温度
D. 因为电阻体的电阻丝是用较粗的线作成的，所以有较强的耐振性能

108. 控制阀风开风关的选定原则应根据(A)。
A. 工艺生产的安全要求　　B. 控制闭环的要求
C. 现场安装的要求　　D. 操作的方便性

109. 在 DCS 系统的控制面板中，如果回路在“MAN”时，改变输出将直接影响(B)参数。
A. 给定值　　B. 输出值　　C. 测量值　　D. 偏差值

110. DCS 系统的硬件包括(B)。
A. 显示器、鼠标、键盘等
B. 操作站、工程师站、控制站、通讯单元等
C. 流程图画面、报警画面、报表画面、控制组画面等
D. 调节单元、显示单元、运算单元、报警单元等

111. 在操作 DCS 系统时，操作工无法改变(C)。
A. PID 参数　　B. 阀位值　　C. 正反作用　　D. 给定值

112. 保证(D)的一致、准确是计量工作的任务之一。
A. 质量　　B. 数字　　C. 数值　　D. 量值

113. 下列选项中，(D)表示计量结果与被测量的真值的接近程度。
A. 可靠性　　B. 经济性　　C. 精密性　　D. 准确性

114. 任何一个计量结果都能通过连续的比较链溯源到(C)。
A. 计量误差　　B. 计量单位　　C. 计量基准　　D. 真值

115. 国务院于(B)年 2 月 27 日发布了《关于在我国统一实行法定计量单位的命令》。
A. 1983　　B. 1984　　C. 1985　　D. 1986

116. 国务院颁布的《关于在我国统一实行法定计量单位的命令》要求，我国的计量单位一律采用以(C)单位为基础的法定计量单位。
A. 市制　　B. 米制　　C. 国际单位制　　D. 基本单位制

117. 国际单位制是在 1960 年第(C)届国际计量大会(CGPM)上正式通过并被命名，它简称为“SI”。
A. 九　　B. 十　　C. 十一　　D. 十二

118. m 是国际单位制基本单位，1m 是光在真空中于(B)s 时间间隔内所经路程的长度。

A. 1/299458792　B. 1/299792458　C. 1/299692458　D. 1/299692458

119. 在真空中，截面积可忽略的两根相距 1m 的无限长平行圆直导线内通以等量恒定电流时，若导线间相互作用力在每米长度上为(B)N，则每根导线中的电流为 1A。

A. 1×10^{-7}　B. 2×10^{-7}　C. 3×10^{-7}　D. 4×10^{-7}

120. 在国际单位制中，词头"兆"表示的因数为(B)。

A. 10^4　B. 10^6　C. 10^8　D. 10^9

121. 在国际单位制中，词头"千"的符号为(A)。

A. k　B. c　C. n　D. d

122. 下列选项中，(D)不是国际单位制规定的词头。

A. 十　B. 百　C. 千　D. 万

123. 下列 SI 词头用法中，正确的是(D)。

A. 力矩的单位 N km　B. 电场强度单位 kV/mm

C. 长度单位 mμm　D. 质量单位 Mg

124. 下列质量单位中，(D)是法定计量单位。

A. 盎司(oz)　B. 两　C. 斤　D. 吨(t)

125. 下列压强单位中，(C)是法定计量单位。

A. 巴(bar)　B. 毫米汞柱(mmHg)

C. 百帕(hPa)　D. 标准大气压(atm)

126. 下列能量单位中，(B)是法定计量单位。

A. 卡(cal)　B. 千瓦时(kW·h)　C. 马力小时　D. 千克力米(kgf·m)

127. 1 卡(cal)等于(B)焦耳(J)。

A. 4.1686　B. 4.1816　C. 4.1818　D. 4.1826

128. 1 磅(lb)等于(C)千克(kg)。

A. 0.453259　B. 0.453295　C. 0.453592　D. 0.453925

129. 1 英寸(in)等于(A)毫米(mm)。

A. 25.4　B. 25.5　C. 25.6　D. 50

130. 用户对给水系统的要求主要包括水量、水质和(B)等三个方面。

A. 水价　B. 水压　C. 水源　D. 流速

131. 根据水源种类，给水系统可分为地面水源和(D)两类。

A. 井水　B. 海水　C. 泉水　D. 地下水源

132. 在下列给水系统中，(A)给水系统的水的重复利用率最低。

A. 直流冷却水　B. 循环冷却水　C. 循序用水　D. 污水回用

133. 与地表水相比，地下水的水温变化幅度(B)。

A. 大　B. 小　C. 冬季小夏季大　D. 冬季大夏季小

134. 承压水是较好的给水水源，其主要补给源是(D)。

A. 降雨　B. 地表径流　C. 降雨和地表径流　D. 渗入补给

135. 一般情况下，湖泊和水库水的水质特点为(B)。

A. 悬浮物含量高　B. 有机物含量高　C. 含盐量低　D. 色度低

136. 与江河水比较，湖泊水的(D)高。

A. 浑浊度　B. 悬浮物　C. 细菌含量　D. 色度

137. 我国城镇一般采用(A)消防给水系统。

A. 低压　B. 中压　C. 中高压　D. 高压

138. 在电子工业中，零件的清洗及药液的配置等需要(D)。

A. 澄清水　B. 自来水　C. 软化水　D. 纯水

139. 一级泵站通常均匀供水，而二级泵站一般为分级供水，一、二级泵房供水量的差额由(C)调节。

A. 水塔　B. 高位水池　C. 清水池　D. 沉淀池

140. 在对置水塔的管网中，水压最低点在供水区的(D)处。

A. 中间点　B. 最高点　C. 最远点　D. 分界线

141. 散射浊度仪的标准浊度由(B)配成。

A. 福尔马林　B. 福尔马肼　C. 二氧化硅　D. 硅藻土

142. 水的色度测定是采用(A)标准比色法。

A. 铂钴　B. 钠铂　C. 钴钾　D. 铂镁

143. 通过强碱性阴离子交换树脂可除去(A)。

A. 硅酸　B. 胶体硅　C. 有机硅　D. 非活性硅

144. 表示水中杂质含量范围最大的概念是(C)。

A. 无机物　B. 含盐量　C. 总固体　D. 有机物

145. 在天然水中，形成水的硬度的最常见金属离子是(B)。

A. Ca^{2+}、Fe^{3+}　B. Ca^{2+}、Mg^{2+}　C. Ca^{2+}、Mn^{2+}　D. Ca^{2+}、Zn^{2+}

146. 暂时硬度是指由钙镁的(D)所引起的。

A. 碳酸盐　B. 硝酸盐　C. 硫酸盐　D. 碳酸氢盐

147. 在天然水中，水的碱度主要是由(C)的盐类所组成。

A. CO_3^{2-}　B. OH^-　C. HCO_3^-　D. HSO_4^-

148. pH(D)时，溶液呈碱性。

A. $\leqslant 7$　B. <7　C. $\geqslant 7$　D. >7

149. 酸度是用(C)的标准溶液滴定测得。

A. 强酸　B. 弱酸　C. 强碱　D. 弱碱

150. 当电极常数 $Q=$(B)时，电导率等于电导度。

A. 0.1　B. 1　C. 10　D. 100

151. (A)是水中常见的阳离子，它的存在增加了水的结垢倾向。

A. Na^+　B. K^+　C. Ca^{2+}　D. Mg^{2+}

152. 在下列天然水中的杂质中，颗粒最大的是(A)。

A. 悬浮物　B. 胶体　C. 溶解物质　D. 有机物

153. 工业水预处理中，常规的工艺流程是(A)。

A. 混凝、沉淀、过滤　B. 澄清、过滤、软化

C. 预沉、澄清、过滤　D. 沉淀、过滤、消毒

154. 当源水浊度和含砂量较高时，为减轻后续净水处理的负担，可增加(B)处理，以

除去水中粗大颗粒。

A. 混凝　　B. 预沉　　C. 澄清　　D. 过滤

155. 下列措施中，(D)不能使胶体颗粒产生脱稳作用。

A. 加入带相反电荷的胶体

B. 加入与水中胶体颗粒电荷相反符号的高价离子

C. 增加水中盐类浓度

D. 改变水的 pH 值

156. 为了提高混凝效果，根据源水水质选用性能良好的药剂，创造适宜的化学和(C)条件，是混凝工艺上的技术关键。

A. 反应　　B. 沉淀　　C. 水力　　D. 混合

157. 作为混凝剂的高分子物质一般具有(A)结构，吸附能力较强，在水中能起到胶粒之间互相结合的桥梁作用。

A. 链状　　B. 块状　　C. 离子　　D. 层状

158. 水射器投加是利用高压水流通过喷嘴和喉管之间产生的(D)作用将药液吸入，然后随水的余压注入源水管中。

A. 压差　　B. 速度差　　C. 水流惯性　　D. 真空抽吸

159. 下列反应池中，(B)不属于水力反应池。

A. 往复式隔板反应池　　B. 水平轴式机械反应池

C. 穿孔旋流反应池　　D. 网格反应池

160. 机械反应池的缺点为(D)。

A. 受水量的影响大　B. 絮凝效果差　　C. 受水质影响大　D. 维修工作量大

161. 脉冲澄清池属于(A)型澄清池。

A. 悬浮泥渣　　B. 循环泥渣　　C. 水力循环　　D. 锥底悬浮

162. 在澄清池中，泥渣层始终处于新陈代谢状态中，因此使泥渣层始终保持(D)的活性。

A. 氧化　　B. 还原　　C. 悬浮　　D. 接触絮凝

163. 滤速、工作周期和(D)是快滤池工作能力的三个主要指标。

A. 滤料级配　　B. 滤池面积　　C. 滤料孔隙率　　D. 反冲洗耗水量

164. 在生活饮用水净化工艺中，过滤是(A)的净化工序，是保证生活饮用水卫生安全的重要措施。

A. 不可缺少　　B. 必须与沉淀工艺配套

C. 设计时可选用　　D. 可有可无

165. 下列滤池中，(B)是等速过滤。

A. 普通快滤池　　B. 虹吸滤池　　C. 压力滤池　　D. 移动冲洗罩滤池

166. 现代研究认为，过滤主要是悬浮颗粒与滤料颗粒之间(A)的结果。

A. 粘附作用　　B. 筛滤作用　　C. 水流剪力作用　　D. 表面张力作用

167. 根据冲洗机理，快滤池的冲洗效果主要决定于(C)。

A. 冲洗流速　　B. 滤层膨胀度

C. 滤层孔隙水流剪力　　D. 碰撞摩擦作用

168. 在我国，快滤池反冲洗普遍采用(A)方法。

A. 高速冲洗　　B. 中速冲洗　　C. 低速冲洗　　D. 低速冲洗加表面助冲

169. 给水泵站中，(D)将净水构筑物(或自来水厂)净化后的水输送给用户，通常建在水厂内。

A. 循环泵站　　B. 加压泵站　　C. 一级泵站　　D. 二级泵站

170. 泵站内的噪声会损害人体健康，目前在治理噪声方面多采用吸声、消声、隔声和隔振等控制技术，其中，消声器是防治(A)噪声的主要方法。

A. 空气动力性　　B. 机械性　　C. 电磁性　　D. 水流

171. 下列水泵中，(D)属于容积式水泵。

A. 混流泵　　B. 射流泵　　C. 气升泵　　D. 往复泵

172. 轴流泵的使用范围侧重于(D)。

A. 高扬程、小流量　　B. 高扬程、大流量

C. 低扬程、小流量　　D. 低扬程、大流量

173. 在离心泵基本性能参数中，有效功率是指(D)。

A. 电机输入功率　　B. 电机输出功率

C. 水泵的输入功率　　D. 水泵的输出功率

174. 水射器引水是利用压力水通过水射器喷嘴处产生高速水流，使喉管进口处形成(D)的原理，将水泵内的气体抽走。

A. 高压　　B. 中压　　C. 低压　　D. 真空

175. 在离心泵启动前，用手转动机组的联轴器，凭经验感觉其转动的轻重是否均匀，有无异常声响，此检查方法称为(C)。

A. 点试　　B. 试车　　C. 盘车　　D. 调试

176. 当离心泵外壳顶点高于吸水池水位时，在其工作中，叶轮中心处压力(B)。

A. 高于大气压　　B. 低于大气压　　C. 等于大气压　　D. 等于出口压力

177. 对于吸入式离心泵装置，如果吸水池是敞开的，则水泵吸水地形高度应为(A)。

A. 吸水池水位与泵轴之间的高差　　B. 吸水池最低水位与泵轴之间的高差

C. 吸水池水位与真空表之间的高差　　D. 吸水池最低水位与真空表之间的高差

178. 当电源电压降低到额定电压的 80%时，则异步电动机的电磁转矩是原来的(C)。

A. 100%　　B. 80%　　C. 64%　　D. 51.2%

179. 在压力管道中，由于流速的剧烈变化而引起一系列急剧的压力(D)的水力冲击现象，称为水锤。

A. 持续上升　　B. 先升后降　　C. 先降后升　　D. 交替升降

180. 泵站水锤分为开泵水锤、关闸水锤和停泵水锤。按正常程序操作，(B)不会引起危及机组安全的事故。

A. 开泵水锤、关闸水锤和停泵水锤　　B. 开泵水锤和关闸水锤

C. 开泵水锤和停泵水锤　　D. 关闸水锤和停泵水锤

181. 在水泵出口处无止回阀时，最大转矩出现在(D)。

A. 水泵工况后期　B. 制动工况初期　C. 制动工况后期　D. 水轮机工况初期

182. 在下列所列的条件中，(A)会使停泵水锤事故容易发生。

A. 单管高处供水　　B. 水泵总扬程小

C. 输水管道内流速小　　D. 输水管道短

183. 比转数是一个能够反映叶片泵共性的综合性的特征数，其中包含的水泵性能参数为(A)。

A. 流量、扬程、转速　　B. 流量、扬程、功率

C. 流量、功率、转速　　D. 扬程、转速、功率

184. 在离心泵中，气蚀现象一般发生在(C)。

A. 泵轴　　B. 叶片进口正面　　C. 叶片进口背面　　D. 泵壳

185. 在下列措施中，(A)可以防止离心泵产生气蚀。

A. 减小吸水扬程　　B. 减小吸水管直径

C. 增加吸水管长度　　D. 采用进水闸阀调节流量

186. 预应力和自应力钢筋混凝土管的接头采用(A)。

A. 承插式　　B. 法兰式　　C. 焊接　　D. 夹接

187. 铸铁管具有(A)的特点。

A. 质地脆　　B. 耐振动　　C. 易腐蚀　　D. 重量轻

188. 一般情况下，大口径给水钢管采用的接头形式为(C)。

A. 承插式和法兰式　　B. 承插式和焊接

C. 法兰式和焊接　　D. 承插式、法兰式和焊接

189. 给水管网的排气阀应安装在管线的(A)部位，便于管道内空气释放和排除。

A. 隆起　　B. 转弯　　C. 最低　　D. 三通

190. 金属密封的蝶阀由于密封件的弹性较小，一般采用(D)结构提高密封效果。

A. 旋转　　B. 伸缩　　C. 球形　　D. 偏心

191. 型号为 Z941T - 10 的阀门，其中字母“Z”表示(A)。

A. 闸阀　　B. 截止阀　　C. 球阀　　D. 蝶阀

192. 型号为 12Sh - 28A 的水泵，其中数字“12”表示水泵的(A)。

A. 吸水口直径　　B. 出水口直径　　C. 扬程　　D. 比转数

193. 下列措施中，(D)将不能有效地防止给水管道腐蚀。

A. 采用塑料管　　B. 采用管壁涂保护层

C. 采用阴极保护　　D. 用水清洗管道

194. 在水泵中，盘根用于密封、(D)之间间隙的材料。

A. 叶轮与泵轴　　B. 叶轮与泵壳　　C. 泵轴与轴承　　D. 泵轴与泵壳

195. 在用设备完好率是指(A)之比的百分数。

A. 在用设备完好台数与在用设备总台数

B. 在用设备完好台数与所有设备总台数

C. 所有设备完好台数与所有设备总台数

D. 所有设备完好台数与在用设备总台数

196. 润滑管理应做到“五定”、“三级过滤”。其中“五定”是指(D)。

A. 定人定点定法定量定时　　B. 定人定线定质定量定时

C. 定人定点定质定量定法　　D. 定人定点定质定量定时

197. 润滑管理应做到“五定”、“三级过滤”。其中“三级过滤”中的第一级过滤是指(C)。

A. 从储油罐到领油大桶　　B. 从储油罐到岗位储油桶

C. 从领油大桶到岗位储油桶　　D. 从岗位储油桶到油壶

198. 下列各项因素中，(D)不会影响水泵盘车。

A. 更换新盘根　　B. 轴承损坏　　C. 泵轴弯曲　　D. 进水阀关闭

199. 石油化工安全生产监督管理制度规定，用火作业分为(D)。

A. 特殊、一级、二级、三级　　B. 一级、二级、三级、固定用火区

C. 一级、二级、三级、四级、固定用火区

D. 特殊、一级、二级、三级、固定用火区

200. 用火作业实行“三不用火”，即没有经批准的用火作业许可证不用火、(A)不在现场不用火、防火措施不落实不用火。

A. 用火监护人　　B. 申请用火单位安全员

C. 用火单位负责人　　D. 用火作业许可证签发人

201. 用火分析中，当可燃气体爆炸下限大于4%时，分析检测数据(D)为合格。

A. <4.0%　　B. <2.0%　　C. <1.0%　　D. <0.5%

202. 液态的润滑剂称为润滑油，通常以(B)来划分牌号。

A. 闪点　　B. 黏度　　C. 凝固点　　D. 密度

203. 半固态的润滑剂称为润滑脂，它是根据(C)来划分牌号。

A. 滴点　　B. 黏度　　C. 针入度　　D. 皂分

204. 下列图线中，(C)不是GB 4457.4—84中确定的图线形式。

A. 虚线　　B. 双折线　　C. 曲线　　D. 波浪线

205. 制图中，绘制尺寸线及尺寸界限使用(B)。

A. 粗实线　　B. 细实线　　C. 虚线　　D. 细点划线

206. 下列图线绘制时，(A)使用细实线。

A. 剖面线　　B. 轴线　　C. 不可见轮廓线　　D. 轨迹线

207. 在制图中，一个完整的尺寸一般应由(D)组成。

A. 尺寸界限、尺寸线　　B. 尺寸线、尺寸数字

C. 尺寸界限、尺寸数字　　D. 尺寸界限、尺寸线、尺寸数字

208. 平面图形中的尺寸按其作用可分为(B)等两类。

A. 定形尺寸和定量尺寸　　B. 定形尺寸和定位尺寸

C. 定量尺寸和定位尺寸　　D. 定性尺寸和定量尺寸

209. 在平面图形中，直线的长度、圆及圆弧的直径等应为(A)尺寸。

A. 定形　　B. 定位　　C. 定性　　D. 定型

210. 已知某给水管道的内径为500mm，管内流速为1m/s，则其流量为(C)m^3/h。

A. 0.20　　B. 0.79　　C. 706.50　　D. 2826

211. 已知某给水管道的内径为1000mm，管内流量为3600m^3/h，则其水流速度为(C)m/s。

A. 0.32　　B. 0.64　　C. 1.27　　D. 2.54

212. 已知某给水管道的内径为800mm，5月份供水量为2678400t，则其水流平均流速为(B)m/s。

A. 3.98　　B. 1.99　　C. 1.44　　D. 0.72

213. 已知某水厂设计流量为 $1m^3/s$，其沉淀池的停留时间为 1.5h，则沉淀池的有效容积应为(C)m^3。

A. 2400　　B. 3600　　C. 5400　　D. 8640

214. 已知某单相电机由 220V 电源供电，其有效功率为 2kW，功率因素 $\cos\phi=0.83$，则该电机的工作电流应为(A)A。

A. 11.0　　B. 9.1　　C. 7.7　　D. 6.3

215. 某三相异步电机轴功率为 555kW，绕组是星形接法，其拖动的水泵与电机传动效率为 95%，电压 6kV，功率因素 $\cos\phi=0.85$，工作电流 72A，则电机的效率应为(A)。

A. 91.86%　　B. 87.27%　　C. 81.93%　　D. 78.08%

216. 某离心泵的理论扬程为 107.5m，叶片修正系数 $P=0.25$，水泵效率 $\eta_h=0.9$，则水泵的实际扬程为(C)m。

A. 96.8　　B. 86.0　　C. 77.4　　D. 24.2

217. 已知一台水泵的流量为 10.2L/s，扬程为 20m，轴功率为 2.5kW，则该泵的效率为(C)。

A. 83.27%　　B. 81.60%　　C. 79.97%　　D. 78.37%

218. 已知一台水泵的流量为 10.2L/s，扬程为 20m，效率为 85%，则该泵的轴功率为(D)kW。

A. 2352　　B. 240　　C. 204　　D. 2.35

219. 用纯度为 40% 的固体聚合铝配制溶液，现加入固体聚合铝 1000kg、水 10t，则溶解后的聚合铝溶液质量分数等于(A)。

A. 3.64%　　B. 4%　　C. 9.09%　　D. 10%

220. 某座滤池的过滤面积为 $22m^2$，其使用水泵进行反冲洗，已知水泵的流量为 $1050m^3/h$，问其冲洗强度等于(B)$L/(s\cdot m^2)$。

A. 14.26　　B. 13.26　　C. 12.26　　D. 11.26

221. 已知某沉淀池的设计流量为 $1750m^3/h$，表面负荷率取 0.6mm/s，停留时间为 1.5h，则沉淀池表面积等于(C)m^2。

A. 507　　B. 540　　C. 810　　D. 1167

222. 已知某快滤池的设计流量为 $400m^3/h$，其长 6m，宽 6.5m，则其滤速应等于(B)m/h。

A. 10　　B. 10.26　　C. 11.11　　D. 12.26

223. 已知某快滤池的设计流量为 $7050m^3/d$，滤速取 10m/h，每天运行 23.5h，则其过滤面积等于(C)m^2。

A. 28　　B. 29　　C. 30　　D. 31

净水处理模块

判断题

1. 应用于水处理的混凝剂应符合混凝效果好、对人体无害、使用方便、货源充足、价格低廉等基本要求。 (√)

2. 在水处理中常用的混凝剂是有机高分子混凝剂。 (×)

正确答案：在水处理中常用的混凝剂是无机混凝剂。

3. 水处理中使用硫酸亚铁作为混凝剂，可使处理后的水带色。 (√)

4. 在使用过程中，聚合氯化铝对水的 pH 值变化适应性较强。 (√)

5. 氯气主要通过呼吸道对人体产生危害。 (√)

6. 源水中杂质按尺寸大小可分为悬浮物、固体、胶体和溶解物。 (×)

正确答案：源水中杂质按尺寸大小可分为悬浮物、胶体和溶解物等三类。

7. 源水产生浑浊现象的根源是水中含有悬浮物、胶体、溶解物。 (×)

正确答案：源水产生浑浊现象的根源是水中含有悬浮物、胶体。

8. 隔板反应池的优点是结构简单、使用方便。 (√)

9. 与其他类型反应池相比，机械搅拌反应池的优点是可以根据水量、水质的变化随时调整搅拌强度，达到最佳水力条件。 (√)

10. 平流沉淀池按照其作用可分为进水区、沉淀区、存泥区、出水区四部分。 (√)

11. 异重流重于池内水体者，将下沉并以较高速度沿着底部绕道前进；异重流轻于池内水体者，将沿水面径流至出口。 (√)

12. 斜管沉淀池的斜管材质通常采用酚醛树脂。 (×)

正确答案：斜管沉淀池的斜管材质通常采用无毒聚氯乙烯或聚丙烯。

13. 快滤池按过滤流向可分为上向流滤池、下向流滤池、双向流滤池等。 (√)

14. 杂质穿透深度越大，滤层的含污能力就越低。 (×)

正确答案：杂质穿透深度越大，滤层的含污能力就越高。

15. 在生活水处理工艺设计时，可以省略过滤处理。 (×)

正确答案：在生活水处理工艺设计时，不能省略过滤处理。

16. 在滤池冲洗时，洗掉滤料截流的杂质依靠滤料颗粒的碰撞摩擦。 (×)

正确答案：在滤池冲洗时，洗掉滤料截流的杂质依靠水流剪力和滤料颗粒的碰撞摩擦。

17. 采用冲洗水塔供应滤池冲洗水，允许在较长时间向水塔输水，耗电较均匀，如有地形条件可利用，建造水塔较好。 (√)

18. 气水冲洗滤池时，气泡能有效地使滤料表面污物破碎、脱落，需要更大的水冲强度来清除这些污物。 (×)

正确答案：气水冲洗滤池时，气泡能有效地使滤料表面污物破碎、脱落，故水冲强度可以大大降低，就可去除污物了。

19. 滤后水消毒的加氯点一般设在滤池到清水池的管道上或在清水池的入口处。 (√)

20. 与等速过滤相比，在平均滤速相同情况下，减速过滤的滤后水质较好。 (√)

21. 快滤池配水系统作用是使冲洗水在整个池面上均匀分布。 (√)

22. V 形滤池在反冲洗时滤料发生了水力分级现象。 (×)

正确答案：V 形滤池在反冲洗时滤料不发生水力分级现象。

23. 均匀集水是指在平流沉淀池出口段出水要均匀，采用指形槽的集水方式可达到要求。 (√)

24. 上向流斜管沉淀池的水流方向与污泥沉淀的方向相同。 (×)

正确答案：上向流斜管沉淀池的水流方向与污泥沉淀的方向相反。

25. 加氯间和氯库的照明和通风设备的开关应设在室内出口处。 (×)

正确答案：加氯间和氯库的照明和通风设备的开关应设在室外。

26. 盛装液氯的500kg钢瓶瓶体上的螺纹均为右旋螺纹。（√）

27. 同一种混凝剂在不同投加量时，其作用机理相同。（×）

正确答案： 同一种混凝剂在不同投加量时，其作用机理将有所不同。

28. 普通快滤池的含泥量增加一般情况下是由于滤池进水浊度长期过高引起的。（×）

正确答案： 普通快滤池的含泥量增加一般情况下是由于滤池反冲洗长期不干净引起的。

29. 当源水输水管发生爆裂事故时，应根据其设备布置和工艺特点，迅速采取多种手段来确定事故管线，保证尽快隔离。（√）

30. 斜板沉淀池中，斜板采用横向排列比竖向排列更能提高地面利用率，但其沉淀效率降低。（×）

正确答案： 斜板沉淀池中，斜板采用竖向排列比横向排列更能提高地面利用率，但其沉淀效率降低。

31. 为了使滤池正常运行，滤速应维持在适当范围内。（√）

32. 加氯间自来水浇洒氯瓶的作用是给氯瓶降温。（×）

正确答案： 加氯间自来水浇洒氯瓶的作用是给氯瓶加热，提供液氯气化所需的热量。

33. 在每次维护后，计量泵投入运转前应检查电机转向，并确认为逆时针旋转。（×）

正确答案： 在每次维护后，计量泵投入运转前应检查电机转向，并确认与电机安装法兰上箭头一致。

34. 水温低时水流对矾花的剪力增加，使矾花易于破碎，不易形成大颗粒。（√）

单选题

1. 固体三氯化铁是具有金属光泽的(B)结晶体。

A. 红色　B. 褐色　C. 黑色　D. 黄色

2. 三氯化铁作为混凝剂和硫酸铝相比，其特点为(C)。

A. 腐蚀性弱　B. 固体不易吸水潮解

C. 处理低温低浊水效果好　D. 难溶解

3. 混凝剂硫酸亚铁晶体的分子式为(B)。

A. $FeSO_4 \cdot 8H_2O$　B. $FeSO_4 \cdot 7H_2O$　C. $FeSO_4 \cdot 6H_2O$　D. $FeSO_4 \cdot 5H_2O$

4. 在低温时，硫酸铝的混凝特点为(C)。

A. 水解容易，混凝形成的絮体较为密实　B. 水解容易，但混凝形成的絮体较为松散

C. 水解困难，混凝形成的絮体较为松散　D. 水解困难，但混凝形成的絮体较为密实

5. 精制硫酸铝为(D)的结晶体。

A. 绿色　B. 蓝色　C. 红色　D. 白色

6. 聚合氯化铝的英文缩写为(B)。

A. PAM　B. PAC　C. PAD　D. PAL

7. 氯气和氨水反应会产生(B)烟雾现象。

A. 黄绿色　B. 白色　C. 无色　D. 橙色

8. 水中仅含有溶解物时，其外观为(A)。

A. 透明　B. 半透明　C. 浑浊　D. 有颜色

9. 水处理中，为了去除水中悬浮物和胶体要加入(A)。

A. 混凝剂　B. 消毒剂　C. 稳定剂　D. 氧化剂

10. 饮用水净化中所需的特殊处理工艺是(A)。
A. 除臭除味　B. 除盐　C. 淡化　D. 澄清
11. 混凝过程中混合的方式主要可分为水泵混合、(B)、水力混合池混合、机械混合。
A. 滤池混合　B. 管式混合　C. 自然混合　D. 人工混合
12. 下列选项中，(A)不是机械混合方式的特点。
A. 设备简单　B. 增加维修工作　C. 混合均匀　D. 不受到流量影响
13. 混凝剂的投加设备除了提升设备和注入设备，还包括(A)。
A. 计量设备　B. 反应设备　C. 混合设备　D. 搅拌设备
14. 下列选项中，(D)不是机械搅拌反应池的特点。
A. 絮凝效果好　B. 设备维修工作量大
C. 絮凝时间长　D. 运行成本低
15. 沉淀池按其形态和结构可分为多种，我国广泛采用的是(B)。
A. 竖流式　B. 平流式和斜管式　C. 辐流式　D. 斜板式
16. 平流沉淀池和其他沉淀池相比，其优点为(B)。
A. 占地面积小　B. 管理方便　C. 沉淀效率高　D. 维修量小
17. 沉淀池的截留速度等于(A)之商。
A. 流量与表面积　B. 表面积与流量　C. 容积与流量　D. 流量与容积
18. 在沉淀池中，沉速(D)截留沉速的絮凝颗粒将不会沉到池底。
A. 不小于　B. 不大于　C. 大于　D. 小于
19. 通常情况下，平流沉淀池采用的排泥方式是(D)。
A. 排泥斗　B. 排泥管　C. 排泥阀　D. 桁架排泥机
20. 异重流对沉淀池沉淀的影响决定于进池源水的(C)。
A. 浊度　B. 颗粒密度
C. 浊度和颗粒密度　D. 色度
21. 为了确保斜管沉淀池出水水质，表面负荷最大不应超过(C)mm/s。
A. 1　B. 2　C. 3　D. 4
22. 水处理中用于过滤工艺的滤池一般采用(B)。
A. 慢滤池　B. 快滤池　C. 高速滤池　D. 压力滤池
23. 下列选项中，(D)不是影响过滤处理的主要因素。
A. 沉淀池出水浊度　B. 滤速
C. 滤料粒径与级配　D. 水的 pH 值
24. 卫生部颁布的《生活饮用水卫生规范》(2001)规定，生活水的浑浊度要求不大于(C)mg/L。
A. 0.1　B. 0.5　C. 1　D. 3
25. 一般石英砂滤池的冲洗强度为 12 ~ 15L/(s·m^2)，水冲的时间为(D)min。
A. 2 ~ 1　B. 3 ~ 2　C. 5 ~ 3　D. 7 ~ 5
26. 气水反冲洗滤池时，气冲强度约 15L/(s·m^2)，气冲时间一般为(D)min。
A. 9 ~ 10　B. 8 ~ 7　C. 6 ~ 7　D. 4 ~ 5
27. 下列水处理消毒方法中，(C)属于物理消毒法。
A. 氯气消毒　B. 臭氧消毒　C. 超声波法　D. 氯胺消毒

28. 水处理中，氯消毒主要通过(A)起作用。

A. HOCl　　B. HCl　　C. Cl_2　　D. OCl^-

29. 水处理中，氯气消毒的最佳 pH 值范围为(A)。

A. 2～7　　B. 7～9　　C. >7.4　　D. >9.5

30. 卫生部颁布的《生活饮用水卫生规范》(2001)规定，生活饮用水的 pH 值范围为(D)。

A. 7.0～7.5　　B. 6.5～7.5　　C. 6.5～8.0　　D. 6.5～8.5

31. 卫生部颁布的《生活饮用水卫生规范》(2001)规定，生活饮用水的总硬度应不超过(A)mg/L。

A. 450　　B. 500　　C. 550　　D. 600

32. 卫生部颁布的《生活饮用水卫生规范》(2001)规定，生活饮用水的总大肠菌群应为(D)。

A. 1mL 水中不超过 100 个　　B. 1L 水中不超过 3 个

C. 1L 水中不超过 1 个　　D. 每 100mL 水样中不得检出

33. 卫生部颁布的《生活饮用水卫生规范》(2001)规定，生活水游离余氯管网末梢不低于(A)mg/L。

A. 0.05　　B. 0.03　　C. 0.02　　D. 0.01

34. 与过滤后期相比，在过滤初期滤料较干净，通常其孔隙率和孔隙流速表现为(C)。

A. 孔隙率较小，而孔隙流速较大　　B. 两者均较大

C. 孔隙率较大，而孔隙流速较小　　D. 两者均较小

35. 虹吸滤池采用(C)配水系统。

A. 大阻力　　B. 中阻力　　C. 小阻力　　D. 无阻力

36. V 形滤池通常使用(A)。

A. 匀质滤料　　B. 双层滤料(上层粒径大、下层粒径小)

C. 双层滤料(上层粒径小、下层粒径大)　　D. 三层滤料

37. 平流式沉淀池按照作用分为四个部分，其中杂质颗粒绝大多数沉于(C)。

A. 进水区　　B. 沉淀区　　C. 存泥区　　D. 出水区

38. 普通快滤池的清水阀在结构划分中属于(C)。

A. 进水系统　　B. 过滤系统　　C. 集水系统　　D. 反洗系统

39. 下列选项中，(A)属于普通快滤池的过滤系统。

A. 承托层　　B. 清水总管　　C. 配水管　　D. 进水阀门

40. 斜管沉淀池集水槽布置在沉淀池的(A)。

A. 清水区　　B. 斜管区　　C. 配水区　　D. 积泥区

41. 转子加氯机中单向阀位于(B)之中。

A. 旋风分离器　　B. 中转玻璃罩　　C. 水射器　　D. 转子流量计

42. 转子加氯机正常工作时，中转玻璃罩内处于(D)状态。

A. 高压　　B. 中压　　C. 常压　　D. 真空

43. 氯库和加氯间应有通风设备，其进气孔和排气孔布置要求为(A)。

A. 进气孔设在高处，排气孔设在最低处

B. 进气孔设在最低处，排气孔设在高处

C. 进气孔、排气孔均设在高处　　D. 进气孔、排气孔均设在低处

44. 在转速不变的情况下，罗茨鼓风机的风量随工艺系统阻力的增大而(B)。

A. 增加　　B. 大体不变　　C. 减小　　D. 无法判断

45. 罗茨鼓风机运行启动时，应先(B)。

A. 开出口阀　　B. 开旁路阀

C. 直接启动鼓风机　　D. 开排气阀

46. 对于盛装液氯的500kg钢瓶，最高使用温度为(B)℃。

A. 70　　B. 60　　C. 50　　D. 40

47. 为了确保沉淀池的出水水质和节省混凝剂投加量，在运行管理中首要关注的是(A)。

A. 掌握源水水质的变化规律　　B. 及时排泥

C. 提高混凝剂溶液浓度　　D. 严格控制处理负荷

48. 沉淀池常常由于日常排泥不彻底而池底积累大量污泥，一般采用(D)的方法。

A. 不停池，使用专用泥泵排泥　　B. 停池放空，使用专用泥泵排泥

C. 不停池，水力排泥　　D. 停池放空，人工清洗排泥

49. 通常石化企业巡检“三件宝”是指(A)。

A. 抹布、听针、扳手　　B. 听针、扳手、手电筒

C. 听针、扳手、起子　　D. 扳手、抹布、手电筒

50. 石化企业现场管理中要求，杜绝“一乱三长”现象，这是指杜绝(B)。

A. 乱堆放、长明灯、长流水、长漏油　B. 乱摆放、长明灯、长流水、长冒汽

C. 乱摆放、长明灯、长漏油、长冒汽　D. 乱堆放、长流水、长漏油、长冒汽

51. 当混凝剂的投加量过大时，将会在絮凝池末端即发生(B)现象。

A. 矾花上浮　　B. 泥水分离　　C. 水体变浑　　D. 矾花破碎

52. 沉淀池表面负荷过大一般会引起(B)。

A. 浊度去除率提高　　B. 浊度去除率降低

C. 浊度去除率不变　　D. 无法确定

53. 沉淀池短流现象一般会引起(B)。

A. 浊度去除率提高　　B. 浊度去除率降低

C. 浊度去除率不变　　D. 无法确定

54. 下列选项中，(D)有利于提高普通快滤池的出水水质。

A. 延长快滤池工作周期　　B. 缩短滤池的反冲洗时间

C. 提高滤速　　D. 降低滤池的进水浊度

55. 源水输水管埋设在地下，管线出口设有连通管，未安装流量、压力仪表。若发生爆裂，一般可通过(B)来准确判定管线。

A. 爆裂现场位置　　B. 切换管道控制阀

C. 管道出水量　　D. 控制阀处流水声

56. 某平流沉淀池使用虹吸排泥机排泥，当水下部分虹吸管破裂会导致(A)。

A. 虹吸排泥机吸泥效果不佳　　B. 沉淀池溢流

C. 中断混凝剂的投加　　D. 滤池漫水

57. 平流式沉淀池的出口应设质量控制点，浊度指标一般控制在(D)度以下。

A. 20　　B. 15　　C. 12　　D. 10

58. 当滤池滤后水浊度超标时，采用(A)处理办法不能达到要求。

A. 提高滤速　　B. 停运进行反冲洗

C. 降低负荷　　D. 降低进水浊度

59. 下列各种措施中，(D)不能有效地提高源水输水的可靠性。

A. 采用双输水管线　　B. 输水管线之间设置连通管

C. 多水源供给源水　　D. 增加控制阀门数量

60. 氯瓶结霜时应采取(A)。

A. 自来水淋洒氯瓶　　B. 用加热设备靠近氯瓶烘烤

C. 不用处理　　D. 用工具刮掉结霜

61. 计量泵在(A)系统压力下工作时，会出现过量输送。

A. 低　　B. 中　　C. 高　　D. 超高

62. 某平流式沉淀池采用桁架吸泥机排泥，若吸泥泵工作中出现排泥量明显减少，经检查机械设备无故障，则一般是由于(B)原因造成的。

A. 工作模式设置不正确　　B. 吸泥口堵塞

C. 池底局部有障碍物　　D. 池底积泥过多

63. 当平流式沉淀池桁架吸泥机行走时发生打滑，一般是由于(D)造成的。

A. 工作模式设置不正确　　B. 池中水体阻挡

C. 池底局部有障碍物　　D. 池底积泥过多

64. 下列各种因素中，(A)会造成沉淀池末端矾花上浮。

A. 沉淀池负荷过大　　B. 断矾

C. 沉淀池漫水　　D. 滤池过滤速度快

软化除盐处理模块

判断题

1. 丙烯酸系离子交换树脂，均为酸性树脂。　（×）

正确答案： 丙烯酸系离子交换树脂，既有酸性树脂，也有碱性树脂。

2. 离子交换树脂由酸性变为碱性或者离子交换树脂由碱性变为酸性，称为树脂转型。　（×）

正确答案： 离子交换基团中反离子的变换，称为树脂转型。

3. 弱性树脂的密度通常比强性树脂大。　（×）

正确答案： 弱性树脂的密度通常比强性树脂小。

4. 可以直接加水来稀释浓硫酸。　（×）

正确答案： 不可以直接加水来稀释浓硫酸。

5. 当强碱溅入眼睛时，应立即送医院急救。　（×）

正确答案： 当强碱溅入眼睛时，应立即用大量流动清水冲洗，再用2%稀硼酸溶液清洗。

6. 磺化煤在处理酸性水时，其化学稳定性很差。　（×）

正确答案： 磺化煤在处理碱性水时，其化学稳定性很差。

7. 离子交换基团即为树脂的可交换离子。 (×)

正确答案：离子交换基团包含固定离子和可交换离子。

8. 对于装有一定量树脂的交换器，其树脂工作交换容量保持不变。 (×)

正确答案：树脂工作交换容量随条件而变化。

9. 除碳器填料的比表面积越大，除碳效果越好。 (√)

10. 根据锅炉压力等级不同，锅炉补给水可采用澄清水、软化水、凝结水。 (√)

11. 锅炉发生汽水共腾现象，会影响锅炉安全运行，但不会影响蒸汽品质。 (×)

正确答案：锅炉发生汽水共腾现象，会影响锅炉安全运行，且影响蒸汽品质。

12. 1.6～2.5MPa 蒸汽汽包锅炉的给水含氧量应不大于 0.05mg/L。 (√)

13. 在锅炉水处理中，一级化学除盐+混床系统出水二氧化硅含量应不大于 20μg/L。 (√)

14. 化学除盐是指水中所含的各种离子和离子交换树脂进行离子反应而被除去的过程。 (√)

15. 软化处理是将水中碳酸盐硬度除去，使水软化。 (×)

正确答案：软化处理是将水中钙、镁离子除去，使水软化。

16. 双级钠离子交换软化主要优点是提高交换器的交换能力，降低耗盐量。 (√)

17. 氢－钠离子交换处理，只能采用串联方式运行。 (×)

正确答案：氢－钠离子交换处理，既可采用串联方式也可采用并联方式运行。

18. 采用石灰软化处理，可将水中镁盐永硬变为钙盐永硬。 (√)

19. 强碱性 OH 型交换剂在水中电离出 OH^- 的能力较大，故它很容易和水中其他各种阴离子进行交换反应。 (√)

20. 用弱碱性 OH 型离子交换剂不能除去水中的碱度。 (√)

21. 在树脂的离子交换过程中，水溶液的离子浓度大小对扩散速度影响不大。 (×)

正确答案：在树脂的离子交换过程中，水溶液的离子浓度大小是影响扩散速度的重要因素。

22. 离子交换处理导致水质改善，而离子交换剂的结构不发生实质性变化。 (√)

23. 对于硬度、碱度较高的源水，单独钠离子交换处理会使水的含盐量降低。 (×)

正确答案：对于硬度、碱度较高的源水，单独钠离子交换处理不会降低水的含盐量。

24. 采用双级钠离子交换，再生一级钠离子树脂的盐耗比二级高。 (×)

正确答案：采用双级钠离子交换，再生一级钠离子树脂的盐耗比二级低。

25. 当源水总硬度大于碳酸盐硬度时，则氢型强酸性阳离子交换出水的周期平均水质是碱性。 (×)

正确答案：当源水总硬度大于碳酸盐硬度，则氢型强酸碱性阳离子交换出水的周期平均水质是酸性。

26. 在氢－钠离子交换系统中，经氢离子交换后产生的碳酸经除碳排去，故可起到部分除盐作用。 (√)

27. 水力循环澄清池分离室分离出来的泥渣大部分通过泥渣浓缩室排走。 (×)

正确答案：澄清池分离室分离出来的泥渣大部分回流到第一反应室。

28. 喷射泵的抽吸能力与动力源的压力及流量有关，而与喷嘴的尺寸关系不大。 (×)

正确答案：喷射泵的抽吸能力与喷嘴的尺寸、动力源的压力及流量等有关。

29. 活塞在往复一次中，吸入和排出液体各一次的往复泵，称为双动泵。 (×)

正确答案： 活塞在往复一次中，吸入和排出液体各一次的往复泵，称为单动泵。

30. 喷射泵既可用于液抽气，也可用于气抽液。 (√)

31. 往复泵开动之前无需灌液排气。 (√)

32. 液环真空泵可以输送含有蒸汽、水分或固体颗粒的气体。 (√)

33. 在重力式无阀滤池过滤过程中，因压降变大，制水量会不断下降。 (×)

正确答案： 重力式无阀滤池过滤过程中，制水量不随压降而变。

34. 计量泵常用旁路回流来调节流量。 (×)

正确答案： 计量泵用调节行程或改变转速来调节流量。

35. 隔膜式计量泵每次大修时，均应更换新隔膜。 (√)

36. 使用真空除碳器，对防止阴离子交换树脂的氧化是有利的。 (√)

37. 无阀滤池的格栅式集配水装置属于大阻力系统。 (×)

正确答案： 无阀滤池的格栅式集配水装置属于小阻力系统。

38. 无阀滤池双层滤料的装入，应使相对密度大而粒径小的在上层。 (×)

正确答案： 无阀滤池双层滤料的装入，应使相对密度大而粒径小的在底层。

39. 在碱槽检修中，树脂胶泥在施工或固化期间，严禁与水或水蒸气接触，并尽量多晒太阳。 (×)

正确答案： 树脂胶泥在施工或固化期间应防止暴晒。

40. 当澄清池由空池投入运行时，初期出水浊度较低。 (×)

正确答案： 当澄清池空池投入运行时，初期出水浊度一般稍高。

41. 水力循环澄清池进水水温升高时，会因对流现象而影响出水水质。 (√)

42. 澄清池正常的运行过程，是进水、加药和出水、排泥呈动态平衡的过程。 (√)

43. 由于无机盐类混凝剂溶于水时系吸热反应，因此水温低时不利于混凝剂的水解。 (√)

44. 无阀滤池虹吸破坏管插入反洗水室的深度是按反洗强度确定的。 (×)

正确答案： 无阀滤池虹吸破坏管插入反洗水室的深度是按反洗水量确定的。

45. 重力式无阀滤池若长期在低流量下运行，必须加强强制反洗。 (√)

46. 在重力式无阀滤池的反洗期间，进水经过滤层排至地沟。 (×)

正确答案： 在重力式无阀滤池的反洗期间，进水随反洗水直接排至地沟。

47. 当澄清池由空池投入运行时，可人工加入活性泥。 (√)

单选题

1. 丙烯酸系羧酸树脂是(B)交换剂。

A. 强酸性　B. 弱酸性　C. 两性　D. 弱碱性

2. 离子交换树脂的含水率一般在(C)之间。

A. 20%～40%　B. 30%～50%　C. 40%～60%　D. 60%～80%

3. 用于交换柱水处理工艺的树脂，其圆球率应在(C)以上。

A. 80%　B. 85%　C. 90%　D. 95%

4. 滴定碱度的标准溶液，一般用(A)配制。

A. H_2SO_4　B. HCl　C. $NaHCO_3$　D. NaOH

5. 盐酸一旦溅到眼睛或皮肤上，立即用大量流动清水冲洗，再用(A)溶液清洗。

A. 2%碳酸氢钠　B. 1%醋酸　C. 2%硼砂　D. 0.5%氢氧化钠

6. 能使甲基橙指示剂变红，酚酞指示剂不显色的溶液是(A)。
A. 盐酸　B. 氢氧化钠　C. 氯化钠　D. 碳酸氢钠
7. 滴定酸度的标准溶液，一般用(D)配制。
A. $Ca(OH)_2$　B. HCl　C. KOH　D. NaOH
8. 氯碱工业中，通过电解(B)溶液来制取氯气和氢气。
A. HCl　B. NaCl　C. $CaCl_2$　D. H_2SO_4
9. 熟石灰的溶解度随温度升高而(B)。
A. 增大　B. 减小　C. 不变　D. 无法确定
10. 在水处理中，投加石灰软化处理方法属于(A)。
A. 化学软化法　B. 物理软化法
C. 离子交换软化法　D. 热力软化法
11. 根据(B)的不同，可将离子交换树脂分为阳离子交换树脂和阴离子交换树脂。
A. 可交换离子　B. 交换基团性质　C. 单体性质　D. 制造工艺
12. 离子交换树脂，根据其(B)，可分为苯乙烯系、酚醛系和丙烯酸系等。
A. 酸碱性　B. 单体的种类
C. 交换基团的性质　D. 交联剂的种类
13. 下列交换剂中，(C)是无机交换剂。
A. 磺化煤　B. 丙烯酸树脂　C. 合成沸石　D. 酚醛树脂
14. 磺化煤不具有(A)活性基团。
A. $—NH_2$　B. —COOH　C. —OH　D. $—SO_3H$
15. 锅炉水处理中应用的离子交换树脂，交联度一般在(B)范围内。
A. 3% ~ 10%　B. 7% ~ 12%　C. 10% ~ 15%　D. 12% ~ 20%
16. 凝胶型离子交换树脂的产品型号主要由三位数字组成，其第二位数字表示(C)。
A. 交联度　B. 顺序号　C. 骨架代号　D. 活性基团代号
17. 201 × 7 型树脂是(C)离子交换树脂。
A. 强酸性　B. 弱酸性　C. 强碱性　D. 弱碱性
18. 下列型号树脂中，(A)为环氧系树脂。
A. 331　B. D111　C. D202　D. 301 × 2
19. 离子交换树脂的全交换容量与(D)有关。
A. 进水的流速　B. 树脂层高度
C. 进水中离子浓度　D. 树脂的类型
20. 离子交换树脂的工作交换容量，随进水中离子浓度的增大而(A)。
A. 增大　B. 减小　C. 不变　D. 无法判断
21. 在锅炉给水系统中，(C)就是锅炉的水源水，主要来自江河水。
A. 净化水　B. 生产回水　C. 原水　D. 补给水
22. 下列选项中，导热性能最差的是(A)。
A. 硅酸盐水垢　B. 碳酸盐水垢　C. 硫酸盐水垢　D. 混合水垢
23. 1.0 ~ 1.6MPa 蒸汽汽包锅炉的给水总硬度应(C)mmol/L。
A. ≤0.01　B. ≤0.02　C. ≤0.03　D. ≤0.05

24. 蒸汽压力≤2.5MPa蒸汽锅炉的给水含油量应（ B ）mg/L。

A. ≤1　B. ≤2　C. ≤3　D. ≤5

25. 3.8～5.8MPa蒸汽汽包锅炉的给水硬度应（ C ）μmol/L。

A. ≤0.5　B. ≤1　C. ≤2　D. ≤5

26. 3.8～5.8MPa蒸汽汽包锅炉给水的pH值(25℃)应为（ A ）。

A. 8.8～9.2　B. 8.5～9.2　C. 8.2～9.0　D. 8.0～9.5

27. 废热锅炉的给水和锅炉水水质，应根据炉型、蒸汽参数、蒸汽用途以及局部最高（ B ）的情况而定。

A. 热量　B. 热负荷　C. 热能　D. 负荷

28. 目前在锅炉水处理中，最常采用（ C ）进行除盐。

A. 反渗透法　B. 蒸馏法　C. 化学除盐法　D. 电渗析法

29. 属永久硬度的是（ D ）。

A. $Ca(HCO_3)_2$　B. $Mg(HCO_3)_2$　C. Na_2CO_3　D. $CaSO_4$

30. 水中含有的（ B ）的盐类，都是形成硬度的物质。

A. Ca^{2+}、Na^+　B. Ca^{2+}、Mg^{2+}　C. Mg^{2+}、K^+　D. Na^+、K^+

31. 下列水处理方法中，不属于软化处理工艺的是（ D ）。

A. 钠离子交换处理　B. 氢钠离子交换处理

C. 石灰处理　D. 阴、阳离子交换处理

32. 在锅炉水处理中，若原水碱度低，但对软水水质要求高时，应选择（ B ）方法处理。

A. 单级钠离子交换　B. 双级钠离子交换

C. 石灰软化　D. 炉内加药

33. 下列软化处理工艺中，不能降低水中碱度的工艺是（ A ）。

A. 双级钠交换　B. 氢钠并联交换

C. 氢钠串联交换　D. 钠交换后加酸

34. 为恢复离子交换剂的交换能力，利用离子交换反应的（ B ），用再生剂使其恢复交换能力。

A. 酸碱性　B. 可逆性　C. 选择性　D. 溶解性

35. 比强酸性阳离子交换剂中H^+选择性弱的离子是（ D ）。

A. K^+　B. Na^+　C. NH_4^+　D. Li^+

36. 弱碱性阴离子交换树脂不能吸着的酸根是（ D ）。

A. SO_4^{2-}　B. NO_3^-　C. HCO_3^-　D. $HSiO_3^-$

37. 能与弱酸性H型离子交换剂起反应的是（ C ）组成的盐。

A. SO_4^{2-}　B. NO_3^-　C. HCO_3^-　D. Cl^-

38. 离子交换平衡是在一定（ B ）下，经过一定时间，离子交换体系中固态的树脂相和液相之间的离子交换反应达到的平衡。

A. 压力　B. 温度　C. 树脂密度　D. 重量

39. 选择性系数能（ A ）表示离子交换选择性的大小。

A. 定量的　B. 定性的　C. 定时的　D. 大概的

40. 表示离子交换树脂工作交换容量的单位是(C)。

A. t/m^3　　B. kg/m^3　　C. mol/m^3　　D. g/m^3

41. 下列各项中，不属于离子交换过程中树脂层的变化阶段的是(B)。

A. 交换带的形成阶段　　B. 交换带的交换阶段

C. 交换带的移动阶段　　D. 交换带的消失阶段

42. 在顺流式固定床工作过程中，不包含(B)的步骤。

A. 运行　　B. 小反洗　　C. 再生　　D. 正洗

43. 离子交换树脂再生目的是恢复离子交换树脂的(C)。

A. 制水量　　B. 全交换容量　　C. 工作交换容量　　D. 平衡交换容量

44. 强酸氢离子交换浮动床进再生剂盐酸的浓度宜控制在(B)。

A. 0.5%~1%　　B. 2%~4%　　C. 6%~8%　　D. 8%~10%

45. 强碱性阴离子交换顺流式固定床进再生剂氢氧化钠的浓度宜控制在(B)。

A. 0.5%~1%　　B. 2%~4%　　C. 4%~6%　　D. 6%~8%

46. 在树脂的离子交换过程中，离子水合半径越大或所带(A)越多，液膜扩散速度就越慢。

A. 电荷　　B. 电子　　C. 电离子　　D. 原子

47. 树脂粒径大小，影响离子交换速度，这是由于孔道距离和液膜扩散(B)的不同造成的。

A. 面积　　B. 表面积　　C. 体积　　D. 截面积

48. 离子交换软化处理利用阳离子交换树脂中可交换离子，把水中(B)交换出来。

A. Ca^{2+}、Na^+　　B. Ca^{2+}、Mg^{2+}　　C. Mg^{2+}、Na^+　　D. Ca^{2+}、H^+

49. 经钠离子交换后水的碱度不变，因其水中碳酸盐硬度按照等物质量规则转变为(C)。

A. $NaOH$　　B. Na_2CO_3　　C. $NaHCO_3$　　D. $NaCl$

50. 经钠离子交换后，水的(D)将会有所增加。

A. 含碱量　　B. 阳离子的物质的量

C. 含酸量　　D. 溶解固形物

51. 钠离子交换再生时所用再生剂通常使用(C)溶液。

A. $NaNO_3$　　B. Na_2CO_3　　C. $NaCl$　　D. Na_3PO_4

52. 氢－钠串联离子交换软化和除碱中，在钠离子交换前一定要先除去 CO_2，否则经钠离子交换后又会出现(C)。

A. 酸度　　B. 硬度　　C. 碱度　　D. 盐

53. 氢型弱酸性阳树脂的有效使用 pH 范围为(B)。

A. 0~14　　B. 4~14　　C. 6~10　　D. 0~7

54. 氢型弱酸性阳树脂主要是和水中的(D)硬度进行交换反应。

A. 硫酸盐　　B. 硅酸盐　　C. 硝酸盐　　D. 碳酸盐

55. 为提高出水质量，可在水力循环澄清池的(C)加装斜管。

A. 反应室　　B. 泥渣浓缩室　　C. 分离区　　D. 混合区

56. 重力式无阀滤池的主体，自上而下是由(C)所组成。

A. 过滤室、集水室、冲洗水箱　　B. 集水室、冲洗水箱、过滤室

C. 冲洗水箱、过滤室、集水室　　D. 集水室、过滤室、冲洗水箱

57. 顺流式固定床进再生液装置的作用是(D)。

A. 防止液流对树脂的冲击　　B. 收集反洗排水

C. 防止树脂乱层　　D. 使再生液均匀分布

58. 顺流式固定床内部无(D)。

A. 进水分配装置　B. 集水装置　C. 再生液分配装置　D. 中间排水装置

59. 往复泵主要适用于(B)的场合。

A. 小流量、低压强　　B. 小流量、高压强

C. 大流量、低压强　　D. 大流量、高压强

60. 输送腐蚀性液体，宜选用(C)。

A. 活塞式往复泵　B. 柱塞式往复泵　C. 隔膜式往复泵　D. 柱塞式计量泵

61. 随着真空度的升高，水环式真空泵的输气量(B)。

A. 升高　B. 下降　C. 不变　D. 无法确定

62. 型号为 3DS—1/200 的柱塞泵，型号中的首位数字 3 表示该泵的(A)。

A. 缸数　B. 吸入口直径　C. 流量　D. 压力

63. 与其他泵相比，液环真空泵效率一般(A)。

A. 较低　B. 适中　C. 较高　D. 无法比较

64. 柱塞泵不可通过(C)来调节流量。

A. 改变往复频率　B. 改变柱塞行程　C. 调节出口阀开度　D. 旁路回流

65. 重力式无阀滤池，其滤料愈细，则(D)。

A. 水耗愈小，周期制水量愈大　　B. 水耗愈小，周期制水量愈小

C. 水耗愈大，周期制水量愈大　　D. 水耗愈大，周期制水量愈小

66. 计量泵的出口必须安装(A)。

A. 安全阀　B. 气动阀　C. 电动阀　D. 截止阀

67. 多层过滤器比单层过滤器运行(A)。

A. 周期长、流速高　　B. 周期长、流速低

C. 周期短、流速高　　D. 周期短、流速低

68. 水力循环澄清池具有(B)的特点。

A. 无加药泵　B. 无转动机械　C. 进水不需升压　D. 无悬浮泥渣层

69. 在额定出力下，水在水力循环澄清池中总停留时间一般在(C)h。

A. 0.6 ~ 0.9　B. 0.9 ~ 1.2　C. 1.2 ~ 1.5　D. 1.5 ~ 1.8

70. 氢离子交换器的出水，经真空除碳器除气后，可使水中残留 CO_2 降至(A)mg/L 以下。

A. 3　B. 5　C. 10　D. 15

71. 转子流量计玻璃管结垢，宜用(D)浸泡后用毛刷清理。

A. 食盐溶液　　B. 稀氢氧化钠溶液

C. 稀硫酸溶液　　D. 稀盐酸溶液

72. 无阀滤池 U 形进水管弯头的标高(C)虹吸下降管管口。

A. 高于　B. 等于　C. 低于　D. 高于或低于

73. 呋喃树脂常用的稀释剂为(A)。

A. 乙醇　　B. 丙酮　　C. 甲苯　　D. 二甲苯

74. 澄清池的容积利用系数愈大，则池中水流的流动均匀性(A)。

A. 愈好　　B. 愈差　　C. 不变　　D. 无法确定

75. 泥渣循环式澄清池，通常采用测(C)的方法判断悬浮泥渣量。

A. 出水浊度　　B. 泥渣层高度　　C. 沉降比　　D. 排泥浓度

76. 经过混凝和澄清处理后的水，通过重力式滤池过滤时，滤速宜控制在(C)m/h。

A. 1 ~ 4　　B. 4 ~ 7　　C. 8 ~ 12　　D. 15 ~ 30

77. 在泥渣循环式澄清池的运行过程中，回流泥渣起了(A)的作用。

A. 接触介质　　B. 机械阻留　　C. 电中和　　D. 网捕

78. 压力式过滤器一般按(B)来确定是否需要清洗。

A. 运行时间和出水浊度　　B. 出水浊度和压降

C. 出水浊度和流量　　D. 运行时间和压降

79. 压力式过滤器的设备损坏大都发生在(C)过程中。

A. 流量调整　　B. 过滤　　C. 反洗　　D. 检修

80. 虹吸滤池的反洗水，是(D)。

A. 本格滤池进水　　B. 本格滤池过滤水

C. 本组滤池进水　　D. 本组滤池过滤水

81. 单层过滤器在反洗后，滤料的分布呈上细下粗，这是(B)的作用。

A. 水力冲刷　　B. 水力筛分　　C. 滤料相互摩擦　　D. 重力

82. 在反洗强度不变条件下，水温升高则滤料的膨胀率(B)。

A. 增高　　B. 降低　　C. 不变　　D. 无法确定

83. 若提高水温，除碳器的除碳效果将(A)。

A. 提高　　B. 降低　　C. 基本不变　　D. 无法确定

84. 水力循环澄清池的混合区，5min 沉降比一般控制在(B)范围内。

A. 3% ~ 5%　　B. 5% ~ 20%　　C. 10% ~ 30%　　D. 25% ~ 35%

85. 可通过(C)来增加水力循环澄清池的回流水量。

A. 提高泥渣层高度　　B. 减少排泥量

C. 调节喷嘴和混合室喇叭口的间距　　D. 降低进水量

86. 在水力循环澄清池的运行过程中，应根据(C)来调整连续排泥量。

A. 出水浊度　　B. 进水流量　　C. 沉降比　　D. 运行周期

87. 无阀滤池的进水水质恶化，会使(D)。

A. 自动运行的周期制水量不变，出水的浊度不变

B. 自动运行的周期制水量不变，出水的浊度变大

C. 自动运行的周期制水量变小，出水的浊度不变

D. 自动运行的周期制水量变小，出水的浊度变大

88. 重力式无阀滤池不能自动反洗，应首先检查(C)。

A. 进口的流量大小　　B. 冲洗水箱的水位高低

C. 虹吸系统的严密性　　D. 锥形挡板的位置

89. 重力式无阀滤池在运行中，从虹吸管中大量溢水的原因有可能是(C)。
A. 进口的流量过大　　B. 冲洗水箱的水位过低
C. 虹吸系统漏气　　D. 锥形挡板的位置不当

90. 在机械搅拌澄清池工作时，一般控制其回流泥渣水量为进水量的(B)。
A. 1~2 倍　　B. 3~5 倍　　C. 1/2~1/3　　D. 1/2~1/4

91. 虹吸滤池真空系统的作用是(D)。
A. 控制过滤　　B. 分配水量
C. 控制反洗　　D. 控制过滤和反洗

92. 虹吸滤池需要反洗时，应首先(D)。
A. 抽去反洗虹吸管中空气　　B. 破坏反洗虹吸管真空
C. 抽去进水虹吸管中空气　　D. 破坏进水虹吸管真空

三、技能操作鉴定要素细目表

<table>
<tr><th colspan="6">鉴定范围</th><th colspan="2">鉴定点</th></tr>
<tr><th colspan="2">一级</th><th colspan="2">二级</th><th colspan="2">三级</th><th rowspan="2">代码</th><th rowspan="2">名称</th></tr>
<tr><th>代码</th><th>名称</th><th>代码</th><th>名称</th><th>代码</th><th>名称</th></tr>
<tr><td rowspan="21">A</td><td rowspan="21">技能要求
(通用模块)</td><td rowspan="17">A</td><td rowspan="17">通用设备的
使用与维护</td><td rowspan="9">A</td><td rowspan="9">使用设备</td><td>001</td><td>离心泵启动前的检查</td></tr>
<tr><td>002</td><td>离心泵的启动操作</td></tr>
<tr><td>003</td><td>离心泵的停运操作</td></tr>
<tr><td>004</td><td>离心泵的切换</td></tr>
<tr><td>005</td><td>计量泵投运前的检查</td></tr>
<tr><td>006</td><td>计量泵的投运操作</td></tr>
<tr><td>007</td><td>计量泵的停运操作</td></tr>
<tr><td>008</td><td>潜水泵的投运操作</td></tr>
<tr><td>009</td><td>浊度的测定步骤</td></tr>
<tr><td rowspan="8">B</td><td rowspan="8">维护设备</td><td>001</td><td>离心泵运行维护注意事项</td></tr>
<tr><td>002</td><td>阀门盘根的更换操作</td></tr>
<tr><td>003</td><td>更换压力表的操作</td></tr>
<tr><td>004</td><td>离心泵润滑油的更换操作</td></tr>
<tr><td>005</td><td>更换小阀门垫片的操作</td></tr>
<tr><td>006</td><td>计量泵的运行维护</td></tr>
<tr><td>007</td><td>潜水泵使用的注意事项</td></tr>
<tr><td>008</td><td>潜水泵日常维护</td></tr>
<tr><td rowspan="4">B</td><td rowspan="4">通用机械设备
事故判断
与处理</td><td rowspan="2">A</td><td rowspan="2">判断事故</td><td>001</td><td>柱塞式往复泵完全不排液的原因分析</td></tr>
<tr><td>002</td><td>柱塞式往复泵排液量不够的原因分析</td></tr>
<tr><td rowspan="2">B</td><td rowspan="2">处理事故</td><td>001</td><td>离心泵不上量的处理</td></tr>
<tr><td>002</td><td>离心泵填料发热的处理</td></tr>
</table>

续表

鉴定范围						鉴定点	
一级		二级		三级		代码	名称
代码	名称	代码	名称	代码	名称		
B	技能要求（净水处理模块）	A	工艺操作	A	开车准备	001	源水取水系统开车前的准备工作
						002	平流式沉淀池投用前的准备工作
						003	普通快滤池投用前的准备工作
						004	斜管沉淀池投用前的准备工作
				B	开车操作	001	平流式沉淀池的投用
						002	斜管沉淀池的投用
						003	普通快滤池的投用
						004	加药系统的投用
				C	正常操作	001	混凝剂投加量的调整
						002	氯瓶的切换
				D	停车操作	001	平流式沉淀池的停运操作
						002	普通快滤池的停运操作
						003	加药系统的停运操作
		B	设备使用与维护	A	使用设备	001	桁架泵吸式吸泥机的操作
						002	过滤式防毒面具的使用
				B	维护设备	001	回旋式刮泥机日常维护
						002	平流式沉淀池的维护保养
		C	事故判断与处理	A	判断事故	001	平流式沉淀池吸泥机运行中的常见故障及处理
				B	处理事故	001	加药系统出量下降的判断处理
						002	提升泵打不出混凝剂药液的处理
						003	氯瓶结霜的处理
		D	绘图与计算	A	绘图	001	绘制取水系统流程图
						002	绘制加药系统流程图
						003	绘制消毒处理系统流程图
C	技能要求（软化除盐处理模块）	A	工艺操作	A	开车准备	001	水力循环澄清池的投运操作
						002	无阀滤池的投运操作
						003	固体混凝剂的溶液配制
						004	机械搅拌澄清池投运前的检查
				B	开车操作	001	水力循环澄清池的投运操作
						002	无阀滤池的投运操作
						003	预处理加药系统的投运操作
						004	机械搅拌澄清池的投运操作
						005	钠离子交换器的投运操作
						006	双级钠离子交换系统的投运操作

续表

鉴定范围						鉴定点	
一级		二级		三级		代码	名称
代码	名称	代码	名称	代码	名称		
				C	正常操作	001	预处理加药系统的运行维护
						002	水力循环澄清池的运行维护
						003	无阀滤池的运行维护
						004	机械搅拌澄清池的运行维护
				D	停车操作	001	水力循环澄清池的停运操作
						002	无阀滤池的停运操作
						003	预处理加药系统的停运操作
						004	机械搅拌澄清池的停运操作
						005	钠离子交换器停运操作
						006	双级钠离子交换系统停运操作
		B	设备使用与维护	A	使用设备	001	离子交换器的水样采集操作
		C	事故判断与处理	A	判断事故	001	无阀滤池出水水质下降的原因分析
				B	处理事故	001	水力循环澄清池出水浊度超标的处理
						002	无阀滤池出水浊度高的处理
						003	无阀滤池反洗不能中止的处理
						004	无阀滤池不能自动反洗的处理
		D	绘图与计算	A	绘图	001	绘制澄清处理系统流程图
						002	绘制过滤处理系统流程图

四、技能操作试题

通用模块

试题 1：离心泵启动前的检查

（考核时间：15min）

序号	考核内容	考核要点	配分	评分标准	检测结果	扣分	得分	备注
1	准备工作	穿戴劳保用品	3	未穿戴整齐扣 3 分				
		工具、用具准备	2	工具选择不正确扣 2 分				
2	检查进出水条件	检查进、出水阀是否完好	10	未检查进水阀扣 5 分				
				未检查出水阀扣 5 分				
		检查吸水井水位是否满足要求	10	未检查水位扣 10 分				
				水位未满足要求扣 5 分				
		检查出水条件，确保满足供水要求	10	未检查出水扣 10 分				
				出水条件未满足要求扣 5 分				

续表

序号	考核内容	考核要点	配分	评分标准	检测结果	扣分	得分	备注
3	检查机泵本体	检查机泵是否完好，地脚螺栓及其他连接部件是否牢固	10	未检查电机扣5分				
				未检查离心泵扣5分				
				未检查机泵的牢固性扣5分				
4	检查润滑系统	检查润滑油（脂）量、油(脂)质是否满足要求	8	未检查油(脂)量扣5分				
				未检查油质扣5分				
5	检查仪表情况	检查真空表、压力表是否完好，打开真空表的控制阀，关闭出口压力表的控制阀	7	未检查仪表扣3分				
				未打开真空表的控制阀扣2分				
				未关闭压力表的控制阀扣2分				
		检查电压、电流表是否完好	5	未检查电压表扣3分				
				未检查电流表扣3分				
6	测量绝缘	测电机绝缘是否符合要求，低压电机不小于0.5MΩ	10	未测量绝缘扣10分				
				判断错误扣5分				
7	灌水排气	打开泵壳排气阀，排尽空气后关闭	10	未操作扣10分				
				排气不彻底扣5分				
8	盘车	盘车，转动灵活，无异常声音	10	盘车方向错误扣10分				
				盘车未达2圈以上扣5分				
9	使用工具	正确使用工具	2	工具使用不正确扣2分				
		正确维护工具	3	工具乱摆乱放扣3分				
10	安全及其他	按国家法规或企业规定		违规一次总分扣2分；严重违规停止操作			—	
		在规定时间内完成操作		每超时1min总分扣3分，超时3min停止操作			—	
		合　计	100					

试题2：离心泵的启动操作

（考核时间：15min）

序号	考核内容	考核要点	配分	评分标准	检测结果	扣分	得分	备注
1	准备工作	穿戴劳保用品	3	未穿戴整齐扣3分				
		工具、用具准备	2	工具选择不正确扣2分				
2	启动前操作	检查轴承油(脂)质量	3	未检查扣3分				
		检查进、出口阀是否完好	3	未检查扣3分				
		检查压力仪表是否处于备用状态	4	未检查扣4分				
		灌水排气	10	未排气操作扣10分				
				灌水排气不彻底扣5分				
		盘车	10	未盘车扣10分				
				盘车未达2圈以上扣5分				

续表

序号	考核内容	考核要点	配分	评分标准	检测结果	扣分	得分	备注
3	启动操作	启动离心泵，打开出口压力表的控制阀；检查电流，缓缓开启出口阀，同时观察出水压力变化	20	启动操作不正确扣5分				
				未打开压力表阀门扣4分				
				未检查电流扣3分				
				开启出口阀过快扣5分				
				未根据出水压力开启出口阀扣3分				
		调整出口阀，使出水压力达到生产要求	10	未调整操作扣10分				
				调整压力未达到要求扣5分				
4	启动后检查	检查电机温度、振动是否正常	10	未检查电机温度扣5分				
				未检查电机振动扣5分				
				未检查电机轴承温度扣5分				
		检查离心泵轴承温度、振动是否正常	10	未检查泵轴承温度扣5分				
				未检查泵振动扣5分				
		检查并调整填料密封滴水，保证滴水满足要求	10	未检查填料处滴水扣10分				
				滴水不满足要求，未调整扣5分				
5	使用工具	正确使用工具	2	工具使用不正确扣2分				
		正确维护工具	3	工具乱摆乱放扣3分				
6	安全及其他	按国家法规或企业规定		违规一次总分扣2分；严重违规停止操作			—	
		在规定时间内完成操作		每超时1min总分扣3分，超时3min停止操作			—	
		合　　计	100					

试题3：离心泵的停运操作

（考核时间：10min）

序号	考核内容	考核要点	配分	评分标准	检测结果	扣分	得分	备注
1	准备工作	穿戴劳保用品	3	未穿戴整齐扣3分				
		工具、用具准备	2	工具选择不正确扣2分				
2	停运步骤	关闭出口阀	30	未关闭出口阀扣30分				
				操作不规范扣10分				
3		按泵的停运按钮	30	操作漏项扣30分				
				操作迟缓扣20分				
4	调整及检查	根据需要调整泵进口阀、出口阀开启或关闭；长时间停用应关闭泵冷却用水	30	不清楚泵在联锁、备用、检修条件下阀门启闭情况，每项扣10分				
				操作漏项，每项扣10分				
5	使用工具	正确使用工具	2	使用不正确扣2分				
		正确维护工具	3	工具乱摆乱放扣3分				

续表

序号	考核内容	考核要点	配分	评分标准	检测结果	扣分	得分	备注
6	安全及其他	按国家法规或企业规定		违规一次总分扣2分；严重违规停止操作			—	
		在规定时间内完成操作		每超时1min总分扣3分，超时3min停止操作			—	
		合　计	100					

试题4：离心泵的切换

（考核时间：20min）

序号	考核内容	考核要点	配分	评分标准	检测结果	扣分	得分	备注
1	准备工作	穿戴劳保用品	3	未穿戴整齐扣3分				
		工具、用具准备	2	工具选择不正确扣2分				
2	启动前操作	检查备用离心泵组轴承润滑油(脂)质量，检查备用机组的进出口阀，真空表、压力表的控制阀应置于关闭状态	10	未检查润滑油(脂)扣3分				
				未检查进口阀扣3分				
				未检查出口阀扣3分				
				压力仪表的控制阀状态错误扣3分				
		对备用机组灌水排气、盘车	15	未排气操作扣5分				
				灌水排气不彻底扣3分				
				未盘车扣5分				
				盘车未达2圈以上扣3分				
3	切换操作程序	启动备用离心泵，投用出口压力表，检查电流，缓缓开启出口阀，同时观察出水压力变化	15	启动操作不正确扣5分				
				未投用出口压力表扣3分				
				未检查电流扣2分				
				开启操作过快扣5分				
		根据管网压力变化，缓慢关闭运行泵出口阀，同时缓慢增开备用泵的出口阀，保证管网压力平稳	20	操作顺序不正确扣10分				
				未根据管网压力操作阀门扣5分				
				操作过快扣5分				
				管网压力波动大扣5分				
		待运行泵出口阀完全关闭时，停运机组；调整备用泵出口阀，使管网压力满足生产要求	10	停运操作不正确扣5分				
				管网压力未达到要求扣5分				
4	切换后检查及调整	检查电机温度、振动是否正常	4	未检查电机温度扣2分				
				未检查电机振动扣2分				
		检查离心泵轴承温度、振动是否正常	4	未检查泵轴承温度扣2分				
				未检查泵振动扣2分				
		检查并调整填料密封滴水	6	未检查填料处滴水扣3分				
				未调整密封扣3分				
		关闭停运机组压力仪表控制阀，置机组于备用状态	6	未关闭压力表控制阀扣3分				
				未确认停运机组备用扣3分				

续表

序号	考核内容	考核要点	配分	评分标准	检测结果	扣分	得分	备注
5	使用工具	正确使用工具	2	工具使用不正确扣2分				
		正确维护工具	3	工具乱摆乱放扣3分				
6	安全及其他	按国家法规或企业规定		违规一次总分扣2分；严重违规停止操作			—	
		在规定时间内完成操作		每超时1min总分扣3分，超时3min停止操作			—	
		合　计	100					

试题5：计量泵投运前的检查

（考核时间：10min）

序号	考核内容	考核要点	配分	评分标准	检测结果	扣分	得分	备注
1	准备工作	穿戴劳保用品	3	未穿戴整齐扣3分				
		工具、用具准备	2	工具选择不正确扣2分				
2	检查进出液条件	检查进、出水管阀是否完好	10	未检查进水管阀扣5分				
				未检查出水管阀扣5分				
		检查吸入槽液位是否满足要求	10	未检查液位扣10分				
				不清楚液位要求扣5分				
		检查出液管路应畅通	10	未检查扣10分				
3	检查仪表	检查压力表等是否完好	5	未检查扣5分				
4	检查泵本体	检查油量、油质是否满足要求	15	未检查油量扣10分				
				不清楚油位要求扣5分				
				未检查油质扣5分				
		地脚螺栓是否拧紧	10	未检查地脚螺栓扣10分				
		盘动联轴器，使柱塞前后移动数次，应运转灵活	15	未盘车扣15分				
				盘车不规范扣5分				
		机泵周围无妨碍运转的杂物	5	未检查周围的杂物扣5分				
5	检查电机	电机接线连接良好	5	未检查扣5分				
		电机绝缘应符合要求	5	未检查绝缘扣5分				
6	使用工具	正确使用工具	2	工具使用不正确扣2分				
		正确维护工具	3	工具乱摆乱放扣3分				
7	安全及其他	按国家法规或企业规定		违规一次总分扣2分；严重违规停止操作			—	
		在规定时间内完成操作		每超时1min总分扣3分，超时3min停止操作			—	
		合　计	100					

试题6：计量泵的投运操作

（考核时间：15min）

序号	考核内容	考核要点	配分	评分标准	检测结果	扣分	得分	备注
1	准备工作	穿戴劳保用品	3	未穿戴整齐扣3分				
		工具、用具准备	2	工具选择不正确扣2分				
2	确认进出液条件	开启进口阀，确认进口管路畅通	15	未开进口阀扣15分				
				未检查进口管路扣5分				
		开启出口阀，确认出口管路畅通	15	未开出口阀扣15分				
				未检查出口管路扣5分				
3	盘车	盘动联轴器，使柱塞前后移动数次，应运转灵活	10	未盘车扣10分				
				盘车不规范扣5分				
4	启动	按泵的启动按钮	20	启动前未开进、出口阀门扣20分				
5	检查调整	缓慢调节行程，将流量调整至需要范围内	10	未调节行程扣10分				
				调节方法错误扣10分				
		检查并调整柱塞填料密封处的漏损及温度	10	未检查柱塞填料密封处的漏损扣5分				
				不清楚正常漏损量的范围扣3分				
				未检查柱塞填料密封处的温度扣5分				
		检查计量泵有无异常声音，温度是否正常	10	未检查声音扣5分				
				未检查温度扣5分				
				不清楚正常温度范围扣3分				
6	使用工具	正确使用工具	2	工具使用不正确扣2分				
		正确维护工具	3	工具乱摆乱放扣3分				
7	安全及其他	按国家法规或企业规定		违规一次总分扣2分；严重违规停止操作			—	
		在规定时间内完成操作		每超时1min总分扣3分，超时3min停止操作			—	
		合　计	100					

试题7：浊度的测定步骤

（考核时间：20min）

序号	考核内容	考核要点	配分	评分标准	检测结果	扣分	得分	备注
1	准备工作	穿戴劳保用品	5	未穿戴整齐扣5分				
2	调试仪器	按浊度仪说明书调试仪器	30	未预热扣10分				
				未调零扣20分				
				操作漏项，每项扣10分				
3	定位	选择浊度值与水样接近的福尔马肼标准对照液置于浊度仪中，重复调零、定位直至稳定为止	35	对照液选择不当扣15分				
				未重复调零扣20分				
				操作漏项，每项扣10分				

续表

序号	考核内容	考核要点	配分	评分标准	检测结果	扣分	得分	备注
4	测量	摇匀水样，待气泡消失后，将水样注入浊度仪的试管中进行测定，直接从仪器上读取浊度值，其浊度单位为FNU	30	操作漏项，每项扣10分				
				操作不当，每项扣5分				
				不清楚浊度单位扣5分				
5	安全及其他	按国家法规或企业规定		违规一次总分扣2分；严重违规停止操作			—	
		在规定时间内完成操作		每超时1min总分扣3分，超时3min停止操作			—	
合　计			100					

试题8：离心泵运行维护注意事项

（考核时间：15min）

序号	考核内容	考核要点	配分	评分标准	检测结果	扣分	得分	备注
1	准备工作	穿戴劳保用品	3	未穿戴整齐扣3分				
		工具、用具准备	2	工具选择不正确扣2分				
2	操作程序	检查机泵的压力、电流是否平稳	15	未检查泵出口压力扣10分				
				未检查电机电流扣10分				
3		检查振动情况	10	未检查电机振动扣5分				
				未检查泵振动扣5分				
4		检查轴承温度	10	未检查电机轴承温度扣5分				
				未检查泵轴承温度扣5分				
5		检查动、静密封点是否泄漏	10	未检查扣10分				
6		检查润滑部位的油质是否变质、乳化，及时更换机油，液面保持在1/2~2/3处	10	未检查油质扣10分				
				未检查油位扣5分				
7		打开润滑油箱堵头，检查带油环是否带油，对其他部位定时加油或脂	15	未检查扣10分				
				未及时加油或脂扣10分				
8		检查冷却水情况	10	未检查扣10分				
9		备用泵定时盘车	10	未执行扣10分				
10	使用工具	正确使用工具	2	使用不正确扣2分				
		正确维护工具	3	工具乱摆乱放扣3分				
11	安全及其他	按国家法规或企业规定		违规一次总分扣2分；严重违规停止操作			—	
		在规定时间内完成操作		每超时1min总分扣3分，超时3min停止操作			—	
合　计			100					

试题 9：阀门盘根的更换操作

（考核时间：20min）

序号	考核内容	考核要点	配分	评分标准	检测结果	扣分	得分	备注
1	准备工作	穿戴劳保用品	3	未穿戴整齐扣3分				
		工具、用具准备	2	工具选择不正确扣2分				
2	清理填料腔	将填料腔清理洁净	15	操作不规范扣5分				
				清理不净扣5分				
				清理时划伤填料腔内壁扣5分				
3	切割盘根	正确选择盘根	15	盘根选错扣15分				
		切割成合适长度	10	长度不当扣10分				
		切口为30或45	10	角度不对扣10分				
4	装填盘根	盘根加入槽，每加一圈压紧一次	10	操作不当扣10分				
		两盘根切口错开120°，上下搭接	10	操作不当扣10分				
		盘根加得不宜过满	10	压盖不能入槽扣10分				
		盘根装填完毕后，调试严密性及阀门的开关灵活性	10	调整不当扣10分				
5	使用工具	正确使用工具	2	工具使用不正确扣2分				
		正确维护工具	3	工具乱摆乱放扣3分				
6	安全及其他	按国家法规或企业规定		违规一次总分扣2分；严重违规停止操作			—	
		在规定时间内完成操作		每超时1min总分扣3分，超时3min停止操作			—	
	合　计		100					

试题 10：离心泵润滑油的更换操作

（考核时间：20min）

序号	考核内容	考核要点	配分	评分标准	检测结果	扣分	得分	备注
1	准备工作	穿戴劳保用品	3	未穿戴整齐扣3分				
		工具、用具准备	2	工具选择不正确扣2分				
2	放油及清洗	拧开润滑油箱上加油丝堵	5	操作漏项扣5分				
		放油丝堵正下方放接油工具	5	操作漏项扣5分				
		拧开放油孔丝堵	5	操作漏项扣5分				
		油放尽后拧上放油孔丝堵	5	操作漏项扣5分				
		将筛子插入平放在轴承箱上	5	操作漏项扣5分				
		手拿润滑油壶将油倒至筛子内冲洗轴承箱，边加边洗	5	操作漏项扣5分				
		在冲洗轴承箱的同时盘车	5	操作漏项扣5分				
		冲洗干净后，拧开放油孔丝堵	5	操作漏项扣5分				
		将轴承箱的油放尽后，拧紧放油孔丝堵	5	操作漏项扣5分				

续表

序号	考核内容	考核要点	配分	评分标准	检测结果	扣分	得分	备注
3	加油及检查	将油加至1/2～2/3处	10	加油量过多或过少扣10分				
		取下筛子	5	操作漏项扣5分				
		拧上加油丝堵	5	操作漏项扣5分				
		检查放油孔丝堵，若渗漏应处理至不渗漏	10	检查处理漏项扣10分				
		将废油倒至指定回收处	5	乱倒废油扣5分				
		将泵、筛子、工具等清洁	10	清洁漏项，每项扣5分				
4	使用工具	正确使用工具	2	工具使用不正确扣2分				
		正确维护工具	3	工具乱摆乱放扣3分				
5	安全及其他	按国家法规或企业规定		违规一次总分扣2分；严重违规停止操作			—	
		在规定时间内完成操作		每超时1min总分扣3分，超时3min停止操作			—	
		合　计	100					

试题11：计量泵的运行维护

（考核时间：15min）

序号	考核内容	考核要点	配分	评分标准	检测结果	扣分	得分	备注
1	准备工作	穿戴劳保用品	3	未穿戴整齐扣3分				
		工具、用具准备	2	工具选择不正确扣2分				
2	检查设备的完好情况	检查泵本体完好，地脚螺栓紧固，有缺陷及时消除	5	检查漏项，每项扣3分				
		检查电机完好，接线良好，有缺陷及时消除	5	检查漏项，每项扣3分				
		检查进出管阀完好，有缺陷及时消除	5	检查漏项，每项扣3分				
		检查压力表等仪表完好，有缺陷及时消除	5	检查漏项，每项扣3分				
3	检查润滑	检查润滑部位的油位、油质，及时更换润滑油	15	未检查油位扣5分				
				不清楚油位要求扣3分				
				未检查油质扣5分				
				换油操作不当扣3分				
				不清楚换油周期扣3分				
4	检查填料密封	检查调整填料密封泄漏量	15	调整密封泄漏量，操作不当扣8分				
				不清楚轴封泄漏要求扣8分				
5	检查运转情况	检查声响、振动是否正常	10	检查漏项，每项扣5分				
				不清楚振动要求扣5分				
		检查各部温度是否正常；有无焦糊味	10	检查漏项，每项扣5分				
				不清楚温度要求扣5分				

续表

序号	考核内容	考核要点	配分	评分标准	检测结果	扣分	得分	备注
6	调节流量	调量时不得过快或过猛，按要求调量	10	操作不当扣10分				
7	备用泵维护	定期盘车	5	操作不当扣5分				
		长期停用，应将泵内介质放干，进行保养处理	5	操作不当扣5分				
8	使用工具	正确使用工具	2	工具使用不正确扣2分				
		正确维护工具	3	工具乱摆乱放扣3分				
9	安全及其他	按国家法规或企业规定		违规一次总分扣2分；严重违规停止操作			—	
		在规定时间内完成操作		每超时1min总分扣3分，超时3min停止操作			—	
		合　计	100					

试题12：潜水泵使用的注意事项

（考核时间：15min）

序号	考核内容	考核要点	配分	评分标准	检测结果	扣分	得分	备注
1	准备工作	穿戴劳保用品	5	未穿戴整齐扣5分				
2	避免打空泵	潜水泵在无水的情况下试运转时，运转时间严禁超过规定的时间	10	未指出扣10分				
		吸水池容积能保证潜污泵开启时和运行中水位较高	10	未指出扣10分				
		电泵不得陷入泥中	10	未指出扣10分				
3	电机绝缘可靠	新泵使用前或长期放置的备用泵启动之前，定子对外壳的绝缘电阻应符合要求；否则应驱除潮湿后才能使用	20	不清楚绝缘要求扣10分				
				绝缘不合格处理不当扣10分				
4	维护保养	泵体运转时振动、噪音出现异常及输出水量水压下降等情况，应停泵消缺	25	不清楚常见故障，每项扣5分				
				不清楚处理办法，每项扣5分				
		按要求定期换油；定期修理或更换密封	20	维护漏项，每项扣10分				
5	安全及其他	按国家法规或企业规定		违规一次总分扣2分；严重违规停止操作			—	
		在规定时间内完成操作		每超时1min总分扣3分，超时3min停止操作			—	
		合　计	100					

试题13：柱塞式往复泵排液量不够的原因分析

（考核时间：15min）

序号	考核内容	考核要点	配分	评分标准	检测结果	扣分	得分	备注
1	准备工作	穿戴劳保用品	5	未穿戴整齐扣5分				
2	吸入管道原因	吸入管道局部阻塞	15	未检查扣15分				
3	泵阀原因	吸入或排出阀内有杂物卡阻	20	未检查扣20分				
		泵阀磨损关闭不严	20	未检查扣20分				
4	密封原因	柱塞密封填料漏液	15	未检查扣15分				
5	转数原因	转数不足	10	未检查扣10分				
6	旁路原因	旁通线或控制阀漏	15	未检查扣15分				
7	安全及其他	按国家法规或企业规定		违规一次总分扣2分；严重违规停止操作			—	
		在规定时间内完成操作		每超时1min总分扣3分，超时3min停止操作			—	
合计			100					

试题14：离心泵不上量的处理

（考核时间：20min）

序号	考核内容	考核要点	配分	评分标准	检测结果	扣分	得分	备注
1	准备工作	穿戴劳保用品	5	未穿戴整齐扣5分				
2	打开进水阀	进水阀未打开的，开启进水阀，阀门损坏的停泵检修处理	15	检查漏项扣15分				
				处理不当，每项扣5分				
3	消除漏气点	检查吸入管、轴封是否漏气，消除漏气	10	检查漏项，每项扣10分				
				处理不当，每项扣5分				
4	调整水位	检查吸入水位，若水位过低，调高水位	15	未检查处理扣15分				
5	调整转向	检查泵转向，若反转，联系电工调换转向	10	未检查处理扣10分				
6	灌泵	泵内有气情况下，停泵排气灌泵	15	检查漏项扣15分				
				操作不当，每项扣5分				
7	检修处理	吸入管路堵塞的，停泵检修处理	10	未检查处理扣10分				
		叶轮损坏或脱落的，停泵检修处理	10	未检查扣10分				
		泵轴断的，停泵检修处理	10	未检查扣10分				
8	安全及其他	按国家法规或企业规定		违规一次总分扣2分；严重违规停止操作			—	
		在规定时间内完成操作		每超时1min总分扣3分，超时3min停止操作			—	
合计			100					

试题 15：离心泵填料发热的处理

（考核时间：15min）

序号	考核内容	考核要点	配分	评分标准	检测结果	扣分	得分	备注
1	准备工作	穿戴劳保用品	3	未穿戴整齐扣 3 分				
		工具、用具准备	2	工具选择不正确扣 2 分				
2	调整冷却水量	水封管堵塞的，疏通水封管；冷却水中断或不足的，恢复冷却水正常水量	30	检查漏项扣 15 分				
				处理不当，每项扣 5 分				
3	调整压盖	填料压得太紧的，调整松紧度，使泄漏量符合规定	30	检查漏项扣 30 分				
				不清楚泄漏量规定扣 10 分				
				处理不当扣 10 分				
4	检修处理	填料环安装位置不对的，调整填料环位置使其对准水封管口	20	未指出扣 20 分				
		填料盒与泵不同心的，检修改正不同心的地方	10	未指出扣 10 分				
5	使用工具	正确使用工具	2	工具使用不正确扣 2 分				
		正确维护工具	3	工具乱摆乱放扣 3 分				
6	安全及其他	按国家法规或企业规定		违规一次总分扣 2 分；严重违规停止操作			—	
		在规定时间内完成操作		每超时 1min 总分扣 3 分，超时 3min 停止操作			—	
	合　计		100					

净水处理模块

试题 1：源水取水系统开车前的准备工作

（考核时间：20min）

序号	考核内容	考核要点	配分	评分标准	检测结果	扣分	得分	备注
1	准备工作	穿戴劳保用品	2	未穿戴整齐扣 2 分				
		工具、用具准备	3	工具选择不正确扣 3 分				
2	检查水源情况	检查吸水井水位是否符合要求	10	未检查水位扣 10 分				
3	检查源水输送装置	检查进、出水阀是否完好，要求进水阀处于全开、出水阀处于全关位置	10	未检查进水阀扣 5 分				
				未检查出水阀扣 5 分				
				阀门开关位置确认不正确，扣5 分				
		手动盘车 2 圈以上，转动灵活，无异常声音	10	未盘车扣 10 分				
				盘车未达 2 圈以上扣 5 分				
		打开泵壳排气阀，排尽空气后关闭	10	未排气操作扣 10 分				
				排气不彻底扣 5 分				
		通知电工测电机绝缘	10	未联系检查扣 10 分				
		检查机泵螺丝、电机接线是否完好紧固	5	未检查扣 5 分				

续表

序号	考核内容	考核要点	配分	评分标准	检测结果	扣分	得分	备注
4	检查辅助设备及配电系统	检查压力表、温度计是否完好	5	未检查压力表扣3分				
				未检查温度计扣3分				
		检查排水系统和通风系统是否正常	10	未检查排水系统扣5分				
				未检查通风系统扣5分				
		检查源水输送管道是否正常	5	未检查扣5分				
		检查电气柜的仪表、信号灯、电压是否正常	8	未检查电源电压扣5分				
				未检查仪表指示灯扣5分				
5	检查受水条件	联系受水装置岗位人员，确认受水条件	7	未联系确认扣10分				
6	使用工具	正确使用工具	2	工具使用不正确扣2分				
		正确维护工具	3	工具乱摆乱放扣3分				
7	安全及其他	按国家法规或企业规定		违规一次总分扣2分；严重违规停止操作			—	
		在规定时间内完成操作		每超时1min总分扣3分，超时3min停止操作			—	
合计			100					

试题2：普通快滤池投用前的准备工作

（考核时间：15min）

序号	考核内容	考核要点	配分	评分标准	检测结果	扣分	得分	备注
1	准备工作	穿戴劳保用品	5	未穿戴整齐扣5分				
2	检查快滤池池体	检查快滤池本体是否完好	10	未检查池体扣5分				
				未检查排气管扣5分				
		检查快滤池阀门是否完好	20	未检查进水阀扣5分				
				未检查清水阀扣5分				
				未检查反冲洗阀扣5分				
				未检查排水阀扣5分				
3	检查反冲洗系统	检查反冲洗泵是否完好	10	未检查扣10分				
		检查反冲洗管道及阀门是否完好	10	未检查扣10分				
4	检查滤料	检查滤料层是否干净，根据需要反冲洗快滤池，保证滤料具备过滤条件	25	未检查滤料扣10分				
				滤料不干净未冲洗扣10分				
				滤料冲洗不符合要求扣5分				
5	检查进出水情况	确认沉淀池来水情况	10	未确认沉淀池来水情况扣10分				
		确认快滤池出水情况	10	未检查清水池扣5分				
				未确认滤池出水扣5分				

续表

序号	考核内容	考核要点	配分	评分标准	检测结果	扣分	得分	备注
6	安全及其他	按国家法规或企业规定		违规一次总分扣 2 分；严重违规停止操作			—	
		在规定时间内完成操作		每超时 1min 总分扣 3 分，超时 3min 停止操作			—	
合计			100					

试题 3：斜管沉淀池投用前的准备工作

（考核时间：15min）

序号	考核内容	考核要点	配分	评分标准	检测结果	扣分	得分	备注
1	准备工作	穿戴劳保用品	5	未穿戴整齐扣 5 分				
2	检查斜管沉淀池本体	确认斜管沉淀池进水部分是否具备进水条件	10	未检查反应部分扣 5 分				
				未检查进水阀扣 5 分				
		检查斜管是否清洁	10	未检查扣 5 分				
				斜管不清洁未清理扣 10 分				
		确认集水槽是否具备集水条件	10	集水渠内未检查清理扣 10 分				
				出水条件未确认扣 5 分				
		确认存泥区无积泥和其他杂物	10	未检查斜管沉淀池池底扣 5 分				
				未清理积泥和杂物扣 10 分				
3	检查排泥系统	确认刮泥机处于完好状态	15	刮泥机电源未投扣 5 分				
				未试运行刮泥机扣 5 分				
				减速箱未加油扣 10 分				
		检查存泥斗和排泥阀	10	未检查存泥斗扣 5 分				
				未检查排泥阀扣 5 分				
4	检查加药系统	确认混凝剂溶液能满足处理要求	10	未检查药液质量扣 5 分				
		检查加药设备	10	未检查加药计量泵扣 10 分				
				未检查加药管道扣 5 分				
5	源水的确认	联系源水岗位人员，确认进水条件	10	未联系确认扣 10 分				
6	安全及其他	按国家法规或企业规定		违规一次总分扣 2 分；严重违规停止操作			—	
		在规定时间内完成操作		每超时 1min 总分扣 3 分，超时 3min 停止操作			—	
合计			100					

试题 4：斜管沉淀池的投运

（考核时间：15min）

序号	考核内容	考核要点	配分	评分标准	检测结果	扣分	得分	备注
1	准备工作	穿戴劳保用品	5	未穿戴整齐扣 5 分				
2	投运前检查	检查斜管沉淀池各排泥、放空阀门是否关闭，斜管是否完好	10	未检查排泥阀扣 5 分				
				未检查放空阀扣 5 分				
				未检查斜管扣 5 分				
		确认进水条件，掌握源水浊度等水质情况	10	未确认进水条件扣 10 分				
				未了解浊度扣 5 分				
		确认出水条件	10	未确认扣 10 分				
3	投运操作程序	开启加药计量泵，根据源水浊度调整加药量	10	未开计量泵扣 10 分				
				未调整加药量扣 5 分				
		缓缓开启斜管沉淀池进水阀，使沉淀池缓慢进水，并根据矾花情况调整加药量，保证水质	20	操作不正确扣 5 分				
				进水过快扣 5 分				
				未及时调整加药，水质达不到要求扣 10 分				
		待斜管沉淀池水位达到要求后，开启出水阀	5	未开启出水阀扣 5 分				
4	投运后操作	启动刮泥机，根据积泥情况开启排泥阀水力排泥	10	未启动刮泥机扣 10 分				
				排泥操作不正确扣 5 分				
		调整进出水量，保证平衡	10	未调整水量扣 10 分				
		根据源水浊度和出水控制指标等，调整加药量	10	未调整操作扣 10 分				
				出水达不到要求扣 5 分				
5	安全及其他	按国家法规或企业规定		违规一次总分扣 2 分；严重违规停止操作			—	
		在规定时间内完成操作		每超时 1min 总分扣 3 分，超时 3min 停止操作			—	
合计			100					

试题 5：普通快滤池的投运

（考核时间：15min）

序号	考核内容	考核要点	配分	评分标准	检测结果	扣分	得分	备注
1	准备工作	穿戴劳保用品	5	未穿戴整齐扣 5 分				
2	投运前检查	检查快滤池各阀门是否完好，并置于关闭状态	10	未检查阀门扣 5 分				
				未确认状态扣 5 分				
		检查反冲洗系统是否正常	10	未检查冲洗泵扣 10 分				
				未检查进出水管扣 5 分				
		检查滤料是否满足要求	10	未检查扣 10 分				
		确认进水条件	5	未确认扣 5 分				
		确认出水条件	5	未确认扣 5 分				

续表

序号	考核内容	考核要点	配分	评分标准	检测结果	扣分	得分	备注
3	投运操作程序	缓缓开启快滤池清水阀，使之缓慢进水淹过滤料层，然后关闭清水阀	15	未先开启清水阀扣5分				
				未淹过滤料层扣5分				
				未关闭清水阀扣5分				
		缓缓开启普通快滤池进水阀，使之达到规定水位要求，然后缓慢开启清水阀	10	未按要求开启进水阀扣5分				
				未按要求开启清水阀扣5分				
4	投运后调整	调整清水阀，保证滤速适宜	10	未调整滤速扣10分				
		调整进水阀，保证进出水平衡	10	未调整进出水平衡扣10分				
		检验出水浊度，并根据需要调整滤速，或停运转反冲洗，保证出水合格	10	未检验出水浊度扣5分				
				出水不合格扣10分				
5	安全及其他	按国家法规或企业规定		违规一次总分扣2分；严重违规停止操作			—	
		在规定时间内完成操作		每超时1min总分扣3分，超时3min停止操作			—	
	合　计		100					

试题6：加药系统的投运

（考核时间：20min）

序号	考核内容	考核要点	配分	评分标准	检测结果	扣分	得分	备注
1	准备工作	穿戴劳保用品	2	未穿戴整齐扣2分				
		工具、用具准备	1	工具选择不正确扣1分				
2	投运前检查	检查溶液池内混凝剂溶液质量	5	未检查扣5分				
				未检验浓度扣3分				
		检查计量泵是否完好备用	10	未检查电源扣5分				
				未检查设备扣5分				
		检查输送管道和加药点是否完好备用	5	未检查管道扣3分				
				未检查加药点扣3分				
		检查源水浊度变化情况	5	未检查扣5分				
		检查水处理混合反应装置是否完好，具备投用条件	5	未检查扣5分				
3	投运操作程序	开启溶液池出口阀和计量泵出口阀，排除计量泵内空气	10	未开启进口阀扣3分				
				未开启出口阀扣3分				
				操作顺序不正确扣5分				
		启动计量泵	5	未操作扣5分				
		调节其行程，使流量满足要求	10	操作不正确扣10分				
				操作不熟练扣5分				

续表

序号	考核内容	考核要点	配分	评分标准	检测结果	扣分	得分	备注
4	投运后检查	检查计量泵电机和轴承温度，不超过规定要求	5	未检查扣5分				
		检查盘根滴水，当滴水较大时可使用专用扳手调整	10	未检查盘根扣10分				
				不会调整滴水扣5分				
		检查输送管道泄漏、加药点出流情况	10	未检查管道泄漏扣5分				
				未检查加药点扣5分				
		根据源水浊度及沉淀池出水情况及时调节计量泵	10	未调节扣10分				
		记录溶液池液位	2	未记录扣2分				
5	使用工具	正确使用工具	2	工具使用不正确扣2分				
		正确维护工具	3	工具乱摆乱放扣3分				
6	安全及其他	按国家法规或企业规定		违规一次总分扣2分；严重违规停止操作			—	
		在规定时间内完成操作		每超时1min总分扣3分，超时3min停止操作			—	
合　计			100					

试题7：混凝剂投加量的调整

（考核时间：20min）

序号	考核内容	考核要点	配分	评分标准	检测结果	扣分	得分	备注
1	准备工作	穿戴劳保用品	3	未穿戴整齐扣3分				
		工具、用具准备	2	工具选择不正确扣2分				
2	调整前检查	检查溶液池药液量及配制浓度是否满足运行要求	10	未检查药量扣5分				
				未检查浓度扣5分				
		检查计量泵运行是否正常	5	未检查扣5分				
		确认源水浊度	5	未确认扣5分				
		核实沉淀池处理负荷	5	未核实扣5分				
3	调整操作要求	通过调节计量泵柱塞的冲程来调整加药量，增大冲程，增加加药量	20	不会根据调节冲程来调整加药量扣20分				
		矾花的观察以反应池末端、沉淀池进口处为佳，判断絮凝情况，以矾花如鱼籽大小，与水明显分离为宜。根据矾花判断絮凝效果，及时调整加药量	25	选择观察矾花位置错误扣10分				
				判断絮凝不准确扣5分				
				不会根据矾花来调整加药量扣10分				
		连续监测沉淀池出水浊度，当出水浊度上升时，应增大加药量；当源水浊度上升时，应增大加药量；当沉淀池处理负荷增加时，应增大计量泵冲程	20	出水浊度超标扣10分				
				源水浊度上升处理不当扣5分				
				沉淀池负荷增加处理不当扣5分				

续表

序号	考核内容	考核要点	配分	评分标准	检测结果	扣分	得分	备注
4	使用工具	正确使用工具	2	工具使用不正确扣2分				
		正确维护工具	3	工具乱摆乱放扣3分				
5	安全及其他	按国家法规或企业规定		违规一次总分扣2分；严重违规停止操作			—	
		在规定时间内完成操作		每超时1min总分扣3分，超时3min停止操作			—	
合　计			100					

试题8：氯瓶的切换

（考核时间：25min）

序号	考核内容	考核要点	配分	评分标准	检测结果	扣分	得分	备注
1	准备工作	穿戴劳保用品	3	未穿戴整齐扣3分				
		工具、用具准备	2	工具选择不正确扣2分				
2	切换前的检查	检查加氯机运行情况	5	未检查扣5分				
		使用电子秤检查运行氯瓶中剩余液氯量，根据安全要求确认切换操作	8	未检查剩余量扣4分				
				确认切换操作的安全要求不清楚扣4分				
		检查备用加氯机系统是否完好	5	未检查加氯机扣3分				
				未检查氯瓶扣2分				
		检查备用氯瓶是否完好	2	未检查扣2分				
		确认防毒面具完好，检查事故坑是否备用	5	未检查防毒面具扣2分				
				未检查事故坑扣3分				
3	加氯机切换操作程序	开启备用加氯机系统加氯管控制阀，接着全开水射器进水阀及平衡水箱进水阀，运行加氯机，最后缓慢开启备用氯瓶针形阀，使流量计的转子位于预定高度，并调节平衡水箱水位，使加氯机稳定，满足生产需要；用氨水检查加氯机连接管及加氯机是否泄漏	15	开启加氯机操作不正确扣5分				
				开启氯瓶针形阀操作不正确扣5分				
				加氯机未调整稳定扣5分				
				未检查泄漏扣5分				
		关闭运行加氯机系统的氯瓶针形阀，待加氯机中剩余氯气抽完后，先关闭平衡水箱进水阀，后关闭水射器进水阀	10	操作顺序不正确扣5分				
				氯气未抽完，就进行操作扣5分				
4	氯瓶的更换	从停运氯瓶口拆下输氯管，检查针形阀有无漏氯，然后旋上盖帽，做好标识，推入氯库	20	拆卸操作错误扣5分				
				未检查针形阀泄漏扣5分				
				未旋上盖帽扣5分				
				未标识入库扣5分				

续表

序号	考核内容	考核要点	配分	评分标准	检测结果	扣分	得分	备注
		将备用氯瓶接上输氯管，开启加氯机试运行，同时用氨水检查是否泄漏，工作正常后停机备用，做好标识	20	未接输氯管扣5分				
				未开机试运行扣5分				
				未检查泄漏扣5分				
				停加氯机未标识扣5分				
5	使用工具	正确使用工具	2	工具使用不正确扣2分				
		正确维护工具	3	工具乱摆乱放扣3分				
6	安全及其他	按国家法规或企业规定		违规一次总分扣2分；严重违规停止操作			—	
		在规定时间内完成操作		每超时1min总分扣3分，超时3min停止操作			—	
合计			100					

试题9：普通快滤池的停运操作

（考核时间：15min）

序号	考核内容	考核要点	配分	评分标准	检测结果	扣分	得分	备注
1	准备工作	穿戴劳保用品	5	未穿戴整齐扣5分				
2	停运前的检查	检查快滤池各阀门是否完好	10	未检查阀门扣5分				
				未确认状态扣5分				
		检查反冲洗系统是否正常	10	未检查扣10分				
		确认负荷和进出水生产情况	15	未确认负荷扣5分				
				未确认进出水情况扣10分				
3	停运操作程序	启动反冲洗泵，待冲洗水箱满水后冲洗滤池	20	停运前未反冲洗扣20分				
				操作不正确扣5分				
		启动备用滤池，或增加其他滤池负荷	10	停运前未平衡负荷扣10分				
		先关闭快滤池进水阀，然后关闭其清水阀，滤池停止工作	15	操作不正确扣5分				
				操作漏项每项扣5分				
4	停运后的检查	检查进水阀、清水阀、冲洗阀、排水阀是否关闭，并保持滤池合适水位	15	阀门检查漏项每项扣5分				
				未检查水位扣5分				
5	安全及其他	按国家法规或企业规定		违规一次总分扣2分；严重违规停止操作			—	
		在规定时间内完成操作		每超时1min总分扣3分，超时3min停止操作			—	
合计			100					

试题10：加药系统的停运操作

（考核时间：20min）

序号	考核内容	考核要点	配分	评分标准	检测结果	扣分	得分	备注
1	准备工作	穿戴劳保用品	3	未穿戴整齐扣3分				
		工具、用具准备	2	工具选择不正确扣2分				
2	停运前的检查	检查加药系统投加情况	10	未检查扣10分				
		检查沉淀池处理情况	10	未检查扣5分				
3	停运操作程序	启动备用加药装置	10	停运前未启动备用加药装置扣10分				
		调整冲程，减小计量泵流量，停运计量泵	20	未调小流量扣10分				
				操作不正确扣10分				
		关闭加药系统的进口阀、出口阀	10	未关闭进口阀扣5分				
				未关闭出口阀扣5分				
4	停运后的检查	切断计量泵电源	10	未操作扣10分				
		关闭加药点控制阀	10	未操作扣10分				
		根据需要开启排空阀，排出泵内剩余液体	10	未操作扣10分				
5	使用工具	正确使用工具	2	工具使用不正确扣2分				
		正确维护工具	3	工具乱摆乱放扣3分				
6	安全及其他	按国家法规或企业规定		违规一次总分扣2分；严重违规停止操作			—	
		在规定时间内完成操作		每超时1min总分扣3分，超时3min停止操作			—	
		合　计	100					

试题11：过滤式防毒面具的使用

（考核时间：15min）

序号	考核内容	考核要点	配分	评分标准	检测结果	扣分	得分	备注
1	准备工作	穿戴劳保用品	5	未穿戴整齐扣5分				
		工具、用具准备	5	工具选择不正确扣5分				
2	操作程序	选用合适的面罩，要求边缘与头部吻合	10	选用不合适扣10分				
3		检查连接部位是否漏气	10	未检查扣10分				
4		检查气密性，戴好面具，将过滤罐进气孔用手堵住，做深呼吸，如感憋气、呼吸困难，即认为气密性好	15	检查方法不当扣15分				
5		使用中若嗅到异味，发现滤毒罐增重应引起警惕	15	未引起警惕扣15分				
6		进入作业现场前，若发现氧含量＜18%或毒气浓度＞2%，应禁止使用	20	使用错误扣20分				

续表

序号	考核内容	考核要点	配分	评分标准	检测结果	扣分	得分	备注
7		打开滤毒罐进气口戴好防毒面具	10	未打开滤毒罐进气口扣10分				
8		使用后，应取下密封，面罩用皂水或0.5%高锰酸钾溶液消毒洗净，晾干后保存	10	操作不当扣10分				
9	安全及其他	按国家法规或企业规定		违规一次总分扣2分；严重违规停止操作			—	
		在规定时间内完成操作		每超时1min总分扣3分，超时3min停止操作			—	
合　计			100					

试题12：回转式刮泥机日常维护

（考核时间：20min）

序号	考核内容	考核要点	配分	评分标准	检测结果	扣分	得分	备注
1	准备工作	穿戴劳保用品	3	未穿戴整齐扣3分				
		工具、用具准备	2	工具选择不正确扣2分				
2	操作程序	检查减速机润滑是否良好	15	未检查扣15分				
3		检查行走轮润滑是否良好	15	未检查扣15分				
4		检查中心轴承润滑是否良好	15	未检查扣15分				
5		若行走轮胶轮，加油时要避免将油洒落在胶轮上，避免腐蚀	10	未按要求操作扣10分				
6		检查集电环箱内是否干燥，确保电刷的良好接触	10	未检查扣10分				
7		对刮泥机水下部分进行检查	10	未检查扣10分				
8		应持续运转，保持污泥流动性，避免池底出现板结	15	未按要求操作扣15分				
9	使用工具	正确使用工具	2	工具使用不正确扣2分				
		正确维护工具	3	工具乱摆乱放扣3分				
10	安全及其他	按国家法规或企业规定		违规一次总分扣2分；严重违规停止操作			—	
		在规定时间内完成操作		每超时1min总分扣3分，超时3min停止操作			—	
合　计			100					

试题13：加药系统出量下降的判断处理

（考核时间：15min）

序号	考核内容	考核要点	配分	评分标准	检测结果	扣分	得分	备注
1	准备工作	穿戴劳保用品	3	未穿戴整齐扣3分				
		工具、用具准备	2	工具选择不正确扣2分				

序号	考核内容	考核要点	配分	评分标准				
2	操作程序	进水压力不足	10	未处理扣10分				
3		水射器堵塞	15	未拆卸清理扣10分				
4		加药管堵塞	15	未拆卸清理扣10分				
5		水射器制作装配不当或设计性能不佳	10	未重新设计水射器扣10分				
6		水射器长期使用零部件磨损、尺寸移位造成性能下降	10	未更新水射器扣10分				
7		加药管过长阻力过大	10	未重新设计扣10分				
8		加药箱出液量超过水射器抽吸量	10	未提高药液浓度或提高水压扣10分				
9		水射器器体密封不严漏气	10	未检查漏气点，加垫止漏扣10分				
10	使用工具	正确使用工具	2	工具使用不正确扣2分				
		正确维护工具	3	工具乱摆乱放扣3分				
11	安全及其他	按国家法规或企业规定		违规一次总分扣2分；严重违规停止操作			—	
		在规定时间内完成操作		每超时1min总分扣3分，超时3min停止操作			—	
		合　计	100					

试题14：氯瓶结霜的处理

（考核时间：15min）

序号	考核内容	考核要点	配分	评分标准	检测结果	扣分	得分	备注
1	准备工作	穿戴劳保用品	3	未穿戴整齐扣3分				
		工具、用具准备	2	工具选择不正确扣2分				
2	操作程序	两针形阀连线与地面不垂直	20	未调整氯瓶位置使两针形阀连线与地面垂直扣20分				
3		加氯管接错针形阀	20	未将加氯管接上部针形阀扣20分				
4		加氯量太大	30	未降低加氯量扣15分				
				未用常温水淋洗氯瓶扣15分				
5		环境温度太低	20	未采取措施提高环境温度扣20分				
6	使用工具	正确使用工具	2	工具使用不正确扣2分				
		正确维护工具	3	工具乱摆乱放扣3分				
7	安全及其他	按国家法规或企业规定		违规一次总分扣2分；严重违规停止操作			—	
		在规定时间内完成操作		每超时1min总分扣3分，超时3min停止操作			—	
		合　计	100					

试题 15：绘制加药系统流程图

（考核时间：60min）

序号	考核内容	考核要点	配分	评分标准	检测结果	扣分	得分	备注
1	准备工作	工具、用具准备	5	未自带工具扣 5 分				
2	图形绘制	图纸幅面选择正确	5	图纸幅面选择错误扣 5 分				
		绘图比例准确	5	绘图比例错误扣 5 分				
		图面布置完好	5	图面布置不匀称、美观扣 5 分				
		工艺流程走向正确，排布合理，构筑物排布符合实际情况，设备位置准确并整齐	30	工艺流程排布不合理扣 5 分				
				流程连接画错一处扣 2 分				
				漏画设备或构筑物一处扣 3 分				
				设备或构筑物画错一处扣 3 分				
3	绘图标注	构筑物、设备的标注符合要求	15	设备位号和名称标注错一处扣2 分				
				构筑物标注错误一处扣 2 分				
		管路流程线标注符合要求	15	管路流程线上缺介质流向、来源或去向一处扣 2 分				
				管径标注错误一处扣 2 分				
4	图例	图例要求完整	10	缺图例扣 10 分				
				图例错一处扣 2 分				
5	标题栏	标题栏要求完整	5	缺标题栏扣 5 分				
				标题栏错一处扣 2 分				
6	卷面情况	绘图卷面清晰、整洁	5	卷面不整洁扣 5 分				
7	安全及其他	按国家法规或企业规定		违规一次总分扣 2 分；严重违规停止操作			—	
		在规定时间内完成操作		每超时 1min 总分扣 3 分，超时 3min 停止操作			—	
		合　计	100					

试题 16：绘制消毒处理系统流程图

（考核时间：60min）

序号	考核内容	考核要点	配分	评分标准	检测结果	扣分	得分	备注
1	准备工作	工具、用具准备	5	未自带工具扣 5 分				
2	图形绘制	图纸幅面选择正确	5	图纸幅面选择错误扣 5 分				
		绘图比例准确	5	绘图比例错误扣 5 分				
		图面布置完好	5	图面布置不匀称、美观扣 5 分				
		工艺流程走向正确，排布合理，构筑物排布符合实际情况，设备位置准确并整齐	30	工艺流程排布不合理扣 5 分				
				流程连接画错一处扣 2 分				
				漏画设备或构筑物一处扣 3 分				
				设备或构筑物画错一处扣 3 分				

续表

序号	考核内容	考核要点	配分	评分标准	检测结果	扣分	得分	备注
3	绘图标注	构筑物、设备的标注符合要求	15	设备位号和名称标注错一处扣2分				
				构筑物标注错误一处扣2分				
		管路流程线标注符合要求	15	管路流程线上缺介质流向、来源或去向一处扣2分				
				管径标注错误一处扣2分				
4	图例	图例要求完整	10	缺图例扣10分				
				图例错一处扣2分				
5	标题栏	标题栏要求完整	5	缺标题栏扣5分				
				标题栏错一处扣2分				
6	卷面情况	绘图卷面清晰、整洁	5	卷面不整洁扣5分				
7	安全及其他	按国家法规或企业规定		违规一次总分扣2分；严重违规停止操作			—	
		在规定时间内完成操作		每超时1min总分扣3分，超时3min停止操作			—	
		合　计	100					

软化除盐处理模块

试题1：水力循环澄清池投运前的检查

（考核时间：20min）

序号	考核内容	考核要点	配分	评分标准	检测结果	扣分	得分	备注
1	准备工作	穿戴劳保用品	5	未穿戴整齐扣5分				
2	检查澄清池本体	检查池体内部	30	未检查池体、管线，每项扣4分				
				未清理池内及出水槽中的积泥和杂物，每项扣4分				
				未检查清洗系统、排泥系统，每项扣5分				
				未检查斜管干净、完好扣5分				
		检查本体阀门	10	检查阀门漏项，每项扣3分				
		检查样水系统	10	未检查样水管线扣5分				
				未检查样水阀扣5分				
3	检查混凝剂投加系统	检查混凝剂溶液浓度、液位，混凝剂投加设备是否完好	30	未检查混凝剂溶液扣10分				
				未检查加药管线状况扣10分				
				未检查混凝剂投加设备扣10分				
4	检查升压泵	检查升压泵处于完好备用状态	15	未检查泵体扣6分				
				未检查润滑油扣6分				
				未检查阀门扣3分				

续表

序号	考核内容	考核要点	配分	评分标准	检测结果	扣分	得分	备注
5	安全及其他	按国家法规或企业规定		违规一次总分扣2分；严重违规停止操作			—	
		在规定时间内完成操作		每超时1min总分扣3分，超时3min停止操作			—	
	合　计		100					

试题2：水力循环澄清池的投运操作

（考核时间：20min）

序号	考核内容	考核要点	配分	评分标准	检测结果	扣分	得分	备注
1	准备工作	穿戴劳保用品	3	未穿戴整齐扣3分				
		工具、用具准备	2	工具选择不正确扣2分				
2	开启阀门	开启澄清池进水阀、溢流阀、取样阀、加药阀	15	操作漏项，每项扣5分				
3	加药	投运加药系统，加药量为正常量的2倍左右	20	投用加药系统操作漏项，每项扣10分				
				投用加药系统操作不当，每项扣5分				
				加药量不足扣10分				
4	投运升压泵	投运升压泵，向澄清池供水。初始流量控制在额定流量的1/3~1/2	20	投用升压泵操作漏项，每项扣10分				
				投用升压泵操作不当，每项扣5分				
				流量控制不当扣10分				
5	向系统供水	待澄清池出水浊度合格，关溢流阀，向外送水	15	操作漏项，每项扣10分				
				未检查出水浊度扣10分				
6	调整流量	逐次将澄清池流量调到所需值	10	流量调整不当扣10分				
7	调整加药量	将加药量调整至正常范围	10	未及时调整加药量扣10分				
8	使用工具	正确使用工具	2	工具使用不正确扣2分				
		正确维护工具	3	工具乱摆乱放扣3分				
9	安全及其他	按国家法规或企业规定		违规一次总分扣2分；严重违规停止操作			—	
		在规定时间内完成操作		每超时1min总分扣3分，超时3min停止操作			—	
	合　计		100					

试题 3：无阀滤池的投运操作

（考核时间：20min）

序号	考核内容	考核要点	配分	评分标准	检测结果	扣分	得分	备注
1	准备工作	穿戴劳保用品	3	未穿戴整齐扣3分				
		工具、用具准备	2	工具选择不正确扣2分				
2	检查滤池	检查滤池是否放空，若空池投用，引水入冲洗水箱，让水自下而上浸润滤料	15	未检查滤池扣15分				
				不清楚灌水方法扣10分				
3	进水	开启滤池进水阀，向池中上水	20	操作漏项扣20分				
4	强迫反洗	滤池出水后，若水质浑浊，开强迫反洗阀，待虹吸形成，关强迫反洗阀	20	未检查出水水质扣10分				
				强迫反洗操作漏项，每项扣10分				
5	调节反洗强度	滤池初次反洗时，逐步调节锥形挡板与虹吸下降管管口之间的距离，调整反洗强度合适后，固定锥形挡板开度	15	操作漏项扣10分				
				不清楚反洗强度扣10分				
6	向系统供水	至出水达到标准，向清水池送水	20	不清楚出水标准扣20分				
7	使用工具	正确使用工具	2	工具使用不正确扣2分				
		正确维护工具	3	工具乱摆乱放扣3分				
8	安全及其他	按国家法规或企业规定		违规一次总分扣2分；严重违规停止操作				—
		在规定时间内完成操作		每超时1min总分扣3分，超时3min停止操作				—
		合　计	100					

试题 4：预处理加药系统的投运操作

（考核时间：15min）

序号	考核内容	考核要点	配分	评分标准	检测结果	扣分	得分	备注
1	准备工作	穿戴劳保用品	3	未穿戴整齐扣3分				
		工具、用具准备	2	工具选择不正确扣2分				
2	开启阀门	开混凝剂溶液池出口阀，开加药泵进口阀、出口阀、出口二次阀	40	操作漏项，每项扣10分				
3	启动加药泵	按加药泵“启动”按钮，该泵投入运行，开始加药	20	操作漏项扣20分				
				泵启动前未开相关阀门扣20分				
4	调整加药	调整加药至所需量	20	不清楚调整方法扣10分				
				不清楚所需药量扣10分				
5	搅拌药液	启动溶液池搅拌机进行搅拌，防止混凝剂沉淀	10	操作漏项扣10分				
6	使用工具	正确使用工具	2	工具使用不正确扣2分				
		正确维护工具	3	工具乱摆乱放扣3分				

续表

序号	考核内容	考核要点	配分	评分标准	检测结果	扣分	得分	备注
7	安全及其他	按国家法规或企业规定		违规一次总分扣 2 分；严重违规停止操作			—	
		在规定时间内完成操作		每超时 1min 总分扣 3 分，超时 3min 停止操作			—	
		合　计	100					

试题 5：机械搅拌澄清池的投运操作

（考核时间：25min）

序号	考核内容	考核要点	配分	评分标准	检测结果	扣分	得分	备注
1	准备工作	穿戴劳保用品	3	未穿戴整齐扣 3 分				
		工具、用具准备	2	工具选择不正确扣 2 分				
2	开启阀门	开启澄清池进水阀、溢流阀、取样阀、加药阀	10	操作漏项，每项扣 5 分				
3	加药	投运加药系统，加药量为正常量的 2 倍左右	20	投用加药系统操作漏项，每项扣 10 分				
				投用加药系统操作不当，每项扣 5 分				
				加药量不足扣 10 分				
4	投运搅拌机	启动搅拌机，调整好搅拌机转速	10	未启动搅拌机扣 10 分				
				搅拌机转速调整不当扣 5 分				
5	投运刮泥机	启动刮泥机	5	未启动刮泥机扣 5 分				
6	投运升压泵	投运升压泵，向澄清池供水。初始流量控制在额定流量的 1/3～1/2	20	投用升压泵操作漏项，每项扣 10 分				
				投用升压泵操作不当，每项扣5 分				
				流量控制不当扣 10 分				
7	向系统供水	待澄清池出水浊度合格，关溢流阀，向外送水	10	操作漏项，每项扣 5 分				
				未检查出水浊度扣 5 分				
8	调整流量	逐次将澄清池流量调到所需值	7	流量调整不当扣 7 分				
9	调整加药量	将加药量调整至正常范围	8	未及时调整加药量扣 8 分				
10	使用工具	正确使用工具	2	工具使用不正确扣 2 分				
		正确维护工具	3	工具乱摆乱放扣 3 分				
11	安全及其他	按国家法规或企业规定		违规一次总分扣 2 分；严重违规停止操作			—	
		在规定时间内完成操作		每超时 1min 总分扣 3 分，超时 3min 停止操作			—	
		合　计	100					

试题 6：钠离子交换器的投运操作

（考核时间：20min）

序号	考核内容	考核要点	配分	评分标准	检测结果	扣分	得分	备注
1	准备工作	穿戴劳保用品	3	未穿戴整齐扣3分				
		工具、用具准备	2	工具选择不正确扣2分				
2	进水排气	开钠离子交换器排空气阀、正洗进水阀。投运清水泵，向钠离子交换器供水	40	打开阀门操作漏项，每项扣10分				
				操作顺序不当，每项扣5分				
				投运清水泵操作漏项，每项扣10分				
				投运清水泵操作不规范，每项扣5分				
3	正洗	待床内空气排尽，开正洗排水阀，关排空气阀，调节正洗流量在额定出力内	25	未按顺序操作，每项扣5分				
				打开阀门操作漏项，每项扣10分				
				未调整正洗流量扣5分				
4	投运	待正洗合格后，开钠离子交换器出水阀，关正洗排水阀，向系统送水	25	未按顺序操作，每项扣5分				
				操作漏项，每项扣10分				
				未监测正洗排水是否合格扣10分				
5	使用工具	正确使用工具	2	工具使用不正确扣2分				
		正确维护工具	3	工具乱摆乱放扣3分				
6	安全及其他	按国家法规或企业规定		违规一次总分扣2分；严重违规停止操作			—	
		在规定时间内完成操作		每超时1min总分扣3分，超时3min停止操作			—	
		合　计	100					

试题 7：双级钠离子交换系统的投运操作

（考核时间：25min）

序号	考核内容	考核要点	配分	评分标准	检测结果	扣分	得分	备注
1	准备工作	穿戴劳保用品	3	未穿戴整齐扣3分				
		工具、用具准备	2	工具选择不正确扣2分				
2	一级交换器进水排气	开一级钠离子交换器排空气阀、正洗进水阀。投运清水泵，向一级钠离子交换器供水	30	打开阀门操作漏项，每项扣5分				
				操作顺序不当，每项扣3分				
				投运清水泵操作漏项，每项扣5分				
				投运清水泵操作不规范，每项扣3分				
3	一级交换器正洗	待一级钠离子交换器内空气排尽，开正洗排水阀，关排空气阀，调节正洗流量在额定出力内	15	未按顺序操作，每项扣3分				
				打开阀门操作漏项，每项扣5分				
				未调整正洗流量扣5分				

续表

序号	考核内容	考核要点	配分	评分标准	检测结果	扣分	得分	备注
4	一级交换器投运	待一级钠离子交换器正洗合格后，开二级钠离子交换器空气阀、正洗进水阀。开一级钠离子交换器出水阀，关正洗排水阀	20	操作漏项，每项扣5分				
				未按顺序操作，每项扣3分				
				未监测正洗排水是否合格扣5分				
5	二级交换器正洗	待二级钠离子交换器内空气排尽，开正洗排水阀，关空气阀，调节正洗流量在额定出力内	15	未按顺序操作，每项扣3分				
				打开阀门操作漏项，每项扣5分				
				未调整正洗流量扣5分				
6	二级交换器投运	待二级钠离子交换器正洗合格后，开二级钠离子交换器出水阀，关正洗排水阀，向软水箱送水	10	操作漏项，每项扣5分				
				未监测二级钠交换器正洗排水是否合格扣10分				
7	使用工具	正确使用工具	2	工具使用不正确扣2分				
		正确维护工具	3	工具乱摆乱放扣3分				
8	安全及其他	按国家法规或企业规定		违规一次总分扣2分；严重违规停止操作			—	
		在规定时间内完成操作		每超时1min总分扣3分，超时3min停止操作			—	
		合　计	100					

试题8：预处理加药系统的运行维护

（考核时间：15min）

序号	考核内容	考核要点	配分	评分标准	检测结果	扣分	得分	备注
1	准备工作	穿戴劳保用品	5	未穿戴整齐扣5分				
2	检查药液量	检查混凝剂溶解池的液位，低于规定液位时要及时配制	30	未检查液位扣30分				
				不清楚允许液位值扣15分				
3	冲洗溶解池	溶解池使用前要冲洗干净，冲洗水由底部排出	15	溶解池使用前未按规定冲洗扣15分				
				冲洗方法不清楚扣10分				
4	检查加药泵	检查加药泵的运行情况，发现问题及时处理	35	未检查加药泵扣35分				
				检查加药泵的运转情况漏项，每项扣10分				
				未检查加药量扣20分				
				不清楚正常加药量扣10分				
5	搅拌药液	运行中溶液池搅拌机应经常搅拌，以免混凝剂沉积	15	未检查搅拌机扣15分				
				未按规定进行搅拌扣5分				
6	安全及其他	按国家法规或企业规定		违规一次总分扣2分；严重违规停止操作			—	
		在规定时间内完成操作		每超时1min总分扣3分，超时3min停止操作			—	
		合　计	100					

试题9：水力循环澄清池的运行维护

（考核时间：20min）

序号	考核内容	考核要点	配分	评分标准	检测结果	扣分	得分	备注
1	准备工作	穿戴劳保用品	5	未穿戴整齐扣5分				
2	检查调整加药量	检查混凝剂溶液浓度、液位及混凝剂投加情况，根据流量变化及时调整加药量	25	检查混凝剂溶液漏项，每项扣5分				
				检查混凝剂投加情况漏项，每项扣5分				
				不知道及时调整加药量扣5分				
3	控制浊度	按时分析浊度，浊度有波动应及时查明原因并作相应处理	30	浊度分析方法不清楚扣10分				
				出水浊度控制值不清楚扣10分				
				浊度波动处理方法不清楚，每项扣10分				
4	调整负荷	用澄清池进水阀或升压泵的出水阀来调整澄清池负荷，每次增减量应控制在规定范围内	10	不清楚调整负荷方式扣10分				
				不清楚负荷增减量控制规定扣5分				
5	控制沉降比	按时分析沉降比，调节排泥量，控制沉降比在15%左右	20	沉降比分析方法不清楚扣5分				
				沉降比控制值不清楚扣5分				
				沉降比控制方法不清楚扣10分				
6	底部排泥	按规定的时间间隔进行底部排泥	10	不清楚底部排泥的间隔时间扣10分				
7	安全及其他	按国家法规或企业规定		违规一次总分扣2分；严重违规停止操作			—	
		在规定时间内完成操作		每超时1min总分扣3分，超时3min停止操作			—	
		合　计	100					

试题10：无阀滤池的运行维护

（考核时间：15min）

序号	考核内容	考核要点	配分	评分标准	检测结果	扣分	得分	备注
1	准备工作	穿戴劳保用品	5	未穿戴整齐扣5分				
2	分析出水浊度	了解滤池出水浊度指标，按时分析浊度	20	未按时分析浊度扣5分				
				不清楚浊度分析方法扣10分				
				不清楚出水浊度指标扣10分				
3	出水浊度超标的处理	滤池出水浊度超标，应针对原因采取降流量、强迫反洗、严格控制进水水质等措施进行处理	30	浊度超标未及时处理扣30分				
				出水浊度超标处理不当，每项扣10分				
4	流量控制	滤池流量按供水需要调整，应在额定出力内运行。若滤池长时间小流量运行，应定时强迫反洗	25	不清楚强迫反洗的条件扣10分				
				不清楚强迫反洗的方法扣15分				
				不清楚额定出力扣15分				

续表

序号	考核内容	考核要点	配分	评分标准	检测结果	扣分	得分	备注
5	检查自动反洗工作	检查自动反洗应正常运转	20	未检查自动反洗情况扣10分				
				自动反洗异常的处理办法不清楚，每项扣5分				
6	安全及其他	按国家法规或企业规定		违规一次总分扣2分；严重违规停止操作			—	
		在规定时间内完成操作		每超时1min总分扣3分，超时3min停止操作			—	
		合　计	100					

试题11：水力循环澄清池的停运操作

（考核时间：15min）

序号	考核内容	考核要点	配分	评分标准	检测结果	扣分	得分	备注
1	准备工作	穿戴劳保用品	3	未穿戴整齐扣3分				
		工具、用具准备	2	工具选择不正确扣2分				
2	停运加药系统	停运加药系统	20	未停加药泵扣10分				
				关闭阀门漏项，每项扣5分				
3	排泥	排去泥渣浓缩室和池底部泥渣	20	操作漏项，每项扣10分				
				浓缩室泥渣排放不彻底扣5分				
4	停运升压泵	停运升压泵	20	未停升压泵扣10分				
				关闭阀门漏项，每项扣5分				
5	关闭阀门	关澄清池进水阀、取样阀、加药阀	30	操作漏项，每项扣10分				
6	使用工具	正确使用工具	2	工具使用不正确扣2分				
		正确维护工具	3	工具乱摆乱放扣3分				
7	安全及其他	按国家法规或企业规定		违规一次总分扣2分；严重违规停止操作			—	
		在规定时间内完成操作		每超时1min总分扣3分，超时3min停止操作			—	
		合　计	100					

试题12：预处理加药系统的停运操作

（考核时间：10min）

序号	考核内容	考核要点	配分	评分标准	检测结果	扣分	得分	备注
1	准备工作	穿戴劳保用品	3	未穿戴整齐扣3分				
		工具、用具准备	2	工具选择不正确扣2分				
2	停运加药泵	按运行加药泵的“停运”按钮，该泵停止运行	30	操作漏项扣30分				

续表

序号	考核内容	考核要点	配分	评分标准	检测结果	扣分	得分	备注
3	关闭阀门	关加药泵进口阀、出口阀、出口二次阀，关混凝剂溶液池出口阀	40	操作漏项，每项扣10分				
4	停运搅拌机	停运溶液池搅拌机	20	操作漏项扣20分				
5	使用工具	正确使用工具	2	工具使用不正确扣2分				
		正确维护工具	3	工具乱摆乱放扣3分				
6	安全及其他	按国家法规或企业规定		违规一次总分扣2分；严重违规停止操作			—	
		在规定时间内完成操作		每超时1min总分扣3分，超时3min停止操作			—	
		合　　计	100					

试题13：机械搅拌澄清池的停运操作

（考核时间：15min）

序号	考核内容	考核要点	配分	评分标准	检测结果	扣分	得分	备注
1	准备工作	穿戴劳保用品	3	未穿戴整齐扣3分				
		工具、用具准备	2	工具选择不正确扣2分				
2	停运加药系统	停运加药系统	20	未停加药泵扣10分				
				关闭阀门漏项，每项扣5分				
3	排泥	排去泥渣浓缩室和池底部泥渣	10	操作漏项，每项扣5分				
				浓缩室泥渣排放不彻底扣3分				
4	停运升压泵	停运升压泵	10	未停升压泵扣10分				
				关闭阀门漏项，每项扣5分				
5	关闭阀门	关澄清池进水阀、取样阀、加药阀	30	操作漏项，每项扣10分				
6	停运搅拌机	停运搅拌机	10	操作漏项，每项扣10分				
7	停运刮泥机	停运刮泥机	10	操作漏项扣10分				
8	使用工具	正确使用工具	2	工具使用不正确扣2分				
		正确维护工具	3	工具乱摆乱放扣3分				
9	安全及其他	按国家法规或企业规定		违规一次总分扣2分；严重违规停止操作			—	
		在规定时间内完成操作		每超时1min总分扣3分，超时3min停止操作			—	
		合　　计	100					

试题 14：钠离子交换器停运操作

（考核时间：15min）

序号	考核内容	考核要点	配分	评分标准	检测结果	扣分	得分	备注
1	准备工作	穿戴劳保用品	3	未穿戴整齐扣 3 分				
		工具、用具准备	2	工具选择不正确扣 2 分				
2	停运清水泵	停运清水泵	30	操作漏项，每项扣 10 分				
				操作顺序不规范，每项扣 5 分				
3	关闭阀门	关钠离子交换器正洗进水阀、出水阀	40	操作漏项，每项扣 20 分				
				停泵前关闭交换器阀门扣 20 分				
4	放水消压	开钠离子交换器空气阀，放水消压后关空气阀	20	操作漏项，每项扣 10 分				
5	使用工具	正确使用工具	2	工具使用不正确扣 2 分				
		正确维护工具	3	工具乱摆乱放扣 3 分				
6	安全及其他	按国家法规或企业规定		违规一次总分扣 2 分；严重违规停止操作			—	
		在规定时间内完成操作		每超时 1min 总分扣 3 分，超时 3min 停止操作			—	
	合　计		100					

试题 15：双级钠离子交换系统停运操作

（考核时间：20min）

序号	考核内容	考核要点	配分	评分标准	检测结果	扣分	得分	备注
1	准备工作	穿戴劳保用品	3	未穿戴整齐扣 3 分				
		工具、用具准备	2	工具选择不正确扣 2 分				
2	停运清水泵	停运清水泵	30	操作漏项，每项扣 10 分				
				操作顺序不规范，每项扣 5 分				
3	关闭二级钠离子交换器阀门	关二级钠离子交换器正洗进水阀、出水阀	20	操作漏项，每项扣 10 分				
				停泵前关闭交换器阀门扣 10 分				
4	放水消压	开二级钠离子交换器空气阀，放水消压后关空气阀	10	操作漏项，每项扣 5 分				
5	关闭一级钠离子交换器	关一级钠离子交换器正洗进水阀、出水阀	20	操作漏项，每项扣 10 分				
				停泵前关闭交换器阀门扣 10 分				
6	放水消压	开一级钠离子交换器空气阀，放水消压后关空气阀	10	操作漏项，每项扣 5 分				
7	使用工具	正确使用工具	2	工具使用不正确扣 2 分				
		正确维护工具	3	工具乱摆乱放扣 3 分				
8	安全及其他	按国家法规或企业规定		违规一次总分扣 2 分；严重违规停止操作			—	
		在规定时间内完成操作		每超时 1min 总分扣 3 分，超时 3min 停止操作			—	
	合　计		100					

试题16：离子交换器的水样采集操作

（考核时间：10min）

序号	考核内容	考核要点	配分	评分标准	检测结果	扣分	得分	备注
1	准备工作	穿戴劳保用品	3	未穿戴整齐扣3分				
		工具、用具准备	2	工具选择不正确扣2分				
2	调节水样	开启取样阀，样水量调至约700mL/min	25	未开启取样阀扣20分				
				不清楚样水调节量扣10分				
3	清洗样水瓶	清洗样水瓶，用水样冲洗样水瓶至少三次	30	未清洗样水瓶扣30分				
				样水瓶选择不当扣20分				
				样水清洗每少一次扣5分				
4	取样	让样水缓缓流入样水瓶，取样结束后，拧上清洗干净的瓶盖	15	操作漏项扣10分				
				未清洗瓶盖扣10分				
5	粘贴标签	立即粘贴标签，注明相关内容，如取样时间、地点、温度、水样名称、采样人姓名等	20	未粘贴标签扣20分				
				注明内容漏项，每项扣5分				
6	使用工具	正确使用工具	2	工具使用不正确扣2分				
		正确维护工具	3	工具乱摆乱放扣3分				
7	安全及其他	按国家法规或企业规定		违规一次总分扣2分；严重违规停止操作			—	
		在规定时间内完成操作		每超时1min总分扣3分，超时3min停止操作			—	
		合　计	100					

试题17：无阀滤池出水水质下降的原因分析

（考核时间：15min）

序号	考核内容	考核要点	配分	评分标准	检测结果	扣分	得分	备注
1	准备工作	穿戴劳保用品	5	未穿戴整齐扣5分				
2	进水原因	无阀滤池进水水质下降引起出水水质下降	20	未检查扣20分				
				不清楚进水浊度要求扣10分				
3	负荷原因	流量超出额定值引起出水水质下降	15	未检查扣15分				
				不清楚额定流量扣10分				
4	反洗原因	反洗强度不够引起出水水质下降	10	未指出扣10分				
		反洗水量不足引起出水水质下降	10	未指出扣10分				
		小流量运行导致反洗周期过长引起出水水质下降	10	未检查扣10分				

续表

序号	考核内容	考核要点	配分	评分标准	检测结果	扣分	得分	备注
5	滤层原因	滤层高度不够	5	未指出扣5分				
		滤料粒径过大	5	未指出扣5分				
		滤料乱层	5	未指出扣5分				
		滤料结块	5	未指出扣5分				
		过滤水室锥体顶盖开焊裂缝	5	未指出扣5分				
		滤层裂缝而短路，并形成泥沟	5	未指出扣5分				
6	安全及其他	按国家法规或企业规定		违规一次总分扣2分；严重违规停止操作			—	
		在规定时间内完成操作		每超时1min总分扣3分，超时3min停止操作			—	
		合　计	100					

试题18：水力循环澄清池出水浊度超标的处理

（考核时间：20min）

序号	考核内容	考核要点	配分	评分标准	检测结果	扣分	得分	备注
1	准备工作	穿戴劳保用品	5	未穿戴整齐扣5分				
2	调整加药量	调整药剂浓度，适当增大加药量。药剂投加设备损坏的及时切换备用设备	35	检查处理漏项，每项扣20分				
				处理不当，每项扣10分				
3	调整负荷	调整澄清池出力在正常范围内	10	检查处理漏项扣10分				
4	调整泥渣层高度	泥渣层过高的排泥至正常高度；因出水浑浊泥渣流失的补充活性泥或降出力运行	30	检查处理漏项扣30分				
				处理不当，每项扣10分				
5	冲洗斜管	斜管脏污的冲洗斜管	10	检查处理漏项扣10分				
6	检查滤池出水	检查滤池出水水质，可根据需要增加反洗，直至其出水浊度正常	10	检查处理漏项扣10分				
7	安全及其他	按国家法规或企业规定		违规一次总分扣2分；严重违规停止操作			—	
		在规定时间内完成操作		每超时1min总分扣3分，超时3min停止操作			—	
		合　计	100					

试题19：无阀滤池反洗不能中止的处理

（考核时间：15min）

序号	考核内容	考核要点	配分	评分标准	检测结果	扣分	得分	备注
1	准备工作	穿戴劳保用品	5	未穿戴整齐扣5分				

续表

序号	考核内容	考核要点	配分	评分标准	检测结果	扣分	得分	备注
2	疏通虹吸破坏管	滤池停止进水，检查虹吸破坏管，若污堵，则疏通或更换虹吸破坏管	45	检查处理漏项，每项扣15分				
3	调整负荷	调整流量在额定范围内	20	检查处理漏项扣20分				
4	调整反洗强度	调整锥形挡板，适当增大反洗强度	15	处理漏项扣15分				
5	调整滤料层	滤料层过高、过细，检修调整	15	处理漏项扣15分				
6	安全及其他	按国家法规或企业规定		违规一次总分扣2分；严重违规停止操作			—	
		在规定时间内完成操作		每超时1min总分扣3分，超时3min停止操作			—	
合　计			100					

试题20：绘制过滤处理系统流程图

（考核时间：60min）

序号	考核内容	考核要点	配分	评分标准	检测结果	扣分	得分	备注
1	准备工作	工具、用具准备	5	未自带工具扣5分				
2	图形绘制	图纸幅面选择正确	5	图纸幅面选择错误扣5分				
		绘图比例准确	5	绘图比例错误扣5分				
		图面布置完好	5	图面布置不匀称、美观扣5分				
		工艺流程走向正确，排布合理，构筑物排布符合实际情况，设备位置准确并整齐	30	工艺流程排布不合理扣5分				
				流程连接画错一处扣2分				
				漏画设备或构筑物一处扣3分				
				设备或构筑物画错一处扣3分				
3	绘图标注	构筑物、设备的标注符合要求	15	设备位号和名称标注错一处扣2分				
				构筑物标注错误一处扣2分				
		管路流程线标注符合要求	15	管路流程线上缺介质流向、来源或去向一处扣2分				
				管径标注错误一处扣2分				
4	图例	图例要求完整	10	缺图例扣10分				
				图例错一处扣2分				
5	标题栏	标题栏要求完整	5	缺标题栏扣5分				
				标题栏错一处扣2分				
6	卷面情况	绘图卷面清晰、整洁	5	卷面不整洁扣5分				
7	安全及其他	按国家法规或企业规定		违规一次总分扣2分；严重违规停止操作			—	
		在规定时间内完成操作		每超时1min总分扣3分，超时3min停止操作			—	
合　计			100					

第二部分

中 级 工

一、理论知识鉴定要素细目表

行业通用理论知识鉴定要素细目表

鉴定范围						鉴定点		
一级		二级		三级		代码	名称	重要程度
代码	名称	代码	名称	代码	名称			
A	基本要求	B	基础知识	A	记录填写基础知识	001	岗位交接班记录的填写要求	X
						002	关键设备巡检记录的填写要求	X
				B	识图基础知识	001	正投影的特点	X
						002	三视图的特点	X
						003	三视图的作图方法	X
						004	零件图的作用	X
				C	安全环保基础知识	001	石化行业安全检查的内容	X
						002	尘毒物质危害人体的主要因素	X
						003	化工污染的控制方法	X
						004	清洁生产的理论基础	X
						005	清洁生产审计的目的	X
						006	灭火的机理	X
						007	ISO 14001 标准的特点	X
						008	ISO 14001 环境因素识别的状态、时态和类型	X
						009	ISO 14001 环境因素识别的步骤	X
						010	ISO 14001 识别环境因素的方法	X
						011	HSE 审核的概念	X
						012	HSE 审核的目的	X
						013	HSE 危害的概念	X
						014	废水治理的常识	X
						015	废气治理的常识	X
						016	废渣处理的常识	X
						017	防冻防凝的知识	X
						018	夏季四防的知识	X
						019	职业病的概念	X
						020	职业病的种类	X
						021	石化行业事故的分类	X
						022	石化行业事故分级的规定	X
						023	HSE 不符合的概念	X
						024	HSE 事故的定义	X
				D	质量基础知识	001	标准化的意义	X
						002	质量认证的概念	X
						003	全面质量管理的特点	X
						004	ISO 9000 质量管理体系基础的内容	X
						005	质量管理 PDCA 动态循环的意义	X
						006	ISO 9000 族标准的核心标准	X

续表

鉴定范围						鉴定点		
一级		二级		三级		代码	名称	重要程度
代码	名称	代码	名称	代码	名称			
						007	ISO 9000 族标准“质量”的意义	X
						008	ISO 9001 标准的八项管理原则	X
				E	计算机基础知识	001	Word 文字处理软件基础知识	X
						002	Word 表格处理知识	X
						003	Excel 工作表的建立	X
						004	Excel 的排版	X
				F	法律常识	001	合同的形式	X
						002	合同法关于无效合同的规定	X

工种理论知识鉴定要素细目表

鉴定范围						鉴定点		
一级		二级		三级		代码	名称	重要程度
代码	名称	代码	名称	代码	名称			
A	基本要求	B	基础知识	G	石油化工基本常识	001	石油产品的物理性质	Z
						002	石油产品的分类	Y
						003	石油化工生产的特点	X
						004	石油化工基础原料的类型	Z
						005	炼油的主要设备类型	Y
				H	化学基础知识	001	物质的分子式	X
						002	可逆反应的特点	X
						003	化学平衡的特点	X
						004	酸的概念	X
						005	碱的概念	X
						006	盐的概念	X
						007	单质的概念	X
						008	化合物的概念	X
						009	无机化合物的特点	X
						010	化学方程式的概念	X
						011	化学平衡的特征	X
						012	电离平衡的概念	X
						013	化学平衡常数的概念	X
						014	化学反应速率的概念	X
						015	浓度的概念	X
				I	水力学基础知识	001	雷诺数的含义	X
						002	流动类型的判断	X
						003	流体的压缩性概念	X
						004	表面张力的概念	X
						005	测压管的原理	X
						006	潜体的特点	Y

续表

鉴定范围						鉴定点		
一级		二级		三级		代码	名称	重要程度
代码	名称	代码	名称	代码	名称			
				J	机械设备基础知识	001	泵的结构特点	X
						002	离心泵零部件的作用	X
						003	机械密封的特点	Y
						004	机械密封工作原理	Z
						005	机械密封的冲洗	Y
						006	闸阀的结构特点	X
						007	化学腐蚀的概念	X
						008	压力容器的概念	X
						009	压力管道的概念	X
						010	压力试验的作用	X
						011	离心泵气蚀的特点	X
						012	减速器的种类	Y
						013	轴承的类型	X
				K	电气基础知识	001	现场控制开关的使用常识	X
						002	正弦交流电的概念	X
						003	并联电路电阻简化计算方法	Y
						004	串联电路电阻简化计算方法	Y
						005	用电设备维修安全常识	X
						006	装置设备接地线的常识	X
						007	防雷防静电的常识	Y
						008	常用电机的类型	X
						009	常用电机型号含义	X
						010	跨步电的概念	Z
				L	仪表基础知识	001	串级控制的特点	Y
						002	分程控制的特点	Y
						003	联锁的基本概念	X
						004	控制阀的附件种类	Z
						005	化工自动化仪表的种类	X
						006	压力仪表的特点	X
						007	温度仪表的特点	X
						008	流量仪表的特点	X
						009	差压式流量计的特点	X
						010	物位仪表的特点	X
				M	计量基础知识	001	法定计量单位的组成	X
						002	计量器具的概念	Y
						003	计量器具的管理	Z
						004	计量检定的概念	Y
						005	量值传递的概念	Z
						006	计量检定印证的形式	Y

续表

鉴定范围						鉴定点		
一级		二级		三级		代码	名　称	重要程度
代码	名　称	代码	名　称	代码	名　称			
B	相关知识（通用模块）	A	工艺操作	A	供水系统基本知识	001	工业给水系统的类型	Y
						002	天然水中二氧化碳的来源	X
						003	分质给水系统的特点	X
						004	分压给水系统的特点	X
						005	分区给水系统的特点	X
						006	石化行业生产用水的特点	X
						007	化学需氧量的概念	X
						008	水的纯度概念	X
						009	水的溶解氧概念	X
						010	化学平衡的概念	X
						011	电离平衡概念	X
						012	雷诺数的概念	Y
						013	弗劳德数的概念	Y
						014	冷却水系统的类型	X
						015	冷却水系统的特点	X
						016	配水管网的布置形式	X
						017	环状配水管网的特点	X
						018	用水量变化系数的概念	Y
						019	取水头部的类型	Z
				B	工业用水预处理知识	001	给水处理方法分类	X
						002	影响混凝的因素	X
						003	平流式沉淀池的特点	X
						004	斜管沉淀池的特点	X
						005	水力循环澄清池的特点	X
						006	机械搅拌澄清池的特点	X
						007	压力滤池的工艺特点	X
						008	重力式无阀滤池的工艺特点	X
						009	虹吸滤池的特点	X
						010	虹吸滤池的分格要求	Y
				C	水泵及泵站基础理论知识	001	水泵叶轮相似的条件	Z
						002	水泵相似第一定律	Y
						003	水泵相似第二定律	Y
						004	水泵相似第三定律	Y
						005	泵站效率的组成	X

续表

鉴定范围						鉴定点		
一级		二级		三级		代码	名称	重要程度
代码	名称	代码	名称	代码	名称			
						006	离心泵的阀门节流调节	X
						007	水泵的节能途径	X
						008	离心泵流量与扬程的关系	X
						009	离心泵流量与效率的关系	X
						010	离心泵流量与轴功率的关系	X
						011	离心泵装置工况点的确定	X
						012	离心泵装置工况点的调节手段	X
						013	水泵叶轮的切削律	X
						014	螺旋泵的工作原理	Z
						015	轴流泵的工作原理	Z
		B	设备使用与维护	A	使用设备	001	给水管道的检漏方法	Z
						002	水射器的结构	Y
						003	水射器的工作原理	X
						004	电动阀门的工作原理	X
						005	气动阀门的工作原理	X
						006	法兰的规格	X
				B	维护设备	001	机械设备的配件知识	X
						002	离心泵的维护保养	X
						003	动设备日常维护内容	X
						004	设备管理基本要求	X
						005	给水管道产生积垢的原因	X
						006	防止给水管道腐蚀的方法	X
						007	异步电机在运行中的注意事项	X
						008	离心泵运行中的注意事项	X
		C	绘图与计算	A	绘图	001	投影法的分类	Y
						002	工程图样中常用的投影图类型	X
						003	三视图的概念	X
						004	三视图的位置关系	Y
						005	点的投影规律	Z
						006	直线的投影特性	Z
						007	平面的投影特性	Z
				B	计算	001	水泵叶轮切削计算	X
						002	水头损失的计算	X
						003	允许吸上真空高度的计算	X

续表

鉴定范围						鉴定点		
一级		二级		三级		代码	名称	重要程度
代码	名称	代码	名称	代码	名称			
						004	水泵调速的计算	X
						005	雷诺数的计算	X
						006	弗劳德数的计算	X
						007	滤料膨胀率的计算	X
						008	沉淀池表面负荷率的计算	X
						009	滤料不均匀系数的计算	X
						010	反应池的相关计算	X
C	相关知识（净水处理模块）	A	工艺操作	A	原辅材料基础知识	001	助凝剂的分类	Y
						002	混凝剂的配制方法	X
						003	聚丙烯酰胺的物理化学性质	X
						004	滤池滤料的使用要求	X
						005	活性炭的物理化学性质	X
						006	二氧化氯的物理化学性质	X
						007	二氧化氯的制备方法	Y
						008	二氧化氯的投加要求	X
				B	水处理专业知识	001	水中分散颗粒的稳定性的原因	X
						002	隔板絮凝池的工艺特点	Y
						003	折板絮凝池的工艺特点	Y
						004	网格絮凝池的工艺特点	Y
						005	预氯化的概念	X
						006	滤层负水头的概念	X
						007	快滤池反冲洗参数的控制要求	X
						008	表面辅助冲洗的工艺特点	X
						009	气水冲洗的工艺特点	X
						010	折点加氯的概念	X
						011	生活水水质标准的化学指标	Y
						012	生活水水质标准的毒理性指标	Y
						013	斜管沉淀池的设计参数	X
						014	平流式沉淀池的设计参数	X
						015	压力滤池的工艺特点	Y
						016	重力式无阀滤池的工艺特点	Y
						017	虹吸滤池的反冲洗特点	Y
						018	澄清池的工艺特点	X
						019	V形滤池反冲洗特点	Y

续表

鉴定范围						鉴定点		
一级		二级		三级		代码	名称	重要程度
代码	名称	代码	名称	代码	名称			
						020	滤池反冲洗膨胀率的概念	X
						021	静态混合器的工作原理	Y
		B	设备使用与维护	A	使用设备	001	臭氧消毒的特点	X
						002	氯胺消毒的特点	X
						003	V形滤池的构造	Y
						004	罗茨风机的结构	X
						005	罗茨风机的性能参数	X
						006	二氧化氯消毒的性能特点	X
						007	气动薄膜阀的工作原理	Z
				B	维护设备	001	沉淀池的维护保养	X
						002	滤池的维护保养	X
		C	事故判断与处理	A	判断事故	001	虹吸滤池处理效果的影响因素	X
						002	影响无阀滤池反冲洗效果的因素	X
						003	普通快滤池反冲洗跑砂的原因	X
						004	生活水余氯的影响因素	X
				B	处理事故	001	停电的处理	X
						002	清水池溢流的处理	X
						003	加药管泄漏的处理	X
						004	加药管堵塞的处理	X
						005	氯气中毒的救治方法	Y
D	相关知识（软化除盐处理模块）	A	工艺操作	A	原辅材料基础知识	001	离子交换树脂的酸碱性	X
						002	离子交换树脂的选择性	X
						003	离子交换树脂的热稳定性	Z
						004	大孔型离子交换树脂的特点	X
						005	凝胶型离子交换树脂的特点	X
						006	离子交换树脂的交联度概念	X
						007	苯乙烯系离子交换树脂的特性	X
						008	离子交换器的再生剂用量表示方法	X
						009	再生剂硫酸的技术要求	X
						010	再生剂盐酸的技术要求	X
						011	再生剂氢氧化钠的技术要求	X
						012	酸碱液再生系统的构成	X
						013	盐液再生系统的构成	X
						014	离子交换树脂的保管要求	Y

续表

鉴定范围						鉴定点		
一级		二级		三级		代码	名称	重要程度
代码	名称	代码	名称	代码	名称			
				B	软化除盐处理专业知识	001	离子交换除盐水处理原理	X
						002	阳床交换反应的特点	X
						003	阴床交换反应的特点	X
						004	混合床中离子交换反应特点	X
						005	一级复床离子交换除盐系统的构成	X
						006	一级复床除盐的原理	X
						007	一级复床除盐的出水水质要求	X
						008	混合床离子交换除盐系统的特点	X
						009	一级复床加混床除盐系统的构成	X
						010	常用的离子交换除盐水处理系统	X
						011	母管制离子交换除盐系统失效的控制	X
						012	单元制离子交换除盐系统失效的控制	X
						013	混床失效的控制	X
						014	离子交换器的类型	X
						015	顺流再生离子交换器的工作过程	X
						016	顺流再生离子交换器的特点	X
						017	逆流再生离子交换器的工作过程	X
						018	逆流再生离子交换器的特点	X
						019	离子交换器的再生方式及其特点	X
						020	除碳器的工作原理	X
						021	除碳器的分类及特点	X
						022	小反洗的概念及作用	X
						023	顶压的概念及注意事项	X
						024	小正洗的概念及作用	X
						025	离子交换比耗的概念	X
						026	废再生液和清洗水的中和处理方法	Y
		B	设备使用与维护	A	使用设备	001	机械搅拌澄清池的构造	X
						002	压力滤池的构造	X
						003	虹吸滤池的构造特点	X
						004	逆流再生离子交换器的构造特点	X
						005	悬浮澄清池的处理特点	X
						006	机械搅拌澄清池的处理特点	X
						007	顺流再生固定床的工艺特点	X
						008	一级复床除盐系统的组成	X

续表

鉴定范围						鉴定点		
一级		二级		三级		代码	名称	重要程度
代码	名称	代码	名称	代码	名称			
						009	一级复床加混床除盐系统的组成	X
						010	空压机的工作原理	X
						011	鼓风式除碳器的构造	X
						012	深井泵的性能特点	Y
						013	锅炉给水泵的性能特点	Y
						014	旋涡泵的性能特点	Y
						015	容积式水泵的工作特点	Y
				B	维护设备	001	空压机的维护保养	X
						002	阳离子交换器的维护保养	X
						003	阴离子交换器的维护保养	X
						004	混合离子交换器的维护保养	X
		C	事故判断与处理	A	判断事故	001	柱塞式往复泵出力的影响因素	X
						002	失效终点的概念	X
						003	离子交换软化系统处理效果的影响因素	X
						004	再生效果的影响因素	X
						005	阴阳床制水量的影响因素	X
						006	离子交换树脂的鉴别方法	X
						007	使用浓硫酸作再生剂时的注意事项	X
				B	处理事故	001	柱塞式往复泵的故障处理	X
						002	阴、阳离子交换树脂混杂后的分离方法	X
						003	离子交换器再生不合格的处理方法	X
						004	阴阳床制水量下降的处理方法	X
						005	离子交换器出水不合格的处理方法	X

二、理论知识试题

行业通用理论知识试题

判断题

1. 交接班记录需要领导审阅签字。 (√)

2. 设备巡检包括设备停机过程中的检查。 (√)

3. 投影线都相互平行的投影称为中心投影。 (×)

正确答案：投影线都相互平行的投影称为平行投影。

4. 在三视图中，能够反映物体上下、左右位置关系的视图为俯视图。 (×)

正确答案：在三视图中，能够反映物体上下、左右位置关系的视图为主视图。

5. 画三视图时，左视图和俯视图的关系是长对正。 (×)

正确答案：画三视图时，左视图和俯视图的关系是宽相等。

6. 零件图的作用是读零件图与装配图关系。 (×)

正确答案：零件图的作用是直接指导制造零件和检验零件的图样。

7. 零件图是直接指导制造零件和检验零件的图样。 (√)

8. 综合性季度检查中，安全生产不仅是重要内容，还实行一票否决权。 (√)

9. 尘毒物质对人体的危害与个人体质因素无关。 (×)

正确答案：尘毒物质对人体的危害与个人年龄、身体健康状况等因素有关。

10. 因为环境有自净能力，所以轻度污染物可以直接排放。 (×)

正确答案：虽然环境有自净能力，轻度污染物也不可以直接排放。

11. 目前清洁生产审计中应用的理论主要是物料平衡和能量守恒原理。 (√)

12. 清洁生产审计的目的是：通过清洁生产审计判定生产过程中不合理的废物流和物、能耗部位，进而分析其原因，提出削减它的可行方案并组织实施，从而减少废弃物的产生和排放，达到实现本轮清洁生产目标。 (√)

13. 根据燃烧三要素，采取除掉可燃物、隔绝氧气(助燃物)、将可燃物冷却至燃点以下等措施均可灭火。 (√)

14. 在HSE管理体系中，评审是高层管理者对安全、环境与健康管理体系的适应性及其执行情况进行正式评审。 (√)

15. 第二方审核是直属企业作为受审方，由取得相应资格的单位进行HSE体系审核。 (×)

正确答案：第三方审核是直属企业作为受审方，由取得相应资格的单位进行HSE体系审核。

16. 含汞、铬、铅等的工业废水不能用化学沉淀法治理。 (×)

正确答案：含汞、铬、铅等的工业废水可以用化学沉淀法治理。

17. 一级除尘又叫机械除尘。 (√)

18. 废渣处理首先考虑综合利用的途径。 (√)

19. 陆地填筑法可避免造成火灾或爆炸。 (×)

正确答案：陆地填筑法有可能造成火灾或爆炸。

20. 在防冻防凝工作中，严禁用高压蒸汽取暖、严防高压蒸汽窜入低压系统。 (√)

21. 对已冻结的铸铁管线、阀门等可以用高温蒸汽迅速解冻。 (×)

正确答案：对已冻结的铸铁管线、阀门等不得急剧加热，只允许温水或少量蒸汽缓慢解冻，以防骤然受热损坏。

22. 进入夏季，工业园区应对所有地沟、排水设施进行检查，清除排水障碍。备足防汛物资，遇到险情时能满足需求。 (√)

23. 从事办公室工作的人员不会形成职业病。 (×)

正确答案：从事办公室工作的人员也会形成相应的职业病。

24. 职业中毒不属于职业病。 (×)

正确答案：职业中毒属于职业病之一。

25. 急慢性中毒皆属于人身事故。 (×)

正确答案：急性中毒属于人身事故。

26. 在 HSE 管理体系中，一般不符合项是指能使体系运行出现系统性失效或区域性失效的问题。 (×)

正确答案： 在 HSE 管理体系中，一般不符合项是指个别的、偶然的、孤立的、性质轻微的问题或者是不影响体系有效性的局部问题。

27. HSE 管理体系规定，公司应建立事故报告、调查和处理管理程序，所制定的管理程序应保证能及时地调查、确认事故(未遂事故)发生的根本原因。 (√)

28. 标准化的重要意义是提高产品、过程或服务的质量，防止贸易壁垒，并促进技术合作。 (×)

正确答案： 标准化的重要意义是改进产品、过程或服务的适用性，防止贸易壁垒，并促进技术合作。

29. 企业应当具备法人的资格或是法人的一部分，才可以申请质量体系认证。 (√)

30. 全面质量管理的核心是强调提高产品质量。 (×)

正确答案： 全面质量管理的核心是强调提高工作质量。

31. 生产制造过程的质量管理是全面质量管理的中心环节。 (√)

32. 质量管理体系是指在质量方面指挥和控制组织的管理体系，它是组织若干管理体系的一个。 (√)

33. PDCA 循环是全面质量管理的科学方法，可用于企业各个方面、各个环节的质量管理活动。 (√)

34. ISO 9004:2000 标准是“指南”，可供组织作为内部审核的依据，也可用于认证和合同目的。 (×)

正确答案： ISO 9004:2000 标准提供了超出 ISO 9001 要求的指南和建议，不用于认证或合同的目的。

35. ISO 9000 族标准中，质量仅指产品质量。 (√)

36. ISO 9000 族标准质量管理八项原则是一个组织在质量管理方面的总体原则。 (√)

37. 计算机应用软件 Word 字处理软件不仅可以进行文字处理，还可以插入图片、声音等，但不能输入数学公式。 (×)

正确答案： Word 字处理软件不仅可以进行文字处理，还可以插入图片、声音等，也能输入数学公式。

38. 在应用软件 Word 表格操作中选定整个表格后，按格式工具栏上的左、右、居中对齐等按钮则单元格中的文字内容进行左、右、居中对齐。 (×)

正确答案： 选定整个表格后，按格式工具栏上的左、右、居中对齐等按钮则单元格中的文字内容不会进行左、右、居中对齐，整个工作表整体在页面中进行左、右、居中对齐。

39. 在应用软件 Word 表格操作中利用表格工作栏还可对表格内容进行垂直对齐。 (√)

40. 在计算机应用软件 Excel 中选中不连续单元格的功能键是 Alt。 (×)

正确答案： 在计算机应用软件 Excel 中选中不连续单元格的功能键是 Ctrl。

41. 在计算机应用软件 Excel 中清除合并居中的格式可以通过键盘的删除(Delete)键来实现。 (×)

正确答案： 在计算机应用软件 Excel 中清除合并居中的格式可以通过编辑菜单中的清除

格式来实现。

42. 在计算机应用软件 Excel 中的打印可实现放大或缩小比例打印。 (√)

43. 不动产的买卖合同一般采用登记形式。 (√)

44. 在实践中，口头形式是当事人最为普遍采用的一种合同约定形式。 (×)

正确答案：在实践中，书面形式是当事人最为普遍采用的一种合同约定形式。

单选题

1. 不允许在岗位交接班记录中出现(C)。

A. 凭旧换新　B. 划改内容　C. 撕页重写　D. 双方签字

2. 投影线都通过中心的投影称为(A)投影法。

A. 中心　B. 平行　C. 斜　D. 正

3. 在工程制图中应用较多的投影法是(D)投影法。

A. 中心　B. 平行　C. 斜　D. 正

4. 剖视图的剖切符号为断开的(D)线。

A. 细实　B. 点划　C. 虚　D. 粗实

5. 在三视图中，反映物体前后、左右位置关系的视图为(B)。

A. 主视图　B. 俯视图

C. 左视图　D. 在三个视图中都有可能

6. 在三视图中，反映物体前后、上下位置关系的视图为(C)。

A. 主视图　B. 俯视图

C. 左视图　D. 在三个视图中都有可能

7. 画三视图时，主视图和俯视图的关系是(A)。

A. 长对正　B. 高平齐　C. 宽相等　D. 无关系

8. 零件图的主要作用之一是(B)。

A. 指导读零件的结构　B. 直接指导制造零件

C. 读零件图与装配图关系　D. 读零件之间的配合情况

9. 毒物的沸点是(C)。

A. 越低毒性越小　B. 越高毒性越大

C. 越低毒性越大　D. 与毒性无关

10. 污染物的回收方法包括(D)。

A. 蒸发　B. 干燥　C. 排放　D. 吸收

11. 清洁生产涵盖有深厚的理论基础，但其实质是(A)。

A. 最优化理论　B. 测量学基本理论

C. 环境经济学基本理论　D. 资源经济学基本理论

12. 液体有机物的燃烧可以采用(C)灭火。

A. 水　B. 沙土　C. 泡沫　D. 以上均可

13. ISO 14001 标准其主要特点有强调(D)，强调法律、法规的符合性，强调系统化管理，强调文件化，强调相关方的观点。

A. 污染预防　B. 持续改进

C. 末端治理　D. 污染预防、持续改进

14. 在 ISO 14001 标准体系中，为了确保环境因素评价的准确性，在识别环境因素时应考虑的三种状态是(C)。

A. 开车、停机和检修状态　B. 连续、间歇和半连续状态

C. 正常、异常和紧急状态　D. 上升、下降和停止状态

15. 公司 HSE 管理体系的审核分为内部审核、(C)。

A. 第一方审核　B. 第二方审核

C. 第三方审核　D. 第四方审核

16. HSE 评审的目的是检验 HSE 管理体系的适宜性、(B)和有效性。

A. 充分性　B. 公平性　C. 权威性　D. 必要性

17. 废水治理的方法有物理法、(A)法和生物化学法等。

A. 化学　B. 过滤　C. 沉淀　D. 结晶

18. 可直接用碱液吸收处理的废气是(A)。

A. 二氧化硫　B. 甲烷　C. 氨气　D. 一氧化氮

19. 废渣的处理大致采用(D)、固化、陆地填筑等方法。

A. 溶解　B. 吸收　C. 粉碎　D. 焚烧

20. 为了做好防冻防凝工作，停用的设备、管线与生产系统连接处要加好(B)，并把积水排放吹扫干净。

A. 阀门　B. 盲板　C. 法兰　D. 保温层

21. “夏季四防”包括防暑降温、防汛、(A)、防倒塌。

A. 防雷电　B. 防霉变　C. 防跌滑　D. 防干旱

22. 属于石化行业职业病的是(B)。

A. 近视　B. 尘肺病　C. 肩周炎　D. 哮喘

23. 与化工生产密切相关的职业病是(B)。

A. 耳聋　B. 职业性皮肤病　C. 关节炎　D. 眼炎

24. 在 HSE 管理体系中，(A)是指组织在职业健康安全绩效方面所达到的目的。

A. 目标　B. 事件　C. 不合格　D. 不符合

25. 在 HSE 管理体系中，(B)是指与组织的职业健康安全绩效有关的或受其职业健康安全绩效影响的个人或团体。

A. 目标　B. 相关方　C. 事件　D. 不符合

26. 在 HSE 管理体系中，造成死亡、职业病、伤害、财产损失或环境破坏的事件称为(C)。

A. 灾害　B. 毁坏　C. 事故　D. 不符合

27. 标准化的重要意义是改进产品、过程或服务的(C)，防止贸易壁垒，并促进技术合作。

A. 品质　B. 性能　C. 适用性　D. 功能性

28. 产品质量认证活动是(D)开展的活动。

A. 生产方　B. 购买方

C. 生产和购买双方　D. 独立于生产方和购买方之外的第三方机构

29. 全面质量管理强调以(B)质量为重点的观点。

A. 产品　B. 工作　C. 服务　D. 工程

30. 质量管理体系要求企业除应有(A)上的保证能力以外，还应有资源上的保证能力。

A. 管理　B. 质量计划

C. 质量政策与程序　　D. 质量文件

31. 企业的质量方针是由(D)决策的。

A. 全体员工　　B. 基层管理人员

C. 中层管理人员　　D. 最高管理层人员

32. PDCA 循环的四个阶段八个步骤的第四个步骤是(B)。

A. 总结　　B. 拟订对策并实施

C. 分析问题原因　　D. 效果的确认

33. ISO 9001 和 ISO 9004 的区别在于(D)。

A. 采用以过程为基础的质量管理体系模式

B. 建立在质量管理八项原则的基础之上

C. 强调与其他管理标准的相容性

D. 用于审核和认证

34. 下列各项中属于产品固有特性的是(B)。

A. 价格　　B. 噪音　　C. 保修期　　D. 礼貌

35. PDCA 循环是实施 ISO 9000 族标准(B)原则的方法。

A. 系统管理　　B. 持续改进　　C. 过程方法　　D. 以事实为决策依据

36. 在计算机应用软件 Word 中，不能进行的字体格式设置是(C)。

A. 文字的缩放　　B. 文字的下划线　　C. 文字的旋转　　D. 文字的颜色

37. 计算机应用软件 Word 的菜单中，经常有一些命令是灰色的，这表示(B)。

A. 应用程序本身有故障　　B. 这些命令在当前状态不起作用

C. 系统运行故障　　D. 这些命令在当前状态下有特殊的效果

38. 在计算机应用软件 Word 中，可用于计算表格中某一数值列平均值的函数是(C)。

A. Abs( )　　B. Count( )　　C. Average( )　　D. Total( )

39. 在计算机应用软件 Excel 工作表中，可按需拆分窗口，一张工作表最多拆分为(B)个窗口。

A. 3　　B. 4　　C. 5　　D. 任意多

40. 在计算机应用软件 Excel 中如图所示页面中的斜杠是通过(B)菜单中单元格里的边框来实现。

A. 编辑　　B. 格式　　C. 工具　　D. 窗口

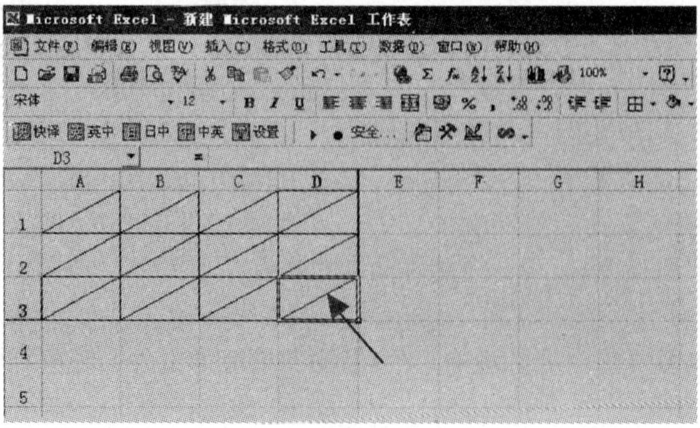

41. 当事人采用合同书形式订立合同的，自双方当事人(C)时合同成立。

A. 制作合同书 B. 表示受合同约束

C. 签字或者盖章 D. 达成一致意见

42. 下列各种合同中，必须采取书面形式的是(D)合同。

A. 保管 B. 买卖 C. 租赁 D. 技术转让

多选题

1. 设备巡检时域分为(A，B，C，D)等检查。

A. 设备运行期间 B. 设备停机过程中

C. 设备停运期间 D. 设备开机过程中

2. 在三视图中，能够反映物体前后位置关系的视图为(B，C)。

A. 主视图 B. 俯视图

C. 左视图 D. 在三个视图中都有可能

3. 在三视图中，能够反映物体上下位置关系的视图为(A，C)。

A. 主视图 B. 俯视图

C. 左视图 D. 在三个视图中都有可能

4. 在三视图中，与高度有关的视图是(A，C)。

A. 主视图 B. 俯视图 C. 左视图 D. 三个视图都有关系

5. 在三视图中，与宽度有关的视图是(B，C)。

A. 主视图 B. 俯视图 C. 左视图 D. 三个视图都有关系

6. 零件图的主要作用是(A，C)。

A. 直接指导制造零件 B. 指导读零件的结构

C. 检验零件的图样 D. 读零件图与装配图关系

7. 安全检查中的“月查”由车间领导组织职能人员进行月安全检查，查领导、查思想、(A，B，D)。

A. 查隐患 B. 查纪律 C. 查产量 D. 查制度

8. 尘毒物质对人体的危害与工作环境的(A，B，C)等条件有关。

A. 温度 B. 湿度 C. 气压 D. 高度

9. 改革生产工艺是控制化工污染的主要方法，包括(A，B，C)等。

A. 改革工艺 B. 改变流程

C. 选用新型催化剂 D. 更新设备

10. 着火点较大时，有利于灭火措施的是(A，C，D)。

A. 抑制反应量 B. 用衣服、扫帚等扑打着火点

C. 减少可燃物浓度 D. 减少氧气浓度

11. 在 ISO 14001 标准体系中，为了确保环境因素评价的准确性，在识别环境因素时应考虑土地污染、对社区的影响、原材料与自然资源的使用、其他地方性环境问题外，还应考虑(A，B，C)问题。

A. 大气排放 B. 水体排放 C. 废物管理 D. 材料的利用

12. 在 ISO 14001 标准体系中，环境因素识别的步骤包括(A，B，D)。

A. 划分和选择组织过程 B. 确定选定过程中存在的环境因素

C. 初始环境评审　　D. 明确每一环境因素对应的环境影响

13. 在 ISO 14001 标准体系中，识别环境因素的方法除问卷调查、专家咨询、现场观察和面谈、头脑风暴、查阅文件及记录、测量、水平对比、纵向对比等方法外，还有(A，B，C)方法。

A. 过程分析法　　B. 物料衡算

C. 产品生命周期　　D. 最优化理论

14. 在 HSE 管理体系中，审核是判别管理活动和有关的过程(A，B)，并系统地验证企业实施安全、环境与健康方针和战略目标的过程。

A. 是否符合计划安排　　B. 是否得到有效实施

C. 是否已经完成　　D. 是否符合标准

15. HSE 管理体系中，危害主要包括(A，B，C，D)等方面。

A. 物的不安全状态　　B. 人的不安全行为

C. 有害的作业环境　　D. 安全管理缺陷

16. 工业废水的生物处理法包括(B，D)法。

A. 过滤　　B. 好氧　　C. 结晶　　D. 厌氧

17. 对气态污染物的治理主要采取(B，C)法。

A. 蒸馏　　B. 吸附　　C. 吸收　　D. 过滤

18. 可用于废渣处理方法的是(A，B，C)。

A. 陆地填筑　　B. 固化　　C. 焚烧　　D. 粉碎

19. 为了做好防冻防凝工作，应注意(A，B，C)。

A. 加强报告制度　　B. 加强巡检力度

C. 有情况向上级或领导汇报　　D. 独立解决问题

20. 不属于夏季四防范畴的是(A，B，D)。

A. 防滑　　B. 防冰雹　　C. 防雷电　　D. 防干旱

21. HSE 管理体系规定，事故的报告、(A，B，C)、事故的调查、责任划分、处理等程序应按国家的有关规定执行。

A. 事故的分类　　B. 事故的等级　　C. 损失计算　　D. 事故的赔偿

22. 标准化的重要意义可概括为(A，B，C，D)。

A. 改进产品、过程或服务的适用性　　B. 防止贸易壁垒，促进技术合作

C. 在一定范围内获得最佳秩序　　D. 有一个或多个特定目的，以适应某种需要

23. 企业质量体系认证(A，C，D)。

A. 是一种独立的认证制度

B. 依据的标准是产品标准

C. 依据的标准是质量管理标准

D. 是第三方对企业的质量保证和质量管理能力依据标准所做的综合评价

24. 产品的质量特性包括(A，B，C，D)。

A. 性能　　B. 寿命　　C. 可靠性　　D. 安全性

25. PDCA 循环中，处置阶段的主要任务是(B，D)。

A. 明确目标并制订实现目标的行动方案

B. 总结成功经验

C. 对计划实施过程进行各种检查

D. 对质量问题进行原因分析，采取措施予以纠正

26. 下列哪些标准应用了以过程为基础的质量管理体系模式的结构(B，C)。

A. ISO 9000：2000《质量管理体系基础和术语》

B. ISO 9001：2000《质量管理体系要求》

C. ISO 9004：2000《质量管理体系业绩改进指南》

D. ISO 19011：2002《质量和环境管理体系审核指南》

27. ISO 9000 族标准中，质量具有(B，C)性等性质。

A. 适用　　B. 广义　　C. 相对　　D. 标准

28. 在计算机应用软件 Word 的“页面设置”对话框中，可以设置的选项为(B，C，D)。

A. 字体　　B. 位置　　C. 纸型　　D. 纸张大小

29. 在计算机应用软件 Word 表格中，关于数据排序的叙述，不正确的是(A，B，C)。

A. 表格中数据的排序只能按升序进行　　B. 表格中数据的排序只能按降序进行

C. 表格中数据的排序依据只能是行　　D. 表格中数据的排序依据可以是列

30. 在计算机应用软件 Excel 工作表中，选定某单元格，单击“编辑”菜单下的“删除”选项，可能完成的操作是(A，B，C)。

A. 删除该行　　B. 右侧单元格左移

C. 删除该列　　D. 左侧单元格右移

31. 在 Excel 工作簿中，对工作表可以进行的打印设置是(A，B，D)。

A. 打印区域　　B. 打印标题　　C. 打印讲义　　D. 打印顺序

32. 合同可以以(A，B，C，D)形式存在。

A. 口头　　B. 批准　　C. 登记　　D. 公正

33. 下列说法中属于无效合同特征的有(A，B，C，D)。

A. 无效合同自合同被确认无效时起无效

B. 对无效合同要进行国家干预

C. 无效合同具有不得履行性

D. 无效合同的违法性

工种理论知识试题

判断题

1. 一般而言石油馏分愈重、沸点愈高，其黏度愈大。　(√)

2. 从数量上比较，燃料占石油产品的比例最高，其中以锅炉燃料油消耗为主。　(×)

正确答案：从数量上比较，燃料占石油产品的比例最高，其中以发动机燃料为主。

3. 根据作用的不同，炼油设备一般可分为流体输送设备、加热设备、换热设备、传质设备、反应设备和容器等六种类型。　(√)

4. 小苏打的化学名称是碳酸钠，分子式为 Na_2CO_3。　(×)

正确答案：小苏打的化学名称是碳酸氢钠，分子式为 $NaHCO_3$。

5. 化学平衡是有条件的、相对的和可改变的，当维持平衡的条件改变时，体系内各物质的浓度将要发生改变，原化学平衡遭到破坏。　(√)

6. 碱能使酚酞由红色变成无色。（×）

正确答案：碱能使酚酞由无色变成红色。

7. 在常温下盐大都是晶体。（√）

8. 含一种元素的物质肯定是单质。（×）

正确答案：含一种元素的物质不一定是单质，如红磷和白磷混合只含一种磷元素；金刚石和石墨混合只含一种碳元素。

9. 氧化物是指氧与另一种元素组成的化合物。（√）

10. 有机化合物可以用无机化合物为原料来合成。（√）

11. 当化学反应处于平衡状态下，如果温度改变，仍能保持平衡。（×）

正确答案：当化学反应处于平衡状态下，如果温度改变，平衡就发生变化。

12. 只有弱电解质溶液才有电离平衡。（√）

13. 在不同的可逆反应中，因其反应物的性质不同，所以平衡常数也不同。（√）

14. 雷诺数是一个无因次数群，无论采用何种单位制，只要数群中各物理量的单位一致，算出的雷诺数应相等。（√）

15. 试验证明圆管中液流的下临界雷诺数是一个比较稳定的数值，约为2000。（√）

16. 液体不能承受拉力，但可以承受压力。（√）

17. 表面张力存在于整个液体内部。（×）

正确答案：表面张力仅存在于液体的自由表面，其内部并不存在。

18. 在盛有两种液体的连通容器中，位于同一水平面的各点压强一定相等。（×）

正确答案：在盛有两种液体的连通容器中，位于同一水平面的各点压强不一定相等。

19. 潜体可以潜没于水中的任何位置而保持平衡。（√）

20. 旋转的泵轴与固定的泵壳之间的密封称为轴套。（×）

正确答案：旋转的泵轴与固定的泵壳之间的密封称为轴封。

21. 离心泵叶轮的主要作用是对液体做功增加液体的压力能。（×）

正确答案：离心泵叶轮的主要作用是对液体做功增加液体的动能和压力能。

22. 介质泄漏方向与离心力方向相反的机械密封为内流型机械密封，介质泄漏方向与离心力方向相同的机械密封为外流型机械密封。（√）

23. 接触式机械密封是依靠密封室中液体压力和压紧元件的压力压紧在静环端面上，并在两环形端面上产生适当的压力和保持一层极薄的液体膜，而达到密封的目的。（√）

24. *PV*值是指机械密封端面比压*P*与密封面的内径周速的积。（×）

正确答案：*PV*值是指机械密封端面比压*P*与密封面的中径周速的积。

25. 机械密封的冲洗目的是隔离介质、冷却和改善润滑。（√）

26. 根据阀杆螺纹的位置，闸阀可分成明杆闸阀和暗杆闸阀。（√）

27. 电化学腐蚀是指金属和外部介质发生了电化学反应，电子由阴极区流向阳极区。（×）

正确答案：电化学腐蚀是指金属和外部介质发生了电化学反应，电子由阳极区流向阴极区。

28. 按压力容器生产工艺过程的作用原理可分为反应容器、换热容器、分离容器和储运容器。（√）

29. 耐压试验的主要目的是检验容器受压部件的结构强度，验证其是否具有在设计压力

下安全运行所需的承载能力。 (√)

30. 离心泵的实际气蚀余量 NPSH 是指泵入口处，单位重量液体扣除输送温度下的液体饱和蒸汽压力后的富余能量头，它只与吸入系统有关，而与泵本身无关。 (√)

31. 减速器是原动机和工作机之间的独立闭式传动装置，用来降低转速和减小转矩，以满足工作需要。 (×)

正确答案：减速器是原动机和工作机之间的独立的闭式传动装置，用来降低转速和增大转矩，以满足工作需要。

32. 轴承是支撑轴的零件，根据轴承工作的摩擦性质，可分为滑动摩擦轴承和滚动摩擦轴承。 (√)

33. 现场操作台红色信号灯亮时说明电机正在运行，绿灯说明电机处于停机备用状态。 (√)

34. 把“220V，40W”的白炽灯和“220V，60W”的白炽灯并联接到直流 220V 的电源上，“220V，40W”的白炽灯流过的电流大。 (×)

正确答案：“220V，40W”的白炽灯流过的电流小。

35. 把额定值为“220V，40W”的灯泡和“220V，100W”的灯泡串联接入 220V 的电源，通电后发现，40W 的灯泡比 100W 的灯泡亮。 (√)

36. 在湿度较大的地方，容易产生静电。 (×)

正确答案：在湿度较大的地方，不容易产生静电。

37. 不管何种类型的电动机都有转子和定子这两大部件。 (√)

38. 在工程上规定以 0.8m 作为跨步的距离。 (√)

39. 串级控制系统是一个单纯的定值控制系统。 (×)

正确答案：串级控制系统主回路是定值控制系统，但副回路是一个随动系统。

40. 分程控制系统是由一个调节器的输出带动两个以上工作范围不同的调节阀的控制系统。 (√)

41. 当压力开关的被测压力超过额定值时，弹性元件的自由端产生位移直接或经过比较后推动开关元件，改变开关元件的通断状态。 (√)

42. 气动单元组合仪表由六类单元组成，即变送单元、调节单元、显示单元、计算单元、给定单元和执行单元。 (×)

正确答案：气动单元组合仪表由七类单元组成，即变送单元、调节单元、显示单元、计算单元、给定单元、辅助单元和转换单元。

43. 使用 U 形管压力计测得的表压值与玻璃管断面面积大小有关。 (×)

正确答案：使用 U 形管压力计测得的表压值与玻璃管断面面积大小无关。

44. 玻璃温度计是利用气体、液体或蒸汽的体积或压力随温度变化性质设计制成。 (×)

正确答案：玻璃温度计是利用感温液体受热膨胀原理工作的。

45. 涡轮流量变送器输出信号的频率与流量成正比。 (√)

46. 在用差压变送器测量液体的液面时，差压计的安装高度一般不作要求，只要维护方便就行。 (×)

正确答案：在用差压变送器测量液体的液面时，差压计的安装高度不可高于下面的取压口。

47. 实际用以检定计量标准的计量器具是国家副计量基准。 (×)

正确答案：实际用以检定计量标准的计量器具是工作计量基准。

48. 对于在连续运转装置上的 B 级计量器具，应根据国家检定规程的要求安排周期进行检定。（×）

正确答案：对于在连续运转装置上的 B 级计量器具，可根据国家有关检定规程的要求，按企业设备大检修的自然周期安排检定。

49. 计量检定工作的开展限制于行政区划和部门管辖的范围。（×）

正确答案：计量检定工作应当按照经济合理的原则，就地就近进行，不受行政区划和部门管辖范围的限制。

50. 计量检定合格印证是对被检计量器具计量性能认可的最终体现，是具有权威性和法制性的一种标志和证明。（√）

51. 工业冷却水按使用方式可分为直接用水和间接用水两类。（√）

52. 分质给水系统需要增加大量药剂和动力费用，同时管道和设备相应增多，管理较复杂。（×）

正确答案：分质给水系统可以节约大量药剂和动力费用，但管道和设备相应增多，管理较复杂。

53. 在分区给水系统中，串联分区是指采用加压泵站或减压措施从某一区取水向另一区供水。（√）

54. 天然水体中的化学需氧量越大，说明其受到无机物污染越严重。（×）

正确答案：水体中的化学需氧量越大，说明其受到有机物污染越严重。

55. 所谓水的纯度是指水的洁净程度，可用水中各种悬浮物质和胶体等杂质的总含量来衡量。（×）

正确答案：所谓水的纯度是指水的洁净程度，可用水中各种溶解物及不溶物等杂质的总含量来衡量。

56. 当水体受到有机物污染时，由于氧化污染物质需要消耗氧，使水中所含的溶解氧逐渐减少，所以溶解氧是衡量水体污染程度的一个重要指标。（√）

57. 对于弱电解质，其平衡常数随浓度改变而改变，但不随温度改变而改变。（×）

正确答案：对于弱电解质，其平衡常数随温度改变而改变，但不因浓度改变而改变。

58. 在沉淀池中，雷诺数越大，越有利于颗粒沉降。（×）

正确答案：在沉淀池中，雷诺数越小，越有利于颗粒沉降。

59. 敞开式循环冷却水系统中，循环水的冷却是通过水与空气接触，由蒸发和辐射散热两个过程共同作用的结果。（×）

正确答案：敞开式循环冷却水系统中，循环水的冷却是通过水与空气接触，由蒸发、接触、辐射散热三个过程共同作用的结果。

60. 在树状给水管网中，任一段管线损坏时，在该管线以后的所有管线将会断水。（√）

61. 给水管网的布置既要求安全供水，又要贯彻节约投资的原则，因此适宜采用环状管网布置形式。（×）

正确答案：给水管网的布置既要求安全供水，又要贯彻节约投资的原则，因此需要采用环状和树状管网并存的布置形式。

62. 供水系统时变化系数是指在一年中，最高时用水量与平均时用水量的比值。（×）

正确答案：时变化系数是指在一年中最高用水日，最高一小时用水量与平均时用水量的比值。

63. 取水头部的进水孔一般布置在其侧面和下游面。(√)

64. 当使用高分子混凝剂尤其是有机高分子混凝剂，其混凝效果受 pH 值影响较小。(√)

65. 平流沉淀池的主要优点是构造和施工简单，造价较低，操作管理方便，对进水量和浊度变化的适应性强，处理效果稳定。(√)

66. 在沉淀池有效容积一定的条件下，增加沉淀面积，可使去除率提高。(√)

67. 水力循环澄清池对进水量、水质和水温的变化适应性较好。(×)

正确答案：水力循环澄清池对进水量、水质和水温的变化适应性较差。

68. 重力式无阀滤池出水水位高于滤层，容易产生负水头现象。(×)

正确答案：重力式无阀滤池出水水位高于滤层，始终保持正水头过滤，不会产生负水头现象。

69. 虹吸滤池反冲洗水头低，只能采用小阻力配水系统，冲洗均匀性较差，尤其在低滤速运行时，冲洗强度难以保证，冲洗效果较差。(√)

70. 虹吸滤池的分格数不能小于滤速与反冲洗流速的比值。(×)

正确答案：虹吸滤池的分格数不能小于反冲洗流速与滤速的比值。

71. 两台工况相似水泵的流量与转速及水泵效率的一次方成正比。(×)

正确答案：两台工况相似水泵的流量与转速及容积效率的一次方成正比，与线性比例尺的三次方成正比。

72. 水泵的总效率等于水力效率、容积效率与机械效率的乘积。(√)

73. 阀门节流调节对离心泵装置的效率影响很小。(×)

正确答案：离心泵阀门节流调节会降低离心泵装置的效率，浪费能源，很不经济。

74. 若离心泵运行工况点长期处于额定工况点的右侧，采用减少管路损失措施后，不仅可以提高管路效率，而且也可使水泵效率提高。(×)

正确答案：若离心泵运行工况点长期处于额定工况点的左侧，采用减少管路损失措施后，不仅可以提高管路效率，而且也可使水泵效率提高。

75. 离心泵的额定流量、额定扬程、额定功率是指对应于高效段平均效率点的流量、扬程、功率。(×)

正确答案：离心泵的额定流量、额定扬程、额定功率是指对应于最高效率点的流量、扬程、功率。

76. 当离心泵流量为零时，只允许作短时间的运行，否则会使泵壳内水温升高。(√)

77. 离心泵装置的工况点可以使用“折引性能曲线法”求得，折引性能曲线为水泵的 Q—H 性能曲线上减去相应流量下的管路特性值后所得到的曲线。(×)

正确答案：离心泵装置的工况点可以使用“折引性能曲线法”求得，折引性能曲线为水泵的 Q—H 性能曲线上减去相应流量下的水头损失后所得到的曲线。

78. 串联水泵的总扬程等于每台泵额定流量时的扬程相加。(×)

正确答案：串联水泵的总扬程等于每台泵在同一流量时的扬程相加。

79. 一般情况下，离心泵的比转数越大，其叶轮的切削限量越大。(×)

正确答案：一般情况下，离心泵的比转数越大，其叶轮的切削限量越小。

80. 当螺旋泵的转速一定时，其效率随着吸水水位的升高先上升后下降。(√)

81. 分区检漏是将给水管网分成小区，使用检漏仪来检查漏水状况的方法。(×)

正确答案：分区检漏是通过关闭阀门隔离检漏区域，使用流量计及压力表来检查漏水状况的方法。

82. 电动头的转矩限制机构的作用是用来防止关闭阀门时输出转矩过大而造成阀门损坏。 (√)

83. 气动薄膜驱动的行程和驱动力比汽缸活塞驱动的大，主要用于调节阀。 (×)

正确答案：气动薄膜驱动的行程和驱动力比汽缸活塞驱动的小，主要用于调节阀。

84. 单级双吸离心泵采用滚动轴承。 (√)

85. 通常情况下，离心泵每运行 10000h 要进行一次小修，内容包括解体检查、清扫、换油和重新调整间隙等。 (×)

正确答案：通常情况下，离心泵每运行 2000 ~ 8000h 要进行一次小修，内容包括解体检查、清扫、换油和调整间隙等。

86. 离心泵正常运行时，一般要求其振幅不超过 0.1mm，串轴量不超过 2mm。 (√)

87. 外加电流阴极保护法中，直流电源的正极与管道相连，负极与废铁相连。 (×)

正确答案：外加电流阴极保护法中，直流电源的正极与废铁相连，负极与管道相连。

88. 如果异步电动机启动频繁或容量较大，为了减小它的起动电流，通常采用降压启动。 (√)

89. 三视图是斜投影法中多面投影。 (×)

正确答案：三视图是正投影法中多面投影。

90. 当两个形体在某一投影面上的正投影完全相同时，则它们的形状相同。 (×)

正确答案：当两个形体在某一投影面上的正投影完全相同时，则无法确定它们的形状是否相同。

单选题

1. 关于油品的比热与密度、温度的关系，正确的表述是(D)。

A. 油品的比热随密度增加、温度升高而增大

B. 油品的比热随密度增加、温度升高而减小

C. 油品的比热随密度增加而增大，随温度升高而减小

D. 油品的比热随密度增加而减小，随温度升高而增大

2. 燃料油主要用作各种锅炉和工业炉燃料，一般是由(D)和裂化残油等制成的。

A. 低沸馏分　B. 中间馏分　C. 减压馏分　D. 直馏渣油

3. 电器用油包括变压器油、开关油等，其主要作用是(C)。

A. 润滑和绝缘　B. 润滑和导热　C. 绝缘和导热　D. 润滑和密封

4. 用(C)作为原料生产化工产品的工业，称为石油化工工业。

A. 石油　B. 石油气　C. 石油和石油气　D. 有机物

5. 在石油化工基础原料中，常把(B)的产量作为衡量石油化工发展水平的标志。

A. 苯　B. 乙烯　C. 乙炔　D. 乙醇

6. 下列选项中，(D)是石油化工的基础原料。

A. 甲醇　B. 丙酮　C. 乙酸　D. 乙炔

7. 炼油装置中，为了把原油加热到一定温度，使油品汽化，需要采用加热设备，常用

的是(B)。

A. 低压锅炉　B. 管式加热炉　C. 换热器　D. 蒸汽加热器

8. 草酸的分子式为(C)。

A. $H_2C_2O_2 \cdot H_2O$　B. $H_2C_4O_2 \cdot 2H_2O$

C. $H_2C_2O_4 \cdot 2H_2O$　D. $H_2C_2O_2 \cdot 2H_2O$

9. $Na_2S_2O_3$ 的名称为(C)。

A. 硫酸钠　B. 亚硫酸钠

C. 硫代硫酸钠　D. 硫代二硫酸钠

10. 在一定条件下，可逆反应 $N_2 + 3H_2 \rightleftharpoons 2NH_3$ + 热达到化学平衡。若降低温度，而保持其他条件不变，则(B)，平衡右移。

A. 正、逆反应速度均加快　B. 正、逆反应速度均降低

C. 正反应速度加快，逆反应速度变慢　D. 正反应速度变慢，逆反应速度加快

11. 在一定条件下，密闭容器中，当可逆反应的(C)，反应物和生成物的浓度恒定时，反应体系所处的状态称为化学平衡。

A. 反应速度不变　B. 正、逆反应速度不变

C. 正、逆反应速度相等　D. 正、逆反应速度等于零

12. 酸雨会造成严重的环境污染，形成酸雨的主要原因是人类活动向大气中排放了大量的(D)。

A. 一氧化碳　B. 二氧化碳　C. 三氧化硫　D. 二氧化硫

13. 下列酸中，酸性最强的是(A)。

A. 盐酸　B. 草酸　C. 醋酸　D. 碳酸

14. 电解质电离时(C)的化合物叫做碱。

A. 所生成的阳离子全部是氢离子　B. 所生成的阳离子含有氢离子

C. 所生成的阴离子全部是氢氧根离子　D. 所生成的阴离子含有氢氧根离子

15. 下列碱中，属于有机碱的是(B)。

A. 联氨　B. 甲胺　C. 烧碱　D. 氢氧化镁

16. 盐类的分子里含有(B)的，叫做碱式盐。

A. H^+　B. OH^-　C. CO_3^{2-}　D. HCO_3^-

17. 金刚石和石墨的物理性质有很大差异的原因是(B)。

A. 金刚石不含杂质，而石墨含杂质　B. 金刚石和石墨里碳原子的排列不同

C. 金刚石和石墨是由不同种元素组成的　D. 金刚石和石墨含碳量不同

18. 下列化合物中，碳元素化合价不同的一组是(B)。

A. CS_2 和 CO_2　B. CH_4 和 CO

C. H_2CO_3 和 CCl_4　D. $Ca(HCO_3)_2$ 和 $CaCO_3$

19. 在一切化学反应中，反应前后的(C)不变。

A. 体积　B. 形态　C. 原子数　D. 分子数

20. 在平衡系统中增大反应物浓度，平衡向(B)移动。

A. 左　B. 右　C. 先左后右　D. 先右后左

21. 下列关于化学平衡的说法中，正确的是(B)。

A. 不同的可逆反应，反应物的性质不同，平衡常数是相同的

B. 对可逆反应来说，平衡常数越大，表示反应达到平衡时生成物浓度和反应物浓度的比值越大

C. 对于同一个可逆反应，在不同温度下，平衡常数有相同的数值

D. 对可逆反应来说，平衡常数越大，也就是反应完成的程度越小，物质的转化率越大

22. 可燃物在氧气中燃烧比在空气中的燃烧速度快，其原因为(B)。

A. 反应温度不同　B. 反应物浓度不同　C. 反应压力不同　D. 生成物不同

23. 1L 溶液中所含(B)的物质的量就是溶液的物质的量浓度。

A. 溶液　B. 溶质　C. 溶剂　D. 物质

24. 用管道输送清水，当流速一定，若增大管径，则其雷诺数(A)。

A. 增大　B. 减小　C. 不变　D. 无法确定

25. 圆管流体流态的判别准则为，实际雷诺数 Re 大于(B)时就是紊流，而小于该值一定为层流。

A. 1000　B. 2000　C. 3000　D. 4000

26. 平行固体壁之间的流体流态的判别准则为，实际雷诺数 Re 大于(B)时就是紊流，而小于该值一定为层流。

A. 500　B. 1000　C. 2000　D. 4000

27. 液体的体积压缩系数是(C)之比。

A. 液体体积的相对缩小值与压强

B. 液体体积与压强的增值弹性

C. 液体体积的相对缩小值与压强的增值

D. 液体体积与压强

28. 自由表面上液体分子由于受两侧分子引力不平衡，使自由面上液体分子受到极其微小的拉力，这种拉力称为(B)。

A. 表面拉力　B. 表面张力　C. 表面引力　D. 表面压力

29. 某静止水体自由面与大气相通，已知某点在自由水面下的淹没深度为 h，则该点的静水压强应为(C)。设水的密度为 ρ，大气压强为 P_a。

A. 1　B. ρgh　C. $P_a + \rho gh$　D. $P_a + \rho gh$

30. 漂浮在液面上的物体，受到的浮力大小应(B)。

A. 大于物体所受的重力　B. 等于物体所受的重力

C. 小于物体所受的重力　D. 无法确定

31. 离心式清水泵叶轮中的叶片数通常采用(C)片。

A. 2 ~ 4　B. 4 ~ 6　C. 6 ~ 8　D. 8 ~ 10

32. 若增加离心泵叶轮叶片数量，扬程将(A)，液体的水力损失增大。

A. 增加　B. 减少　C. 不变　D. 无法确定

33. 介质作用在动环上的有效面积(C)动静环端面接触面积的机械密封为平衡型机械密封。

A. 大于　B. 等于　C. 小于　D. 不小于

34. 设计机械密封摩擦副的 *PV* 值应(B)它的许用 *PV* 值。

A. 等于　　B. 小于　　C. 大于　　D. 不大于

35. 将密封腔中介质引出到泵进口端，使腔中介质不断更新，这种机械密封的冲洗叫做(D)。

A. 自身冲洗　　B. 外部冲洗　　C. 循环冲洗　　D. 反向冲洗

36. 下列各部件中，(A)是闸阀的主体，是安装阀盖、连接管道的重要零件。

A. 阀体　　B. 阀杆　　C. 传动装置　　D. 闸板

37. 化学腐蚀是指金属与介质之间发生(A)作用而引起的破坏。

A. 纯化学　　B. 物理化学　　C. 电化学　　D. 纯物理

38. 输送流体介质，设计压力 < 10.0MPa，并且设计温度 < 400℃的工业管道属于(B)级工业管道。

A. GC1　　B. GC2　　C. GC3　　D. GC4

39. 钢制固定式压力容器的液压试验压力为设计压力的(C)倍。

A. 1.0　　B. 1.15　　C. 1.25　　D. 1.50

40. 减速器主要由传动零件(齿轮或蜗杆)、轴、(A)、箱体及其附件所组成。

A. 轴承　　B. 皮带　　C. 密封环　　D. 联轴器

41. 同时承受径向力和轴向力的轴承是(C)。

A. 推力轴承　　B. 向心轴承　　C. 向心推力轴承　　D. 滚针轴承

42. 在石油化工生产装置中，现场照明线路控制通常使用(D)。

A. 拉线开关　　B. 空气开关　　C. 胶盒开关　　D. 防爆开关

43. 正弦交流电的三要素是指(C)。

A. 频率、有效值、相位角　　B. 幅值、周期、初相角

C. 幅值、角频率、初相角　　D. 有效值、幅值、相位角

44. 已知 $R_1 = 10\Omega$，$R_2 = 10\Omega$，把两个电阻并联起来，其总电阻为(D)。

A. $R = 10\Omega$　　B. $R = 20\Omega$　　C. $R = 15\Omega$　　D. $R = 5\Omega$

45. 已知 $R_1 = 5\Omega$，$R_2 = 10\Omega$，把 R_1 和 R_2 串联后接入 220V 电源，R_1 上的分压应为(A)。

A. $U_1 = 73.3V$　　B. $U_1 = 60.3V$　　C. $U_1 = 110V$　　D. $U_1 = 30.3V$

46. 根据有关防火规定，电动机在热状态不能连续启动(C)次。

A. 6　　B. 4　　C. 2　　D. 5

47. 电气设备金属外壳应有(D)保护。

A. 防雷接地保护　　B. 防静电接地保护

C. 防过电压保护　　D. 可靠的接地或接零保护

48. 独立避雷针一般由(D)组成。

A. 避雷针、避雷线　　B. 避雷针、铁塔

C. 避雷塔、接地极　　D. 接闪器、引下线、接地体

49. 异步电动机按其结构可分为(A)。

A. 开启式　　B. 防护式　　C. 封闭式　　D. 防爆式

50. 人体能承受的跨步电压约为(D)之间。

A. 110 ~ 220V　　B. 6 ~ 10kV　　C. 20 ~ 35kV　　D. 90 ~ 110kV

51. 下列关于串级控制系统的说法中，错误的是(C)。

A. 是由主、副两个调节器串接工作

B. 主调节器的输出作为副调节器的给定值

C. 目的是实现对副变量的定值控制

D. 副调节器的输出去操纵调节阀

52. 下列选项中，(D)不是串级调节系统调节器的型号选择依据。

A. 工艺要求　　B. 对象特性　　C. 干扰性质　　D. 安全要求

53. 有两个调节阀，其可调比 $R_1 = R_2 = 30$，第一个阀最大流量 $Q_{1max} = 100m^3/h$，第二个阀最大流量 $Q_{2max} = 4m^3/h$，采用分程调节时，可调比达到(C)。

A. 60　　B. 300　　C. 780　　D. 900

54. 下列各种阀门中，(A)不需要进行流向选择。

A. 球阀　　B. 单座阀　　C. 高压阀　　D. 套筒阀

55. 下列各种自动化仪表中，(A)把变送、调节、显示等部分装在一个表壳内，形成一个整体。

A. 基地式仪表　　B. 单元组合仪表

C. QDZ 仪表　　D. DDZ 仪表

56. 热电偶产生热电势的条件是(C)。

A. 两热电极材料相同，两接点温度相同　　B. 两热电极粗细不同，两接点温度相异

C. 两热电极材料相异，两接点温度相异　　D. 两热电极长短不同，两接点温度相异

57. 当热电阻或信号线断路时，显示仪表的示值为(C)。

A. 零　　B. 室温　　C. 最大值　　D. 无法确定

58. 转子流量计中转子上下的压差由(C)决定。

A. 流体的流速　　B. 流体的压力　　C. 转子的重量　　D. 流体的方向

59. 下列关于电磁流量计的说法，错误的是(B)。

A. 电磁流量计是不能测量气体介质流量

B. 电磁流量变送器地线接在公用地线、上下水管道就能满足要求

C. 电磁流量计的输出电流与介质流量有线性关系

D. 电磁流量变送器和工艺管道紧固在一起，可以不必再接地线

60. 用于测量流量的导压管线中，当正压侧导压管发生泄漏时，仪表指示(A)。

A. 偏低　　B. 偏高　　C. 超量程　　D. 跑零下

61. 在管道上安装孔板时，若方向装反，将造成(C)。

A. 差压计倒指示　　B. 差压计指示变小

C. 差压计指示变大　　D. 对差压计无影响

62. 沉筒式液位计是利用悬挂在容器中的沉筒，由于被浸没高度不同，以致所受的(B)来测量液位的高度。

A. 拉力不同　　B. 浮力不同　　C. 压力不同　　D. 重力不同

63. 应用声波测量物位，是根据声波从发射至接收到反射回波的时间间隔与物位成比例的关系。下列声波传播特点中，正确的是(B)。

A. 声波不能在固体中传播　　B. 声波穿过气体介质时吸收最强

C. 声波穿过液体介质时吸收最强　　D. 声波穿过固体介质时吸收最强

64. 我国的法定计量单位，除目前国家选定的(C)个非国际单位制单位外，其余的均与国际单位制单位及其组成原则是一致的。

A. 7　　B. 10　　C. 15　　D. 18

65. 我国的法定计量单位中，压强的单位帕斯卡(Pa)是 SI 导出单位，用 SI 基本单位表达应为(A)。

A. $kg/(m \cdot s^2)$　　B. N/m^2　　C. kg/m^2　　D. kg/cm^2

66. 按计量学用途，计量器具可以分为(D)等类型。

A. 计量基准器具、计量标准器具、计量装置

B. 计量标准器具、计量装置、计量标准物质

C. 计量基准器具、工作计量器具、计量标准物质

D. 计量基准器具、计量标准器具、工作计量器具

67. 用于贸易结算，安全防护、环境监测、医疗卫生方面属于强制管理的计量器具应属于(A)级计量器具管理范围。

A. A　　B. B　　C. C　　D. D

68. 按照管理环节的不同，计量检定可以分为(D)等类型。

A. 周期检定、出厂检定、修后检定、在线检定、仲裁检定

B. 周期检定、出厂检定、在线检定、进口检定、仲裁检定

C. 周期检定、出厂检定、修后检定、进口检定、在线检定

D. 周期检定、出厂检定、修后检定、进口检定、仲裁检定

69. 量值传递是通过检定或其他传递形式，将国家计量基准所复现的计量单位量值通过各级计量标准逐级传递到(B)，以保证被测对象测得的量值准确和一致的过程。

A. 工作基准　　B. 工作计量器具

C. 计量仪表　　D. 社会公用计量标准器具

70. 我国现行采用的计量印证分为(B)。

A. 检定证书、检定合格印、检定合格证、检定结果通知书和检定不合格印等五种类型

B. 检定证书、检定合格印、检定合格证、检定结果通知书和注销印等五种类型

C. 检定证书、检定合格印、检定合格证、检定不合格印和注销印等五种类型

D. 检定证书、检定合格印、检定不合格印、检定结果通知书和注销印等五种类型

71. CO_2 是天然水中主要的杂质，它是决定水中(A)的主要因素。

A. 碱度　　B. 浊度　　C. 色度　　D. 透明度

72. 分压给水系统是指因用户对(B)不同而分成两个或两个以上的给水系统。

A. 水质要求　　B. 水压要求　　C. 功能分区　　D. 自然地形

73. 某北方石化企业利用地下水消毒处理后供给生活水，利用河水处理后供生产用水，则该企业给水系统属于(B)给水系统。

A. 单水源分质　　B. 多水源分质　　C. 单水源分区　　D. 多水源分区

74. 通常，石化企业中用量最多的是(C)。

A. 原料用水　　B. 洗涤用水

C. 冷却用水　　D. 锅炉用水

75. 化学需氧量表示水中(A)多少的一个指标。

A. 还原性物质　　B. 有机物

C. 无机物　　D. 氧化性物质

76. 下述各种概念的水，(D)的纯度最高。

A. 软化水　　B. 脱盐水　　C. 纯水　　D. 超纯水

77. 水的溶解氧一般用符号(B)来表示。

A. TOC　　B. DO　　C. BOD　　D. COD

78. 某电解质溶于水中发生电离，下列说法正确的是(A)。

A. 正负离子所带电荷数相等　　B. 阳离子数少于阴离子数

C. 阴阳离子数相等　　D. 溶液呈中性

79. 通常，水流的紊动性用(C)判别。

A. 水流速度　　B. 水的运动黏度

C. 雷诺数　　D. 弗劳德数

80. 通常，水流的稳定性用(D)判别。

A. 水流速度　　B. 水的运动黏度　　C. 雷诺数　　D. 弗劳德数

81. 在平流式沉淀池中，降低雷诺数 Re 和提高弗劳德数 Fr 的有效措施是(B)。

A. 增加水力半径　　B. 减小水力半径

C. 增大水平流速　　D. 减小水平流速

82. 风筒式冷却塔属于(D)型循环冷却水系统。

A. 抽风式机械通风　　B. 鼓风式机械通风

C. 密闭式强冷　　D. 自然通风

83. 当冷却塔的进出塔水温差确定时，出塔水温愈接近(C)时，冷却效率就愈高。

A. 当地气温　　B. 干球温度

C. 湿球温度　　D. 干湿球温度平均值

84. 在(B)管网中，水可以经常流动，不易形成“死水”，水质不会恶化。

A. 树状　　B. 环状　　C. 混合式　　D. 消防水

85. 已知某市 2003 年用水 3×10^7t，其中一年用水量最高的一天用水 115000t，则该市的用水日变化系数为(B)。

A. 1.06　　B. 1.44　　C. 1.60　　D. 6.0

86. (C)是以地表水为水源的生活饮用水的常规处理工艺。

A. 混凝和沉淀　　B. 混凝、沉淀和消毒

C. 混凝、沉淀、过滤和消毒　　D. 混凝、沉淀、过滤、软化和消毒

87. 下列水处理方法中，(C)方法能够除铁、除锰。

A. 沉淀　　B. 过滤　　C. 氧化　　D. 气浮

88. 通常，平流沉淀池的大小是由所需的(D)确定。

A. 表面负荷率　　B. 水平流速

C. 反应时间　　D. 停留时间

89. 水力循环澄清池通过升降螺杆来调整喷嘴与喉管之间的距离，可实现调节(C)。

A. 进水量　　B. 出水量

C. 活性泥渣回流量　　D. 上升流速

90. 机械搅拌澄清池是利用机械搅拌提升作用使(C)在池内循环流动并与原水充分混合絮凝。

A. 混凝剂溶液　B. 助凝剂溶液　C. 活性泥渣　D. 空气

91. 下列滤池中，(B)不需要设置专门的冲洗水箱或冲洗水泵。

A. 普通快滤池　B. 虹吸滤池　C. 无阀滤池　D. 双阀滤池

92. 下列滤池中，(C)要求一格滤池的反冲洗水量必须小于其他各格滤池过滤水量之和。

A. 普通快滤池　B. 无阀滤池　C. 虹吸滤池　D. 双阀滤池

93. 水泵第二相似定律是确定两台工况相似水泵的(B)之间关系。

A. 流量　B. 扬程　C. 轴功率　D. 转速

94. 水泵第三相似定律是确定两台工况相似水泵的(C)之间关系。

A. 流量　B. 扬程　C. 轴功率　D. 转速

95. 水流在水泵内密封环、填料函及轴向力平衡装置等处存在着泄漏和回流问题，使水泵的实际出水量总比通过叶轮的流量小，以 q 表示总泄漏量，Q_T 表示通过叶轮的流量，则 $(Q_T-q)/Q_T$ 表示水泵的(B)损失。

A. 摩阻　B. 容积　C. 冲击　D. 机械

96. 离心泵阀门节流调节能调节水泵的工况点，是由于它改变了(D)。

A. 泵的流量—扬程性能曲线　　B. 泵的流量—轴功率性能曲线

C. 泵的流量—效率性能曲线　　D. 管路特性曲线

97. 通常，离心泵的扬程随着流量的增大而逐渐(B)。

A. 增大　　B. 减小

C. 先增大后减小　　D. 先减小后增大

98. 离心泵的效率随着流量的增加而(D)。

A. 增大　　B. 不变

C. 减小　　D. 先增大后减小

99. 离心泵通常采用(C)方式启动。

A. 开闸　B. 半开闸　C. 闭闸　D. 微闭闸

100. 某水塔由一台离心泵从恒定水位的集水池供水，在水塔蓄水过程中，若无任何操作和调节，则该泵的工况点将(B)。

A. 不变　　B. 向流量减小侧移动

C. 向流量增大侧移动　　D. 来回移动

101. 离心泵在并联工作与其单独工作相比较，每台泵的工况点(A)。

A. 左移　　B. 右移

C. 不变　　D. 移动方向因扬程高低而异

102. 在一定的切削限度内，切削前后离心泵的扬程之比等于其(C)之比。

A. 叶轮外径　　B. 流量

C. 叶轮外径平方　　D. 流量平方

103. 水射器工作时，基本构造中(B)内将形成真空。

A. 喷嘴　　B. 吸入室　　C. 混合管　　D. 扩散管

104. 一般情况下，水射器喷嘴与混合管的间距取喷嘴直径的(A)倍较为适宜。

A. 1～2　　B. 2～3　　C. 3～4　　D. 4～5

105. 水射器是利用(C)来抽送流体的机械。

A. 液体位能　　B. 压缩空气的能量

C. 高速工作流体的能量　　D. 高速液体的能量

106. 往复型阀门气动装置适用于(A)。

A. 闸阀　　B. 蝶阀　　C. 球阀　　D. 旋塞阀

107. 给水管道法兰通常采用(B)垫片。

A. 聚四氟乙烯　　B. 石棉

C. 金属　　D. 金属包石棉

108. 为防止离心泵内的填料与泵轴直接摩擦，通常泵轴在穿过填料函的部位装有(C)。

A. 轴承体　　B. 密封环　　C. 轴套　　D. 水封环

109. 离心泵的大修周期一般为运行(C)h。

A. 10000　　B. 15000　　C. 18000　　D. 24000

110. 操作人员对设备要做到“四懂三会”，其中“四懂”是指(A)。

A. 懂原理、结构、用途、性能　　B. 懂性能、结构、用途、操作

C. 懂性能、原理、结构、操作　　D. 懂原理、结构、性能、操作

111. 设备“三态”是指(B)。

A. 运行、停用、备用　　B. 运行、备用、检修

C. 工作、停用、检修　　D. 运行、停用、检修

112. 下列电动机的线圈绝缘等级中，(D)的允许温升高。

A. A 级绝缘　　B. B 级绝缘　　C. E 级绝缘　　D. F 级绝缘

113. 水泵填料盒处滴水应呈滴状连续渗出为宜，运行中可调节(C)来控制滴水量。

A. 水封环　　B. 水封管控制阀

C. 压盖螺栓　　D. 输水压力

114. 水泵的轴承温升一般不得超过环境温度(A)℃。

A. 35　　B. 45　　C. 55　　D. 65

115. 投影法可分为中心投影法和(D)等两大类。

A. 正投影法　　B. 斜投影法　　C. 轴测投影法　　D. 平行投影法

116. 在机械制图中(D)作为基本图样。

A. 标高图　　B. 轴测图　　C. 透视图　　D. 三视图

117. 三视图属于(A)画法。

A. 第一角　　B. 第二角　　C. 第三角　　D. 第四角

118. 三视图中，(A)中相应投影的长度相等。

A. 主视图和俯视图　　B. 主视图和左视图

C. 俯视图和左视图　　D. 俯视图和右视图

119. 三视图中，主视图反映形体上各结构之间(C)的位置关系。

A. 前后、左右　　B. 前后、上下

C. 上下、左右　　　　D. 前后、上下、左右

120. 空间点 $A(4, 6, 8)$和 $B(4, 6, 6)$，则在三视图中，两点为(C)。

A. 对 V 面的重影点　　　　B. 对 W 面的重影点

C. 对 H 面的重影点　　　　D. 对 U 面的重影点

121. 三视图中，H 面与 V 面交于投影轴 OX，H 面与 W 面交于投影轴 OY，V 面与 W 面交于投影轴 OZ。如果某直线的两个投影均平行于 OZ 轴，则该直线为(C)。

A. 正垂线　　B. 侧垂线　　C. 铅垂线　　D. 左垂线

122. 若某平面在 V 面的投影为一直线，则该平面为(A)。

A. 正垂面　　B. 侧垂面　　C. 铅垂面　　D. 左垂面

123. 已知某 IS 型水泵 $n_s = 120$，其叶轮外径为 174mm，工况点 A 的流量为 27.3L/s，扬程为 33.8m，若切削叶轮 5%，则 A 的等效率点 A_1 的流量等于(B)L/s。

A. 28.7　　B. 25.9　　C. 24.6　　D. 23.4

124. 已知某 IS 型水泵 $n_s = 120$，其叶轮外径为 174mm，工况点 A 的流量为 27.3L/s，扬程为 33.8m，若切削叶轮 5%，则 A 的等效率点 A_1 的扬程等于(C)m。

A. 35.6　　B. 32.1　　C. 30.5　　D. 29.0

125. 已知某内径为 150mm 的给水管道长 25m，其沿程阻力系数为 0.037，输送流量25L/s时的沿程水头损失为(C)m。

A. 6.17　　B. 1.26　　C. 0.63　　D. 0.45

126. 某内径为 150mm 的给水管道长 25m，其沿程阻力系数为 0.037，输送流量为 25L/s，管道中有一只阀门，已知阀门局部水头损失系数为 2.06，则该阀门的局部水头损失为(A)m。

A. 0.21　　B. 0.35　　C. 0.42　　D. 2.06

127. 某离心泵在标准状况下输送水时的允许吸上真空高度为 4.5m，若用于输送密度为 580kg/m^3 的液体，则其允许吸上真空高度应为(D)m。

A. 2.61　　B. 4.5　　C. 7.11　　D. 7.76

128. 某水泵转速 $n_1 = 950$r/min 时的额定工况点流量 $Q_1 = 42$L/s，扬程 $H_1 = 38.2$m。当采用变频调速后转速为 n_2 时，与额定工况点等效率的工况点流量为 31.4L/s，则 n_2 应为(B) r/min。

A. 531　　B. 710　　C. 780　　D. 821

129. 某水泵转速 $n_1 = 950$r/min 时的额定工况点流量 $Q_1 = 42$L/s，扬程 $H_1 = 38.2$m，轴功率为 $N_1 = 18.5$kW。当采用变频调速后转速为 n_2 时，与额定工况点等效率的工况点流量 Q_2 为 31.4L/s，则该工况点的轴功率 N_2 应为(A)kW。

A. 7.7　　B. 10.3　　C. 13.8　　D. 16.0

130. 某内径为 200mm 的圆形钢管输送流量为 10L/s 的水，已知水的黏度为 0.001Pa·s，则其雷诺数为(D)。

A. 6499　　B. 12998　　C. 31847　　D. 63694

131. 某平流沉淀池宽 7m，水位高 3.5m，处理流量为 1800m^3/h，则其弗劳德数为(A)。

A. 2.43×10^{-5}　　　　B. 2.43×10^{-4}

C. 2.38×10^{-5}　　　　D. 2.38×10^{-4}

132. 某斜管沉淀池采用正六角形斜管，内切圆直径 $d = 25$mm，水平倾角 60°，净出水面

积为 58m²，已知其处理量为 650m³/h，水力半径按 $R = d/4$ 计算，则其弗劳德数为(B)。

A. 2.1×10^{-5}　　B. 2.1×10^{-4}　　C. 2.1×10^{-3}　　D. 2.1×10^{-2}

133. 已知某单层滤池滤层厚度为 700mm，反冲洗后测得滤层厚度为 1015mm，则该滤池的膨胀度为(C)。

A. 31%　　B. 40%　　C. 45%　　D. 59%

134. 某双层滤池滤层厚 800mm，设计反冲洗膨胀度应达到 50%，则该滤池滤层反冲洗膨胀后的厚度为(B)mm。

A. 1000　　B. 1200　　C. 1400　　D. 1600

135. 某平流沉淀池长 50m，宽 17m，水深 3.5m，已知其处理流量为 1800m³/h，则该沉淀池的表面负荷率为(C)m³/m²·d。

A. 14.5　　B. 30.3　　C. 50.8　　D. 246.9

136. 某斜管沉淀池处理量为 1500m³/h，沉淀池清水区长 12m，宽 5.5m，则其表面负荷率为(D)mm/s。

A. 0.63　　B. 0.95　　C. 1.95　　D. 2.63

137. 某滤料规格为 0.5 ~ 1.2mm，通过筛分试验绘制曲线求得：d_{10} = 0.55mm，d_{80} = 1.10mm，则其不均匀系数为(B)。

A. 2.2　　B. 2.0　　C. 0.9　　D. 0.5

138. 某滤池选用 0.5 ~ 1.2mm 的滤料，若要求 d_{10} = 0.55mm，不均匀系数 k_{80} = 1.8，则 d_{80} = (C)mm。

A. 0.67　　B. 0.90　　C. 0.99　　D. 1.1

139. 已知机械搅拌反应池的搅拌叶轮直径为 2m，其中某格的叶片中心点旋转速度为 0.4m/s，则其第二格叶轮转数为(C)r/min。

A. 3.8　　B. 5.1　　C. 7.6　　D. 10.2

多选题

1. 石油化工生产的特点为(A，B，C)。

A. 原料来源较稳定　　B. 易于实现自动化

C. 适合大规模生产　　D. 加工过程简单便捷

2. 通常，石油化工基础原料中“三烯”是指(A，B，D)。

A. 乙烯　　B. 丙烯　　C. 丁烯　　D. 丁二烯

3. 在石油化工工业中，根据使用目的的不同，可将换热设备分为(A，B，C，D)等类型。

A. 冷却器　　B. 冷凝器　　C. 换热器　　D. 重沸器

4. 关于可逆反应的说法，正确的是(A，C，D)。

A. 在同一条件下，既能向正反应方向进行，同时又能向逆反应方向进行的反应，叫可逆反应

B. 所有的化学反应都是可逆的

C. 有气体参加的反应或有气体生成的反应，一定要在密闭体系的条件下才能是可逆反应

D. 可逆反应中，正反应和逆反应是相对的

5. 反应体系的化学平衡状态具有(A，B，C，D)的特点。

A. 反应速度为零　　B. 有条件的动态平衡

C. 反应物和生成物的浓度恒定　　D. 正、逆反应速度相等

6. 在无机酸中，俗称“三大强酸”是指(A，B，C)。

A. 盐酸　　B. 硫酸　　C. 硝酸　　D. 磷酸

7. 下列说法中，正确的是(A，C)。

A. 根据组成不同，盐可分为正盐、酸式盐、碱式盐等

B. 有两种以上金属离子和酸根离子形成的盐叫复盐

C. 根据盐中酸根离子不同，可分为硫酸盐、碳酸盐、氯化物等

D. 当酸中的氢离子被金属置换时，所生成的盐叫做酸式盐

8. 下列化合物中，(B，C)属有机物。

A. NH_3　　B. CH_4　　C. C_2H_4　　D. CO_2

9. 下列化合物中，(A，C)属无机物。

A. CO_2　　B. CH_4　　C. H_2SO_4　　D. CH_3COOH

10. 在某化学反应中，下列说法正确的是(C，D)。

A. 参加化学反应的各种物质，等于反应后生成的各种物质

B. 参加化学反应的反应物，等于反应后生成的生成物

C. 参加化学反应的各种物质质量之和，等于反应后生成的各种物质质量之和

D. 参加化学反应的各种反应物质量之和，等于反应后生成的各种生成物质量之和

11. 下列关于电解质电离的说法中，正确的是(A，B，D)。

A. 强电解质是因其具有强极性键

B. 弱电解质中键的极性弱

C. 具有强极性键的化合物，溶于水时只有部分分子电离，大部分仍是呈分子状态

D. 在弱电解质溶液中，始终存在着分子电离成离子和离子结合成分子的两个过程，即其电离过程是可逆的

12. 化学反应速度的影响因素为(A，B，C，D)。

A. 温度　　B. 压力　　C. 反应物浓度　　D. 催化剂

13. 下列关于物质的量浓度的说法中，正确的是(B，C)。

A. 一定体积的溶液里所含溶剂的物质的量来表示溶液的浓度，就是溶液的物质的量浓度

B. 一定体积溶液里所含溶质的物质的量来表示的浓度，就是溶液的物质的量浓度

C. 配制 500mL 的 0.5mol/L 的氢氧化钠溶液，需固体氢氧化钠 10g

D. 配制 500mL 的 0.5mol/L 的氢氧化钠溶液，需固体氢氧化钠 20g

14. 作用于淹没物体的静水总压力为(C，D)。

A. 只有一个垂直向下的力

B. 其大小等于该物体的重量

C. 其大小等于该物体所排开的同体积的水重

D. 只有一个垂直向上的力

15. 泵体是泵结构的中心，其形式为(A，B，C，D)。

A. 水平剖分式　　B. 垂直剖分式　　C. 倾斜剖分式　　D. 筒体式

16. 多级离心泵的轴向力平衡方法为(A，B，D)。

A. 采用平衡盘　　B. 叶轮开设平衡孔

C. 设置诱导轮　　D. 叶轮对称布置

17. 与填料密封相比，机械密封具有(A，B，C，D)的特点。

A. 密封性可靠　　B. 寿命长

C. 摩擦消耗小　　D. 对旋转轴的振动不敏感

18. 机械密封的常见冲洗方法为(A，B，D)。

A. 自身冲洗　　B. 外部冲洗　　C. 循环冲洗　　D. 反向冲洗

19. 闸阀的特点为(A，B，C，D)。

A. 流体阻力小　　B. 启闭力矩小

C. 密封性能好　　D. 结构复杂

20. 腐蚀按照其作用机理的不同，可分为(A，B，C)。

A. 化学腐蚀　　B. 电化学腐蚀　　C. 物理腐蚀　　D. 机械损伤

21. 压力容器运行中严禁(B，C，D)。

A. 移动　　B. 超温　　C. 超压　　D. 超负荷

22. 在《在用工业管道定期检验规程》适用范围内的工业管道的级别分为(A，B，C)级。

A. GC1　　B. GC2　　C. GC3　　D. GC4

23. 改进泵本身结构参数或结构形式来提高离心泵抗气蚀措施有(A，B，C)。

A. 设置诱导轮　　B. 设计工况下叶轮有较大正冲角

C. 采用抗气蚀材质　　D. 减小叶轮入口处直径

24. 下列关于正弦交流电的说法中，正确的是(B，C，D)。

A. 如果正弦电流的最大值为5A，那么它的最小值为－5A

B. 用交流电流表或电压表测量正弦电流的电流和电压时，指针来回摆动

C. 我国正弦交流电频率为50Hz，故电流变化的周期为0.02s

D. 正弦交变电流的有效值为220V，它的最大值是311V

25. 通常根据(A，B，D)来判定电动机是否正常运行。

A. 电机的声音和振动　　B. 电机各部位的温度

C. 电机的转向　　D. 电机电流表的指示

26. 关于设备接地线的说法，正确的是(A，C，D)。

A. 油罐的接地线主要用于防雷防静电保护

B. 电机的接地线主要用于防过电压保护

C. 管线的接地线主要用于防静电保护

D. 独立避雷针的接地线主要用于接闪器和接地体之间的连接

27. 静电产生的原因为(B，C)。

A. 直流发电机产生　　B. 摩擦产生

C. 感应产生　　D. 化学反应

28. 下列关于异步电动机和同步电动机的转速的说法中，正确的是(C，D)。

A. 异步电机的转速大于定子旋转磁场的转速

B. 同步电机的转速小于定子旋转磁场的转速

C. 同步电机和异步电机的转数都是由极对数决定的

D. 同步电机的转速等于定子旋转磁场的转速，异步电机的转速小于定子旋转磁场的转速

29. 异步电动机的工作方式可分为(A，C，D)。

A. 连续工作　B. 延时工作　C. 短时工作　D. 断续工作

30. 分程调节系统调节器的形式主要是依据(A，B，C)而定。

A. 工艺要求　B. 对象特性　C. 干扰性质　D. 安全要求

31. 使继电器释放的方法为(A，B，C)。

A. 直接切断电源　B. 电阻并联法　C. 电源并联法　D. 短路法

32. 气动调节阀的手轮机构的用途是(B，C，D)。

A. 改变阀门的正反作用

B. 限定阀门开度

C. 有时可以省去调节阀的副线，如大口径及贵金属管路中

D. 开停车或事故状态下可以用手轮机构进行手动操作

33. 化工自动化仪表按其功能不同可分为(A，B，C，D)。

A. 检测仪表　B. 显示仪表　C. 调节仪表　D. 执行器

34. 测量蒸汽压力或压差时，压力表应装在(C，D)。

A. 过滤器　B. 伴热管线　C. 冷凝管　D. 冷凝器

35. 关于国家计量基准的特点，正确的说法是(A，B，C，D)。

A. 它是一个国家内量值溯源的终点　B. 它是量值传递的起点

C. 用以复现和保存计量单位量值　D. 具有最高的计量学特性

36. 计量器具强制检定的特点为(A，B，C，D)。

A. 检定由政府计量行政部门强制执行　B. 检定关系固定

C. 定点定期送检　D. 检定必须按检定规程实施

37. 量值传递的方式为(A，B，C，D)。

A. 用实物标准进行逐级传递　B. 用传递标准全面考核进行传递

C. 用发放标准物质进行传递　D. 用发播标准信号进行传递

38. 下列选项中，(B，D)是计量检定机构对检定不合格的计量器具出具的证明。

A. 检定证书　B. 注销印

C. 检定不合格印　D. 检定结果通知书

39. 根据工业企业的使用情况，冷却用水分为(A，B)等类型。

A. 直流　B. 循环　C. 循序　D. 污水回用

40. 分系统给水根据布置要求不同可分为(A，B，C)等系统。

A. 分质　B. 分压　C. 分区　D. 分流

41. 与统一给水系统相比，分压给水系统能够(A，C)。

A. 节约动力　B. 增加高压管道

C. 减少管网漏损　D. 节约药剂

42. 当反应条件一定时，化学平衡具有(A，C，D)的特征。

A. 正、逆反应速度相等　　B. 反应物与生成物的浓度相等
C. 反应物浓度不变　　D. 生成物浓度不变

43. 在给水系统中，配水管网的基本布置形式为(B，C)。
A. 条状管网　　B. 树状管网　　C. 环状管网　　D. 混合管网

44. 为了提高低温水的混凝效果，常用的方法为(C，D)。
A. 降低沉淀池负荷　　B. 延长混凝时间
C. 增加混凝剂投量　　D. 投加高分子助凝剂

45. 与平流沉淀池相比，斜管沉淀池具有(A，D)的特点。
A. 占地少　　B. 对浊度变化适应性强
C. 对进水量适应性强　　D. 停留时间短

46. 压力滤池是密封式圆柱形钢制容器，具有(A，C)的特点。
A. 产水量有限　　B. 清砂方便　　C. 可以移动　　D. 等速过滤

47. 与普通快滤池相比，重力式无阀滤池具有(A，B，C，D)等特点。
A. 完全自动运行
B. 进水、出水、反冲洗及排水都不用阀门
C. 采用低水头反冲洗
D. 滤池全部封闭，检修不便

48. 两台工况相似的水泵，必须同时满足(A，B，C)等条件。
A. 几何相似　　B. 运动相似　　C. 动力相似　　D. 压力相似

49. 下列水泵调节手段中，(A，B，C)能发挥节能的作用。
A. 变径调节　　B. 变速调节　　C. 变角调节　　D. 变阀调节

50. 轴流泵具有(A，B)的特点。
A. 流量大　　B. 开闸启动　　C. 变径调节　　D. 扬程高

51. 下列给水管道检漏方法中，(A，B，D)是靠漏点产生的声音来探测漏点的。
A. 听漏棒检漏　　B. 相关仪检漏
C. 分区检漏　　D. 噪声自动记录仪检漏

52. 电动阀门通常适用于(B，C)。
A. 潮湿区域　　B. 远距离操纵场所
C. 高压大口径阀门　　D. 易燃易爆介质

53. 按《钢制管法兰、垫片、紧固件》标准(HGJ44 ~ 76—91)命名的法兰 HGJ47—91 FM 300—2.5 16Mn，该法兰表示(A，B)。
A. 公称直径为 300mm　　B. 公称压力 2.5MPa
C. 密封面为凸面　　D. 法兰材料为 FM

54. 通常，动设备日常维护内容为检查(A，B，C，D)等情况。
A. 振动　　B. 轴承润滑
C. 运动部位发热　　D. 固定螺栓松紧

55. 金属给水管道垢物形成的主要原因为(A，B，C，D)。
A. 内壁锈蚀　　B. 水中碳酸钙物质的沉淀
C. 水中悬浮固体的沉积　　D. 藻类的繁衍

56. 通常，给水管道刮管除垢的方法是(A，B，D)。

A. 水力清洗　　B. 水气联合冲洗

C. 蒸汽吹扫　　D. 机械刮管

57. 不加电流阴极保护法通常采用(B，C)等金属材料作为阳极。

A. 铅　　B. 镁　　C. 锌　　D. 铁

净水处理模块

判断题

1. 有机高分子助凝剂的作用机理是电性中和。 (×)

正确答案： 有机高分子助凝剂的作用机理是吸附架桥。

2. 活化硅酸作为助凝剂，配合铝盐或铁盐混凝剂使用效果较好，尤其在处理低温、低浊水时。 (√)

3. 固体混凝剂配制用的溶解池、搅拌设备及管件等必须有防腐措施或采用防腐材料。 (√)

4. 聚丙烯酰胺是由丙烯酸和胺聚合而成的有机高分子物质。 (×)

正确答案： 聚丙烯酰胺是由丙烯酰胺聚合而成的有机高分子物质。

5. 粒径均匀、形状不规则的滤料，比一般滤料的孔隙率小。 (×)

正确答案： 粒径均匀、形状不规则的滤料，比一般滤料的孔隙率大。

6. 空气中二氧化氯体积分数大于 10%时易爆炸。 (√)

7. 二氧化氯作为消毒使用时，投加量必须保证管网末端能有 0.05mg/L 的余二氧化氯。 (×)

正确答案： 二氧化氯作为消毒使用时，投加量必须保证管网末端能有 0.02mg/L 的余二氧化氯。

8. 隔板絮凝池有往复式和回转式两种基本类型。 (√)

9. 预加氯可有效提高混凝沉淀效果，同时防止构筑物中滋生青苔及沉淀池池底泥腐烂发臭。 (√)

10. 滤层负水头习惯上常常被称为“气阻”。 (√)

11. 表面辅助冲洗是先用高压水通过喷嘴或孔口形成射流对滤料表面喷射；然后与反冲洗水同时进行冲洗；接着停止表面冲洗，反冲洗单独冲洗。 (√)

12. 滤池气－水冲洗只有气－水同时进行冲洗一种形式。 (×)

正确答案： 滤池气－水冲洗有气－水同时进行和气－水相继冲洗等多种形式。

13. 加氯量小于折点需要量时称为折点加氯。 (×)

正确答案： 加氯量超过折点需要量时称为折点加氯。

14. 压力滤池一般不采用压缩空气辅助冲洗。 (×)

正确答案： 压力滤池宜采用压缩空气辅助冲洗。

15. 重力式无阀滤池合用冲洗水箱的池数应大于 3 个。 (×)

正确答案： 重力式无阀滤池合用冲洗水箱的池数一般为 2 个，不宜多于 3 个。

16. 虹吸滤池反冲洗水是由同组的其他分格滤池过滤出水提供的。 (√)

17. 沉淀池与澄清池都能从水中分离杂质，其工作原理完全相同。 (×)

正确答案： 沉淀池与澄清池都是从水中分离杂质，其原理却不同；澄清池中存在活性污泥层，把混凝及沉淀综合于一个构筑物中完成。

18. V形滤池的V形槽的作用仅是进水时布水使用。（×）

正确答案： V形滤池的V形槽的作用不仅是进水时布水使用，而且还兼作表面冲洗的布水槽。

19. 管式静态混合器是指在输水管道内安装一定形状的导流叶片，使流经它的水流产生分流、合流和旋流，增强混合效果。（√）

20. 臭氧在水中不稳定，容易消失，因而不能在管网中保持杀菌能力。（√）

21. 罗茨鼓风机的两转子的旋转方向相同。（×）

正确答案： 罗茨鼓风机的两转子的旋转方向相反。

22. 罗茨鼓风机的风量和转速成正比，但其受出口压力变化的影响较大。（×）

正确答案： 罗茨鼓风机的风量和转速成正比，而且几乎不受出口压力变化的影响。

23. 直接用二氧化氯气体消毒时，现场制备，现场使用。（√）

24. 为保证出水均匀，斜管沉淀池穿孔集水管孔眼的标高应校正保持一致。（√）

25. 虹吸滤池的冲洗时间指池中水位降至出水堰水位开始，至冲洗结束的时间。（×）

正确答案： 虹吸滤池的冲洗时间指池中水位降至排水槽顶面，冲洗强度最大时的时间。

26. 重力式无阀滤池的进水管设计成“U”形的目的是保证进水恒压稳定。（×）

正确答案： 重力式无阀滤池的进水管设计成“U”形的目的是水封，防止反冲洗时空气通过进水管进入排水虹吸管而破坏虹吸。

27. 在一定冲洗强度下，粒径小的滤料膨胀度大，粒径大的滤料膨胀度小。（√）

28. 生活水保持余氯的主要目的是防止再次污染。（√）

29. 当供水装置发生停电事故时，滤池岗位应马上关闭清水阀，主要是为了保持滤池水位。（√）

30. 为防止清水池发生溢流，清水池上限报警水位一般设置为溢流口水位。（×）

正确答案： 为防止清水池发生溢流，清水池上限报警水位一般设置为略低于溢流口水位。

31. 在水处理生产中，混凝剂溶液的投加应连续不间断进行。（√）

32. 水处理生产中，使用聚合铝作为混凝剂，加药系统容易发生腐蚀，但不易沉淀结垢。（×）

正确答案： 水处理生产中，使用聚合铝作为混凝剂，加药系统容易发生腐蚀和沉淀结垢。

单选题

1. 当源水碱度不足而使混凝剂水解困难时，可投加助凝剂（ B ）来提高水的 pH 值。

A. 氯气　　B. 石灰　　C. 聚丙烯酰胺　　D. 黏土

2. 当源水受到严重污染、有机物过多时，可使用（ A ）来减少有机物的干扰。

A. 氯气　　B. 石灰　　C. 聚丙烯酰胺　　D. 黏土

3. 聚丙烯酰胺的英文缩写为（ C ）。

A. PAC　　B. PAL　　C. PAM　　D. PAD

4. 通常使用氯气法制备二氧化氯是采用（ B ）为原料。

A. 次氯酸钠和氯气　　B. 亚氯酸钠和氯气

C. 高氯酸钠和氯气　　D. 氯酸钠和氯气

5. 亚氯酸钠和盐酸反应生成二氧化氯的反应式为(A)。

A. $4HCl + 5NaClO_2 \longrightarrow 4ClO_2 + 5NaCl + 2H_2O$

B. $2HCl + 4NaClO_3 \longrightarrow 2ClO_2 + 2NaCl + 2H_2O$

C. $4HCl + 5NaClO_2 \longrightarrow 4ClO_2 + 5NaCl$

D. $4HCl + 5NaClO_2 \longrightarrow 4ClO_2 + 5NaCl + 2Cl_2$

6. 二氧化氯用于生活饮用水消毒，其投加点应设在(C)。

A. 源水管道　B. 沉淀池出水管道　C. 滤池出水总管　D. 生活水泵出口管道

7. 胶体颗粒间的静电斥力可以通过ζ电位反映出来，ζ电位越高说明(B)。

A. 静电斥力越大，颗粒越不稳定　B. 静电斥力越大，颗粒越稳定

C. 静电斥力越小，颗粒越稳定　D. 静电斥力越小，颗粒越不稳定

8. 网格絮凝池的型式为(D)。

A. 圆形多格横向往复式　B. 矩形多格横向往复式

C. 圆形多格竖向回流式　D. 矩形多格竖向回流式

9. 网格絮凝池设计时，其絮凝时间一般控制在(B)min。

A. 8 ~ 10　B. 10 ~ 15　C. 15 ~ 18　D. 18 ~ 21

10. 我国规范规定无烟煤 - 石英砂双层滤料的膨胀率为(C)。

A. 35%　B. 45%　C. 50%　D. 40%

11. 滤池表面辅助冲洗目的是为了(A)。

A. 改善反冲洗效果　B. 缩短反冲洗时间

C. 降低反冲洗水量　D. 降低反冲洗能耗

12. 在加氯消毒的水中加氨的主要目的是(A)。

A. 延长消毒时间　B. 降低 pH 值　C. 增强消毒效果　D. 减少加氯量

13. GB 5749—85 标准规定生活水水质标准的挥发酚(以苯酚计)含量为(D)mg/L。

A. 0.05　B. 0.02　C. 0.005　D. 0.002

14. GB 5749—85 标准规定生活水水质标准的氯仿含量为(B)mg/L。

A. 0.05　B. 0.06　C. 0.07　D. 0.08

15. 生活饮用水水质标准(GB 5749—85)规定了毒理学指标(C)项。

A. 13　B. 14　C. 15　D. 16

16. 设计上向流斜管沉淀池时，我国通常采用的斜管长度为(C)m。

A. 0.6　B. 0.8　C. 1.0　D. 1.2

17. 设计上向流斜管沉淀池时，其表面负荷率的取值范围为(C)$m^3/(h·m^2)$。

A. 5.0 ~ 7.0　B. 7.0 ~ 9.0　C. 9.0 ~ 11.0　D. 11.0 ~ 13.0

18.《室外给水设计规范》规定，平流式沉淀池沉淀时间应根据原水水质、水温等，参照相似条件下的运行经验确定，一般宜为(B)h。

A. 1 ~ 2　B. 1 ~ 3　C. 2 ~ 3　D. 2 ~ 4

19. 若原水浊度大于 500mg/L，设计平流式沉淀池时其表面负荷率的取值范围一般为(C)$m^3/(d·m^2)$。

A. 55 ~ 70　B. 40 ~ 55　C. 25 ~ 40　D. 15 ~ 25

20. V形滤池反冲洗采用(A)方式。

A. 气水反冲加表面冲洗　　B. 单一气冲洗

C. 单一水冲洗　　D. 表面冲洗

21. 假设滤层膨胀前高度为 L_0，滤层膨胀后高度为 L，滤层膨胀率为(D)×100%。

A. L/L_0-1　　B. L_0/L　　C. $(L-L_0)/L$　　D. $(L-L_0)/L_0$

22. V形滤池单池的过滤面积最大可以达到(D)m^2。

A. 90　　B. 120　　C. 160　　D. 210

23. 罗茨鼓风机的出口表压应控制在(C)Pa以内。

A. 4×10^4　　B. 6×10^4　　C. 8×10^4　　D. 1×10^5

24. 二氧化氯消毒具有(A)特点。

A. 生成的三氯甲烷比氯消毒少得多　　B. 能与氨发生反应

C. 除酚能力较弱　　D. 受pH值影响较大

25. 气动薄膜调节阀所能控制的最大流量与最小流量之比称为可调比，国产调节阀的调节比为(C)。

A. 10　　B. 20　　C. 30　　D. 40

26. 穿孔排泥管布置沉淀池池底，孔眼在下，与中垂线成(B)，间距一般为0.3～0.8m。

A. 30°　　B. 45°　　C. 60°　　D. 75°

27. 滤池新添加滤料，应用漂白粉溶液或氯水进行消毒处理，通常投加量按有效氯(B)kg/m^3滤料计算。

A. 0.005～0.01　　B. 0.05～0.1　　C. 0.5～1　　D. 5～10

28. 虹吸滤池的过滤水头为(A)之高差。

A. 滤池水位与出水堰水位　　B. 滤池水位与滤料层顶

C. 滤池水位与滤池池底　　D. 进水渠水位与出水堰水位

29. 重力式无阀滤池的允许水头损失值应为(D)水位之高差。

A. 进水管口至出水管口　　B. 进水管口至虹吸辅助管管口

C. 虹吸辅助管管口至虹吸破坏管口　　D. 虹吸辅助管管口至出水管口

30. 普通快滤池铺设(A)滤料，反冲洗时最容易流失。

A. 无烟煤　　B. 石英砂　　C. 瓷砂　　D. 重质矿石

31. 加氯消毒时，用于杀死细菌、氧化有机物和还原性物质等氯气消耗量为(B)。

A. 加氯量　　B. 需氯量　　C. 余氯量　　D. 化合性氯量

32. 某供水装置使用转子加氯机消毒处理生活水，当发生停电事故时，正确的操作为首先(C)。

A. 关闭水射器进水控制阀　　B. 关闭加氯机出水阀

C. 关闭氯瓶针形阀　　D. 关闭加氯量控制阀

33. 一般情况下，生活清水池水位的上升是由于(C)。

A. 快滤池反冲洗的影响　　B. 沉淀池排泥的影响

C. 送水泵房供水量下降　　D. 用户用水量增加

34. 对于重度氯气中毒者，救治时应积极预防(D)的发生。

A. 眼睛失明　　B. 皮肤灼伤　　C. 咽炎　　D. 肺水肿

多选题

1. 在水处理中，一般作为助凝剂使用的药剂为(A，B，C)。

A. 骨胶　B. 聚丙烯酰胺　C. 活化硅胶　D. 明矾

2. 固体混凝剂需要溶解成溶液使用，常用的溶解搅拌方法为(A，B，D)。

A. 机械搅拌　B. 压缩空气搅拌　C. 水泵搅拌　D. 水力搅拌

3. 天然卵石或砾石按 2 ~ 4mm、4 ~ 8mm、8 ~ 16mm、16 ~ 32mm 自上而下排列，各层厚度为 100mm。这种承托层级配适用于(A，B)的快滤池。

A. 单层滤料、采用大阻力配水系统　B. 双层滤料、采用大阻力配水系统

C. 三层滤料、采用大阻力配水系统　D. 单层滤料、采用小阻力配水系统

4. 活性炭的吸附性能是由(A，D)决定的。

A. 孔隙结构　B. 体积　C. 重量　D. 表面化学性质

5. 活性炭能够去除水中的(A，B)。

A. 臭味　B. 溶解有机物　C. 硬度　D. 碱度

6. 二氧化氯具有(B，C，D)的特点。

A. 储存运输方便　B. 易溶于水

C. 刺激性气味　D. 消毒能力强

7. 下列选项中，(B，C，D)是使水中颗粒之间产生稳定性的因素。

A. 范德华力　B. 静电斥力　C. 布朗运动　D. 水化膜

8. 隔板絮凝池的优点是(A，C)。

A. 絮凝效果好　B. 占地面积小

C. 构造简单　D. 对水量变动适应性强

9. 折板絮凝池的优点是(A，B，C)。

A. 絮凝时间短　B. 絮凝效果较好　C. 容积小　D. 造价较低

10. 压力滤池的特点为(B，C，D)。

A. 水头损失小　B. 降速过滤，水质较好

C. 制水量小　D. 可用于临时性给水

11. 虹吸滤池的工艺特点为(A，B，D)。

A. 易于实现自动化　B. 反冲洗水头低

C. 池深较浅　D. 管理方便

12. 决定臭氧消毒效果的主要因素为(A，B，D)。

A. 臭氧投加量　B. 接触时间　C. pH 值　D. 剩余臭氧量

13. 氯胺消毒的特点为(A，B，C)。

A. 消毒作用稳定性高　B. 防止管网铁细菌的繁殖

C. 减轻氯酚臭味　D. 消毒作用快

14. 氯、氨联合消毒所使用的氨可以为(A，B，C)。

A. 液氨　B. 硫酸铵　C. 氯化铵　D. 碳酸铵

15. V 形滤池配水配气系统由(A，B，C，D)组成。

A. 配水配气渠　B. 气水室　C. 滤板　D. 滤头

16. 关于罗茨鼓风机的使用要求，正确的是(A，B)。

A. 出口应安装安全阀　B. 流量用支路调节

C. 出口阀能随意调整　　D. 操作温度不宜超过60℃

17. 气动薄膜调节阀使用于大口径阀门时，一般采用组合方式有(A，C)。

A. 执行机构正作用、阀芯正装　　B. 执行机构反作用、阀芯正装

C. 执行机构正作用、阀芯反装　　D. 执行机构反作用、阀芯反装

18. 混凝剂加药管发生断裂出现大量泄漏时，正确的处理方法为(A，B，C)。

A. 关闭加药管的控制阀　　B. 人工投加混凝剂

C. 关闭投药点控制阀　　D. 停运沉淀池

19. 混凝剂加药管发生堵塞故障时，正确的处理方法为(A，B，C，D)。

A. 关闭加药管的控制阀　　B. 人工投加混凝剂

C. 关闭投药点控制阀　　D. 检修疏通加药管

20. 氯气大量泄漏时，抢救者应戴上(B，C)进入现场进行救助。

A. 防毒面具　　B. 氧气呼吸器　　C. 空气呼吸器　　D. 口罩

软化除盐处理模块

判断题

1. 弱碱性树脂电离氢氧根离子能力较弱，强碱性树脂电离氢氧根离子能力较强。 (√)

2. 因为阴离子交换树脂耐热性能好，所以在再生阴树脂时常采用伴热。 (×)

正确答案：阴树脂耐热性能较差，再生时采用伴热是为了提高再生效果。

3. 由于大孔中有大量的表面积，所以大孔型树脂的交换容量比较大。 (×)

正确答案：大孔型树脂交换容量相对较小。

4. 单体结合的紧密程度，称之为离子交换树脂的交联度。 (×)

正确答案：交联剂在离子交换树脂内的百分含量，称之为离子交换树脂的交联度。

5. 水的 pH 值不会影响树脂的工作交换容量。 (×)

正确答案：水的 pH 值影响树脂的工作交换容量。

6. 若某种离子容易与树脂结合，则也容易被置换下来。 (×)

正确答案：容易与树脂结合的离子，大多较难置换下来。

7. 装卸浓酸，常采用负压抽吸或用泵抽送。 (√)

8. 离子交换除盐系统中，除碳器应设置在阴床之前。 (√)

9. 与氢型强酸性阳树脂相比，氢型弱酸性阳树脂对中性盐的分解能力差。 (√)

10. OH 型强碱性阴树脂对弱酸性阴离子的吸着能力强。 (×)

正确答案：OH 型强碱性阴树脂对弱酸性阴离子的吸着能力较弱。

11. 混合床离子交换运行至后期，交换终点明显。 (√)

12. 一级复床加混合床的除盐系统适合处理碱度和含盐量均高，硅酸含量低的水。 (×)

正确答案：一级复床加混合床的除盐系统适合处理碱度和含盐量均低，硅酸含量高的水。

13. 离子交换除盐系统增设弱酸性阳离子交换器，适用于处理含 HCO_3^- 量高的水。 (√)

14. 离子交换剂在动态条件下运行的交换器，简称浮动床。 (×)

正确答案：离子交换剂在动态条件下运行的交换器，简称连续床。

15. 顺流再生离子交换器的工作过程分为运行、清洗、再生、置换、正洗五个步骤。 (×)

正确答案：顺流再生离子交换器的工作过程分为运行、反洗、再生、置换、正洗五个步骤。

16. 顺流再生离子交换器的再生液首先再生较难再生的两价离子，并依层取代，使再生

液主要消耗于再生高交换势的离子上。 (√)

17. 逆流再生离子交换器中压脂层是防止再生液和置换水向上流动时引起树脂乱层，但对于进水不起过滤作用。 (×)

正确答案：逆流再生离子交换器中压脂层是防止再生液和置换水向上流动时引起树脂乱层，同时对进水起一定的过滤作用。

18. 逆流再生离子交换器进再生剂时，首先再生亲和力小的离子，再由这亲和力小的离子去排除亲和力大的离子，从而提高了再生效率。 (√)

19. 逆流再生离子交换器增设压脂层可使用密度高于交换树脂的白球。 (×)

正确答案：逆流再生离子交换器增设压脂层可使用密度低于交换树脂的白球。

20. 水中游离的二氧化碳可看作是溶解在水中的气体，故只要使水面上气体中的二氧化碳分压较小就可除去水中游离的二氧化碳。 (√)

21. 真空式除碳器不仅能除去水中的二氧化碳，而且还能除去水中溶解氧和其他气体。 (√)

22. 逆流再生离子交换器的小反洗，就是指以小流量水清洗离子交换器内的树脂层。 (×)

正确答案：逆流再生离子交换器的小反洗，是指以小流量水清洗离子交换器内的压脂层。

23. 逆流再生离子交换器小正洗的目的是清洗树脂层中残留的再生液。 (×)

正确答案：逆流再生离子交换器小正洗的目的是清洗压脂层中残留的再生液。

24. 设置前置式交换器，可降低再生废液的酸、碱浓度。 (√)

25. 过滤器装填新滤料时，应适当多装一些。 (√)

26. 虹吸滤池应采用大阻力配水系统。 (×)

正确答案：虹吸滤池应采用小阻力配水系统。

27. 离子交换器按结构的不同，可分为阳床、阴床、混床。 (×)

正确答案：离子交换器按用途的不同，可分为阳床、阴床、混床。

28. 往复式空气压缩机是靠汽缸内做往复运动的活塞改变工作容积压缩气体的。 (√)

29. 旋涡泵采用旁路回流方法调节流量，它比使用出口阀节流调节经济。 (√)

30. 在相同的叶轮直径和转速下，旋涡泵的扬程比离心泵低。 (×)

正确答案：在相同的叶轮直径和转速下，旋涡泵的扬程比离心泵高。

31. 容积式泵适合于输送扬程高、流量小、黏度大的洁净液体。 (√)

32. 离子交换器的滤水帽全部装好后，应进行喷水实验以观察出水是否均匀。 (√)

33. 离子交换器进水含盐量增高，交换器的周期制水量一般会增大。 (×)

正确答案：离子交换器进水含盐量增高，交换器的周期制水量一般会减小。

34. 往复泵的流量调节不能用改变阀门开度来进行。 (√)

35. 当再生剂用量一定时，再生液浓度愈高，则离子交换树脂的再生度愈高。 (×)

正确答案：当再生剂用量一定时，如再生液浓度过高，离子交换树脂的再生度反而下降。

单选题

1. 弱碱性阴离子交换树脂在 pH 值(D)的范围内具有较好的交换能力。

A. 0～14　　B. 4～14　　C. 5～14　　D. 0～7

2. 与强酸性树脂相比，弱酸性树脂对氢离子吸着能力(B)。

A. 较弱　　B. 较强　　C. 相同　　D. 无法判断

3. 弱酸性阳离子交换树脂，在常温、低浓度水溶液中对常见离子的选择性顺序是(C)。

A. $Na^+ > Ca^{2+} > Mg^{2+} > Fe^{3+} > H^+$　　B. $Fe^{3+} > Ca^{2+} > Mg^{2+} > Na^+ > H^+$

C. $H^+ > Fe^{3+} > Ca^{2+} > Mg^{2+} > Na^+$　　D. $Fe^{3+} > Mg^{2+} > Ca^{2+} > Na^+ > H^+$

4. 在常温、低浓度水溶液中，强碱性阴离子交换树脂对常见离子的选择性顺序为(D)。

A. $SO_4^{2-} > Cl^- > HCO_3^- > HSiO_3^- > OH^-$　　B. $Cl^- > HCO_3^- > HSiO_3^- > OH^- > SO_4^{2-}$

C. $SO_4^{2-} > Cl^- > OH^- > HSiO_3^- > HCO_3^-$　　D. $SO_4^{2-} > Cl^- > OH^- > HCO_3^- > HSiO_3^-$

5. 下列各种类型树脂中，(B)离子交换树脂的耐热性能最好。

A. 强酸性　　B. 弱酸性　　C. 强碱性　　D. 弱碱性

6. 与大孔型树脂相比，凝胶型树脂的优点为(D)。

A. 抗氧化性好　　B. 抗有机物污染能力强

C. 反应速度快　　D. 易于再生

7. 树脂的交联度越大，则树脂的(B)。

A. 机械强度越高、溶胀率越大　　B. 机械强度越高、溶胀率越小

C. 机械强度越低、溶胀率越大　　D. 机械强度越低、溶胀率越小

8. 在强弱酸的混合溶液中，OH 型离子交换树脂(A)。

A. 易吸着强酸的阴离子　　B. 易吸着弱酸的阴离子

C. 对强、弱酸的阴离子吸着能力一样　　D. 对强、弱酸的阴离子吸着无规律

9. 单位体积树脂所消耗的纯再生剂的质量称为(C)。

A. 盐耗　　B. 再生效率　　C. 再生水平　　D. 比耗

10. 在一般情况下增加再生剂的用量，离子交换树脂的再生程度将(A)。

A. 提高　　B. 降低　　C. 不变　　D. 无法确定

11. 在失效的离子交换树脂中再生 1mol 交换基团所耗用的纯再生剂质量，称为(A)。

A. 再生剂耗　　B. 再生效率　　C. 再生水平　　D. 制水单耗

12. 下列指标中，(D)是工业浓硫酸的分析项目。

A. 有机物总量　　B. Cl(%)　　C. 浊度　　D. 灰分(%)

13. 固体烧碱液化槽及其附属的管路宜采用(C)材料。

A. 聚碳酸酯　　B. 硬聚氯乙烯　　C. 不锈钢　　D. 铸铁

14. 在食盐再生系统中，当使用喷射器输送盐液时，盐液是在(C)内得到稀释的。

A. 盐槽　　B. 计量箱　　C. 喷射器　　D. 交换器

15. 在冬季若没有保温设施，可将离子交换树脂储存在(B)中。

A. 清水　　B. 食盐水　　C. 氢氧化钠溶液　　D. 氯化氢溶液

16. 离子交换器运行中，从阴离子交换剂置换下来的是(B)。

A. H^+　　B. OH^-　　C. Cl^-　　D. HCO_3^-

17. 溶解固形物的含量高，则说明水中(A)高。

A. 总含盐量　　B. 硬度　　C. 悬浮物含量　　D. 硫酸盐含量

18. 降低进水的(C)，排除 OH^- 干扰，有利于强碱阴离子交换除硅彻底。

A. 碱度　　B. 酸度　　C. pH 值　　D. CO_2

19. 经阳树脂交换产生的 H^+ 和经阴树脂交换产生的 OH^- 在混合床中反应后生成(B)。

A. H_2　　B. H_2O　　C. H_2CO_3　　D. O_2

20. 典型的一级复床除盐系统是(C)。

A. 包括钠型强酸性阳离子交换器、除碳器、OH 型强碱性阴离子交换器

B. 包括氢型强酸性阳离子交换器、OH 型强碱性阴离子交换器

C. 包括氢型强酸性阳离子交换器、除碳器、OH 型强碱性阴离子交换器

D. 包括钠型强酸性阳离子交换器、OH 型强碱性阴离子交换器

21. 原水经 H 型交换器交换后，出水中含有和进水中(B)相应的酸类。

A. 阳离子　B. 阴离子　C. 氢离子　D. 氢氧根离子

22. 下列选项中，(C)经过强碱性 OH 型树脂时，反应速度最缓。

A. H_2CO_3　B. HCl　C. H_2SiO_3　D. H_2SO_4

23. 当对除盐水质要求高时，混合床中所用的树脂必须是(D)。

A. 强酸阳树脂和弱碱阴树脂　B. 弱酸阳树脂和强碱阴树脂

C. 弱酸阳树脂和弱碱阴树脂　D. 强酸阳树脂和强碱阴树脂

24. 混合床阳、阴离子交换树脂在(D)状态下是混合的。

A. 反洗　B. 进再生液　C. 串联正洗　D. 运行

25. 若除盐系统第一个交换器为阴离子交换器，运行时将会在此交换器中析出(C)，以致不能正常运行。

A. 酸性沉淀物　B. 中性沉淀物　C. 碱性沉淀物　D. 悬浮物

26. 单元制除盐系统的优点是(C)。

A. 能充分使用树脂　B. 酸碱耗低

C. 交换器失效终点易判断　D. 交换器的出水能力高

27. 对单元制除盐系统常通过阴床出水的(A)来判断阳床的失效。

A. 电导率升高　B. $HSiO_3^-$ 含量增大

C. pH 值升高　D. 碱度增大

28. 逆流再生离子交换器的特点为(A)。

A. 出水水质好　B. 设备结构简单　C. 操作简单　D. 再生剂用量大

29. 经氢离子交换后，原水中的阳离子几乎都转变成 H^+，出水呈酸性，并含有大量的游离(B)。

A. O_2　B. CO_2　C. NO_2　D. CO

30. 经氢离子交换后的水，当其 pH 值低于(C)时，水中的碳酸几乎全部以游离的 CO_2 形式存在。

A. 2　B. 3.5　C. 4.3　D. 5.5

31. 真空式除碳器是利用真空泵或喷射器从除碳器的上部抽真空，使水达到(B)，从而除去溶于水中的气体。

A. 凝固点　B. 沸点　C. 熔点　D. 冰点

32. 通过鼓风式除碳器，一般可将水中的二氧化碳含量降至(D)mg/L 以下。

A. 1　B. 2　C. 3　D. 5

33. 逆流再生离子交换器的小反洗的方式是(D)。

A. 反洗水从交换器底部进，中排出　B. 反洗水从交换器底部进，顶部出

C. 反洗水从中排进，底部出　D. 反洗水从中排进，顶部出

34. 逆流再生时顶压是防止(D)。

A. 空气进入　B. 压脂层乱层

C. 再生压力波动　　D. 树脂层乱层

35. 逆流再生采用空气顶压法操作时，其压缩空气压力控制在(B)MPa。

A. 0.01～0.03　　B. 0.03～0.05　　C. 0.05～0.07　　D. 0.07～0.09

36. 逆流再生采用水顶压法操作时，其顶压水压力约为(C)MPa。

A. 0.15　　B. 0.10　　C. 0.05　　D. 0.01

37. 某钠离子交换器制水 3000t，再生消耗食盐 500kg。已知原水硬度 1.3mmol/L，软水残留硬度 0.01mmol/L，则其盐耗为(B)g/mol。

A. 119　　B. 129　　C. 122　　D. 112

38. 某阳床再生时实际耗酸量为 73.5g/mol，已知其理论耗量为 49g/mol，则其比耗为(C)。

A. 1.0　　B. 1.2　　C. 1.5　　D. 1.8

39. 机械搅拌澄清池是用(D)来搅拌的。

A. 喷嘴　　B. 混合室　　C. 涡轮　　D. 叶片

40. 单流式过滤器的滤料装填高度为(B)m。

A. 0.8　　B. 1.2　　C. 2.0　　D. 2.4

41. 虹吸滤池过滤时水的流程是(D)。

A. 进水堰→环形配水槽→进水虹吸管→滤层

B. 进水虹吸管→进水堰→滤层→环形配水槽

C. 进水虹吸管→进水堰→环形配水槽→滤层

D. 环形配水槽→进水虹吸管→进水堰→滤层

42. 逆流再生固定床中排支管包网为(B)目。

A. 20～30　　B. 40～60　　C. 70～80　　D. 80～100

43. 泥渣悬浮式澄清器设置垂直隔板的作用为(B)。

A. 使水均匀流动　　B. 消除水的旋转

C. 接触混凝　　D. 阻截泥渣

44. 下列澄清池中，(D)属于泥渣循环式。

A. 单层锥底式悬浮澄清池　　B. 双层水力悬浮澄清池

C. 脉冲澄清池　　D. 机械搅拌澄清池

45. 机械搅拌澄清池，其过水断面扩大的顺序是(A)。

A. 第一反应室→第二反应室→分离室→集水槽

B. 集水槽→第一反应室→第二反应室→分离室

C. 分离室→第一反应室→第二反应室→集水槽

D. 第一反应室→第二反应室→分离室→集水槽

46. 机械搅拌澄清池分离室分离出来的泥渣大部分回流到(C)。

A. 泥渣浓缩室　　B. 底部排泥管　　C. 第一反应室　　D. 进水槽

47. 逆流再生钠离子交换器应使用(B)配制再生液。

A. 清水　　B. 软化水

C. 氢离子交换器出水　　D. 除盐水

48. 逆流再生阴离子交换器应使用(D)配制再生液。

A. 清水　　B. 软化水

C. 氢离子交换器出水　　D. 除盐水

49. 往复式压缩机属于(B)压缩机。
A. 速度型　B. 容积型　C. 回转式　D. 转子式
50. 离心式压缩机的工作原理是依靠叶轮旋转产生(B)，使气体获得动能。
A. 向心力　B. 离心力　C. 推动力　D. 旋转力
51. 鼓风机械所产生的总表压力在(C)Pa 以下者称通风机。
A. 10^3　B. 10^4　C. 10^5　D. 10^6
52. 内混式自吸泵在(A)必须补充自吸用水。
A. 初次启动前　B. 每次启动前　C. 运行过程中　D. 每次启动后
53. 给水泵在暖泵启动的情况下，其机械密封装置水温不允许超过(D)℃。
A. 50　B. 60　C. 70　D. 80
54. 下列各种泵中，(C)不是容积式泵。
A. 计量泵　B. 螺杆泵　C. 旋涡泵　D. 往复泵
55. 齿轮泵属于(B)。
A. 离心式转子泵　B. 容积式转子泵　C. 叶片式泵　D. 往复式泵
56. 容积式泵的流量随排出管路压力的增高而(C)。
A. 增大　B. 降低　C. 不变　D. 无法确定
57. 容积式泵可采用(B)方式调节流量。
A. 调节出口阀开度　B. 旁路阀回流
C. 改变出口管路压力　D. 改变入口管路压力
58. 离心式压缩机的出口压力高低取决于(A)的个数。
A. 叶轮　B. 排气量　C. 蜗壳　D. 汽缸
59. 离子交换器内旧滤水帽拆下后，可用(A)浸泡清洗。
A. 5%盐酸溶液　B. 3%硫酸溶液
C. 2%氢氧化钠溶液　D. 10%食盐溶液
60. 离子交换器滤水帽的滤水缝隙一般在(B)mm 之间。
A. 0.1～0.2　B. 0.3～0.4　C. 0.5～0.8　D. 1～3
61. 逆流再生离子交换器的中间排水装置位于(C)。
A. 交换剂层中间　B. 压实层表面
C. 交换剂层表面和压实层之间　D. 交换剂层表面和水垫层中间
62. 离子交换器使用的石英砂，其 SiO_2 的含量应在(D)以上。
A. 90%　B. 95%　C. 98%　D. 99%
63. 新石英砂需用(A)浸泡处理后，才可供离子交换器使用。
A. 盐酸溶液　B. 硫酸溶液　C. 氢氧化钠溶液　D. 食盐溶液
64. 柱塞式往复泵的出力随活塞行程的增大而(A)。
A. 增大　B. 减小　C. 不变　D. 无法确定
65. 当阳床失效时，最先穿透树脂层的阳离子是(D)。
A. Ca^{2+}　B. Mg^{2+}　C. K^+　D. Na^+
66. 使用双电极法可迅速并正确地显示(B)的运行终点。
A. 钠离子交换器　B. 阳离子交换器
C. 阴离子交换器　D. 混合离子交换器

67. 离子交换器失效终点控制指标的改变，会影响离子交换树脂的(C)。
A. 全交换容量　　B. 平衡交换容量
C. 工作交换容量　　D. 最大交换容量
68. 在采用部分钠离子交换法进行水处理时，锅炉补给水的碱度应略(A)其硬度。
A. 大于　　B. 等于　　C. 小于　　D. 无法确定
69. 原水经钠型离子交换后，水中溶解固形物(A)。
A. 稍有增加　　B. 稍有减小　　C. 基本不变　　D. 无法确定
70. 原水经钠型离子交换后，其碱度(C)。
A. 增大　　B. 减小　　C. 不变　　D. 为零
71. 在其他条件相同情况下，用酸液再生(D)强酸阳离子交换树脂，再生效率最高。
A. 铁型　　B. 钙型　　C. 镁型　　D. 钠型
72. 酸碱再生液在交换器内的空塔流速，以(C)m/h 为宜。
A. 1~3　　B. 2~4　　C. 4~8　　D. 8~10
73. 阳离子交换器进水含盐量增大，则其出水酸度一般会(A)。
A. 增大　　B. 减小　　C. 不变　　D. 为零
74. 酸碱指示剂的颜色随溶液(C)而变化。
A. 浓度　　B. 电导率　　C. pH 值　　D. 温度
75. 甲基橙指示剂变色的 pH 值范围为(B)。
A. 1.2~2.8　　B. 3.1~4.4　　C. 6.8~8.0　　D. 8.0~10.0
76. 酚酞指示剂在酸性溶液中显(D)。
A. 红色　　B. 蓝色　　C. 黄色　　D. 无色
77. 强酸性阳树脂与强碱性阴树脂混杂，常利用阳树脂与阴树脂(B)的不同进行分离。
A. 化学性质　　B. 密度　　C. 颜色　　D. 粒径
78. 强碱Ⅱ型阴树脂适宜的再生温度为(C)℃。
A. 15　　B. 25　　C. 35　　D. 45
79. 固定式阳床运行的瞬时最大流速，一般不大于(B)m/h。
A. 20　　B. 30　　C. 40　　D. 60
80. 阳离子交换树脂中用硫酸再生时析出的沉淀物，常用(D)清洗。
A. 氢氧化钠溶液　　B. 氯化钠溶液
C. 氢氧化钙溶液　　D. 盐酸溶液
81. 若钠离子交换器出水中含有树脂，一般处理方法为(C)。
A. 降低水流速度　　B. 增加再生剂量
C. 检修排水装置　　D. 反洗交换器中树脂
82. 下列各种因素中，(D)不可能造成阴床出水中 pH 值降低。
A. 阴床失效　　B. 阴树脂被有机物污染
C. 阴床进口水漏入出水中　　D. 阴床中混进了阳树脂

多选题

1. 凝胶型树脂的孔径随(A，B，D)等的变化而改变。
A. 反离子性质　　B. 溶液浓度
C. 孔型　　D. 溶液 pH 值

2. 下列指标中，(A，B)属于工业盐酸的质量指标。

A. 硫酸盐(%)　B. 铁(%)　C. 透明度　D. 灰分(%)

3. 下列指标中，(A，B，C)属于工业氢氧化钠的质量指标。

A. 碳酸钠　B. 氯化钠　C. 三氧化二铁　D. 浊度

4. 在一级复床除盐系统中，增设除碳系统是因为(A，B，C)。

A. 原水经强酸 H 离子交换后，其中所有 HCO_3^- 都转变成 CO_2，需除去

B. 可减少阴树脂用量

C. 减少阴树脂再生剂的耗量

D. 可减少阳树脂用量

5. 当强酸性 H 型交换器失效时，其出水的(A，C，D)都将有所改变。

A. pH 值　B. CO　C. 电导率　D. Na^+

6. 与阴树脂相比，阳树脂具有(A，B，D)的特点。

A. 酸性强　B. 交换容量大　C. 稳定性低　D. 价格低

7. 在离子交换除盐系统中，阳床已经失效，阴床尚未失效，阴床出水(A，C)。

A. 电导率升高　B. $HSiO_3^-$ 含量下降

C. pH 值升高　D. 碱度下降

8. 控制混床失效的指标为(A，C)。

A. 电导率　B. 硬度　C. 二氧化硅　D. 碱度

9. 顺流再生离子交换器的特点为(A，B，C，D)。

A. 设备结构简单　B. 运行操作方便

C. 工艺控制容易　D. 对进水浊度要求不很严格

10. 逆流再生离子交换器的小反洗作用是(A，C)。

A. 松动压脂层　B. 反洗交换树脂

C. 清除压脂层截留悬浮物　D. 松动树脂层

11. 机械搅拌澄清池可通过(B，C)等来调节提升能力。

A. 调节进水压力　B. 调节涡轮转速

C. 改变涡轮开启度　D. 调节叶片搅拌速度

12. 双层过滤器的滤料一般由(B，C)组成。

A. 活性炭　B. 无烟煤　C. 石英砂　D. 磁铁矿

13. 逆流再生固定床中间排液装置应具备(B，C)。

A. 能均匀配给再生液　B. 能阻留树脂

C. 足够强度　D. 在交换器内呈竖直状态

14. 顺流再生固定床再生液分配装置分为(A，C，D)等类型。

A. 辐射型　B. 大喷头型　C. 支管型　D. 圆环型

15. 逆流再生氢离子交换器应使用(C，D)配制再生液。

A. 清水　B. 软化水　C. 氢离子交换器出水　D. 除盐水

16. 氢型离子交换器应选用(A，D)做中排支管包套。

A. 涤纶网　B. 尼龙网　C. 锦纶网　D. 聚乙烯网

17. 柱塞式往复泵的流量调节方法为(C，D)。

A. 调整进口阀　B. 调整出口阀

C. 改变驱动电机转速　　　　D. 改变活塞冲程

18. 下列原因中，(A，C，D)将造成软化床的周期制水量减少。

A. 再生剂杂质多　　　　B. 运行流速低

C. 进水硬度变大　　　　D. 树脂受到污染

三、技能操作鉴定要素细目表

鉴定范围						鉴定点	
一级		二级		三级		代码	名称
代码	名称	代码	名称	代码	名称		
A	技能要求(通用模块)	A	通用设备的使用与维护	A	使用设备	001	离心式鼓风机投运前的检查
						002	离心式鼓风机的投运操作
						003	罗茨风机投运前的检查
						004	罗茨风机的投运操作
						005	喷射器加药装置的投运操作
						006	水环真空泵的启动操作
						007	测振仪的使用
				B	维护设备	001	离心泵运行时的检查
						002	离心泵备用时的检查维护
						003	罗茨风机的运行维护
						004	离心式鼓风机的运行维护
						005	水环真空泵的运行维护
						006	机泵及管线的防冻防凝维护
		B	通用机械设备事故判断与处理	A	判断事故	001	离心泵轴向窜动的原因分析
						002	离心泵轴承发热的原因分析
						003	计量泵计量精度不够的原因分析
						004	离心泵电机机壳发热的原因分析
				B	处理事故	001	电机着火的处理
						002	离心泵振动大的处理
						003	离心泵轴承发热的处理
						004	离心泵电机机壳发热的处理
						005	潜水泵运行电流过大的处理
B	技能要求(净水处理模块)	A	工艺操作	A	开车准备	001	混凝剂溶液的配制
						002	加氯消毒系统投运前的准备工作
				B	开车操作	001	加氯消毒系统的投运
						002	V形滤池的投运操作
						003	二氧化氯消毒系统的投运
				C	正常操作	001	斜管沉淀池的运行调整
						002	普通快滤池的反冲洗操作

续表

鉴定范围						鉴定点	
一级		二级		三级		代码	名称
代码	名称	代码	名称	代码	名称		
				D	停车操作	001	V形滤池停运操作
						002	二氧化氯消毒系统的停运操作
		B	设备使用与维护	A	使用设备	001	液力耦合器的操作使用
						002	转子加氯机的操作使用
						003	正压式空气呼吸器的使用
				B	维护设备	001	快滤池的维护保养
						002	斜管沉淀池的维护保养
						003	电动阀门限位的调试
		C	事故判断与处理	A	判断事故	001	普通快滤池常见故障的判断及处理
						002	普通快滤池反冲洗操作的常见故障分析
				B	处理事故	001	沉淀池出水不合格的处理
						002	普通快滤池出水水质下降的处理
						003	加氯机运行正常而出水余氯不合格的处理
						004	沉淀池矾花上浮的判断处理
		D	绘图与计算	A	绘图	001	绘制普通快滤池结构图
						002	绘制平流式沉淀池的结构图
						003	绘制V形滤池的结构图
						004	绘制离心泵工况点变化图
C	技能要求（软化除盐处理模块）	A	工艺操作	A	开车准备	001	离子交换除盐处理系统投运前的检查
						002	虹吸滤池投运前的检查
						003	压力式过滤器投运前的检查
				B	开车操作	001	阳固定床投运操作
						002	阴固定床、混固定床投运操作
						003	真空除碳器投运操作
						004	虹吸滤池投运操作
						005	单流式过滤器投运操作
						006	双流式过滤器投运操作
						007	石灰加药系统投运操作
						008	并列H－Na离子交换软化系统投运操作
						009	串联H－Na离子交换软化系统投运操作
						010	运行式浮动床的投运操作
				C	正常操作	001	母管制除盐系统的阳固定床切换操作
						002	母管制除盐系统的阴固定床切换操作
						003	混床切换操作

续表

鉴定范围						鉴定点	
一级		二级		三级		代码	名称
代码	名称	代码	名称	代码	名称		
						004	除盐设备的运行维护
						005	固定床再生前的检查
						006	压力式过滤器的运行维护
						007	单流式过滤器水反洗操作
						008	单流式过滤器空气和水的混合反洗操作
						009	双流式过滤器反洗操作
				D	停车操作	001	阳固定床停运操作
						002	阴固定床、混固定床停运操作
						003	虹吸滤池停运操作
						004	压力式过滤器停运操作
						005	石灰加药系统停运操作
						006	并列 H－Na 离子交换软化系统停运操作
						007	串联 H－Na 离子交换软化系统停运操作
						008	运行式浮动床压力落床操作
		B	设备使用与维护	A	使用设备	001	电导率的测定
				B	维护设备	001	水力循环澄清池斜管的冲洗操作
						002	虹吸滤池反洗操作
						003	逆流再生固定床的大反洗操作
						004	树脂捕捉器反洗操作
		C	事故判断与处理	A	判断事故	001	固定床出水中含有树脂的原因分析
						002	固定床再生时计量箱倒灌的原因分析
						003	除碳器效率低或风压小的原因分析
				B	处理事故	001	软化床周期制水量减少的处理
						002	软化水硬度突然增大的处理
						003	固定床软化器出水中含有树脂的处理
						004	逆流再生固定床中间排水装置损坏的处理
						005	浓碱液流不到碱液计量箱的处理
						006	澄清器出水 OH 碱度严重超标的处理
						007	斜管沉淀池出水浑浊的处理
						008	压力式过滤器周期制水量减少的处理
						009	鼓风除碳器除碳效率低的处理
		D	绘图与计算	A	绘图	001	绘制固定式阳离子交换器流程图
						002	绘制除盐水处理系统流程图
						003	绘制离子交换软化处理系统流程图
						004	绘制工业水预处理系统流程图

四、技能操作试题

通用模块

试题1：离心式鼓风机投运前的检查

（考核时间：15min）

序号	考核内容	考核要点	配分	评分标准	检测结果	扣分	得分	备注
1	准备工作	穿戴劳保用品	3	未穿戴整齐扣3分				
		用具准备	2	用具选择不正确扣2分				
2	检查润滑情况	检查风机润滑油	20	未检查扣20分				
3	检查连接件	检查各连接件的结合与紧固情况，有松动之处应及时紧固	40	操作内容不符要求，每项扣5分				
				检查漏项，每项扣10分				
4	盘车	盘车看是否灵活，叶片是否擦刮风筒	20	未盘车扣20分				
				检查漏项，每项扣5分				
5	检查电机绝缘	对电机绝缘有怀疑时，联系电工检查电机绝缘	10	检查漏项扣10分				
6	使用工具	正确使用工具	2	工具使用不正确扣2分				
		正确维护工具	3	工具乱摆乱放扣3分				
7	安全及其他	按国家法规或企业规定		违规一次总分扣2分；严重违规停止操作			—	
		在规定时间内完成操作		每超时1min总分扣3分，超时3min停止操作			—	
	合　计		100					

试题2：离心式鼓风机的投运操作

（考核时间：15min）

序号	考核内容	考核要点	配分	评分标准	检测结果	扣分	得分	备注
1	准备工作	穿戴劳保用品	5	未穿戴整齐扣5分				
2	启动	按下电机启动按钮，注意电机转向是否正确	20	操作不当扣10分				
				未检查转向扣10分				
3	检查	检查启动后声响、振动等是否正常，有异常情况应停机处理	25	检查漏项，每项扣10分				
		检查运行参数，电流指示值应低于额定值	25	检查漏项，每项扣10分				
		检查各部位连接处有无气体泄漏，有异常情况应停机处理	25	检查漏项，每项扣10分				

续表

序号	考核内容	考核要点	配分	评分标准	检测结果	扣分	得分	备注
4	安全及其他	按国家法规或企业规定		违规一次总分扣2分；严重违规停止操作			—	
		在规定时间内完成操作		每超时1min总分扣3分，超时3min停止操作			—	
合　计			100					

试题3：罗茨风机的投运操作

（考核时间：15min）

序号	考核内容	考核要点	配分	评分标准	检测结果	扣分	得分	备注
1	准备工作	穿戴劳保用品	3	未穿戴整齐扣3分				
		工具、用具准备	2	工具选择不正确扣2分				
2	启动前的检查	检查齿轮箱和减速器润滑油是否合格	10	未检查油量，每项扣5分				
				未检查油质，每项扣2分				
		盘车2～3圈，确认转动无异常	10	未盘车扣10分				
				盘车不规范扣5分				
3	开启阀门	打开鼓风机入口阀门和安全阀	20	操作漏项，每项扣10分				
4	启动	按风机电动机启动按钮	10	未操作扣10分				
5	启动后的检查及调整	缓慢打开出口阀和缓慢关闭安全阀，必须注意两者应协调操作	20	检查漏项，每项扣10分				
				操作错误扣10分				
6		检查机组声音、振动、温度是否正常；各密封点是否泄漏；有异常情况及时处理	20	检查漏项，每项扣5分				
				不清楚异常工况，每项扣5分				
7	使用工具	正确使用工具	2	工具使用不正确扣2分				
		正确维护工具	3	工具乱摆乱放扣3分				
8	安全及其他	按国家法规或企业规定		违规一次总分扣2分；严重违规停止操作			—	
		在规定时间内完成操作		每超时1min总分扣3分，超时3min停止操作			—	
合　计			100					

试题4：喷射器加药装置的投运操作

（考核时间：15min）

序号	考核内容	考核要点	配分	评分标准	检测结果	扣分	得分	备注
1	准备工作	穿戴劳保用品	3	未穿戴整齐扣3分				
		工具、用具准备	2	工具选择不正确扣2分				

续表

序号	考核内容	考核要点	配分	评分标准	检测结果	扣分	得分	备注
2	开下游阀门	喷射器下游的阀门全部开足。如喷射器下游管道为塑料管，使用前应保证管内充满水，缺水的情况下，应先以小流量水驱除管内空气	25	操作漏项，每项扣15分				
				驱除管内空气操作不符合要求扣10分				
3	开进水阀	开喷射器进水阀	20	操作漏项扣20分				
4	开进药剂阀	开喷射器进药剂阀	20	操作漏项扣20分				
5	投加量的调节	可通过调节喷射器工作水流量来调整加药剂量，或者通过调节喷射器进药剂阀门开度来调节加药浓度。不得用喷射器下游阀门来调节工作流量或浓度	25	调节方法不清楚，每项扣15分				
				用下游阀门来调节扣25分				
6	使用工具	正确使用工具	2	工具使用不正确扣2分				
		正确维护工具	3	工具乱摆乱放扣3分				
7	安全及其他	按国家法规或企业规定		违规一次总分扣2分；严重违规停止操作			—	
		在规定时间内完成操作		每超时1min总分扣3分，超时3min停止操作			—	
	合　计		100					

试题5：水环真空泵的启动操作

（考核时间：15min）

序号	考核内容	考核要点	配分	评分标准	检测结果	扣分	得分	备注
1	准备工作	穿戴劳保用品	3	未穿戴整齐扣3分				
		工具、用具准备	2	工具选择不正确扣2分				
2	启动前的检查	检查泵是否完好，连接部件是否松动	10	检查漏项，每项扣3分				
		盘车3~4圈，检查转子是否灵活	10	未盘车扣10分				
				操作不规范扣5分				
		检查轴承箱油质、油位是否符合要求	10	未检查油位扣10分				
				未检查油质扣5分				
3	启动程序	往水气分离罐内灌满水	10	操作不当扣10分				
		打开罐进出口阀门	20	检查漏项，每项扣10分				
		按泵的启动按钮	10	操作不当扣10分				
		打开与虹吸管连通阀门	10	操作不当扣10分				

续表

序号	考核内容	考核要点	配分	评分标准	检测结果	扣分	得分	备注
4	启动后检查	检查泵的运转是否正常	10	检查漏项，每项扣5分				
5	使用工具	正确使用工具	2	工具使用不正确扣2分				
		正确维护工具	3	工具乱摆乱放扣3分				
6	安全及其他	按国家法规或企业规定		违规一次总分扣2分；严重违规停止操作			—	
		在规定时间内完成操作		每超时1min总分扣3分，超时3min停止操作			—	
		合　计	100					

试题6：离心泵运行时的检查

（考核时间：15min）

序号	考核内容	考核要点	配分	评分标准	检测结果	扣分	得分	备注
1	准备工作	穿戴劳保用品	2	未穿戴整齐扣2分				
		工具、用具准备	3	工具选择不正确扣3分				
2	检查泵的运行参数	检查泵的运行参数，异常时及时处理	15	未检查电机电流扣5分				
				不清楚额定电流值扣3分				
				未检查泵出口压力扣5分				
				未检查流量扣5分				
				不清楚额定流量值扣3分				
3	检查泵的运转情况	检查各部轴承温度、声响、振动是否正常，泵各紧固点有无松动	20	检查漏项，每项扣5分				
				不清楚振动要求扣3分				
				不清楚温度要求扣3分				
		检查轴封温度及泄漏情况	10	检查漏项，每项扣5分				
				不清楚轴封泄漏要求扣3分				
				不清楚温度要求扣2分				
		检查润滑部位的油位、油质，及时更换润滑油	15	未检查油位扣5分				
				不清楚油位要求扣3分				
				未检查油质扣5分				
				换油操作不当扣3分				
				不清楚换油周期扣3分				
		检查冷却水情况	10	未检查扣10分				
				冷却水流量调整不当扣5分				
		检查进、出口管阀	10	检查漏项，每项扣3分				
		电机接线完好，电缆头不发热，无焦煳味	10	检查漏项，每项扣5分				

续表

序号	考核内容	考核要点	配分	评分标准	检测结果	扣分	得分	备注
4	使用工具	正确使用工具	2	工具使用不正确扣2分				
		正确维护工具	3	工具乱摆乱放扣3分				
5	安全及其他	按国家法规或企业规定		违规一次总分扣2分；严重违规停止操作			—	
		在规定时间内完成操作		每超时1min总分扣3分，超时3min停止操作			—	
	合计		100					

试题7：离心泵备用时的检查维护

（考核时间：15min）

序号	考核内容	考核要点	配分	评分标准	检测结果	扣分	得分	备注
1	准备工作	穿戴劳保用品	3	未穿戴整齐扣3分				
		工具、用具准备	2	工具选择不正确扣2分				
2	盘车	按规定进行盘车，应灵活无异常摩擦	30	盘车方向错误扣10分				
				盘车未达2圈或停留位置不当扣10分				
				不清楚盘车时间间隔扣10分				
3	检查紧固点	检查泵各紧固点有无松动	20	未检查泵基座扣5分				
				未检查联轴器扣5分				
				未检查防护罩扣5分				
				未检查电机接线扣5分				
4	检查轴封	检查轴封泄漏情况	10	未检查扣10分				
				轴封泄漏大处理不当扣5分				
				不清楚轴封泄漏要求扣5分				
5	检查润滑	检查润滑部位的油位、油质，及时更换润滑油	20	未检查油位扣10分				
				不清楚油位要求扣5分				
				未检查油质扣5分				
				换油操作不当扣3分				
				不清楚换油周期扣3分				
6	检查管阀	检查进、出口管阀等应完好	5	检查漏项，每项扣2分				
7	检查仪表	检查电流表、压力表等应完好	5	检查漏项，每项扣3分				
8	使用工具	正确使用工具	2	工具使用不正确扣2分				
		正确维护工具	3	工具乱摆乱放扣3分				

续表

序号	考核内容	考核要点	配分	评分标准	检测结果	扣分	得分	备注
9	安全及其他	按国家法规或企业规定		违规一次总分扣2分；严重违规停止操作			—	
		在规定时间内完成操作		每超时1min总分扣3分，超时3min停止操作			—	
	合　计		100					

试题8：离心式鼓风机的运行维护

（考核时间：20min）

序号	考核内容	考核要点	配分	评分标准	检测结果	扣分	得分	备注
1	准备工作	穿戴劳保用品	3	未穿戴整齐扣3分				
		工具、用具准备	2	工具选择不正确扣2分				
2	运行风机的维护	检查风压是否在要求范围内	10	未检查扣10分				
		检查电流是否在额定值以内	10	未检查扣10分				
		检查温度是否正常	10	未检查扣10分				
		检查润滑脂是否良好	10	未检查扣10分				
		检查机组振动是否正常	10	未检查扣10分				
		检查连接件是否松动	10	未检查扣10分				
		检查气体泄漏情况	10	未检查扣10分				
3	备用风机的维护	定时盘车	10	未操作扣10分				
		检查润滑保养	10	未操作扣10分				
4	使用工具	正确使用工具	2	工具使用不正确扣2分				
		正确维护工具	3	工具乱摆乱放扣3分				
5	安全及其他	按国家法规或企业规定		违规一次总分扣2分；严重违规停止操作			—	
		在规定时间内完成操作		每超时1min总分扣3分，超时3min停止操作			—	
	合　计		100					

试题9：离心泵轴向窜动的原因分析

（考核时间：15min）

序号	考核内容	考核要点	配分	评分标准	检测结果	扣分	得分	备注
1	准备工作	穿戴劳保用品	5	未穿戴整齐扣5分				
2	零件磨损原因	运转中零件磨损了，造成个别部位间隙加大而产生轴窜动	25	未检查扣25分				
				未说明产生原因扣10分				

续表

序号	考核内容	考核要点	配分	评分标准	检测结果	扣分	得分	备注
3	零件尺寸原因	零件尺寸不对	15	未检查扣15分				
		垫片过厚或过薄	15	未检查扣15分				
		叶轮偏左或偏右	15	未检查扣15分				
4	平衡原因	平衡盘装配不当，起不到平衡作用而产生轴向推力，致使平衡盘磨损	25	未检查扣25分				
				未说明产生原因扣10分				
5	安全及其他	按国家法规或企业规定		违规一次总分扣2分；严重违规停止操作			—	
		在规定时间内完成操作		每超时1min总分扣3分，超时3min停止操作			—	
		合　计	100					

试题10：离心泵轴承发热的原因分析

（考核时间：20min）

序号	考核内容	考核要点	配分	评分标准	检测结果	扣分	得分	备注
1	准备工作	穿戴劳保用品	5	未穿戴整齐扣5分				
2	轴承本身原因	轴承装配不正确或间隙不适当引起轴承发热	10	不清楚现象和原因扣10分				
		轴承盖对轴承施加的压力过大，减小了径向游隙使之失去灵活性引起轴承发热	10	不清楚现象和原因扣10分				
		轴承内外圈滚道表面上出现剥皮，产生断续的冲击和跳动引起轴承发热	10	不清楚现象和原因扣10分				
3	轴承工作条件不良原因	泵转子不平衡引起轴承发热	5	不清楚现象和原因扣5分				
		泵中心未找正引起轴承发热	10	不清楚现象和原因扣10分				
		窜轴引起轴承发热	10	不清楚现象和原因扣10分				
4	润滑条件原因	润滑油(脂)质量不好，不清洁或变质引起轴承发热	10	不清楚现象和原因扣10分				
		润滑油(脂)过多或过少引起轴承发热	10	不清楚现象和原因扣10分				
		油环卡死不转动，轴承供油中断引起轴承发热	10	不清楚现象和原因扣10分				
5	冷却条件原因	轴承冷却水管堵塞断水引起轴承发热	10	不清楚现象和原因扣10分				

续表

序号	考核内容	考核要点	配分	评分标准	检测结果	扣分	得分	备注
6	安全及其他	按国家法规或企业规定		违规一次总分扣2分；严重违规停止操作			—	
		在规定时间内完成操作		每超时1min总分扣3分，超时3min停止操作			—	
		合　计	100					

试题11：计量泵计量精度不够的原因分析

（考核时间：15min）

序号	考核内容	考核要点	配分	评分标准	检测结果	扣分	得分	备注
1	准备工作	穿戴劳保用品	5	未穿戴整齐扣5分				
2	充油腔原因	充油腔内有残余气体	10	未指出扣10分				
3	密封原因	柱塞密封填料漏液	15	未指出扣15分				
4	隔膜原因	隔膜片发生永久变形	10	未指出扣10分				
5	电机原因	电机转速不稳定	15	未指出扣15分				
6	阀门原因	安全阀或补油阀动作失灵	15	未指出扣15分				
		吸入阀磨损	15	未指出扣15分				
		排出阀磨损	15	未指出扣15分				
7	安全及其他	按国家法规或企业规定		违规一次总分扣2分；严重违规停止操作			—	
		在规定时间内完成操作		每超时1min总分扣3分，超时3min停止操作			—	
		合　计	100					

试题12：离心泵电机机壳发热的原因分析

（考核时间：15min）

序号	考核内容	考核要点	配分	评分标准	检测结果	扣分	得分	备注
1	准备工作	穿戴劳保用品	5	未穿戴整齐扣5分				
2	负荷原因	泵的流量过大	10	未指出扣10分				
		泵的转子摩擦阻力过大	10	未指出扣10分				
		联轴器中心线不一致	10	未指出扣10分				
3	电压原因	电压过高或过低	8	未指出扣8分				
		三相电压不平衡	7	未指出扣7分				

续表

序号	考核内容	考核要点	配分	评分标准	检测结果	扣分	得分	备注
4	环境原因	机体通风不良，环境温度过高	10	未指出扣10分				
5	电机缺陷原因	电机陈旧，性能下降	8	未指出扣8分				
		线圈接地	8	未指出扣8分				
		两相运行	8	未指出扣8分				
		线圈局部烧毁	8	未指出扣8分				
		绝缘不好	8	未指出扣8分				
6	安全及其他	按国家法规或企业规定		违规一次总分扣2分；严重违规停止操作			—	
		在规定时间内完成操作		每超时1min总分扣3分，超时3min停止操作			—	
		合　计	100					

试题13：离心泵振动大的处理

（考核时间：15min）

序号	考核内容	考核要点	配分	评分标准	检测结果	扣分	得分	备注
1	准备工作	穿戴劳保用品	3	未穿戴整齐扣3分				
		工具、用具准备	2	工具选择不正确扣2分				
2	操作程序	泵轴与电机不在同一直线上	10	未重新校正扣10分				
3		泵轴弯曲	10	未检查校正扣10分				
4		机泵转子偏重	10	未检查校正扣10分				
5		轴承过度磨损或损坏	10	未更换轴承扣10分				
6		底脚螺丝松动	10	未重新紧固扣10分				
7		叶轮或靠背轮局部磨损	10	未修复或更换扣10分				
8		水泵抽空或管道破裂，发生水锤	10	未关小出水阀或停泵扣10分				
9		叶轮口环间隙过小，产生机械摩擦	10	未由钳工修理扣10分				
10		水泵或传动装置轴承磨损	10	未停泵检修更换扣10分				
11	使用工具	正确使用工具	2	工具使用不正确扣2分				
		正确维护工具	3	工具乱摆乱放扣3分				
12	安全及其他	按国家法规或企业规定		违规一次总分扣2分；严重违规停止操作			—	
		在规定时间内完成操作		每超时1min总分扣3分，超时3min停止操作			—	
		合　计	100					

试题 14：离心泵轴承发热的处理

（考核时间：15min）

序号	考核内容	考核要点	配分	评分标准	检测结果	扣分	得分	备注
1	准备工作	穿戴劳保用品	3	未穿戴整齐扣3分				
		工具、用具准备	2	工具选择不正确扣2分				
2	操作程序	轴承装配不正确或间隙不适当	10	未重新校正或更换扣10分				
3		润滑油(脂)过多或过少	15	未调整油脂量扣15分				
4		润滑油(脂)质量不好，不清洁或变质	15	未清洗更换扣15分				
5		轴承冷却水管堵塞断水	10	未检查修复或接临时冷却水扣10分				
6		泵轴与电机轴不在同一直线上	10	未检查校正扣10分				
7		油环卡死不转动，轴承供油中断	10	未检查调整扣10分				
8		轴承盖对轴承施加的压力过大，减小了径向游隙使之失去灵活性	10	未由钳工检修扣10分				
9		轴承内外圈滚道表面上出现剥皮，产生断续的冲击和跳动	10	未更换轴承扣10分				
10	使用工具	正确使用工具	2	工具使用不正确扣2分				
		正确维护工具	3	工具乱摆乱放扣3分				
11	安全及其他	按国家法规或企业规定		违规一次总分扣2分；严重违规停止操作			—	
		在规定时间内完成操作		每超时1min总分扣3分，超时3min停止操作			—	
		合　　计	100					

试题 15：离心泵电机机壳发热的处理

（考核时间：15min）

序号	考核内容	考核要点	配分	评分标准	检测结果	扣分	得分	备注
1	准备工作	穿戴劳保用品	3	未穿戴整齐扣3分				
		工具、用具准备	2	工具选择不正确扣2分				
2	操作程序	负荷过大	10	未降低负荷扣10分				
3		电压过高或过低	10	未降低负荷扣10分				
4		绝缘不好	10	未停机检修扣10分				
5		机体通风不良，环境温度过高	10	未加强通风扣10分				
6		电机陈旧，性能下降	10	未降低负荷扣10分				
7		两相运行	10	未停机扣10分				
8		线圈局部烧毁	10	未停机检修扣10分				

续表

序号	考核内容	考核要点	配分	评分标准	检测结果	扣分	得分	备注
9		线圈接地	10	未停机检修扣10分				
10		三相电压不平衡	5	未由电工处理扣10分				
11		联轴器中心线不一致，负荷过大	5	未停机校正扣10分				
12	使用工具	正确使用工具	2	工具使用不正确扣2分				
		正确维护工具	3	工具乱摆乱放扣3分				
13	安全及其他	按国家法规或企业规定		违规一次总分扣2分；严重违规停止操作			—	
		在规定时间内完成操作		每超时1min总分扣3分，超时3min停止操作			—	
合　计			100					

试题16：潜水泵运行电流过大的处理

（考核时间：20min）

序号	考核内容	考核要点	配分	评分标准	检测结果	扣分	得分	备注
1	准备工作	穿戴劳保用品	3	未穿戴整齐扣3分				
		工具、用具准备	2	工具选择不正确扣2分				
2	电压原因	若工作电压低，联系电工调整工作电压	20	未检查扣20分				
				处理不当扣10分				
3	叶轮原因	若管道叶轮堵塞，进行清理	20	未检查扣20分				
				处理不当扣10分				
4	液体原因	若抽送液体密度较大或黏度较高，降低流量	20	未检查扣20分				
				处理不当扣10分				
5	流量原因	若流量过大，关小出口阀门开度，调节流量	30	未检查扣20分				
				不清楚额定出力扣10分				
				处理不当扣10分				
6	使用工具	正确使用工具	2	工具使用不正确扣2分				
		正确维护工具	3	工具乱摆乱放扣3分				
7	安全及其他	按国家法规或企业规定		违规一次总分扣2分；严重违规停止操作			—	
		在规定时间内完成操作		每超时1min总分扣3分，超时3min停止操作			—	
合　计			100					

净水处理模块

试题 1：混凝剂溶液的配制

（考核时间：15min）

序号	考核内容	考核要点	配分	评分标准	检测结果	扣分	得分	备注
1	准备工作	穿戴劳保用品	10	未穿戴整齐扣 5 分				
				未戴防尘口罩扣 5 分				
		工具、用具准备	5	工具选择不正确扣 3 分				
2	配制浓药液	确认混凝剂聚合铝是否符合使用标准	10	未检查确认扣 10 分				
		计算配制一定浓度药液所需的固体混凝剂数量	10	未计算数量扣 10 分				
				计算不正确扣 5 分				
		开启进水管道，先向溶解池中放入所需的水	10	未向溶解池注水扣 10 分				
				注水数量不够扣 5 分				
		启动搅拌设备	5	未操作扣 5 分				
		将固体聚合铝缓慢倒入溶解池溶解配制成浓药液	15	未注水而先倒入固体聚合铝扣 15 分				
				未缓慢操作扣 5 分				
3	稀释	启动耐腐泵将浓药液输送至溶液池	10	未操作扣 10 分				
				操作顺序不正确扣 5 分				
		同时开启压力水稀释浓药液，使其浓度符合要求	10	未进行稀释扣 10 分				
				操作顺序不正确扣 5 分				
4	清理现场	用水冲洗工作场地，保证现场清洁	10	未清理现场扣 10 分				
				清理不干净扣 5 分				
5	使用工具	正确使用工具	2	工具使用不正确扣 2 分				
		正确维护工具	3	工具乱摆乱放扣 3 分				
6	安全及其他	按国家法规或企业规定		违规一次总分扣 2 分；严重违规停止操作			—	
		在规定时间内完成操作		每超时 1min 总分扣 3 分，超时 3min 停止操作			—	
合计			100					

试题 2：加氯消毒系统的投运

（考核时间：20min）

序号	考核内容	考核要点	配分	评分标准	检测结果	扣分	得分	备注
1	准备工作	穿戴劳保用品	3	未穿戴整齐扣 3 分				
		工具、用具准备	2	工具选择不正确扣 2 分				
2	投运前检查	检查确认澄清处理正常	5	未检查扣 5 分				
		检查氯瓶、加氯机是否完好，确认连接正确	5	未检查加氯机扣 5 分				
				未确认氯瓶连接扣 5 分				

续表

序号	考核内容	考核要点	配分	评分标准	检测结果	扣分	得分	备注
		确认压力水满足要求	5	未检查压力水扣5分				
		确认专用工具、垫片和盖帽等齐备	5	未检查工具和配件扣5分				
		检查防毒面具是否完好	5	未检查扣5分				
		检查事故坑是否完好备用	5	未检查扣5分				
3	投运操作程序	先开启加氯管控制阀；接着全开水射器进水阀及平衡水箱进水阀，使加氯机运行；然后缓慢打开氯瓶针形阀，使流量计转子位于预定高度	25	操作顺序不正确扣5分				
				未开启加氯管控制阀扣5分				
				未开启平衡水箱进水阀扣5分				
				开启氯瓶针形阀操作过快扣5分				
				转子未定位扣5分				
		用氨水检查加氯机连接管及加氯机是否泄漏	10	未检查泄漏扣10分				
				检查不全扣5分				
4	投运后检查及调整	通过针形阀调节加氯量，满足生产需要，并调节平衡水箱水位，使加氯机稳定	10	调整操作不熟练扣5分				
				加氯机工作不稳定扣5分				
		定时检测加氯后的出水余氯，根据其高低来指导调整加氯量	15	未定时检测余氯扣5分				
				余氯达不到要求扣10分				
5	使用工具	正确使用工具	2	工具使用不正确扣2分				
		正确维护工具	3	工具乱摆乱放扣3分				
6	安全及其他	按国家法规或企业规定		违规一次总分扣2分；严重违规停止操作			—	
		在规定时间内完成操作		每超时1min总分扣3分，超时3min停止操作			—	
		合　计	100					

试题3：二氧化氯消毒系统的投运

（考核时间：20min）

序号	考核内容	考核要点	配分	评分标准	检测结果	扣分	得分	备注
1	准备工作	穿戴劳保用品	3	未穿戴整齐扣3分				
		工具、用具准备	2	工具选择不正确扣2分				
2	投运前的检查	检查确认澄清处理正常	5	未检查扣5分				
		检查稳定液和活化剂及其液位是否满足要求	10	未检查稳定液扣5分				
				未检查活化剂扣5分				
		检查压力水是否满足要求	5	未检查扣5分				
		检查二氧化氯活化及投加装置是否完好备用	10	未检查活化装置扣5分				
				未检查投加装置扣5分				

续表

<table>
<tr><th>序号</th><th>考核内容</th><th>考核要点</th><th>配分</th><th>评分标准</th><th>检测结果</th><th>扣分</th><th>得分</th><th>备注</th></tr>
<tr><td rowspan="6">3</td><td rowspan="6">投运操作程序</td><td rowspan="4">开启稳定液储罐出口阀、活化剂储罐出口阀；开启两计量泵的进口阀；开启水射器进口阀，运行投加装置；然后开启活化器出口阀</td><td rowspan="4">20</td><td>未开启储罐出口阀扣5分</td><td></td><td></td><td></td><td></td></tr>
<tr><td>未开启计量泵进口阀扣5分</td><td></td><td></td><td></td><td></td></tr>
<tr><td>未启动投加装置扣5分</td><td></td><td></td><td></td><td></td></tr>
<tr><td>操作顺序不正确扣5分</td><td></td><td></td><td></td><td></td></tr>
<tr><td rowspan="2">同时启动稳定液计量泵和活化剂计量泵，按配比投加稳定液和活化剂</td><td rowspan="2">20</td><td>不同时启动扣10分</td><td></td><td></td><td></td><td></td></tr>
<tr><td>配比不正确扣10分</td><td></td><td></td><td></td><td></td></tr>
<tr><td rowspan="3">4</td><td rowspan="3">投运后检查及调整</td><td>检查出水的二氧化氯剩余量</td><td>5</td><td>未检查扣5分</td><td></td><td></td><td></td><td></td></tr>
<tr><td rowspan="2">改变计量泵冲程，调整投加量满足需要，要求稳定液和活化剂配比不变</td><td rowspan="2">15</td><td>未按配比调节扣10分</td><td></td><td></td><td></td><td></td></tr>
<tr><td>投加量不满足要求扣10分</td><td></td><td></td><td></td><td></td></tr>
<tr><td rowspan="2">5</td><td rowspan="2">使用工具</td><td>正确使用工具</td><td>2</td><td>工具使用不正确扣2分</td><td></td><td></td><td></td><td></td></tr>
<tr><td>正确维护工具</td><td>3</td><td>工具乱摆乱放扣3分</td><td></td><td></td><td></td><td></td></tr>
<tr><td rowspan="2">6</td><td rowspan="2">安全及其他</td><td>按国家法规或企业规定</td><td rowspan="2"></td><td>违规一次总分扣2分；严重违规停止操作</td><td></td><td></td><td>—</td><td></td></tr>
<tr><td>在规定时间内完成操作</td><td>每超时1min总分扣3分，超时3min停止操作</td><td></td><td></td><td>—</td><td></td></tr>
<tr><td colspan="3">合　计</td><td>100</td><td></td><td></td><td></td><td></td><td></td></tr>
</table>

试题4：斜管沉淀池的运行调整

（考核时间：20min）

<table>
<tr><th>序号</th><th>考核内容</th><th>考核要点</th><th>配分</th><th>评分标准</th><th>检测结果</th><th>扣分</th><th>得分</th><th>备注</th></tr>
<tr><td rowspan="2">1</td><td rowspan="2">准备工作</td><td>穿戴劳保用品</td><td>3</td><td>未穿戴整齐扣3分</td><td></td><td></td><td></td><td></td></tr>
<tr><td>工具、用具准备</td><td>2</td><td>工具选择不正确扣2分</td><td></td><td></td><td></td><td></td></tr>
<tr><td rowspan="4">2</td><td rowspan="4">调整前的检查</td><td>检查源水水质变化情况，包括浊度、pH值、碱度等</td><td>5</td><td>未检查源水水质扣5分</td><td></td><td></td><td></td><td></td></tr>
<tr><td>分析斜管沉淀池出水浊度</td><td>5</td><td>未分析扣5分</td><td></td><td></td><td></td><td></td></tr>
<tr><td rowspan="2">根据源水水质通过混凝试验初步确定混凝剂的投加量</td><td rowspan="2">10</td><td>未确定投加量扣5分</td><td></td><td></td><td></td><td></td></tr>
<tr><td>未通过混凝试验确定投加量扣5分</td><td></td><td></td><td></td><td></td></tr>
<tr><td rowspan="4">3</td><td rowspan="4">加药量调整</td><td rowspan="4">观察反应池矾花絮凝情况，同时依据混凝试验的结果，调节混凝剂投加量；根据实际出水浊度情况和控制要求，进一步调整加药量</td><td rowspan="4">20</td><td>未观察矾花扣5分</td><td></td><td></td><td></td><td></td></tr>
<tr><td>絮凝判断不正确扣5分</td><td></td><td></td><td></td><td></td></tr>
<tr><td>调整未满足要求扣5分</td><td></td><td></td><td></td><td></td></tr>
<tr><td>未及时精确调整扣5分</td><td></td><td></td><td></td><td></td></tr>
<tr><td rowspan="2">4</td><td rowspan="2">排泥操作</td><td rowspan="2">根据源水浊度的高低确定排泥周期；根据处理负荷及出水浊度调整排泥周期</td><td rowspan="2">10</td><td>排泥周期确定不符合实际要求扣5分</td><td></td><td></td><td></td><td></td></tr>
<tr><td>未及时调整排泥周期扣5分</td><td></td><td></td><td></td><td></td></tr>
</table>

续表

序号	考核内容	考核要点	配分	评分标准	检测结果	扣分	得分	备注
		根据源水浊度情况确定刮泥机启停周期，做到刮泥机与水力排泥操作协调一致，保证设备运行安全	10	未确定刮泥机启停周期扣5分				
				刮泥机与水力排泥配合不协调一致扣5分				
		水力排泥操作时，应根据出泥情况控制排泥时间；在源水含砂量较高时，应增加排泥次数，缩短排泥操作间隔时间	10	排泥时间控制不正确扣5分				
				未控制排泥操作间隔时间扣5分				
5	水位调整	观察沉淀池水位变化，检查沉淀池的进、出水量，及时调整源水取水量，使水位在控制范围内，严禁发生断水或溢流事故	20	未检查水位变化扣5分				
				未确认进水量扣5分				
				未确认出水量扣5分				
				水位控制超出范围扣5分				
6	使用工具	正确使用工具	2	工具使用不正确扣2分				
		正确维护工具	3	工具乱摆乱放扣3分				
7	安全及其他	按国家法规或企业规定		违规一次总分扣2分；严重违规停止操作			—	
		在规定时间内完成操作		每超时1min总分扣3分，超时3min停止操作			—	
		合　计	100					

试题5：普通快滤池的反冲洗操作

（考核时间：20min）

序号	考核内容	考核要点	配分	评分标准	检测结果	扣分	得分	备注
1	准备工作	穿戴劳保用品	3	未穿戴整齐扣3分				
		工具、用具准备	2	工具选择不正确扣2分				
2	反冲洗前检查	检查快滤池运行情况，确认快滤池是否需要反冲洗	10	未检查运行情况扣5分				
				未确认扣5分				
		检查清水池水位满足反冲洗的要求	5	未检查扣5分				
		检查冲洗泵、滤池各阀门是否完好	10	未检查冲洗泵扣5分				
				未检查阀门扣5分				
3	反冲洗操作程序	根据需要提前开启冲洗泵，为冲洗水箱供水；当水量满足要求后，停冲洗泵	10	开泵操作不正确扣5分				
				未向水箱供水扣5分				
				水箱内水量不足扣5分				
		关闭待洗快滤池的进水阀与清水阀，开启冲洗阀与排水阀，反冲洗开始	15	操作顺序不正确扣5分				
				操作漏项扣5分				

续表

序号	考核内容	考核要点	配分	评分标准	检测结果	扣分	得分	备注
		当冲洗水箱内水用完，关闭冲洗阀与排水阀，结束冲洗	10	未严格控制冲洗时间扣10分				
		若一次冲洗不干净，排水浊度超过规定要求，应进行第二次冲洗，防止滤池积泥	15	冲洗结束时未检查排水浊度扣5分				
				快滤池排水不合格，未进行二次冲洗扣10分				
4	反冲洗后操作	待滤层稳定5~10min，开启快滤池进水阀与清水阀，过滤恢复	10	冲洗后即投运扣5分				
				未恢复过滤扣5分				
		检查滤池出水浊度，评价反冲洗效果	5	未检查评价扣5分				
5	使用工具	正确使用工具	2	工具使用不正确扣2分				
		正确维护工具	3	工具乱摆乱放扣3分				
6	安全及其他	按国家法规或企业规定		违规一次总分扣2分；严重违规停止操作			—	
		在规定时间内完成操作		每超时1min总分扣3分，超时3min停止操作			—	
合计			100					

试题6：二氧化氯消毒系统的停运操作

（考核时间：20min）

序号	考核内容	考核要点	配分	评分标准	检测结果	扣分	得分	备注
1	准备工作	穿戴劳保用品	3	未穿戴整齐扣3分				
		工具、用具准备	2	工具选择不正确扣2分				
2	停运前的检查	检查二氧化氯活化及投加装置运行情况	10	未检查活化装置扣5分				
				未检查投加装置扣5分				
		检查阀门完好情况	5	未检查扣5分				
3	停运操作程序	停稳定液计量泵和活化剂计量泵，依次关闭两计量泵的进口阀、稳定液储罐及活化剂储罐的出口阀	40	未先停运稳定液计量泵扣5分				
				未先停运活化剂计量泵扣5分				
				未关闭两计量泵进口阀扣10分				
				未关闭稳定液储罐出口阀扣5分				
				未关闭活化剂储罐出口阀扣5分				
				操作顺序错误扣10分				
		保持水射器运行一定时间后，关闭水射器进口阀，停运投加系统	20	未按要求停运水射器扣10分				
				保持水射器运行时间不足扣10分				
4	停运后维护要求	关闭活化器出口阀，开启活化器排空阀	15	未关闭活化器出口阀扣5分				
				未开启活化器排空阀扣10分				

续表

序号	考核内容	考核要点	配分	评分标准	检测结果	扣分	得分	备注
5	使用工具	正确使用工具	2	工具使用不正确扣2分				
		正确维护工具	3	工具乱摆乱放扣3分				
6	安全及其他	按国家法规或企业规定		违规一次总分扣2分；严重违规停止操作			—	
		在规定时间内完成操作		每超时1min总分扣3分，超时3min停止操作			—	
合　计			100					

试题7：转子加氯机的操作使用

（考核时间：15min）

序号	考核内容	考核要点	配分	评分标准	检测结果	扣分	得分	备注
1	准备工作	穿戴劳保用品	3	未穿戴整齐扣3分				
		工具、用具准备	2	工具选择不正确扣2分				
2	使用前的检查	打开加氯间门窗进行通风	5	未通风扣5分				
3		检查氯瓶、加氯机及出氯管等安装连接是否妥当、紧密，部件是否完好	5	未检查紧固扣5分				
4		检查工具、垫片、检漏氨水是否齐全	5	未检查扣5分				
5		检查防毒面具或空气呼吸器是否完好	10	未检查扣10分				
6		检查事故坑的水位，能否投入使用	5	未检查操作扣5分				
7	投运程序	先开氯水管控制阀	5	未正确操作扣5分				
8		接着开启水射器进水阀及平衡水箱进水阀	5	未正确操作扣5分				
9		调节平衡水箱进水阀保持适当水位	5	未正确操作扣5分				
10		缓慢开启氯瓶针形阀，使转子流量计的转子位于预定高度	5	未正确操作扣5分				
11		用18%的氨水检查接点是否泄漏	10	未检查扣10分				
12		运行中经常检查转子位置，及时调节针形阀开度	10	未及时调节扣10分				
13	停运程序	先关闭氯瓶针形阀	5	操作顺序错误扣5分				
14		待加氯管中氯气抽掉后关闭平衡水箱进水阀	10	未正确操作扣10分				
15		最后关闭水射器进水阀与氯水管阀	5	操作顺序错误扣5分				
16	使用工具	正确使用工具	2	工具使用不正确扣2分				
		正确维护工具	3	工具乱摆乱放扣3分				

续表

序号	考核内容	考核要点	配分	评分标准	检测结果	扣分	得分	备注
17	安全及其他	按国家法规或企业规定		违规一次总分扣2分；严重违规停止操作			—	
		在规定时间内完成操作		每超时1min总分扣3分，超时3min停止操作			—	
合计			100					

否定项说明：加氯间操作时若出现无监护人情况，该题为零分。

试题8：快滤池的维护保养

（考核时间：15min）

序号	考核内容	考核要点	配分	评分标准	检测结果	扣分	得分	备注
1	准备工作	穿戴劳保用品	3	未穿戴整齐扣3分				
		工具、用具准备	2	工具选择不正确扣2分				
2	操作程序	清理滤池水面漂浮物与清洁走道	10	未及时清理扣10分				
3		检查修复沉淀池池壁	10	未检查修复扣10分				
4		定期检查布水管状况，存在问题及时检修	10	未检查修复扣10分				
5		定期检查滤料状况	10	未定期检查扣10分				
6		检查维护反冲洗泵	15	未检查维护扣15分				
7		检查高位水箱状况	10	未检查扣10分				
8		滤池进、出口阀、反冲洗阀定期维护保养	15	未定期保养或检修扣15分				
9		检查维护备用的压力水阀门	10	未检查维护扣10分				
10	使用工具	正确使用工具	2	工具使用不正确扣2分				
		正确维护工具	3	工具乱摆乱放扣3分				
11	安全及其他	按国家法规或企业规定		违规一次总分扣2分；严重违规停止操作			—	
		在规定时间内完成操作		每超时1min总分扣3分，超时3min停止操作			—	
合计			100					

试题9：普通快滤池常见故障的判断及处理

（考核时间：20min）

序号	考核内容	考核要点	配分	评分标准	检测结果	扣分	得分	备注
1	准备工作	穿戴劳保用品	3	未穿戴整齐扣3分				
		工具、用具准备	2	工具选择不正确扣2分				

续表

序号	考核内容	考核要点	配分	评分标准	检测结果	扣分	得分	备注
2	操作程序	滤料产生气阻	15	未增高滤料上部水深扣5分				
				未预先除气扣5分				
				未滤前加氯除藻类扣5分				
3		冲洗跑砂	25	未降低强度扣5分				
				未更换部分滤料扣5分				
				未加高排水槽顶扣5分				
				未及时关反冲洗阀扣5分				
				未停池检修承托层扣5分				
4		滤料产生泥球	20	未改善沉淀池进水水质扣5分				
				未加大冲洗强度或增加表面冲洗扣5分				
				未改善冲洗方法扣5分				
				未延长冲洗时间或增大强度扣5分				
5		出水水质长期不合格	20	未重新清洗筛分滤料扣5分				
				未找出短路原因，对症处理扣5分				
				未降低进水浊度扣5分				
				未改善冲洗降低滤料积泥扣5分				
6		砂面发生裂缝	10	未改善沉淀池出水水质扣5分				
				未改善冲洗减少积泥或检修5分				
7	使用工具	正确使用工具	2	工具使用不正确扣2分				
		正确维护工具	3	工具乱摆乱放扣3分				
8	安全及其他	按国家法规或企业规定		违规一次总分扣2分；严重违规停止操作			—	
		在规定时间内完成操作		每超时1min总分扣3分，超时3min停止操作			—	
		合　计	100					

试题10：普通快滤池反冲洗操作的常见故障分析

（考核时间：15min）

序号	考核内容	考核要点	配分	评分标准	检测结果	扣分	得分	备注
1	准备工作	穿戴劳保用品	3	未穿戴整齐扣3分				
		工具、用具准备	2	工具选择不正确扣2分				
2	操作程序	因滤池反冲洗阀未关闭使得冲洗水箱进水时间延长	10	未判断分析，扣10分				
3		因冲洗水箱的供水泵未抽真空影响其进水	10	未判断分析，扣10分				

续表

序号	考核内容	考核要点	配分	评分标准	检测结果	扣分	得分	备注
4		因冲洗水箱的供水泵进水管底阀故障影响进水	10	未判断分析，扣10分				
5		因滤池反冲洗阀故障使得反冲洗无法进行	15	未判断分析，扣15分				
6		因滤池反冲洗时其清水阀未关闭使得反冲洗强度减小	15	未判断分析，扣15分				
7		因滤池反冲洗时其排水阀未开启影响反冲洗排水	10	未判断分析，扣10分				
8		因滤池工作周期过长使得反冲洗达不到要求	10	未判断分析，扣10分				
9		因滤池承托层松动使得反冲洗时滤料流失	10	未判断分析，扣10分				
10	使用工具	正确使用工具	2	工具使用不正确扣2分				
		正确维护工具	3	工具乱摆乱放扣3分				
11	安全及其他	按国家法规或企业规定		违规一次总分扣2分；严重违规停止操作			—	
		在规定时间内完成操作		每超时1min总分扣3分，超时3min停止操作			—	
合计			100					

试题11：沉淀池出水不合格的处理

（考核时间：15min）

序号	考核内容	考核要点	配分	评分标准	检测结果	扣分	得分	备注
1	准备工作	穿戴劳保用品	3	未穿戴整齐扣3分				
		工具、用具准备	2	工具选择不正确扣2分				
2	操作程序	进水量增大或进水浊度增高未及时调节加药量	10	未提高加药量或药液浓度扣10分				
3		进水浊度过高，出水区矾花上浮无法控制	10	未加大药量或控制负荷扣10分				
4		药液浓度过低或混凝剂质量差	10	未提高浓度或加大药量、更换混凝剂扣10分				
5		沉淀池超负荷运行	15	未加大药量、提高浓度或降低负荷、加助凝剂扣15分				
6		水温或pH值发生变化未及时调节加药量	15	未加大药量、提高浓度或降低负荷、加助凝剂扣15分				
7		池内积泥过多，沉淀物冲起	10	未停池清理，减低负荷，加大药量扣10分				
8		暴风雨使水紊动较大	10	未加大药量扣10分				
9		加药管渗漏使加药量减小	10	未修理加药管或使用备用管扣10分				
10	使用工具	正确使用工具	2	工具使用不正确扣2分				
		正确维护工具	3	工具乱摆乱放扣3分				

续表

序号	考核内容	考核要点	配分	评分标准	检测结果	扣分	得分	备注
11	安全及其他	按国家法规或企业规定		违规一次总分扣2分；严重违规停止操作			—	
		在规定时间内完成操作		每超时1min总分扣3分，超时3min停止操作			—	
		合　计	100					

试题12：普通快滤池出水水质下降的处理

（考核时间：15min）

序号	考核内容	考核要点	配分	评分标准	检测结果	扣分	得分	备注
1	准备工作	穿戴劳保用品	3	未穿戴整齐扣3分				
		工具、用具准备	2	工具选择不正确扣2分				
2	操作程序	调整沉淀池处理效果，降低滤池进水浊度，使之低于10mg/L	10	未判断处理，扣10分				
3		缩短滤池工作周期，定时组织反冲洗滤池	10	未判断处理，扣10分				
4		增加反冲洗强度，满足滤池反冲洗要求	10	未判断处理，扣10分				
5		延长冲洗时间，满足滤池反冲洗要求	10	未判断处理，扣10分				
6		控制清水阀，减小滤池滤速	10	未判断处理，扣10分				
7		检查滤料级配	10	未考虑处理，扣10分				
8		检查反冲洗是否造成滤料层松动	10	未判断处理，扣10分				
9		检测滤料厚度	10	未判断处理，扣10分				
10		排放初滤水	10	未判断处理，扣10分				
11	使用工具	正确使用工具	2	工具使用不正确扣2分				
		正确维护工具	3	工具乱摆乱放扣3分				
12	安全及其他	按国家法规或企业规定		违规一次总分扣2分；严重违规停止操作			—	
		在规定时间内完成操作		每超时1min总分扣3分，超时3min停止操作			—	
		合　计	100					

试题13：加氯机运行正常而出水余氯不合格的处理

（考核时间：15min）

序号	考核内容	考核要点	配分	评分标准	检测结果	扣分	得分	备注
1	准备工作	穿戴劳保用品	3	未穿戴整齐扣3分				
		工具、用具准备	2	工具选择不正确扣2分				

续表

序号	考核内容	考核要点	配分	评分标准	检测结果	扣分	得分	备注
2	操作程序	快滤池进水量变化而未及时调节加氯量	10	未及时调节加氯量扣10分				
3		生活水出量变化使清水池内的水停留时间有差异	10	未及时调节加氯量扣10分				
4		水温和气温变化	10	未及时调节加氯量扣10分				
5		滤池出水中有机物含量增高	15	未提高加氯量扣15分				
6		滤池出水浊度变化	15	未及时调节加氯量扣15分				
7		加氯管渗漏	15	未检修或更换扣15分				
8		进入两清水池的加氯量不一致	15	未开启清水池连通阀，调节加氯量扣15分				
9	使用工具	正确使用工具	2	工具使用不正确扣2分				
		正确维护工具	3	工具乱摆乱放扣3分				
10	安全及其他	按国家法规或企业规定		违规一次总分扣2分；严重违规停止操作			—	
		在规定时间内完成操作		每超时1min总分扣3分，超时3min停止操作			—	
	合　计		100					

试题14：沉淀池矾花上浮的判断处理

（考核时间：15min）

序号	考核内容	考核要点	配分	评分标准	检测结果	扣分	得分	备注
1	准备工作	穿戴劳保用品	3	未穿戴整齐扣3分				
		工具、用具准备	2	工具选择不正确扣2分				
2	操作程序	投药量不足沉淀效果差	10	未加大投药量扣10分				
3		水温低，混凝效果差	10	未加大投药量或投加助凝剂扣10分				
4		暴风雨影响	10	未加大投药量扣10分				
5		池中水流紊动强度过大	10	未加大投药量扣10分				
6		沉淀时间过短	10	未加大投药量扣10分				
7		出水堰负荷过大	10	未降低负荷扣10分				
8		夏季高浊度产生浊度异重流	10	未加大投药量扣10分				
9		出水区积泥过多而被冲起	10	未及时排泥扣10分				
10		池中产生温度异重流	10	未加大投药量扣10分				
11	使用工具	正确使用工具	2	工具使用不正确扣2分				
		正确维护工具	3	工具乱摆乱放扣3分				

续表

序号	考核内容	考核要点	配分	评分标准	检测结果	扣分	得分	备注
12	安全及其他	按国家法规或企业规定		违规一次总分扣2分；严重违规停止操作			—	
		在规定时间内完成操作		每超时1min总分扣3分，超时3min停止操作			—	
合　计			100					

试题15：绘制普通快滤池结构图

（考核时间：30min）

序号	考核内容	考核要点	配分	评分标准	检测结果	扣分	得分	备注
1	准备工作	工具、用具准备	5	工具选择不正确扣5分				
2	图形绘制	图纸幅面选择正确	5	图纸幅面选择错误扣5分				
		绘图比例准确	5	绘图比例错误扣5分				
		图面布置完好	5	图面布置不匀称、美观扣5分				
		快滤池结构图正确，排布合理，符合实际情况，各组成部分及阀门位置准确并整齐	30	排布不合理扣5分				
				各组成部分连接画错一处扣2分				
				漏画一处扣3分				
				结构错误一处扣3分				
3	绘图标注	各组成部分标注符合现场实际	15	名称标注错一处扣2分				
				漏标一处扣2分				
		在快滤池结构图中标注出进出水等管线及阀门位置，符合现场实际	15	管线中水的流向和来源错误一处扣2分				
				阀门位置标注错误一处扣2分				
				管线标注错误一处扣2分				
4	图例	图例要求完整	10	缺图例扣10分				
				图例错一处扣2分				
5	标题栏	标题栏要求完整	5	缺标题栏扣5分				
				标题栏错一处扣2分				
6	卷面情况	绘图卷面清晰、整洁	5	卷面不整洁扣5分				
7	安全及其他	按国家法规或企业规定		违规一次总分扣2分；严重违规停止操作			—	
		在规定时间内完成操作		每超时1min总分扣3分，超时3min停止操作			—	
合　计			100					

试题16：绘制平流式沉淀池的结构图

（考核时间：30min）

序号	考核内容	考核要点	配分	评分标准	检测结果	扣分	得分	备注
1	准备工作	工具、用具准备	5	未自带工具扣5分				
2	图形绘制	图纸幅面选择正确	5	图纸幅面选择错误扣5分				
		绘图比例准确	5	绘图比例错误扣5分				
		图面布置完好	5	图面布置不匀称、美观扣5分				
		沉淀池结构图正确，排布合理，符合实际情况，各组成部分及阀门位置准确并整齐	30	排布不合理扣5分				
				各组成部分连接画错一处扣2分				
				漏画一处扣3分				
				结构错误一处扣3分				
3	绘图标注	各组成部分标注符合现场实际	15	名称标注错一处扣2分				
				漏标一处扣2分				
		在沉淀池结构图中标注出进出水等管线及阀门位置，符合现场实际	15	管线中水的流向和来源错误一处扣2分				
				阀门位置标注错误一处扣2分				
				管径标注错误一处扣2分				
4	图例	图例要求完整	10	缺图例扣10分				
				图例错一处扣2分				
5	标题栏	标题栏要求完整	5	缺标题栏扣5分				
				标题栏错一处扣2分				
6	卷面情况	绘图卷面清晰、整洁	5	卷面不整洁扣5分				
7	安全及其他	按国家法规或企业规定		违规一次总分扣2分；严重违规停止操作			—	
		在规定时间内完成操作		每超时1min总分扣3分，超时3min停止操作			—	
		合　计	100					

试题17：绘制离心泵工况点变化图

（考核时间：30min）

序号	考核内容	考核要点	配分	评分标准	检测结果	扣分	得分	备注
1	准备工作	工具、用具准备	5	未自带工具扣5分				
2	图形绘制及说明	图纸幅面选择正确	5	图纸幅面选择错误扣5分				
		图面布置完好	5	图面布置不匀称、美观扣5分				

续表

序号	考核内容	考核要点	配分	评分标准	检测结果	扣分	得分	备注
		图示确定离心泵工况点	15	特性曲线错误扣 10 分				
				标注错误扣 5 分				
		绘制当离心泵出口阀关小时工况点的变化图，并作说明	20	特性曲线错误扣 10 分				
				工况点错误扣 10 分				
				说明错误扣 5 分				
		绘制当离心泵出口阀开大时工况点的变化图，并作说明	20	特性曲线错误扣 10 分				
				工况点错误扣 10 分				
				说明错误扣 5 分				
		绘制当离心泵转速减小时工况点的变化图，并作说明	20	特性曲线错误扣 10 分				
				工况点错误扣 10 分				
				说明错误扣 5 分				
3	标题栏	标题栏要求完整	5	缺标题栏扣 5 分				
				标题栏错一处扣 2 分				
4	卷面情况	绘图卷面清晰、整洁	5	卷面不整洁扣 5 分				
5	安全及其他	按国家法规或企业规定		违规一次总分扣 2 分；严重违规停止操作			—	
		在规定时间内完成操作		每超时 1min 总分扣 3 分，超时 3min 停止操作			—	
合计			100					

软化除盐处理模块

试题 1：离子交换除盐处理系统投运前的检查

（考核时间：20min）

序号	考核内容	考核要点	配分	评分标准	检测结果	扣分	得分	备注
1	准备工作	穿戴劳保用品	5	未穿戴整齐扣 5 分				
2	检查预处理设备	净水站来水正常，预处理设备、各泵、电机处于备用状态，能保证正常供水	15	检查预处理设备漏项，每项扣 3 分				
				检查相关泵、电机漏项，每项扣 3 分				
3	检查清水箱水位	检查清水箱处于高水位	10	未检查清水箱水位扣 10 分				
4	检查阀门	检查所用阀应完好严密、不泄漏，开关可靠	10	检查漏项，每项扣 2 分				

续表

序号	考核内容	考核要点	配分	评分标准	检测结果	扣分	得分	备注
5	检查控制盘	控制盘电源正常	10	未检查控制盘电源扣10分				
6	检查操作盘	操作盘电源正常	10	未检查操作盘电源扣10分				
7	检查气源压力	控制气源压力在0.4～0.6MPa	15	未检查控制气源压力扣10分				
				不清楚所需压力扣5分				
8	检查电磁阀箱	电磁阀箱已送气、送电	10	检查漏项，每项扣5分				
9	检查分析药品	分析药品完好	5	检查漏项，每项扣2分				
10	检查仪器	仪器完好	5	检查漏项，每项扣2分				
11	检查仪表	仪表完好	5	检查漏项，每项扣2分				
12	安全及其他	按国家法规或企业规定		违规一次总分扣2分；严重违规停止操作			—	
		在规定时间内完成操作		每超时1min总分扣3分，超时3min停止操作			—	
合计			100					

试题2：虹吸滤池投运前的检查

（考核时间：15min）

序号	考核内容	考核要点	配分	评分标准	检测结果	扣分	得分	备注
1	准备工作	穿戴劳保用品	5	未穿戴整齐扣5分				
2	检查滤池本体	检查确认滤池本体完好、滤料装填符合要求	20	检查漏项，每项扣10分				
3	检查滤池管阀	检查确认滤池人孔门、管路、阀门完好	30	检查漏项，每项扣10分				
4	检查真空系统	检查确认真空系统严密、无泄漏，抽真空泵或喷射器处于备用	30	检查漏项，每项扣10分				
				未检查抽真空设备扣20分				
5	检查澄清池	检查澄清池正常运转	15	未检查澄清池扣15分				
				未检查澄清池水质扣5分				
6	安全及其他	按国家法规或企业规定		违规一次总分扣2分；严重违规停止操作			—	
		在规定时间内完成操作		每超时1min总分扣3分，超时3min停止操作			—	
合计			100					

试题 3：压力式过滤器投运前的检查

（考核时间：15min）

序号	考核内容	考核要点	配分	评分标准	检测结果	扣分	得分	备注
1	准备工作	穿戴劳保用品	5	未穿戴整齐扣5分				
2	检查过滤器	检查过滤器处于备用状态，表计完好、指示正常	40	未检查过滤器状态扣20分				
				未检查相关表计指示20分				
3	检查清水泵	检查清水箱处于高水位，清水泵处于备用状态	20	未检查清水泵扣10分				
				未检查清水箱水位扣10分				
4	检查操作盘	操作盘电源正常	10	未检查操作盘电源扣10分				
5	检查气源压力	控制气源压力在0.4～0.6MPa	15	未检查控制气源压力扣10分				
				不清楚所需压力扣5分				
6	检查电磁阀箱	电磁阀箱已送气、送电	10	检查漏项，每项扣5分				
7	安全及其他	按国家法规或企业规定		违规一次总分扣2分；严重违规停止操作			—	
		在规定时间内完成操作		每超时1min总分扣3分，超时3min停止操作			—	
		合　　计	100					

试题 4：阳固定床投运操作

（考核时间：20min）

序号	考核内容	考核要点	配分	评分标准	检测结果	扣分	得分	备注
1	准备工作	穿戴劳保用品	3	未穿戴整齐扣3分				
		工具、用具准备	2	工具选择不正确扣2分				
2	投用除碳器	按规定的步骤投用除碳器	20	未投用除碳器扣20分				
				操作步骤不规范扣10分				
3	进水排气	开阳床排气阀、正洗进水阀。投运清水泵，向阳床供水	30	打开阀门操作漏项，每项扣10分				
				操作顺序不当，每项扣5分				
				投用清水泵操作漏项，每项扣10分				
				投用清水泵操作不规范，每项扣5分				
4	正洗	待床内空气排尽，开正洗排水阀，关排气阀，调节正洗流量在额定出力内。开在线pNa表样水阀，投用在线pNa表	20	未按顺序操作，每项扣5分				
				打开阀门操作漏项，每项扣10分				
				未调整正洗流量扣5分				

续表

序号	考核内容	考核要点	配分	评分标准	检测结果	扣分	得分	备注
5	投运	待正洗合格后，开出水阀、关正洗排水阀，向除碳器送水	20	未按顺序操作，每项扣5分				
				操作漏项，每项扣10分				
				未监测正洗排水是否合格扣10分				
6	使用工具	正确使用工具	2	工具使用不正确扣2分				
		正确维护工具	3	工具乱摆乱放扣3分				
7	安全及其他	按国家法规或企业规定		违规一次总分扣2分；严重违规停止操作			—	
		在规定时间内完成操作		每超时1min总分扣3分，超时3min停止操作			—	
		合　　计	100					

试题5：阴固定床、混固定床投运操作

（考核时间：25min）

序号	考核内容	考核要点	配分	评分标准	检测结果	扣分	得分	备注
1	准备工作	穿戴劳保用品	3	未穿戴整齐扣3分				
		工具、用具准备	2	工具选择不正确扣2分				
2	阴床进水排气	开阴床空气阀、正洗进水阀。投运中间水泵，向阴床供水	25	打开阀门操作漏项，每项扣5分				
				操作顺序不当，每项扣3分				
				投用中间水泵操作漏项，每项扣5分				
				投用中间水泵操作不规范，每项扣3分				
3	阴床正洗	待阴床内空气排尽，开阴床正洗排水阀，关空气阀，调节正洗流量在额定出力内。5min后开阴床在线电导率表样水阀，投用在线电导率表	20	未按顺序操作，每项扣3分				
				操作漏项，每项扣5分				
				未调整正洗流量扣3分				
4	阴床投运	待阴床正洗合格后，开混床空气阀、正洗进水阀。开阴床出水阀，关正洗排水阀	15	未按顺序操作，每项扣3分				
				操作漏项，每项扣5分				
				未监测阴床正洗排水是否合格扣3分				
5	混床正洗	待混床内空气排尽，开混床正洗排水阀、关空气阀，调节正洗流量在额定出力内。5min后开混床在线电导率表、硅表样水阀，投用在线电导率表、硅表	20	未按顺序操作，每项扣3分				
				操作漏项，每项扣5分				
				未调整正洗流量扣3分				
6	混床投运	待正洗合格后，开混床出水阀，关正洗排水阀，向除盐水箱送水	10	操作漏项，每项扣5分				
				未监测混床正洗排水是否合格扣10分				

续表

序号	考核内容	考核要点	配分	评分标准	检测结果	扣分	得分	备注
7	使用工具	正确使用工具	2	工具使用不正确扣2分				
		正确维护工具	3	工具乱摆乱放扣3分				
8	安全及其他	按国家法规或企业规定		违规一次总分扣2分；严重违规停止操作			—	
		在规定时间内完成操作		每超时1min总分扣3分，超时3min停止操作			—	
	合　计		100					

试题6：单流式过滤器投运操作

（考核时间：15min）

序号	考核内容	考核要点	配分	评分标准	检测结果	扣分	得分	备注
1	准备工作	穿戴劳保用品	3	未穿戴整齐扣3分				
		工具、用具准备	2	工具选择不正确扣2分				
2	进水排气	开过滤器排气阀、进水阀，投运清水泵	35	打开阀门操作漏项，每项扣10分				
				操作顺序不当，每项扣5分				
				投用清水泵操作漏项，每项扣10分				
				投用清水泵操作不规范，每项扣5分				
3	正洗	待过滤器内空气排尽，开正洗排水阀，关空气阀	25	操作漏项，每项扣10分				
				未按顺序操作，每项扣5分				
				未调整正洗流量扣5分				
4	投运	正洗至水清，开出口阀，关正洗排水阀，向系统送水	30	操作漏项，每项扣10分				
				未按顺序操作，每项扣5分				
				未监测正洗排水是否合格扣10分				
5	使用工具	正确使用工具	2	工具使用不正确扣2分				
		正确维护工具	3	工具乱摆乱放扣3分				
6	安全及其他	按国家法规或企业规定		违规一次总分扣2分；严重违规停止操作			—	
		在规定时间内完成操作		每超时1min总分扣3分，超时3min停止操作			—	
	合　计		100					

试题 7：双流式过滤器投运操作

（考核时间：15min）

序号	考核内容	考核要点	配分	评分标准	检测结果	扣分	得分	备注
1	准备工作	穿戴劳保用品	3	未穿戴整齐扣 3 分				
		工具、用具准备	2	工具选择不正确扣 2 分				
2	进水排气	投运清水泵，开过滤器空气阀，缓缓打开下部进口阀	35	打开阀门操作漏项，每项扣10 分				
				操作顺序不当，每项扣 5 分				
				投用清水泵操作漏项，每项扣 10 分				
				投用清水泵操作不规范，每项扣 5 分				
3	正洗	待过滤器内空气排尽，开正洗排水阀、上部进口阀，关空气阀	25	操作漏项，每项扣 10 分				
				未按顺序操作，每项扣 5 分				
				未调整正洗流量扣 5 分				
4	投运	正洗至排水清澈，开出口阀，关正洗排水阀，向系统送水	30	操作漏项，每项扣 10 分				
				未按顺序操作，每项扣 5 分				
				未监测正洗排水是否合格扣 10 分				
5	使用工具	正确使用工具	2	工具使用不正确扣 2 分				
		正确维护工具	3	工具乱摆乱放扣 3 分				
6	安全及其他	按国家法规或企业规定		违规一次总分扣 2 分；严重违规停止操作			—	
		在规定时间内完成操作		每超时 1min 总分扣 3 分，超时 3min 停止操作			—	
		合　计	100					

试题 8：并列 H－Na 离子交换软化系统投运操作

（考核时间：30min）

序号	考核内容	考核要点	配分	评分标准	检测结果	扣分	得分	备注
1	准备工作	穿戴劳保用品	3	未穿戴整齐扣 3 分				
		工具、用具准备	2	工具选择不正确扣 2 分				
2	投运除碳器	按规定的步骤投用除碳器	10	操作错误，每项扣 5 分				
3	投运清水泵	开 H 型离子交换器排空气阀、正洗进水阀。投用清水泵，向 H 型离子交换器供水	20	操作顺序错误，每项扣 5 分				
				操作漏项，每项扣 10 分				
				投用清水泵操作不规范，每项扣 3 分				
4	投运 H 型离子交换器	待 H 型离子交换器内空气排尽，开正洗排水阀，关排空气阀。待 H 型离子交换器正洗合格后，开出水阀，关正洗排水阀，向除碳器送水	20	操作顺序错误，每项扣 5 分				
				操作漏项，每项扣 10 分				
				未监测正洗排水是否合格扣 5 分				

续表

序号	考核内容	考核要点	配分	评分标准	检测结果	扣分	得分	备注
5	投运Na型离子交换器	开Na型离子交换器空气阀、正洗进水阀。待Na型离子交换器内空气排尽，开正洗排水阀，关空气阀。待Na型离子交换器正洗排水合格后，开出水阀，关正洗排水阀，向除碳器送水	20	操作顺序错误，每项扣5分				
				操作漏项，每项扣10分				
				未监测正洗排水是否合格扣5分				
6	调节交换器制水量比例	调节H型离子交换器与Na型离子交换器制水量的比例符合要求	10	H型与Na型交换器制水量的比例不当扣10分				
7	向系统供水	待中间水箱水位上升后，投用中间水泵，向系统供软化水	10	操作漏项扣10分				
				投用中间水泵操作不规范，每项扣3分				
8	使用工具	正确使用工具	2	工具使用不正确扣2分				
		正确维护工具	3	工具乱摆乱放扣3分				
9	安全及其他	按国家法规或企业规定		违规一次总分扣2分；严重违规停止操作			—	
		在规定时间内完成操作		每超时1min总分扣3分，超时3min停止操作			—	
		合　计	100					

试题9：串联H－Na离子交换软化系统投运操作

（考核时间：30min）

序号	考核内容	考核要点	配分	评分标准	检测结果	扣分	得分	备注
1	准备工作	穿戴劳保用品	3	未穿戴整齐扣3分				
		工具、用具准备	2	工具选择不正确扣2分				
2	投运除碳器	按规定的步骤投用除碳器	10	操作错误，每项扣5分				
3	投运清水泵	开H型离子交换器排空气阀、正洗进水阀。投用清水泵，向H型离子交换器供水	15	操作顺序错误，每项扣5分				
				操作漏项，每项扣10分				
				投用清水泵操作不规范，每项扣3分				
4	投运H型离子交换器	待H型离子交换器内空气排尽，开正洗排水阀，关排空气阀。待H型离子交换器正洗排水合格后，开出水阀，关正洗排水阀，向混合器送水	20	操作顺序错误，每项扣5分				
				操作漏项，每项扣10分				
				未监测正洗排水是否合格扣5分				

续表

序号	考核内容	考核要点	配分	评分标准	检测结果	扣分	得分	备注
5	调节混合器进水比例	开混合器进清水阀，调节酸水与清水的比例符合要求	10	酸水与清水的比例不当扣10分				
6	投运中间水泵	开Na型离子交换器空气阀、正洗进水阀。投运中间水泵，向Na型离子交换器供水	15	操作漏项，每项扣5分				
				未按顺序操作，每项扣5分				
				投用中间水泵操作不规范，每项扣3分				
7	投运Na型离子交换器	待Na型离子交换器内空气排尽，开正洗排水阀，关空气阀。待Na型离子交换器正洗合格后，开出水阀，关正洗排水阀，向系统供软化水	20	操作顺序错误，每项扣5分				
				操作漏项，每项扣10分				
				未监测正洗排水是否合格扣5分				
8	使用工具	正确使用工具	2	工具使用不正确扣2分				
		正确维护工具	3	工具乱摆乱放扣3分				
9	安全及其他	按国家法规或企业规定		违规一次总分扣2分；严重违规停止操作			—	
		在规定时间内完成操作		每超时1min总分扣3分，超时3min停止操作			—	
		合　　计	100					

试题10：运行式浮动床的投运操作

（考核时间：15min）

序号	考核内容	考核要点	配分	评分标准	检测结果	扣分	得分	备注
1	准备工作	穿戴劳保用品	3	未穿戴整齐扣3分				
		工具、用具准备	2	工具选择不正确扣2分				
2	成床	检查浮床内应充满水。全开向上清洗排水阀，快开入口阀至所需流速，一般以20～30m/h为宜	40	未按顺序操作，每项扣10分				
				入口阀开启缓慢扣10分				
				成床流速过小或过大扣20分				
				操作漏项，每项扣10分				
3	投用在线仪表	开在线仪表样水阀，投用在线仪表	20	操作漏项，每项扣10分				
4	投运浮动床	待正洗排水合格后，开出口阀，关向上清洗排水阀。调节至所需流量向系统供水	30	未按顺序操作，每项扣10分				
				操作漏项，每项扣10分				
				未监测正洗排水是否合格扣10分				
5	使用工具	正确使用工具	2	工具使用不正确扣2分				
		正确维护工具	3	工具乱摆乱放扣3分				

续表

序号	考核内容	考核要点	配分	评分标准	检测结果	扣分	得分	备注
6	安全及其他	按国家法规或企业规定		违规一次总分扣2分；严重违规停止操作			—	
		在规定时间内完成操作		每超时1min总分扣3分，超时3min停止操作			—	
		合　计	100					

试题11：母管制除盐系统的阳固定床切换操作

（考核时间：15min）

序号	考核内容	考核要点	配分	评分标准	检测结果	扣分	得分	备注
1	准备工作	穿戴劳保用品	3	未穿戴整齐扣3分				
		工具、用具准备	2	工具选择不正确扣2分				
2	判断阳床失效	当运行中的阳床出水钠离子含量接近或达到控制指标时，投备用阳床	10	不清楚阳床出水控制指标扣10分				
3	备用阳床进水排气	开备用阳床的空气阀、正洗进水阀	10	操作漏项，每项扣5分				
4	备用阳床正洗	待床内空气排尽，开正洗排水阀，关空气阀，调节正洗流量在额定出力内。开投用阳床的在线pNa表样水阀，投用在线pNa表	25	未按顺序操作，每项扣5分				
				操作漏项，每项扣10分				
				未调整正洗流量扣5分				
5	备用阳床投运	待正洗合格后，开出水阀、关正洗排水阀，向系统送水	25	未按顺序操作，每项扣5分				
				操作漏项，每项扣10分				
				未监测正洗排水是否合格扣10分				
6	解失效床	关失效阳床正洗进水阀、出水阀、在线pNa表样水阀。开空气阀，放水消压后关空气阀	20	未按顺序操作，每项扣3分				
				操作漏项，每项扣5分				
7	使用工具	正确使用工具	2	工具使用不正确扣2分				
		正确维护工具	3	工具乱摆乱放扣3分				
8	安全及其他	按国家法规或企业规定		违规一次总分扣2分；严重违规停止操作			—	
		在规定时间内完成操作		每超时1min总分扣3分，超时3min停止操作			—	
		合　计	100					

试题12：母管制除盐系统的阴固定床切换操作

（考核时间：15min）

序号	考核内容	考核要点	配分	评分标准	检测结果	扣分	得分	备注
1	准备工作	穿戴劳保用品	3	未穿戴整齐扣3分				
		工具、用具准备	2	工具选择不正确扣2分				
2	判断阴床失效	当运行中的阴床出水二氧化硅含量接近或达到控制指标时，投备用阴床	10	不清楚阴床出水控制指标扣10分				
3	备用阴床进水排气	开备用阴床的空气阀、正洗进水阀	10	操作漏项，每项扣5分				
4	备用阴床正洗	待床内空气排尽，开正洗排水阀，关空气阀，调节正洗流量在额定出力内。5min后开投用阴床的在线电导率表样水阀，投用在线电导率表	25	未按顺序操作，每项扣5分				
				操作漏项，每项扣10分				
				未调整正洗流量扣5分				
5	备用阴床投运	待正洗合格后，开出水阀、关正洗排水阀，向系统送水	25	未按顺序操作，每项扣5分				
				操作漏项，每项扣10分				
				未监测正洗排水是否合格扣10分				
6	解失效床	关失效阴床正洗进水阀、出水阀、在线电导率表样水阀。开空气阀，放水消压后关空气阀。停失效阴床的在线电导率表	20	未按顺序操作，每项扣3分				
				操作漏项，每项扣5分				
7	使用工具	正确使用工具	2	工具使用不正确扣2分				
		正确维护工具	3	工具乱摆乱放扣3分				
8	安全及其他	按国家法规或企业规定		违规一次总分扣2分；严重违规停止操作			—	
		在规定时间内完成操作		每超时1min总分扣3分，超时3min停止操作			—	
		合　计	100					

试题13：混床切换操作

（考核时间：15min）

序号	考核内容	考核要点	配分	评分标准	检测结果	扣分	得分	备注
1	准备工作	穿戴劳保用品	3	未穿戴整齐扣3分				
		工具、用具准备	2	工具选择不正确扣2分				
2	判断混床失效	当运行中的混床出水二氧化硅含量或电导率接近或达到控制指标时，投备用混床	10	不清楚混床出水控制指标扣10分				
3	备用混床进水排气	开备用混床的空气阀、正洗进水阀	10	操作漏项，每项扣5分				

续表

序号	考核内容	考核要点	配分	评分标准	检测结果	扣分	得分	备注
4	备用混床正洗	待床内空气排尽，开正洗排水阀，关空气阀，调节正洗流量在额定出力内。5min后开投用混床的在线电导率表、硅表样水阀，投用在线电导率表	25	未按顺序操作，每项扣5分				
				操作漏项，每项扣10分				
				未调整正洗流量扣5分				
5	备用混床投运	待正洗合格后，开出水阀、关正洗排水阀，向系统送水	25	未按顺序操作，每项扣5分				
				操作漏项，每项扣10分				
				未监测正洗排水是否合格扣10分				
6	解失效床	关失效混床正洗进水阀、出水阀、在线电导率表样水阀、在线硅表样水阀。开空气阀，放水消压后关空气阀。停失效混床的在线电导率表	20	未按顺序操作，每项扣3分				
				操作漏项，每项扣5分				
7	使用工具	正确使用工具	2	工具使用不正确扣2分				
		正确维护工具	3	工具乱摆乱放扣3分				
8	安全及其他	按国家法规或企业规定		违规一次总分扣2分；严重违规停止操作			—	
		在规定时间内完成操作		每超时1min总分扣3分，超时3min停止操作			—	
		合　计	100					

试题14：除盐设备的运行维护

（考核时间：20min）

序号	考核内容	考核要点	配分	评分标准	检测结果	扣分	得分	备注
1	准备工作	穿戴劳保用品	5	未穿戴整齐扣5分				
2	分析监测	每2h取样分析，根据水质标准控制除盐设备出水水质在合格范围内。交换器运行不久或接近失效时，应注意在线仪表的指示，增加分析次数	20	未按时分析扣10分				
				不清楚水质控制标准，每项扣10分				
				监盘漏项，每项扣5分				
3	交换器的切换及再生	交换器失效立即切换备用床运行，失效床及时再生	25	交换器失效不知道切换扣20分				
				交换器失效不知道再生扣10分				
				操作方法不清楚，每项扣5分				
4	调整流量	根据供水量和各水箱水位来调整交换器的制水量，应能满足供水需要，并维持各水箱水位不低、不溢	20	不清楚高低水位，每项扣5分				
				不清楚供水量扣10分				
				不清楚交换器出力，每项扣5分				

续表

序号	考核内容	考核要点	配分	评分标准	检测结果	扣分	得分	备注
5	检查程控动作	远程或程控时，应随时检查各阀的开关和泵的启停情况及反馈信号是否正常。当有阀和泵不按程序要求动作时，应及时处理	15	远程或程控时未至现场检查扣15分				
				检查漏项，每项扣5分				
				不清楚异常情况的处理方法，每项扣5分				
6	检查转动设备	按时检查转动设备，异常情况及时处理	15	未检查扣15分				
				检查漏项，每项扣5分				
				不清楚异常情况的处理方法，每项扣5分				
7	安全及其他	按国家法规或企业规定		违规一次总分扣2分；严重违规停止操作			—	
		在规定时间内完成操作		每超时1min总分扣3分，超时3min停止操作			—	
		合　计	100					

试题15：固定床再生前的检查

（考核时间：15min）

序号	考核内容	考核要点	配分	评分标准	检测结果	扣分	得分	备注
1	准备工作	穿戴劳保用品	5	未穿戴整齐扣5分				
2	检查酸碱系统	酸碱系统处于备用状态，酸、碱槽内有足够的酸、碱，酸、碱计量箱备足一次再生所需酸、碱。酸、碱浓度计处于备用状态，再生水泵处于备用状态	30	检查酸、碱系统漏项，每项扣5分				
				未检查酸、碱浓度计扣5分				
				检查再生水泵漏项，每项扣5分				
3	检查阀门	各交换器进酸阀、进碱阀应关闭严密，再生床出水阀应关闭严密	30	检查交换器进酸阀、进碱阀漏项，每项扣10分				
				未检查再生床出水阀扣20分				
4	检查水位	各水箱处于较高水位，中和池处于较低水位	5	未检查水箱、中和池，每项扣2分				
				不清楚水位要求，每项扣2分				
5	检查压缩空气系统	压缩空气系统运行正常，再生气源压力稳定在0.4MPa以上	10	未检查压缩空气系统扣10分				
				不清楚气源压力要求扣5分				
6	检查表盘	控制台、模拟盘、仪表盘电源正常，电磁阀箱已送电、送气	10	检查漏项，每项扣3分				
7	检查前级设备	再生系列阴床或再生系列混床的前级设备仍在正常运行	10	检查漏项，每项扣5分				
8	安全及其他	按国家法规或企业规定		违规一次总分扣2分；严重违规停止操作			—	
		在规定时间内完成操作		每超时1min总分扣3分，超时3min停止操作			—	
		合　计	100					

试题 16：压力式过滤器的运行维护

（考核时间：20min）

序号	考核内容	考核要点	配分	评分标准	检测结果	扣分	得分	备注
1	准备工作	穿戴劳保用品	5	未穿戴整齐扣 5 分				
2	分析出水浊度	每 2h 分析出水浊度一次	30	不清楚分析时间扣 15 分				
				不清楚分析方法扣 15 分				
3	检查参数	检查过滤器进出口压差、负荷变化等情况	15	不清楚额定参数，每项扣 15 分				
				检查漏项，每项扣 5 分				
4	反洗	过滤器运行压差大或出水浊度超标应反洗一次	30	不清楚反洗条件扣 20 分				
				反洗操作不规范，每项扣 5 分				
5	转入长期备用	过滤器转入长期备用时应彻底反洗	20	长期备用时未彻底反洗扣 20 分				
				反洗操作不规范，每项扣 5 分				
6	安全及其他	按国家法规或企业规定		违规一次总分扣 2 分；严重违规停止操作			—	
		在规定时间内完成操作		每超时 1min 总分扣 3 分，超时 3min 停止操作			—	
		合　计	100					

试题 17：单流式过滤器水反洗操作

（考核时间：20min）

序号	考核内容	考核要点	配分	评分标准	检测结果	扣分	得分	备注
1	准备工作	穿戴劳保用品	3	未穿戴整齐扣 3 分				
		工具、用具准备	2	工具选择不正确扣 2 分				
2	反洗	开过滤器反洗排水阀、反洗进水阀。调节反洗流量，控制反洗强度应不跑滤料	30	操作漏项，每项扣 10 分				
				未按顺序操作，每项扣 5 分				
				反洗强度控制不当扣 10 分				
3	反洗结束	待反洗排水清澈后，关过滤器反洗进水阀、反洗排水阀	25	操作漏项，每项扣 10 分				
				未按顺序操作，每项扣 5 分				
				反洗不彻底扣 10 分				
4	正洗	开过滤器空气阀、进口阀，待过滤器内空气排尽，开正洗排水阀，关空气阀。调节正洗流量	20	操作漏项，每项扣 10 分				
				未按顺序操作，每项扣 5 分				
				正洗流量调节不当扣 5 分				
5	正洗结束	待正洗排水合格，关过滤器进口阀、正洗排水阀	15	操作漏项，每项扣 10 分				
6	使用工具	正确使用工具	2	工具使用不正确扣 2 分				
		正确维护工具	3	工具乱摆乱放扣 3 分				

续表

序号	考核内容	考核要点	配分	评分标准	检测结果	扣分	得分	备注
7	安全及其他	按国家法规或企业规定		违规一次总分扣2分；严重违规停止操作			—	
		在规定时间内完成操作		每超时1min总分扣3分，超时3min停止操作			—	
		合　计	100					

试题18：单流式过滤器空气和水的混合反洗操作

（考核时间：20min）

序号	考核内容	考核要点	配分	评分标准	检测结果	扣分	得分	备注
1	准备工作	穿戴劳保用品	3	未穿戴整齐扣3分				
		工具、用具准备	2	工具选择不正确扣2分				
2	放水	开过滤器正洗排水阀、空气阀，将过滤器内的水排放到滤层上200mm左右。关正洗排水阀、空气阀	15	操作漏项，每项扣5分				
				放水未至规定处扣5分				
3	反洗	开过滤器反洗排水阀、进压缩空气阀，擦洗3～5min。开反洗进水阀，以反洗水中无正常颗粒滤料为限，控制反洗水量。待反洗排水澄清，关进压缩空气阀，调整水量继续反洗	40	未按顺序操作、操作漏项，每项扣5分				
				压缩空气强度控制不当扣10分				
				水反洗强度控制不当扣10分				
4	反洗结束	待反洗排水清澈后，关过滤器反洗进水阀、反洗排水阀	15	操作漏项，每项扣5分				
				未按顺序操作，每项扣3分				
				反洗不彻底扣5分				
5	正洗	开过滤器空气阀、进口阀，待过滤器内空气排尽，开正洗排水阀，关空气阀。待正洗排水合格，关过滤器进口阀、正洗排水阀	20	操作漏项，每项扣5分				
				未按顺序操作，每项扣3分				
				正洗流量调节不当扣3分				
6	使用工具	正确使用工具	2	工具使用不正确扣2分				
		正确维护工具	3	工具乱摆乱放扣3分				
7	安全及其他	按国家法规或企业规定		违规一次总分扣2分；严重违规停止操作			—	
		在规定时间内完成操作		每超时1min总分扣3分，超时3min停止操作			—	
		合　计	100					

试题 19：双流式过滤器反洗操作

（考核时间：25min）

<table>
<tr><th>序号</th><th>考核内容</th><th>考核要点</th><th>配分</th><th>评分标准</th><th>检测结果</th><th>扣分</th><th>得分</th><th>备注</th></tr>
<tr><td rowspan="2">1</td><td rowspan="2">准备工作</td><td>穿戴劳保用品</td><td>3</td><td>未穿戴整齐扣 3 分</td><td></td><td></td><td></td><td></td></tr>
<tr><td>工具、用具准备</td><td>2</td><td>工具选择不正确扣 2 分</td><td></td><td></td><td></td><td></td></tr>
<tr><td rowspan="2">2</td><td rowspan="2">进压缩空气</td><td rowspan="2">开过滤器反洗排水阀、进压缩空气阀，调节压缩空气强度进行吹洗</td><td rowspan="2">15</td><td>操作漏项，每项扣 5 分</td><td></td><td></td><td></td><td></td></tr>
<tr><td>压缩空气强度控制不当扣 10 分</td><td></td><td></td><td></td><td></td></tr>
<tr><td rowspan="2">3</td><td rowspan="2">反洗上部滤层</td><td rowspan="2">开过滤器上部反洗进水阀，以反洗水中无正常颗粒滤料为限，控制反洗水量，对上部滤层进行反洗</td><td rowspan="2">25</td><td>未按顺序操作、操作漏项，每项扣 5 分</td><td></td><td></td><td></td><td></td></tr>
<tr><td>压缩空气强度或水反洗强度控制不当，每项扣 10 分</td><td></td><td></td><td></td><td></td></tr>
<tr><td rowspan="2">4</td><td rowspan="2">反洗整个滤层</td><td rowspan="2">关过滤器进压缩空气阀。上部反洗不停。开启下部进口阀，使反洗水由中间和下部同时进入，对整个滤层进行反洗。待反洗排水清澈后，关过滤器下部进口阀、上部反洗进水阀、反洗排水阀</td><td rowspan="2">30</td><td>未按顺序操作、操作漏项，每项扣 5 分</td><td></td><td></td><td></td><td></td></tr>
<tr><td>水反洗强度控制不当扣 10 分</td><td></td><td></td><td></td><td></td></tr>
<tr><td rowspan="2">5</td><td rowspan="2">正洗</td><td rowspan="2">开过滤器空气阀、下部进口阀。待过滤器内空气排尽，开正洗排水阀、上部进口阀，关空气阀。待正洗排水合格，关过滤器正洗排水阀、进口阀</td><td rowspan="2">20</td><td>未按顺序操作，每项扣 5 分</td><td></td><td></td><td></td><td></td></tr>
<tr><td>操作漏项，每项扣 5 分</td><td></td><td></td><td></td><td></td></tr>
<tr><td rowspan="2">6</td><td rowspan="2">使用工具</td><td>正确使用工具</td><td>2</td><td>工具使用不正确扣 2 分</td><td></td><td></td><td></td><td></td></tr>
<tr><td>正确维护工具</td><td>3</td><td>工具乱摆乱放扣 3 分</td><td></td><td></td><td></td><td></td></tr>
<tr><td rowspan="2">7</td><td rowspan="2">安全及其他</td><td>按国家法规或企业规定</td><td></td><td>违规一次总分扣 2 分；严重违规停止操作</td><td></td><td></td><td>—</td><td></td></tr>
<tr><td>在规定时间内完成操作</td><td></td><td>每超时 1min 总分扣 3 分，超时 3min 停止操作</td><td></td><td></td><td>—</td><td></td></tr>
<tr><td colspan="3">合　计</td><td>100</td><td></td><td></td><td></td><td></td><td></td></tr>
</table>

试题 20：阳固定床停运操作

（考核时间：15min）

<table>
<tr><th>序号</th><th>考核内容</th><th>考核要点</th><th>配分</th><th>评分标准</th><th>检测结果</th><th>扣分</th><th>得分</th><th>备注</th></tr>
<tr><td rowspan="2">1</td><td rowspan="2">准备工作</td><td>穿戴劳保用品</td><td>3</td><td>未穿戴整齐扣 3 分</td><td></td><td></td><td></td><td></td></tr>
<tr><td>工具、用具准备</td><td>2</td><td>工具选择不正确扣 2 分</td><td></td><td></td><td></td><td></td></tr>
<tr><td rowspan="2">2</td><td rowspan="2">停清水泵</td><td rowspan="2">停运清水泵</td><td rowspan="2">30</td><td>未按规范操作，每项扣 5 分</td><td></td><td></td><td></td><td></td></tr>
<tr><td>操作漏项，每项扣 10 分</td><td></td><td></td><td></td><td></td></tr>
<tr><td rowspan="2">3</td><td rowspan="2">停阳床</td><td rowspan="2">关阳床正洗进水阀、出水阀、在线 pNa 表样水阀。开排气阀，放水消压后关排气阀。停阳床的在线 pNa 表</td><td rowspan="2">40</td><td>未按顺序操作，每项扣 3 分</td><td></td><td></td><td></td><td></td></tr>
<tr><td>操作漏项，每项扣 10 分</td><td></td><td></td><td></td><td></td></tr>
</table>

续表

序号	考核内容	考核要点	配分	评分标准	检测结果	扣分	得分	备注
4	停除碳器	按规定的步骤停运除碳器	20	操作漏项扣20分				
5	使用工具	正确使用工具	2	工具使用不正确扣2分				
		正确维护工具	3	工具乱摆乱放扣3分				
6	安全及其他	按国家法规或企业规定		违规一次总分扣2分；严重违规停止操作			—	
		在规定时间内完成操作		每超时1min总分扣3分，超时3min停止操作			—	
		合　计	100					

试题21：阴固定床、混固定床停运操作

（考核时间：15min）

序号	考核内容	考核要点	配分	评分标准	检测结果	扣分	得分	备注
1	准备工作	穿戴劳保用品	3	未穿戴整齐扣3分				
		工具、用具准备	2	工具选择不正确扣2分				
2	停中间水泵	停运中间水泵	20	未按规范操作，每项扣5分				
				操作漏项，每项扣10分				
3	停混床	关混床正洗进水阀、出水阀、在线电导率表样水阀、在线硅表样水阀。开空气阀，放水消压后关空气阀	30	未按顺序操作，每项扣3分				
				操作漏项，每项扣10分				
4	停阴床	关阴床正洗进水阀、出水阀、在线电导率表样水阀。开空气阀，放水消压后关空气阀	30	未按顺序操作，每项扣3分				
				操作漏项，每项扣10分				
5	停在线监测仪表	停阴床、混床的在线监测仪表	10	操作漏项，每项扣5分				
6	使用工具	正确使用工具	2	工具使用不正确扣2分				
		正确维护工具	3	工具乱摆乱放扣3分				
7	安全及其他	按国家法规或企业规定		违规一次总分扣2分；严重违规停止操作			—	
		在规定时间内完成操作		每超时1min总分扣3分，超时3min停止操作			—	
		合　计	100					

试题 22：虹吸滤池停运操作

（考核时间：15min）

序号	考核内容	考核要点	配分	评分标准	检测结果	扣分	得分	备注
1	准备工作	穿戴劳保用品	3	未穿戴整齐扣3分				
		工具、用具准备	2	工具选择不正确扣2分				
2	清洗滤料	若滤池需较长时间退出运行，应逐格对单元滤池进行反洗，把滤料清洗干净	40	操作漏项，每项扣10分				
				反洗操作不规范，每项扣5分				
3	调整澄清池出水	根据需要关闭澄清池或调整澄清池出水	30	操作漏项扣20分				
4	关闭滤池进水阀	关闭滤池进水阀	20	操作漏项扣20分				
5	使用工具	正确使用工具	2	工具使用不正确扣2分				
		正确维护工具	3	工具乱摆乱放扣3分				
6	安全及其他	按国家法规或企业规定		违规一次总分扣2分；严重违规停止操作			—	
		在规定时间内完成操作		每超时1min总分扣3分，超时3min停止操作			—	
		合　计	100					

试题 23：压力式过滤器停运操作

（考核时间：15min）

序号	考核内容	考核要点	配分	评分标准	检测结果	扣分	得分	备注
1	准备工作	穿戴劳保用品	3	未穿戴整齐扣3分				
		工具、用具准备	2	工具选择不正确扣2分				
2	反洗	过滤器转入长期备用时应彻底反洗	10	长期备用时未彻底反洗扣10分				
				反洗操作不当，每项扣5分				
3	停运清水泵	当无其他设备用水时，停运清水泵	30	未按规范操作，每项扣5分				
				操作漏项，每项扣10分				
4	停过滤器	关闭过滤器进口阀、出口阀	30	操作漏项，每项扣15分				
5	放水消压	开排气阀，放水消压后关排气阀	20	操作漏项，每项扣10分				
6	使用工具	正确使用工具	2	工具使用不正确扣2分				
		正确维护工具	3	工具乱摆乱放扣3分				
7	安全及其他	按国家法规或企业规定		违规一次总分扣2分；严重违规停止操作			—	
		在规定时间内完成操作		每超时1min总分扣3分，超时3min停止操作			—	
		合　计	100					

试题 24：并列 H－Na 离子交换软化系统停运操作

（考核时间：15min）

序号	考核内容	考核要点	配分	评分标准	检测结果	扣分	得分	备注
1	准备工作	穿戴劳保用品	3	未穿戴整齐扣 3 分				
		工具、用具准备	2	工具选择不正确扣 2 分				
2	停中间水泵	停运中间水泵。停止本系统向外供软化水	20	操作漏项，每项扣 10 分				
				停用中间水泵操作不规范，每项扣 5 分				
3	停清水泵	停运清水泵	20	操作漏项，每项扣 10 分				
				停用清水泵操作不规范，每项扣 5 分				
4	停 Na 型离子交换器	关 Na 型离子交换器正洗进水阀、出水阀。开空气阀，放水消压后关空气阀	20	操作漏项，每项扣 5 分				
				操作顺序不当，每项扣 3 分				
5	停 H 型离子交换器	关 H 型离子交换器正洗进水阀、出水阀。开空气阀，放水消压后关空气阀	20	操作漏项，每项扣 5 分				
				操作顺序不当，每项扣 3 分				
6	停除碳器	停运除碳器	10	未停用除碳器扣 10 分				
				操作漏项，每项扣 5 分				
7	使用工具	正确使用工具	2	工具使用不正确扣 2 分				
		正确维护工具	3	工具乱摆乱放扣 3 分				
8	安全及其他	按国家法规或企业规定		违规一次总分扣 2 分；严重违规停止操作			—	
		在规定时间内完成操作		每超时 1min 总分扣 3 分，超时 3min 停止操作			—	
		合　计	100					

试题 25：串联 H－Na 离子交换软化系统停运操作

（考核时间：15min）

序号	考核内容	考核要点	配分	评分标准	检测结果	扣分	得分	备注
1	准备工作	穿戴劳保用品	3	未穿戴整齐扣 3 分				
		工具、用具准备	2	工具选择不正确扣 2 分				
2	停中间水泵	停运中间水泵	20	操作漏项，每项扣 10 分				
				停用中间水泵操作不规范，每项扣 5 分				
3	停 Na 型离子交换器	关 Na 型离子交换器正洗进水阀、出水阀。开空气阀，放水消压后关空气阀	20	操作漏项，每项扣 5 分				
				操作顺序不当，每项扣 3 分				
4	停清水泵	停运清水泵。关混合器进清水阀	20	操作漏项，每项扣 5 分				
				停用清水泵操作不规范，每项扣 5 分				

续表

序号	考核内容	考核要点	配分	评分标准	检测结果	扣分	得分	备注
5	停H型离子交换器	关H型离子交换器正洗进水阀、出水阀。开空气阀，放水消压后关空气阀	20	操作漏项，每项扣10分				
				操作顺序不当，每项扣3分				
6	停除碳器	停运除碳器	10	未停用除碳器扣10分				
				操作漏项，每项扣5分				
7	使用工具	正确使用工具	2	工具使用不正确扣2分				
		正确维护工具	3	工具乱摆乱放扣3分				
8	安全及其他	按国家法规或企业规定		违规一次总分扣2分；严重违规停止操作			—	
		在规定时间内完成操作		每超时1min总分扣3分，超时3min停止操作			—	
合计			100					

试题26：运行式浮动床压力落床操作

（考核时间：10min）

序号	考核内容	考核要点	配分	评分标准	检测结果	扣分	得分	备注
1	准备工作	穿戴劳保用品	3	未穿戴整齐扣3分				
		工具、用具准备	2	工具选择不正确扣2分				
2	停运浮床	关浮床入口阀、出口阀	30	操作不规范，每项扣5分				
				操作漏项，每项扣15分				
3	压力落床	开浮床上部进水阀、下部排水阀	30	操作不规范，每项扣5分				
				操作漏项，每项扣15分				
4	关闭阀门	待树脂落床后，关浮床下部排水阀、上部进水阀	20	操作不规范，每项扣5分				
				操作漏项，每项扣10分				
5	停运在线仪表	关停运浮床在线仪表样水阀，停运在线监测仪表	10	操作漏项，每项扣5分				
6	使用工具	正确使用工具	2	工具使用不正确扣2分				
		正确维护工具	3	工具乱摆乱放扣3分				
7	安全及其他	按国家法规或企业规定		违规一次总分扣2分；严重违规停止操作			—	
		在规定时间内完成操作		每超时1min总分扣3分，超时3min停止操作			—	
合计			100					

试题 27：电导率的测定

（考核时间：30min）

序号	考核内容	考核要点	配分	评分标准	检测结果	扣分	得分	备注
1	准备工作	穿戴劳保用品	5	未穿戴整齐扣 5 分				
2	仪器校正	按仪器说明书的要求进行校正	10	操作漏项扣 10 分				
				操作不规范，每项扣 3 分				
3	标定电导池常数	用未知电导池常数的电极来测定已知电导率的氯化钾标准溶液的电导，然后按所测结果算出该电极的电导池常数。为了减少标定的误差，应选用电导率与待测水样相近的氯化钾标准溶液来进行标定	15	氯化钾标准溶液选用不当扣 5 分				
				操作漏项扣 10 分				
				电导池常数的计算方法错误扣 5 分				
4	选用电极	实验室测量电导率的电极，通常都使用铂电极。其中，光亮电极适用于测量电导率较低的水样，而铂黑电极适用于测量中、高电导率的水样	10	操作漏项扣 10 分				
				电极选择不当扣 5 分				
		电导池常数的选用应满足所用测试仪表对被测水样的要求。通常电导池常数较小的电极适于测定低电导率的水样，而电导池常数大的电极适于测定高电导率的水样	10	电导池常数的选用错误扣 10 分				
5	选择频率	若测定电导率大于 100μS/cm 的水样时，应选用频率为 1000Hz 以上的高频率；测定电导率小于 100μS/cm 的水样时，则可用 50Hz 的低频率	10	选用错误扣 10 分				
6	电极导线容抗的补偿	在选用高频率以及测定电导率小于 1μS/cm 的纯水或高纯水时，应考虑到电极导线容抗的补偿问题。补偿的方法是将干燥的电导电极连同导线接在仪表上，将电导率仪的选择开关放在最小一挡测量。如此时电导仪的读数不是“零”，则应用补偿电容器将读数调整为零。补偿完毕后即可进行测量	15	未考虑补偿问题扣 15 分				
				操作错误，每项扣 5 分				
				补偿调节不对扣 10 分				
7	测定电导率	按照电导率仪的操作方法，在水温为 10～30℃的条件下，测出水样的电导率，并记录水样的温度，将测得的结果换算到 25℃时的电导率	25	操作方法不当扣 10 分				
				未记录水样温度扣 10 分				
				电导率换算错误扣 5 分				

续表

序号	考核内容	考核要点	配分	评分标准	检测结果	扣分	得分	备注
8	安全及其他	按国家法规或企业规定		违规一次总分扣2分；严重违规停止操作			—	
		在规定时间内完成操作		每超时1min总分扣3分，超时3min停止操作			—	
	合计		100					

试题28：逆流再生固定床的大反洗操作

（考核时间：20min）

序号	考核内容	考核要点	配分	评分标准	检测结果	扣分	得分	备注
1	准备工作	穿戴劳保用品	3	未穿戴整齐扣3分				
		工具、用具准备	2	工具选择不正确扣2分				
2	检查交换器	检查交换器是否脱水。若交换器脱水时，开排气阀，稍开正洗进水阀，小流量补水。补水结束后，关正洗进水阀、排气阀，待树脂充分浸润后转入下一步操作	30	未检查交换器是否脱水扣30分				
				脱水时忽略补水操作扣30分				
				补水操作漏项，每项扣5分				
				补水后未待树脂充分浸润即转入反洗扣10分				
3	开启阀门	开交换器反洗排水阀，稍开大反洗进水阀	20	操作漏项，每项扣10分				
				大反洗进水量过大扣10分				
4	调整流量	小流量反洗一段时间后，逐步调整增大流量，使树脂慢慢膨胀并稳定在上监视孔处	20	大反洗进水量调整过快扣10分				
				不清楚树脂膨胀高度扣10分				
5	关闭阀门	待反洗排水清澈后，关大反洗进水阀、反洗排水阀，大反洗结束	20	反洗不彻底扣10分				
				操作漏项，每项扣5分				
6	使用工具	正确使用工具	2	工具使用不正确扣2分				
		正确维护工具	3	工具乱摆乱放扣3分				
7	安全及其他	按国家法规或企业规定		违规一次总分扣2分；严重违规停止操作			—	
		在规定时间内完成操作		每超时1min总分扣3分，超时3min停止操作			—	
	合计		100					

试题29：固定床出水中含有树脂的原因分析

（考核时间：15min）

序号	考核内容	考核要点	配分	评分标准	检测结果	扣分	得分	备注
1	准备工作	穿戴劳保用品	5	未穿戴整齐扣5分				

续表

序号	考核内容	考核要点	配分	评分标准	检测结果	扣分	得分	备注
2	母支管式集水器装置损坏的原因	母支管式集水器装置滤水帽损坏脱落	18	不清楚原因扣18分				
		母支管式集水器装置腐蚀穿孔	17	不清楚原因扣17分				
3	平板水帽式集水装置损坏的原因	平板水帽式集水装置滤水帽损坏脱落	20	不清楚原因扣20分				
4	平板滤网式集水装置损坏的原因	平板滤网式集水装置的塑料网穿孔	20	不清楚原因扣20分				
5	穹形板石英砂垫层式集水装置损坏的原因	穹形板石英砂垫层式集水装置乱层	20	不清楚原因扣20分				
6	安全及其他	按国家法规或企业规定		违规一次总分扣2分；严重违规停止操作			—	
		在规定时间内完成操作		每超时1min总分扣3分，超时3min停止操作			—	
合计			100					

试题30：固定床再生时计量箱倒灌的原因分析

（考核时间：15min）

序号	考核内容	考核要点	配分	评分标准	检测结果	扣分	得分	备注
1	准备工作	穿戴劳保用品	5	未穿戴整齐扣5分				
2	背压过高原因	进再生液时交换器压力未调整好	15	未检查扣15分				
		交换器进再生剂阀未开或开度小	20	未检查扣20分				
		交换器排再生废液阀未开或开度小	15	未检查扣15分				
3	喷射器损坏原因	水力喷射器污堵或损坏	15	未检查扣15分				
4	水源压力波动原因	水源压力低或波动大	15	未检查扣15分				

续表

序号	考核内容	考核要点	配分	评分标准	检测结果	扣分	得分	备注
5	阀门渗漏原因	运行交换器再生液入口阀不严	15	未检查扣15分				
6	安全及其他	按国家法规或企业规定		违规一次总分扣2分；严重违规停止操作			—	
		在规定时间内完成操作		每超时1min总分扣3分，超时3min停止操作			—	
		合　计	100					

试题31：软化床周期制水量减少的处理

（考核时间：25min）

序号	考核内容	考核要点	配分	评分标准	检测结果	扣分	得分	备注
1	准备工作	穿戴劳保用品	5	未穿戴整齐扣5分				
2	控制进水水质及调整反洗	加强澄清过滤工作，确保软化床进口水浊度合格。控制合适的反洗强度和反洗时间	20	检查处理漏项，每项扣10分				
3	调整再生参数	调整试验，控制合适的盐耗和最佳的再生液浓度	40	检查处理漏项，每项扣15分				
				再生参数调整不当，每项扣10分				
4	提高再生剂质量	使用较高质量的再生剂或去除盐液中杂质	15	检查处理漏项扣15分				
5	修理再生液分配装置	检查再生液分配装置，损坏的检修处理	10	检查处理漏项扣10分				
6	处理中毒树脂	离子交换树脂受铁、铝中毒，用稀盐酸处理	10	检查处理漏项扣10分				
7	安全及其他	按国家法规或企业规定		违规一次总分扣2分；严重违规停止操作			—	
		在规定时间内完成操作		每超时1min总分扣3分，超时3min停止操作			—	
		合　计	100					

试题32：软化水硬度突然增大的处理

（考核时间：20min）

序号	考核内容	考核要点	配分	评分标准	检测结果	扣分	得分	备注
1	准备工作	穿戴劳保用品	5	未穿戴整齐扣5分				

续表

序号	考核内容	考核要点	配分	评分标准	检测结果	扣分	得分	备注
2	检查运行软化床阀门	检查运行软化床反洗进水阀，若误开则关闭；若渗漏则加关或检修阀门	25	检查漏项扣25分				
				处理漏项，每项扣10分				
		检查运行软化床进盐液阀，若误开则关闭；若渗漏则加关或检修阀门	25	检查漏项扣25分				
				处理漏项，每项扣10分				
3	检查再生软化床阀门	检查再生软化床出口阀，若误开则关闭；若渗漏则加关或检修阀门	25	检查漏项扣25分				
				处理漏项，每项扣10分				
4	分析运行软化床出水	经检查分析，确系运行软化床突然失效的，切换备用床	20	检查漏项扣20分				
				处理漏项，每项扣10分				
5	安全及其他	按国家法规或企业规定		违规一次总分扣2分；严重违规停止操作			—	
		在规定时间内完成操作		每超时1min总分扣3分，超时3min停止操作			—	
		合　计	100					

试题33：压力式过滤器周期制水量减少的处理

（考核时间：20min）

序号	考核内容	考核要点	配分	评分标准	检测结果	扣分	得分	备注
1	准备工作	穿戴劳保用品	5	未穿戴整齐扣5分				
2	控制进水水质	加强过滤器进口水水质分析和澄清工作，确保过滤器进口水质量	30	检查处理漏项，每项扣15分				
3	调整反洗	增大反洗强度或延长反洗时间	15	检查处理漏项，每项扣10分				
		若反洗周期过长，适当缩短反洗周期	15	检查处理漏项扣15分				
4	检查滤料层并进行处理	若滤料与悬浮物结块，加强反洗至正常，结块严重可检修处理	15	检查处理漏项，每项扣10分				
		滤层高度过低的，补充滤料至正常高度	10	检查处理漏项扣10分				
5	修理配水装置	检查配水装置和排水装置，损坏的检修处理	10	检查处理漏项，每项扣5分				
6	安全及其他	按国家法规或企业规定		违规一次总分扣2分；严重违规停止操作			—	
		在规定时间内完成操作		每超时1min总分扣3分，超时3min停止操作			—	
		合　计	100					

试题34：鼓风除碳器除碳效率低的处理

（考核时间：25min）

序号	考核内容	考核要点	配分	评分标准	检测结果	扣分	得分	备注
1	准备工作	穿戴劳保用品	5	未穿戴整齐扣5分				
2	检查风机转向	检查风机旋转方向，若反转，由电气人员倒换接线	15	未检查扣15分				
				不清楚处理方法扣10分				
3	清理排气口	检查排气口，若有杂物，清理、疏通排气口	10	未检查扣10分				
				不清楚处理方法扣5分				
4	调整运行流量	调整运行流量在额定范围内	20	未检查扣20分				
				不清楚额定流量扣10分				
5	调整填料高度	检查填料高度，清除破碎填料，减少或补足填料	15	检查处理漏项扣15分				
6	检修风机	风机有缺陷，风压、风量不足的，检修或更换风机	15	检查处理漏项扣15分				
7	检修多孔板	多孔板堵塞或孔板流通面积不够的，检修处理	10	检查处理漏项扣10分				
8	检修进水装置	进水装置损坏，配水不均匀的，检修处理	10	检查处理漏项扣10分				
9	安全及其他	按国家法规或企业规定		违规一次总分扣2分；严重违规停止操作			—	
		在规定时间内完成操作		每超时1min总分扣3分，超时3min停止操作			—	
		合　计	100					

试题35：绘制固定式阳离子交换器流程图

（考核时间：30min）

序号	考核内容	考核要点	配分	评分标准	检测结果	扣分	得分	备注
1	准备工作	工具、用具准备	5	未自带工具扣5分				
2	图形绘制	图纸幅面选择正确	5	图纸幅面选择错误扣5分				
		绘图比例准确	5	绘图比例错误扣5分				
		图面布置完好	5	图面布置不匀称、美观扣5分				
		离子交换器工艺流程走向正确，排布合理，符合实际情况，各附件位置正确	30	工艺流程排布不合理扣5分				
				流程连接画错一处扣2分				
				漏画一处扣3分				
				画错一处扣3分				

续表

序号	考核内容	考核要点	配分	评分标准	检测结果	扣分	得分	备注
3	绘图标注	各附件、阀门标注符合要求	15	附件标注错误一处扣2分				
				阀门标注错误一处扣2分				
		交换器进出管线标注正确，符合要求	15	管路流程线上缺介质流向、来源或去向一处扣2分				
				管径标注错误一处扣2分				
4	图例	图例要求完整	10	缺图例扣10分				
				图例错一处扣2分				
5	标题栏	标题栏要求完整	5	缺标题栏扣5分				
				标题栏错一处扣2分				
6	卷面情况	绘图卷面清晰、整洁	5	卷面不整洁扣5分				
7	安全及其他	按国家法规或企业规定		违规一次总分扣2分；严重违规停止操作			—	
		在规定时间内完成操作		每超时1min总分扣3分，超时3min停止操作			—	
合计			100					

试题36：绘制除盐水处理系统流程图

（考核时间：30min）

序号	考核内容	考核要点	配分	评分标准	检测结果	扣分	得分	备注
1	准备工作	工具、用具准备	5	未自带工具扣5分				
2	图形绘制	图纸幅面选择正确	5	图纸幅面选择错误扣5分				
		绘图比例准确	5	绘图比例错误扣5分				
		图面布置完好	5	图面布置不匀称、不美观扣5分				
		除盐水处理系统工艺流程走向正确，排布合理，构筑物排布符合实际情况，设备位置准确并整齐	30	工艺流程排布不合理扣5分				
				流程连接画错一处扣2分				
				漏画设备或构筑物一处扣3分				
				设备或构筑物画错一处扣3分				
3	绘图标注	除盐水系统构筑物、设备的标注符合要求	15	设备位号和名称标注错一处扣2分				
				构筑物标注错误一处扣2分				
		管线标注符合要求	15	管路流程线上缺介质流向、来源或去向一处扣2分				
				管径标注错误一处扣2分				
4	图例	图例要求完整	10	缺图例扣10分				
				图例错一处扣2分				

续表

序号	考核内容	考核要点	配分	评分标准	检测结果	扣分	得分	备注
5	标题栏	标题栏要求完整	5	缺标题栏扣5分				
				标题栏错一处扣2分				
6	卷面情况	绘图卷面清晰、整洁	5	卷面不整洁扣5分				
7	安全及其他	按国家法规或企业规定		违规一次总分扣2分；严重违规停止操作			—	
		在规定时间内完成操作		每超时1min总分扣3分，超时3min停止操作			—	
合　计			100					

第三部分

高级工

一、理论知识鉴定要素细目表

行业通用理论知识鉴定要素细目表

鉴定范围						鉴定点		
一级		二级		三级		代码	名称	重要程度
代码	名称	代码	名称	代码	名称			
A	基本要求	B	基础知识	A	记录填写基础知识	001	班组交接记录的填写要求	X
						002	班组安全活动记录填写要求	X
				B	识图基础知识	001	剖视图知识	X
						002	断面图知识	X
						003	化工设备图表示方法	X
						004	零件图的内容	X
				C	安全环保基础知识	001	清洁生产审计的程序	X
						002	HSE 管理体系文件架构	X
						003	ISO 14001 环境管理体系的组成要素	X
						004	ISO 14000 系列标准的指导思想	X
						005	ISO 14001 环境管理体系的运行模式	X
						006	防尘防毒的技术措施	X
						007	防尘防毒的管理措施	X
						008	国家劳动安全卫生管理体制职责划分的内容	X
						009	ISO 14001 环境管理体系建立的步骤	X
						010	HSE 危害辨识	X
						011	HSE 风险评价的概念	X
						012	HSE 风险评价的目的	X
				D	质量基础知识	001	不合格品的处置途径	X
						002	ISO 9001 族标准质量管理审核的特点	X
						003	ISO 9000 族标准第一、第二、第三方审核的区别	X
						004	质量统计直方图	X
						005	质量统计排列图	X
						006	质量统计因果图	X
						007	质量统计控制图	X
						008	不良产品的分级	X
				E	计算机基础知识	001	Word 绘图	X
						002	Excel 公式与函数的运用	X
						003	Excel 数据的简单分析与管理	X
						004	Excel 简单的图表处理	X

续表

鉴定范围						鉴定点		
一级		二级		三级		代码	名称	重要程度
代码	名称	代码	名称	代码	名称			
B	相关知识	E	管理知识	A	生产管理	001	班组的管理	X
						002	班组的成本核算	X
				B	编写技术文件	001	总结的格式	X
						002	报告的格式	X
						003	请示的格式	X

工种理论知识鉴定要素细目表

鉴定范围						鉴定点		
一级		二级		三级		代码	名称	重要程度
代码	名称	代码	名称	代码	名称			
A	基本要求	B	基础知识	G	石油化工基本常识	001	原油预处理的工艺特点	Y
						002	原油常减压蒸馏的工艺特点	Y
						003	催化裂化的工艺特点	Z
						004	催化重整的工艺特点	Z
				H	化学基础知识	001	中和反应的特点	X
						002	置换反应的特点	X
						003	分子间作用力的特点	Y
						004	化学键的特点	Y
						005	金属的性质	X
						006	有机化合物的特点	X
						007	有机化合物的分类	Y
						008	基础化学的相关计算	X
				I	水力学基础知识	001	恒定流的概念	X
						002	流体运动的能量方程式	X
						003	水头损失的类型	X
						004	流体运动的连续性方程式	X
				J	机械设备基础知识	001	滑动轴承的特点	Y
						002	滑动轴承的工作原理	Z
						003	滚动轴承的特点	Y
						004	滚动轴承的工作原理	Z
						005	法兰压力等级含义	Z
						006	管道检修的验收标准	Y
						007	泵检修的验收标准	X

续表

鉴定范围						鉴定点		
一级		二级		三级		代码	名称	重要程度
代码	名称	代码	名称	代码	名称			
						008	电化学腐蚀的概念	Y
						009	防腐的常用方法	Z
						010	离心泵联合工作的特点	X
				K	电气基础知识	001	闭合电路欧姆定律	X
						002	交流电路的参数分析	Y
						003	混联电路的相关分析	X
						004	三相交流电的概念	X
						005	异步电动机的工作特点	X
						006	用电设备防爆等级的常识	Z
						007	装置用电设备的防护	Y
				L	仪表基础知识	001	比值控制系统的特点	Y
						002	均匀控制系统的特点	Y
						003	前馈控制系统的特点	X
						004	调节阀故障的判断	Y
						005	控制回路的正反作用判断	Y
						006	自力式控制阀工作原理	Z
				M	计量基础知识	001	法定计量单位使用的注意事项	Y
						002	误差的概念	X
						003	计量误差的来源	Y
						004	系统误差的特点	X
						005	消除误差的方法	Y
B	相关知识（通用模块）	A	工艺操作	A	供水系统基本知识	001	地表水取水构筑物的类型	X
						002	地表水取水构筑物的特点	X
						003	给水水源的选择原则	Y
						004	给水水源的保护	X
						005	管网及输水管定线	Z
						006	环状网平差理论的概念	Y
						007	原料用水的水质要求	X
						008	产品工艺用水的水质要求	X
						009	纯水的水质要求	X
						010	给水系统四种最不利工况时用水量特点	X
						011	冷却用水的水质要求	X

续表

鉴定范围						鉴定点		
一级		二级		三级		代码	名称	重要程度
代码	名称	代码	名称	代码	名称			
				B	工业用水预处理知识	001	高浊度水的处理工艺	Y
						002	双层滤池的特点	X
						003	“反粒度”过滤的概念	X
				C	水泵及泵站基础理论知识	001	泵站的管理要点	Y
						002	离心泵的变速调节	X
						003	离心泵的变角调节	X
						004	泵房的能量传递过程	X
						005	水泵能量损失的构成	X
						006	停泵水锤的防护措施	X
						007	轴流泵的性能特性曲线特点	Y
						008	混流泵的性能特性曲线特点	Y
						009	水泵机组调速的途径	X
						010	液力耦合器调速的原理	X
						011	交流电动机调速原理	X
						012	交流电动机调速方法	X
						013	气升泵的工作原理	Z
		B	设备使用与维护	A	使用设备	001	三相异步电机的结构	X
						002	使用摇表测量绝缘电阻的注意事项	X
						003	压力表的主要技术要素	Z
						004	压力容器的安全附件	Y
						005	离心水泵检修后的验收标准	X
				B	维护设备	001	管网运行管理的要求	Y
						002	藻类和浮游生物的控制方法	X
						003	水处理中常见的藻类及浮游生物	X
		C	绘图与计算	A	绘图	001	基本体的分类	Y
						002	基本体的投影特点	X
						003	轴测图的概念	X
						004	轴测图与正投影图的区别	Y
						005	轴测投影的基本性质	Y
						006	正等轴测图的特点	Z
						007	斜二等轴测图的特点	Z

续表

鉴定范围						鉴定点		
一级		二级		三级		代码	名称	重要程度
代码	名称	代码	名称	代码	名称			
				B	计算	001	比例律的应用计算	X
						002	比转数的计算	X
						003	伯努利方程的应用计算	X
						004	速度梯度的计算	Y
						005	水力半径的计算	Y
						006	管路的相关计算	X
						007	设计水量的计算	X
						008	滤料孔隙率的计算	Z
						009	树脂装填量的计算	Y
						010	泥渣容量的计算	Y
						011	酸碱浓度的计算	X
						012	交换容量的计算	X
C	相关知识（净水处理模块）	A	工艺操作	A	原辅材料基础知识	001	常用滤料和承托层的级配参数	Y
						002	多层滤料过滤的特点	Y
						003	影响混凝剂作用的因素	Y
						004	臭氧的物理化学性质	X
						005	水处理用聚合氯化铝的质量标准要求	X
						006	工业用液氯质量标准要求	Z
						007	工业用液氨质量标准要求	Z
						008	粉末活性炭的投加方式	X
				B	水处理专业知识	001	理想沉淀池的特征	Y
						002	浅层沉淀理论	X
						003	悬浮杂质去除率的概念	X
						004	双层滤料的工作特点	X
						005	上向流过滤的特点	X
						006	速度梯度的概念	X
						007	混合过程的水力条件	X
						008	反应过程的水力条件	X
						009	斜管沉淀池的水力条件	X
						010	等速过滤的工艺特点	X
						011	变速过滤的工艺特点	X
						012	冲洗强度的测定手段	Y
						013	过滤水头损失的变化特点	X
						014	活性炭过滤器的过滤原理	X

续表

鉴定范围						鉴定点		
一级		二级		三级		代码	名　称	重要程度
代码	名　称	代码	名　称	代码	名　称			
						015	反冲洗废水排放要求	X
						016	V形滤池的运行参数	Y
						017	活性炭吸附等温线的概念	Y
						018	粉末活性炭除臭除味的原理	Y
						019	滤料层截留杂质的特点	X
		B	设备使用与维护	A	使用设备	001	管井的构造	Y
						002	深井泵的性能特点	Y
						003	容积式水泵的工作特点	Y
						004	V形滤池工作特点	X
						005	渗渠的特点	Z
						006	气浮池的特点	Z
				B	维护设备	001	承托层的规格要求	X
						002	滤料铺设要求	Y
						003	滤料的清洗方法	Y
						004	活性炭的再生方法	Y
		C	事故判断与处理	A	判断事故	001	转子加氯机进水的判断	X
						002	快滤池滤料含泥量增加的原因	X
						003	快滤池的负水头与气阻现象	X
						004	影响V形滤池出水水质的因素	Y
				B	处理事故	001	快滤池反冲洗跑砂的处理	X
						002	加氯系统漏氯的查找方法	X
						003	加氯系统漏氯的处理	X
						004	快滤池滤料含泥量增加的处理	X
						005	快滤池的负水头与气阻现象的处理措施	X
D	相关知识（软化除盐处理模块）	A	工艺操作	A	原辅材料基础知识	001	离子交换树脂的水力学性能	X
						002	强碱树脂的交换特性	X
						003	弱碱树脂的交换特性	X
						004	强酸性苯乙烯系阳离子交换树脂的物理化学性能	X
						005	强碱性季铵Ⅰ型阴离子交换树脂的物理化学性能	X
						006	强碱Ⅰ、Ⅱ型离子交换树脂的特点	X
						007	弱酸、弱碱离子交换树脂的特性及应用范围	X
						008	离子交换树脂变质的概念	X

续表

鉴定范围						鉴定点		
一级		二级		三级		代码	名称	重要程度
代码	名称	代码	名称	代码	名称			
						009	离子交换树脂污染的概念	X
						010	新阳树脂使用前的预处理	X
						011	新阴树脂使用前的预处理	X
						012	再生剂的选择原则	Y
						013	再生剂纯度的控制要求	Y
						014	再生剂储存要求	Y
				B	软化除盐处理专业知识	001	活性炭的再生方法	X
						002	水的药剂软化法的原理	X
						003	硬水软化的离子交换反应特点	X
						004	除盐系统对进水水质的要求	X
						005	软化与除盐的区别	X
						006	分流再生固定床的工作特点	X
						007	浮动床的分类及其特点	X
						008	运行式浮动床的工作过程	X
						009	提升床式浮动床的工作特点	X
						010	移动床的特点及分类	X
						011	移动床的工作过程	X
						012	混合床的工作过程	X
						013	双层床的工作特点	X
						014	离子交换水处理设备的自动控制要求	X
						015	流动床与移动床的区别	X
						016	除碳器的设置原则	X
						017	离子交换的选择性特点	X
						018	复床除盐的方式及特点	X
						019	化学除盐的出水水质控制要素及其含义	X
						020	中和处理系统的控制要求	X
						021	再生剂系统的类型	X
						022	分步再生的特点	X
						023	给水除氧的目的及其方法	X
						024	淋水盘式热力除氧器的除氧特点	Y
						025	锅炉给水 pH 值的调节目的及方法	Y
						026	热力除氧的分类及其特点	Y
						027	热力除氧的工作原理	Y
						028	膜法除盐水处理的特点	X

续表

鉴定范围						鉴定点		
一级		二级		三级		代码	名　称	重要程度
代码	名　称	代码	名　称	代码	名　称			
		B	设备使用与维护	A	使用设备	001	分流再生固定床的构造特点	X
						002	运行式浮动床的构造特点	X
						003	脉冲澄清池的处理特点	Y
						004	水力循环澄清池的构造	X
						005	浮动床的工艺特点	X
						006	移动床处理的特点	X
						007	无压式流动床的设备构成	X
						008	逆流床在运行时的注意事项	X
						009	阳离子交换器的结构	X
						010	阴离子交换器的结构	X
						011	混合床装置及再生方式	X
						012	混凝过滤的处理特点	Y
						013	离子交换膜的特点	Z
				B	维护设备	001	离子交换树脂的结构特点	X
						002	除碳器多面空心球填料的特点	Y
						003	离子交换软化再生系统的特点	X
						004	延长离子交换树脂寿命的措施	Y
		C	事故判断与处理	A	判断事故	001	离子交换软化床出现“偏流”的原因	X
						002	离子交换树脂的变质	X
						003	混床阴阳树脂反洗分层不明显的原因	X
						004	阳床再生后钠离子降不下来的原因	X
						005	阴床运行中导电度与碱度过大的原因	X
						006	离子交换树脂的铁污染	X
						007	离子交换树脂的油污染	X
						008	离子交换树脂的有机物污染	X
				B	处理事故	001	离子交换树脂的复苏处理	X
						002	阳床再生后钠离子降不下来的处理方法	X
						003	阴床运行中导电度与碱度过大的处理措施	Y
						004	混床阴阳树脂反洗分层不明显的处理方法	X
						005	离子交换软化床出现“偏流”的处理方法	X
						006	防止离子交换树脂变质的方法	X

二、理论知识试题

行业通用理论知识试题

判断题

1. 班组交接班记录必须凭旧换新。 (√)

2. 车间主要领导参加班组安全日活动每月不少于2次。 (×)

正确答案：车间主要领导参加班组安全日活动每月不少于3次。

3. 在剖视图中，零件后部看不见的轮廓线、虚线一律省略不画。 (×)

正确答案：在剖视图中，零件后部看不见的轮廓线、虚线一般省略不画，只有对尚未表达清楚的结构，才用虚线画出。

4. 剖面图是剖视图的一种特殊视图。 (×)

正确答案：剖面图是零件上剖切处断面的投影，而剖视图是剖切后零件的投影。

5. 化工设备图的视图布置灵活，俯(左)视图可以配置在图面任何地方，但必须注明“俯(左)视图”的字样。 (√)

6. 化工设备图中的零件图与装配图一定分别画在不同的图纸上。 (×)

正确答案：化工设备图中的零件图可与装配图画在同张图纸上。

7. 零件图不需要技术要求，在装配图表述。 (×)

正确答案：零件图一般需要技术要求。

8. 零件图用视图、剖视图、剖面图及其他各种表达方法，正确、完整、清晰地表达零件的各部分形状和结构。 (√)

9. ISO 14000系列标准对管理标准的一个重大改进，就是建立了一套对组织环境行为的评价体系，这便是环境行为评价标准。 (√)

10. 环境管理体系的运行模式，遵守由查理斯·德明提供的规划策划(PLAN)、实施(DO)、验证(CHECK)和改进(ACTION)运行模式可简称PDCA模式。 (√)

11. 环境管理体系的运行模式与其他管理的运行模式相似，共同遵循PDCA运行模式，没有区别。 (×)

正确答案：环境管理体系的运行模式与其他管理的运行模式相似，除了共同遵循PDCA运行模式外，它还有自身的特点，那就是持续改进，也就是说它的环线是永远不能闭合的。

12. 采取隔离操作，实现微机控制，不属于防尘防毒的技术措施。 (×)

正确答案：采取隔离操作，实现微机控制是防尘防毒的技术措施之一。

13. 严格执行设备维护检修责任制，消除“跑冒滴漏”是防尘防毒的技术措施。 (×)

正确答案：严格执行设备维护检修责任制，消除“跑冒滴漏”是防尘防毒的管理措施。

14. 在ISO 14001环境管理体系中，初始环境评审是建立环境管理体系的基础。 (√)

15. 在HSE管理体系中，定量评价指不对风险进行量化处理，只用发生的可能性等级和后果的严重度等级进行相对比较。 (×)

正确答案：在HSE管理体系中，定性评价指不对风险进行量化处理，只用发生的可能性等级和后果的严重度等级进行相对比较。

16. HSE管理体系规定，在生产日常运行中各种操作、开停工、检维修作业、进行基建

及变更等活动前，均应进行风险评价。（√）

17. 对某项产品返工后仍需重新进行检查。（√）

18. ISO 9000 族标准中，质量审核是保证各部门持续改进工作的一项重要活动。（√）

19. ISO 9000 族标准的三种审核类型中，第三方审核的客观程度最高，具有更强的可信度。（√）

20. 平顶形直方图的形成由单向公差要求或加工习惯等引起。（×）

正确答案：平顶形直方图的形成往往因生产过程有缓慢因素作用引起。

21. 质量统计排列图分析是质量成本分析的方法之一。（√）

22. 质量统计因果图的作用是为了确定“关键的少数”。（×）

正确答案：质量统计排列图的作用是为了确定“关键的少数”。

23. 质量统计控制图上出现异常点时，才表示有不良品发生。（×）

正确答案：不一定。在质量统计控制图上，即使点子都在控制线内，但排列有缺陷，也要判做异常。

24. 国际上通用的产品不良项分级共分三级。（×）

正确答案：国际上通用的产品不良项分级共分四级。

25. 在计算机应用软件 Word 中插入的文本框不允许在文字的上方或下方。（×）

正确答案：Word 中插入的文本框通过设置文本框格式当中的版式允许在文字的上方或下方。

26. 在计算机应用软件 Word 中绘制图形要求两个图形能准确对齐可通过调整绘图网格的水平、垂直间距来实现。（√）

27. 在计算机应用软件 Excel 中“COUNTIF(　　)”函数的作用是计算某区域满足条件的单元格数。（√）

28. Excel 数据表中汉字排序一般是按拼音顺序排序，但也可以按笔画排序。（√）

29. Excel 数据表中分类汇总的选项包括分类字段、汇总方式两方面的内容。（×）

正确答案：Excel 数据表中分类汇总的选项包括分类字段、汇总方式多方面的内容。

30. Excel 数据表中修改图表中的数据标志是通过图表区格式选项中的数据标志选项实现的。（×）

正确答案：Excel 数据表中修改图表中的数据标志是通过数据系列格式选项中的数据标志选项实现的。

31. 班组建设不同于班组管理，班组建设是一个大概念，班组管理从属于班组建设。（√）

32. 一般来说，班组的成本核算是全面的统计核算、业务核算和会计核算。（×）

正确答案：一般来说，班组的成本核算是局部核算和群众核算。

33. 总结的基本特点是汇报性和陈述性。（×）

正确答案：总结的基本特点是回顾过去，评估得失，指导将来。

34. 报告的目的在于把已经实践过的事情上升到理论认识，指导以后的实践，或用来交流，加以推广。（×）

正确答案：报告的主要目的是下情上达，向上级汇报工作、反映情况、提出意见和建议。

35. 为了减少发文，可以把若干问题归纳起来向上级写综合请示，但不能多方

请示。（×）

正确答案：要坚持“一文一事”的原则，切忌“一文数事”使上级机关无法审批。

单选题

1. 班组交接班记录填写时，一般要求使用的字体是（ B ）。

A. 宋体　B. 仿宋　C. 正楷　D. 隶书

2. 下列选项中不属于班组安全活动的内容是（ A ）。

A. 对外来施工人员进行安全教育

B. 学习安全文件、安全通报

C. 安全讲座、分析典型事故，吸取事故教训

D. 开展安全技术座谈、消防、气防实地救护训练

3. 安全日活动常白班每周不少于（ D ）次，每次不少于 1h。

A.4　B.3　C.2　D.1

4. 物体结构形状愈复杂，虚线就愈多，为此，对物体上不可见的内部结构形状采用（ C ）来表示。

A. 旋转视图　B. 局部视图　C. 全剖视图　D. 端面图

5. 单独将一部分的结构形状向基本投影面投影需要用（ B ）来表示。

A. 旋转视图　B. 局部视图　C. 全剖视图　D. 端面图

6. 用剖切平面把物体完全剖开后所得到的剖视图称为（ D ）。

A. 局部剖视图　B. 局部视图　C. 半剖视图　D. 全剖视图

7. 画在视图外的剖面图称为（ A ）剖面图。

A. 移出　B. 重合　C. 局部放大　D. 局部

8. 重合在视图内的剖面图称为（ B ）剖面图。

A. 移出　B. 重合　C. 局部放大　D. 局部

9. 化工设备图中，表示点焊的焊接焊缝是（ A ）。

A.○　B.∪　C.△　D.◿

10. 下列选项中，不属于零件图内容的是（ D ）。

A. 零件尺寸　B. 技术要求　C. 标题栏　D. 零件序号表

11. 在 HSE 管理体系中，（ C ）是管理手册的支持性文件，上接管理手册，是管理手册规定的具体展开。

A. 作业文件　B. 作业指导书　C. 程序文件　D. 管理规定

12. ISO 14001 环境管理体系共由（ B ）个要素所组成。

A.18　B.17　C.16　D.15

13. ISO 14000 系列标准的指导思想是（ D ）。

A. 污染预防　B. 持续改进

C. 末端治理　D. 污染预防，持续改进

14. 不属于防尘防毒技术措施的是（ C ）。

A. 改革工艺　B. 湿法除尘　C. 安全技术教育　D. 通风净化

15. 防尘防毒治理设施要与主体工程（ A ）、同时施工、同时投产。

A. 同时设计　B. 同时引进　C. 同时检修　D. 同时受益

16. 在 HSE 管理体系中，物的不安全状态是指使事故(B)发生的不安全条件或物质条件。

A. 不可能 B. 可能 C. 必然 D. 必要

17. 在 HSE 管理体系中，风险指发生特定危害事件的(C)性以及发生事件结果严重性的结合。

A. 必要 B. 严重 C. 可能 D. 必然

18. 在(B)情况下不能对不合格品采取让步或放行。

A. 有关的授权人员批准 B. 法律不允许

C. 顾客批准 D. 企业批准

19. 不合格品控制的目的是(C)。

A. 让顾客满意 B. 减少质量损失

C. 防止不合格品的非预期使用 D. 提高产品质量

20. 在 ISO 9001 族标准中，内部审核是(D)。

A. 内部质量管理体系审核

B. 内部产品质量审核

C. 内部过程质量审核

D. 内部质量管理体系、产品质量、过程质量的审核

21. 在 ISO 9001 族标准中，第三方质量管理体系审核的目的是(C)。

A. 发现尽可能多的不符合项

B. 建立互利的供方关系

C. 证实组织的质量管理体系符合已确定准则的要求

D. 评估产品质量的符合性

22. ISO 9000 族标准规定，(C)属于第三方审核。

A. 顾客进行的审核 B. 总公司对其下属公司组织的审核

C. 认证机构进行的审核 D. 对协作厂进行的审核

23. 在 ISO 9000 族标准中，组织对供方的审核是(D)。

A. 第一方审核 B. 第一、第二、第三方审核

C. 第三方审核 D. 第二方审核

24. 数据分组过多或测量读数错误而形成的质量统计直方图形状为(A)形。

A. 锯齿 B. 平顶 C. 孤岛 D. 偏峰

25. 把不同材料、不同加工者、不同操作方法、不同设备生产的两批产品混在一起时，质量统计直方图形状为(D)形。

A. 偏向 B. 孤岛 C. 对称 D. 双峰

26. 在质量管理过程中，以下哪个常用工具可用于明确“关键的少数”(A)。

A. 排列图 B. 因果图 C. 直方图 D. 调查表

27. 质量统计图中，图形形状像“鱼刺”的图是(D)图。

A. 排列 B. 控制 C. 直方 D. 因果

28. 在质量统计控制图中，若某个点超出了控制界限，就说明工序处于(D)。

A. 波动状态 B. 异常状态

C. 正常状态 D. 异常状态的可能性大

29. 质量统计控制图的上、下控制限可以用来(B)。

A. 判断产品是否合格　　B. 判断过程是否稳定

C. 判断过程能力是否满足技术要求　　D. 判断过程中心与技术中心是否发生偏移

30. 产品的不良项分级分为 A、B、C、D 四级，A 级不良项是指产品的(C)不良项。

A. 轻微　　B. 一般　　C. 致命　　D. 严重

31. 产品的不良项分级分为 A、B、C、D 四级，C 级不良项是指产品的(B)不良项。

A. 轻微　　B. 一般　　C. 致命　　D. 严重

32. 在计算机应用软件 Word 中插入的图片(A)。

A. 可以嵌入到文本段落中

B. 图片的位置可以改变，但大小不能改变

C. 文档中的图片只能显示，无法用打印机打印输出

D. 不能自行绘制，只能从 Office 的剪辑库中插入

33. 在 Excel97 工作表中，单元格 C4 中有公式"= A3 + $ C $ 5"，在第 3 行之前插入一行之后，单元格 C5 中的公式为(A)。

A. = A4 + $ C $ 6　　B. = A4 + $ C $ 5

C. = A3 + $ C $ 6　　D. = A3 + $ C $ 5

34. [A↓Z]图中所指的按钮是(B)。

A. 降序按钮　　B. 升序按钮　　C. 插入字母表　　D. 删除字母表

35. 建立图表的方法是从(C)菜单里点击图表。

A. 编辑　　B. 视图　　C. 插入　　D. 工具

36. 班组管理是在企业整个生产活动中，由(D)进行的管理活动。

A. 职工自我　　B. 企业　　C. 车间　　D. 班组自身

37. 属于班组经济核算主要项目的是(C)。

A. 设备完好率　　B. 安全生产　　C. 能耗　　D. 环保中的三废处理

多选题

1. 属于班组交接班记录的内容是(A，B，C)。

A. 生产运行　　B. 设备运行　　C. 出勤情况　　D. 安全学习

2. 下列属于班组安全活动的内容是(B，C，D)。

A. 对外来施工人员进行安全教育

B. 学习安全文件、安全通报

C. 安全讲座、分析典型事故，吸取事故教训

D. 开展安全技术座谈，消防、气防实地救护训练

3. 化工设备装配图中，螺栓连接可简化画图，其中所用的符号可以是(C，D)。

A. 细实线 +　　B. 细实线 ×　　C. 粗实线 +　　D. 粗实线 ×

4. 下列选项中，属于零件图内容的是(A，C)。

A. 零件尺寸　　B. 零件的明细栏　　C. 技术要求　　D. 零件序号表

5. 清洁生产审计有一套完整的程序，是企业实行清洁生产的核心，其中包括以下(B，C，D)阶段。

A. 确定实施方案　　B. 方案产生和筛选　　C. 可行性分析　　D. 方案实施

6.HSE 体系文件主要包括(A，B，C)。

A. 管理手册　B. 程序文件　C. 作业文件　D. 法律法规

7. 下列叙述中，属于生产中防尘防毒技术措施的是(A，B，C，D)。

A. 改革生产工艺　B. 采用新材料新设备

C. 车间内通风净化　D. 湿法除尘

8. 下列叙述中，不属于生产中防尘防毒的管理措施的有(A，B)。

A. 采取隔离法操作,实现生产的微机控制　B. 湿法除尘

C. 严格执行安全生产责任制　D. 严格执行安全技术教育制度

9. 我国在劳动安全卫生管理上实行“(A，B，C，D)”的体制。

A. 企业负责　B. 行业管理　C. 国家监察　D. 群众监督

10. 在 HSE 管理体系中，危害识别的状态是(A，B，C)。

A. 正常状态　B. 异常状态　C. 紧急状态　D. 事故状态

11. 在 HSE 管理体系中，可承受风险是根据企业的(A，B)，企业可接受的风险。

A. 法律义务　B.HSE 方针　C. 承受能力　D. 心理状态

12. 在 HSE 管理体系中，风险控制措施选择的原则是(A，B)。

A. 可行性　B. 先进性、安全性

C. 经济合理　D. 技术保证和服务

13. 对于在产品交付给顾客及产品投入使用时才发现不合格产品，可采用以下方法处置(B，D)。

A. 一等品降为二等品　B. 调换

C. 向使用者或顾客道歉　D. 修理

14. 在 ISO 9000 族标准中，关于第一方审核说法正确的是(A，B，D)。

A. 第一方审核又称为内部审核

B. 第一方审核为组织提供了一种自我检查、自我完善的机制

C. 第一方审核也要由外部专业机构进行的审核

D. 第一方审核的目的是确保质量管理体系得到有效地实施

15. 质量统计排列图的作用是(A，B)。

A. 找出关键的少数　B. 识别进行质量改进的机会

C. 判断工序状态　D. 度量过程的稳定性

16. 质量统计因果图具有(C，D)特点。

A. 寻找原因时按照从小到大的顺序　B. 用于找到关键的少数

C. 是一种简单易行的科学分析方法　D. 集思广益，集中群众智慧

17. 质量统计控制图包括(B，C，D)。

A. 一个坐标系　B. 两条虚线　C. 一条中心实线　D. 两个坐标系

18. 产品不良项的内容包括(A，C，D)。

A. 对产品功能的影响　B. 对质量合格率的影响

C. 对外观的影响　D. 对包装质量的影响

19. 在计算机应用软件 Word 中页眉设置中可以实现的操作是(A，B，D)。

A. 在页眉中插入剪贴画　B. 建立奇偶页内容不同的页眉

C. 在页眉中插入分隔符　　D. 在页眉中插入日期

20. 在计算机应用软件 Excel 中单元格中的格式可以进行(A，B，C)等操作。

A. 复制　　B. 粘贴　　C. 删除　　D. 链接

21. 自动筛选可以实现的条件是(A，C，D)。

A. 自定义　　B. 数值　　C. 前 10 个　　D. 全部

22. 对于已生成的图表，说法正确的是(A，B，D)。

A. 可以改变图表格式　　B. 可以更新数据

C. 不能改变图表类型　　D. 可以移动位置

23. 班组的劳动管理包括(A，B，D)。

A. 班组的劳动纪律　　B. 班组的劳动保护管理

C. 对新工人进行"三级教育"　　D. 班组的考勤、考核管理

24. 班组生产技术管理的主要内容有(A，C，D)。

A. 定时查看各岗位的原始记录，分析判断生产是否处于正常状态

B. 对计划完成情况进行统计公布并进行分析讲评

C. 指挥岗位或系统的开停车

D. 建立指标管理账

25. 在班组经济核算中，从项目的主次关系上看，属于主要项目的有(A，C，D)指标。

A. 产量　　B. 安全生产　　C. 质量　　D. 工时

26. 总结与报告的主要区别是(A，C，D)不同。

A. 人称　　B. 文体　　C. 目的　　D. 要求

27. 报告与请示的区别在于(A，B，C，D)不同。

A. 行文目的　　B. 行文时限　　C. 内容　　D. 结构

28. 请示的种类可分为(A，B，C，D)的请示。

A. 请求批准　　B. 请求指示　　C. 请求批转　　D. 请求裁决

简答题

1. 清洁生产审计有哪几个阶段？

答：①筹划与组织；②预评估；③评估；④方案产生和筛选；⑤可行性分析；⑥方案实施；⑦持续清洁生产。

2. ISO 14001 环境管理体系由哪些基本要素构成？

答：ISO 14001 环境管理体系由环境方针、规划、实施、测量和评价、评审和改进等五个基本要素构成。

3. 防尘防毒的主要措施是什么？

答：我国石化工业多年来治理尘毒的实践证明，在大多数情况下，靠单一的方法防尘治毒是行不通的，必须采取综合治理措施。即首先改革工艺设备和工艺操作方法，从根本上杜绝和减少有害物质的产生，在此基础上采取合理的通风措施，建立严格的检查管理制度，这样才能有效防止石化行业尘毒的危害。

4. 什么叫消除二次尘毒源？

答：对于因"跑冒滴漏"而散落地面的粉尘、固、液体有害物质要加强管理，及时清扫、冲洗地面，实现文明生产，叫消除二次尘毒源。

5. 什么是劳动安全卫生管理体制中的“行业管理”？

答：劳动安全卫生管理体制中的“行业管理”就是行业主管部门根据本行业的实际和特点切实提出本行业的劳动安全卫生管理的各项规章制度，并监督检查各企业的贯彻执行情况。

6. 简述 ISO 14001 环境管理体系建立的步骤。

答：一般而言，建立环境管理体系过程包括以下六大阶段：①领导决策与准备；②初始环境评审；③体系策划与设计；④环境管理体系文件编制；⑤体系运行；⑥内部审核及管理评审。

7. HSE 管理体系中危害识别的思路是什么？

答：①存在什么危害(伤害源)？②谁(什么)会受到伤害？③伤害怎样发生？

8. 什么是第一方审核？第二方审核？第三方审核？

答：第一方审核又称为内部审核，第二方审核和第三方审核统称为外部审核。①第一方审核指由组织的成员或其他人员以组织的名义进行的审核。这种审核为组织提供了一种自我检查、自我完善的机制。②第二方审核是在某种合同要求的情况下，由与组织有某种利益关系的相关方或由其他人员以相关方的名义实施的审核。这种审核旨在为组织的相关方提供信任的证据。③第三方审核是由独立于受审核方且不受其经济利益制约的第三方机构依据特定的审核准则，按规定的程序和方法对受审核方进行的审核。

9. 什么是排列图？

答：排列图又叫帕累托图，在质量管理中，排列图是用来寻找影响产品质量的主要问题，确定质量改进关键项目的图。

10. 控制图的主要用途是什么？

答：①分析用的控制图主要用于分析工艺过程的状态，看工序是否处于稳定状态；②管理用的控制图主要用于预防不合格品的产生。

11. 国际上通用的产品不良项分级分为几级？

答：国际上通用的产品不良项分级共分为：致命(A 级)、严重(B 级)、一般(C 级)、轻微(D 级)四级。

12. 班组在企业生产中的地位如何？

答：①班组是企业组织生产活动的基本单位；②班组是企业管理的基础和一切工作的立脚点；③班组是培养职工队伍，提高工人技能的课堂；④班组是社会主义精神文明建设的重要阵地。

13. 班组管理有哪些基本内容？

答：①建立和健全班组的各项管理制度；②编制和执行生产作业计划，开展班组核算；③班组的生产技术管理；④班组的质量管理；⑤班组的劳动管理；⑥班组的安全管理；⑦班组的环境卫生管理；⑧班组的思想政治工作。

14. 班组经济核算的基本原则和注意事项是什么？

答：班组经济核算应遵循“干什么、管什么、算什么”的原则，力求注意三个问题：①计算内容少而精；②分清主次；③方法简洁。

15. 总结的写作要求是什么？

答：①要新颖独特，不能报流水账；②要重点突出，找出规律，避免事无巨细面面俱到；③要实事求是，全面分析问题，从中找出经验教训；④要材料取舍得当；⑤要先叙后议或夹叙夹议。

16. 什么是报告？

答： 报告是下级机关向上级机关汇报工作、反映情况、提出意见或建议，答复上级机关的询问时使用的行文。

17. 请示的特点是什么？

答： 请示的最大特点是请求性。指本机关、本部门打算办理某件事情，而碍于无权自行决定，或者无力去做，或不知该不该办，必须请求上级机关批准、同意后方可办理。

工种理论知识试题

判断题

1. 由于原油中含有 $C_5 \sim C_{15}$烷烃、胶质和沥青等天然“乳化剂”，所以能够形成较稳定的油包水型乳化液。 (×)

正确答案： 由于原油中含有环烷酸、胶质和沥青等天然“乳化剂”，所以能够形成较稳定的油包水型乳化液。

2. 由于原油中大部分盐是溶解在水中的，所以在对原油脱水的同时也脱除了盐分。 (√)

3. 酸碱中和反应是一种复分解反应。 (√)

4. 分子间的作用力通常大于化学键力。 (×)

正确答案： 分子间的作用力远小于化学键力。

5. 以极性键相结合，分子空间构型是不对称的分子，叫做极性分子。 (√)

6. 人们通常按金属密度的大小将金属分类，把密度小于 $4.5g/cm^3$ 的金属叫做轻金属，密度大于该值的叫重金属。 (√)

7. 有机化合物分子中，碳原子与其他原子是以离子键相结合的。 (×)

正确答案： 有机化合物分子中，碳原子与其他原子是以共价键相结合的。

8. 互为同分异构体的有机物，其分子式相同，虽然结构不同，但它们的性质完全相同。 (×)

正确答案： 互为同分异构体的有机物，其分子式相同，而结构不同，因此它们的性质不同。

9. 流线就是液体质点运动时所走过的轨迹线。 (×)

正确答案： 迹线就是液体质点运动时所走过的轨迹线。

10. 伯努利方程式只能表达流体流动的基本规律，不能表达流体静止时的基本规律。 (×)

正确答案： 伯努利方程式能表达流体流动的基本规律，也能表达流体静止时的基本规律。

11. 流体为均匀流时，只有沿程水头损失，而无局部水头损失。 (√)

12. 在不可压缩液体恒定总流中，任意两个过水断面所通过的流量相等。 (√)

13. 在不可压缩液体恒定总流中，任意两个过水断面，其平均流速的大小与过水断面面积成正比。 (×)

正确答案： 在不可压缩液体恒定总流中，任意两个过水断面，其平均流速的大小与过水断面面积成反比。

14. 滑动轴承工作平稳性差，振动噪音较大，不能承受较大的冲击载荷。 (×)

正确答案：滑动轴承工作平稳，振动噪音较小，能承受较高的冲击载荷。

15. 滑动轴承的材料只能是金属，不能使用非金属。 （×）

正确答案：滑动轴承常用材料可分为金属和非金属材料两类，非金属材料常用于水作为润滑剂且比较脏污之处或者低载荷轴承上。

16. 内圈固定比外圈固定的滚动轴承在相同转速下，滚珠绕轴承轴线转动的回转数小。 （√）

17. 滚动轴承基本结构都是由内圈、外圈、滚动体、保持架等四个零件组成。 （√）

18. 法兰的尺寸是由法兰的公称压力和公称直径共同确定。 （√）

19. 根据腐蚀的电化学机理，电化学保护方法可以分为阴极保护和阳极保护两种。 （√）

20. 闭合电路的电流与电源电动势成正比，与整个电路的电阻成反比。 （√）

21. 异步电动机的转子转速总是低于定子旋转磁场转速。 （√）

22. 比值控制系统中至少有两种物料。 （√）

23. 均匀控制系统中，两个变量在控制过程中应该是恒定的。 （×）

正确答案：均匀控制系统中，两个变量在控制过程中应当是变化的，不是恒定的。

24. 静态前馈不仅考虑扰动补偿最终能使被控变量稳定的设定值，而且考虑补偿过程中偏差的大小和变化。 （×）

正确答案：静态前馈只考虑扰动补偿最终能使被控变量稳定的设定值，而不考虑补偿过程中偏差的大小和变化。

25. 调节器的正反作用和调节阀的正反作用意义相同。 （×）

正确答案：调节器的正反作用和调节阀的正反作用意义完全不同。

26. 自力式调节阀在工艺管线上安装反向对控制没有影响。 （×）

正确答案：自力式调节阀在工艺管线上安装不能反向，否则将无法控制。

27. 计量单位的名称或符号可以拆开使用，如 20℃可写成“摄氏 20 度”。 （×）

正确答案：根据我国的法定计量单位使用要求，单位的名称或符号必须作为一个整体使用，不得拆开，如 20℃应写成“20 摄氏度”。

28. 特殊条件下的测量结果是没有误差的。 （×）

正确答案：任何测量结果都含有误差。

29. 系统误差具有累加性，而随机误差具有抵偿性。 （√）

30. 在地表水源上游 1000m 以外，工业废水和生活污水可以直接排放。 （×）

正确答案：在地表水源上游 1000m 以外，工业废水和生活污水在经过相应处理符合国家规定的排放标准后可以排放。

31. 在水处理中，水中的含盐量越低，水的纯度越高。 （√）

32. 一般情况下，对循环冷却水水质的基本要求是水温低、变化小、水质稳定、不腐蚀设备、不结垢、不繁殖微生物。 （√）

33. 一般情况下，处理含沙量小于 40kg/m^3 的高浊度原水，宜选用混凝沉淀工艺，而省去自然沉淀预处理工艺，这样可以大大节省土建投资。 （√）

34. 异步电动机的调速性能较好，并且不从电网吸取无功功率。 （×）

正确答案：异步电动机的调速性能较差，并从电网吸取无功功率而使电网的功率因素降低。

35. 在水泵工作时，水功率是叶轮传给水的全部功率，即为水泵轴功率在克服机械损失后传给水的功率。 (√)

36. 自动复位下开式水锤消除器不能有效地消除二次水锤。 (×)

正确答案： 自动复位下开式水锤消除器由于采用了小孔延时方式，能有效地消除二次水锤。

37. 液力耦合器工作时，只要改变偶合器的充油量，就可以改变电动机的转速。 (×)

正确答案： 液力耦合器工作时，只要改变偶合器的充油量，就可在电动机转速恒定的情况下达到改变水泵转速的目的。

38. 异步电动机的励磁需要从交流电网中吸取无功功率，因此其功率因素总是小于1。 (√)

39. 变频调速中一般采取调压的办法来维持电动机气隙磁通基本不变。 (√)

40. 气升泵的喷嘴淹没深度是指地下水静水位至喷嘴的距离。 (×)

正确答案： 气升泵的喷嘴淹没深度是指井内地下水动水位至喷嘴的距离。

41. 异步电动机中鼠笼式转子的结构是在转子铁芯的槽内嵌置对称的三相绕组。 (×)

正确答案： 异步电动机中鼠笼式转子的结构通常是在转子铁芯的槽内压进铜条，铜条的两端分别焊接在两个端环上。

42. 在雷电时，严禁测量电气线路绝缘。 (√)

43. 弹簧式安全阀允许安装在移动设备上。 (√)

44. 离心泵机组检修后先进行试车前检查，合格后应在设计负荷下做带负荷试验。 (×)

正确答案： 离心泵机组检修后先进行试车前检查，合格后进行空转试验，最后在设计负荷下做带负荷试验。

45. 轴测投影是采用斜投影的方法，以单面投影的形式得到的一种图示方法。 (×)

正确答案： 轴测投影是采用正投影或斜投影的方法，以单面投影的形式得到的一种图示方法。

46. 轴测投影中，物体上凡是平行于坐标轴的直线，其变形系数与相应的轴向变形系数相同。 (√)

47. 空间两直线互相平行，则其轴测投影可能互相平行。 (×)

正确答案： 空间两直线互相平行，则其轴测投影一定互相平行。

48. 斜二等轴测图的正面形状能反映形体正面的真实形状。 (√)

单选题

1. 石油炼制中，原油脱盐脱水广泛采用(C)的方法。

A. 加热　　B. 加乳化剂
C. 加破乳剂和高压电场联合作用　　D. 蒸馏

2. 下列石油炼制方法中，(B)是原油的一次加工方法。

A. 催化　　B. 常减压蒸馏　　C. 加氢精制　　D. 延迟焦化

3. 蒸馏的依据是(A)。

A. 混合物各组分沸点不同　　B. 混合物各组分凝固点不同
C. 混合物各组分蒸气压不同　　D. 混合物各组分黏度不同

4. 石油炼制中，催化裂化的原料一般为(C)。

A. 低沸馏分油　　B. 中间馏分油　　C. 重质馏分油　　D. 渣油

5. 石油炼制中，催化重整的主要目的是生产(C)。

A. 烯烃　B. 环烷烃　C. 芳香烃　D. 烷烃

6. 目前芳烃抽提采用(D)从重整产物中分离芳烃。

A. 精馏法　B. 过滤法　C. 加热法　D. 萃取法

7. 石油炼制中，催化重整通常以(A)为原料。

A. 汽油馏分　B. 中间馏分　C. 重质馏分　D. 渣油

8. 范德华力是(B)的作用力。

A. 原子间　B. 分子间　C. 离子键　D. 共价键

9. 分子间的作用力的特点为(A)。

A. 它是一种吸引力　B. 具有饱和性

C. 具有方向性　D. 作用范围为0.1~1nm之间

10. 下列化合物中，(C)为非极性分子。

A. CO　B. NH_3　C. CO_2　D. HCl

11. 下列化合物中，既有离子键又有共价键的是(B)。

A. NaOH　B. HCl　C. NaCl　D. NH_4Cl

12. 有机化合物一般是指含(D)元素的化合物及其衍生物。

A. 氧　B. 氮　C. 氢　D. 碳

13. 有机物一般不导电、难溶于水，其化学反应速度一般比较慢，同时常伴有副反应。它具有这些特点的根本原因是(D)。

A. 有机物分子较大　B. 碳元素不易氧化

C. 有机物中有氢键存在　D. 有机物中原子以共价键相结合

14. 下列各有机物中，(A)与乙醇互为同分异构体。

A. 二甲醚　B. 乙烷　C. 乙烯　D. 乙炔

15. 若在流场中任何空间点上(D)都不随时间而改变，这种水流称为恒定流。

A. 压力　B. 流量　C. 速度　D. 所有的运动要素

16. 在不可压缩理想液体恒定流中，微小流束内不同的过水断面上，单位重量液体所具有(B)保持相等。

A. 动能　B. 机械能　C. 位能　D. 压能

17. 流体运动中产生水头损失的内因是(A)。

A. 流体具有黏滞性　B. 流体具有压缩性

C. 流体具有表面张力　D. 固体边界的影响

18. 在滑动轴承中，轴承宽度与轴颈直径之比 L/d 越大，油膜的承载能力(A)。

A. 越大　B. 越小　C. 不变　D. 无法确定

19. 推力滚动轴承能承受(A)的作用力。

A. 轴向　B. 径向

C. 径向和轴向两个方向　D. 任何方向

20. 在滚动轴承中，载荷 Q 从轴传递到内座圈，再通过滚子传递给外座圈和轴承座上。载荷 Q 由(B)承受。

A. 全部滚子　B. 一半滚子　C. 1/3滚子　D. 2/3滚子

21. 管道检修的验收标准不包括(D)。

A. 检修记录准确齐全

B. 管道油漆完好无损，附件灵活好用，运行一周无泄漏

C. 提交检修过程有关技术资料

D. 管道耐压试验报告

22. 泵检修通知单内容中不包括(D)。

A. 检修的详细项目　　B. 检修完成时间

C. 泵出现故障项目　　D. 更换配件清单

23. 经过人们的长期研究已经确定，金属与电解液作用所发生的腐蚀，是由于金属表面发生(B)而引起的。因此，这一类腐蚀，通常叫做电化学腐蚀。

A. 微电池　　B. 原电池　　C. 电极电位　　D. 干电池

24. 下列腐蚀防护方法中，(C)是使电解液中的金属离子在直流电作用下，于阴极(待镀零件)表面沉积出金属而成为镀层的工艺过程。

A. 浸镀　　B. 衬里防护　　C. 电镀　　D. 喷涂

25. 两台离心泵的流量、扬程分别用 Q_1、H_1 和 Q_2、H_2 表示，当它们串联工作时，则流量满足 $Q_总 = Q_1 = Q_2$，扬程应满足(D)。

A. $H_总 = H_1 - H_2$　　B. $H_总 = H_2 - H_1$

C. $H_总 = H_1 = H_2$　　D. $H_总 = H_1 + H_2$

26. 下列表达式中，I 表示电流，R 表示电阻，E 表示电源电动势，r 表示电源内阻，则闭合电路负载端电压 U 的计算公式应为(C)。

A. $U = I(R + r)$　　B. $U = E + IR$　　C. $U = IR$　　D. $U = E + Ir$

27. 下列图中，(B)是混联电路图。

A. 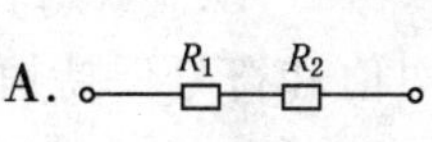

B. 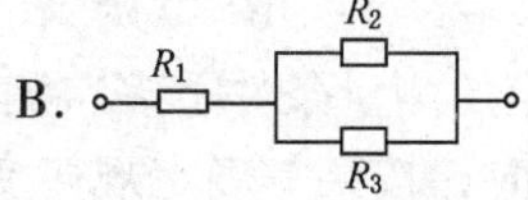

C. 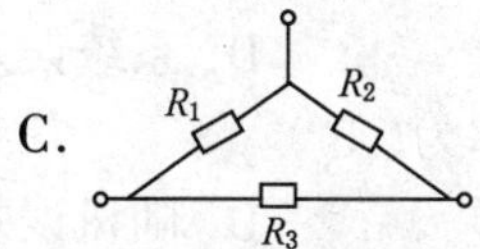

D. 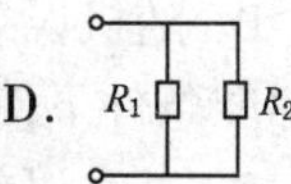

28. 对称三相交流电是由(C)的三个正弦电动势按照一定的方式联接而成的。

A. 频率相同、最小值相等、彼此具有 90°相位差

B. 频率相同、最大值相等、彼此具有 90°相位差

C. 频率相同、最大值相等、彼此具有 120°相位差

D. 频率不同、最大值相等、彼此具有 120°相位差

29. 已知对称三相电源中 B 相的电动势瞬时值函数式为 $v_B = 311\sin(\omega t - 30°)$V，则其他两相的相电压瞬时值函数式为(D)。

A. $v_A = 311\sin(\omega t - 120°)$，$v_C = 311\sin(\omega t + 120°)$

B. $v_A = 311\sin\omega t$，$v_C = 311\sin(\omega t + 120°)$

C. $v_A = 311\sin(\omega t + 90°)$，$v_C = 311\sin(\omega t - 90°)$

D. $v_A = 311\sin(\omega t + 90°)$，$v_C = 311\sin(\omega t + 210°)$

30. 某异步电动机的额定转速 $n = 960\text{r/min}$，电源频率 $f = 50\text{Hz}$，则该电动机的额定转差率为(B)。

A. 0.03　　B. 0.04　　C. 0.05　　D. 0.06

31. 在正常运行时，不可能出现爆炸性气体混合物的环境，或者即使出现也仅是短时存在的爆炸性气体混合物环境，按规定应属于(C)区。

A. 0　　B. 1　　C. 2　　D. 3

32. 固定使用在火灾危险区域 22 区的电机，选用的防护等级为(D)。

A. IP21　　B. IP30　　C. IP14　　D. IP54

33. 电机防护等级 IP56 中“5”表示(B)的技术要求。

A. 防水　　B. 防尘　　C. 防爆　　D. 防雷

34. 化工生产中要求把两种物料按一定比例配合，以保证反应充分、节约能量，此条件下可使用(B)控制系统进行自动控制。

A. 均匀　　B. 比值　　C. 串级　　D. 前馈

35. 当液体流过调节阀，在节流口流速急剧上升，压力下降，若此时压力下降到低于液体在该温度下的饱和蒸气压便会汽化，分解出气体后形成气液双向流动，这种现象叫(A)。

A. 闪蒸　　B. 空化　　C. 气蚀　　D. 腐蚀

36. 自力式调节阀与其他调节阀的区别是(B)。

A. 执行机构靠气源或电源产生的动力

B. 执行机构靠工艺管线中介质的压力产生动力

C. 它没有正反作用

D. 它没有风开风关

37. 根据我国的法定计量单位使用要求，电阻率单位 Ω·m 的名称书写时应为(A)。

A. 欧姆米　　B. 欧姆 米　　C. 欧姆—米　　D. [欧姆][米]

38. 在偏离规定的测量条件下多次测量同一量时，误差的绝对值和符号保持恒定；或者在该测量条件改变时，按某一确定规律变化的误差，称为(D)。

A. 偶然误差　　B. 随机误差　　C. 粗大误差　　D. 系统误差

39. 测量设备在规定的标准条件下使用时产生的示值误差称为(B)。

A. 系统误差　　B. 基本误差　　C. 附加误差　　D. 随机误差

40. 计量器具的零位误差应属于(B)。

A. 线性系统误差　　B. 定值系统误差　　C. 周期系统误差　　D. 粗大误差

41. 消除误差源是消除系统误差的方法之一，主要是依靠测量人员对测量过程中可能产生系统误差的因素和环节做仔细分析，并在(A)将产生系统误差的因素和根源加以消除。

A. 测量之前　　B. 测量过程中　　C. 测量之后　　D. 测量数据处理中

42. 在地表水水体中，绝大多数取水工程以(A)作为水源。

A. 江河水　　B. 水库水　　C. 湖泊水　　D. 海水

43. 河床式取水构筑物是由泵房、集水间、进水管和(C)组成。

A. 吸水室　　B. 进水室　　C. 取水头部　　D. 进水孔

44. 给水取水点应设置在位于城镇和工业区的水源(A)。

A. 上游　　B. 中游　　C. 下游　　D. 上下游

45. 对于生活饮用水地表水源的防护，要求河流取水点的(D)的水域内，不得排入工业废水和生活污水。

A. 上游1000m　　B. 上游500m

C. 上游500m至下游100m　　D. 上游1000m至下游100m

46. 消火栓应布置在使用方便、易于寻找的地方，消火栓间距不应超过(B)m。

A. 150　　B. 120　　C. 100　　D. 50

47. 理论上，理想纯水的电导率为(B)μs/cm。

A. 0.04　　B. 0.05　　C. 0.06　　D. 0.07

48. 给水系统应按(A)用水情况的水量、水压进行设计计算。

A. 最高日最高时　　B. 最高日最高时发生火灾时

C. 管网最不利管段发生故障时　　D. 管网最大转输量时

49. 当前，双层滤料普遍采用的是(C)。

A. 瓷砂和石英砂　　B. 无烟煤和瓷砂

C. 无烟煤和石英砂　　D. 石榴石和磁铁矿

50. 比例律是相似定律的特例，此时线性比例尺 $\lambda=$(A)。

A. 1　　B. 2　　C. 3　　D. 4

51. 已知现工况点 A 需要流量 26L/s、扬程 60m，若对 IS100－65－250 型泵采用变速调节来满足使用要求，现过 A 点绘制相似工况抛物线，与转速 $n_1=2900$r/min 时该泵 $Q—H$ 曲线相交于 B 点，其相应流量为 29.8L/s、扬程为 79m，则调节后的转速 n_2 应等于(C)r/min。

A. 1673　　B. 2203　　C. 2530　　D. 2708

52. 某给水泵站供水过程中，下列各项功率中(B)最小。

A. 电机输出功率　　B. 管路出口净功率

C. 水泵轴功率　　D. 水泵有效功率

53. 下开式水锤消除器在(A)打开放水，可以有效地消除水锤的破坏作用。

A. 压力降低时　　B. 水锤正在发生时

C. 水锤发生后　　D. 压力升高时

54. 与离心泵相比，轴流泵的 $Q-H$ 曲线具有(D)的特点。

A. 扬程随流量的增大而平缓减小且无转折点

B. 扬程随流量的增大而陡然减小且无转折点

C. 扬程随流量的增大而平缓减小且有转折点

D. 扬程随流量的增大而陡然减小且有转折点

55. 轴流泵的流量愈小，曲线坡度愈陡，当流量等于零时，其扬程约为设计扬程的两倍左右，这主要由于(B)的原因。

A. 离心力　　B. 水流回流　　C. 轴向力　　D. 水流冲击

56. 混流泵是靠(C)工作的。

A. 叶轮旋转而使水产生的离心力作用

B. 叶片对水产生的推力作用

C. 叶轮旋转而使水产生的离心力和叶片对水产生的推力双重作用

D. 叶轮的螺旋推进力和叶片对水产生的推力共同作用

57. 液力耦合器是一种液力传动装置，由泵轮、涡轮和转动外壳等组成，其与主、从动轴的连接为(A)。

A. 泵轮直接与主动轴相连　　B. 涡轮直接与主动轴相连

C. 泵轮通过涡轮与主动轴相连　　D. 转动外壳直接与主动轴相连

58. 下列调速方法中，(B)不适用异步电动机。

A. 变频调速　　B. 无换向电动机调速

C. 变极调速　　D. 可控硅串级调速

59. 气升泵又称空气扬水机，它是以(B)为动力来提升液体的机械。

A. 普通空气　　B. 压缩空气　　C. 风机　　D. 气水混合液

60. 某异步电动机的三相绕组首端和末端分别用 D_1、D_2、D_3 和 D_4、D_5、D_6 标记，如图所示的负载接法为(C)。

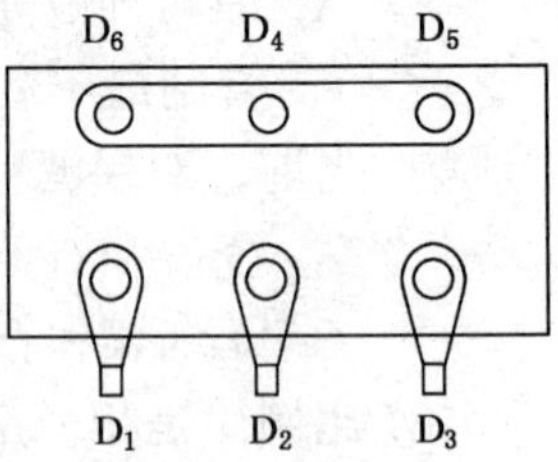

D_6　D_4　D_5

D_1　D_2　D_3

A. 三角形　　B. V 形

C. 星形　　D. 矩形

61. 一般情况下，380V 电源的交流电动机绝缘电阻应不低于(A)MΩ。

A. 0.5　　B. 1.0

C. 1.5　　D. 2.0

62. 某 Y－100 型弹簧压力表测量范围为 0～1MPa，精度等级为 1.5 级，则其最大的基本允许误差为(C)MPa。

A. 0.00015　　B. 0.0015　　C. 0.015　　D. 0.15

63. 压力表精度等级分为十级，通常工业上使用的压力表精度为(D)。

A. 0.005、0.02、0.05、0.1　　B. 0.05、0.1、0.2、0.5

C. 0.5、1、1.5、2.5　　D. 1、1.5、2.5、4.0

64. 工业生产中应用最广泛的安全阀是(C)。

A. 重锤式安全阀　　B. 杠杆重锤式安全阀

C. 弹簧式安全阀　　D. 脉冲式安全阀

65. 投加(D)能有效抑制藻类的繁殖。

A. 硫酸铝　　B. 三氯化铁　　C. 硫酸铁　　D. 硫酸铜

66. 下列类型中，(B)是绝大多数富营养化水体中的主要藻类。

A. 绿藻　　B. 蓝藻　　C. 红藻　　D. 硅藻

67. “裂殖藻”是指(A)。

A. 蓝藻　　B. 绿藻　　C. 红藻　　D. 硅藻

68. 下列基本几何体中，(C)是平面体。

A. 柱体　　B. 球　　C. 棱台　　D. 锥体

69. 在某圆锥体的三视图中，轮廓素线有(B)条。

A. 2　　B. 4　　C. 8　　D. 无数

70. 正等轴测图中的三个轴向变形系数应为(C)。

A. 1.22　　B. 1　　C. 0.82　　D. 0.66

71. 设 p、q、r 分别为轴测图中 X、Y、Z 轴的轴向变形系数，《机械制图》国家标准 GB

4458.3—84 中规定，斜二等轴测图的轴向变形系数 p、q、r 分别为(C)。

A. 0.5、0.5、1　　B. 0.5、1、1

C. 1、0.5、1　　D. 1、1、0.5

多选题

1. 石油炼制中，催化裂化装置通常由(A，B，C)等部分组成。

A. 反应－再生系统　　B. 分馏系统

C. 吸收稳定系统　　D. 能量回收系统

2. 下列化学反应中，(A，B，C，D)不是中和反应。

A. $Zn + 2HCl = ZnCl_2 + H_2\uparrow$　　B. $H_2SO_4 + NaCl = NaHSO_4 + HCl$

C. $Fe_2O_3 + 6HCl = 2FeCl_3 + 3H_2O$　　D. $NaCl + AgNO_3 = AgCl\downarrow + NaNO_3$

3. 下列化学反应中，(A，B，D)不是置换反应。

A. $BaCl_2 + Na_2SO_4 = BaSO_4 + 2NaCl$　　B. $NH_4OH = NH_3\uparrow + H_2O$

C. $Fe + CuCl_2 = FeCl_2 + Cu$　　D. $2CO + O_2 = 2CO_2$

4. 硝酸跟金属反应一般情况下生成水而不生成氢气，这是由于(C，D)。

A. 硝酸的酸性强　　B. 硝酸的强腐蚀性

C. 硝酸的强氧化性　　D. 氢的强还原性

5. 金属铝作为导线使用，是由于它具有(A，C)性质。

A. 导电性　　B. 导热性　　C. 延展性　　D. 氧化性

6. 根据碳的骨架可把有机化合物分为(A，C，D)。

A. 开链化合物　　B. 基本有机化合物　　C. 杂环化合物　　D. 碳化化合物

7. 恒定流的流线具有(A，B，C)的特性。

A. 流线的形状和位置不随时间而改变　　B. 液体质点运动的迹线与流线重合

C. 流线不相交　　D. 流线均为直线

8. 流体在流动时所具有的机械能的形式有(A，B，D)。

A. 位能　　B. 动能　　C. 内能　　D. 压能

9. 根据流体产生能量损失的外在原因不同，将流体水头损失分为(A，D)。

A. 沿程损失　　B. 水力损失　　C. 摩阻损失　　D. 局部损失

10. 与滚动轴承相比，滑动轴承工作时具有(A，B，C，D)的特点。

A. 寿命长　　B. 承载能力高　　C. 抗振性好　　D. 噪声小

11. 滚动轴承的缺点是(A，B，C，D)。

A. 负担冲击载荷能力差　　B. 高速运转时噪声大

C. 径向尺寸大　　D. 寿命短

12. 法兰的公称压力并不代表它的允许工作压力，这两个压力之间的差别完全取决于(A，B)。

A. 法兰材料　　B. 工作温度　　C. 法兰形式　　D. 工作介质

13. 在泵检修完工后，其施工现场的验收标准为(A，B，C)。

A. 现场清洁无油污　　B. 零附件齐全好用

C. 连接螺丝齐全、满扣、整齐、坚固　　D. 旧配件现场摆放整齐

14. 金属防腐蚀通常采用的方法为(A，B，C，D)。

A. 腐蚀介质的处理　　B. 正确选用金属材料
C. 合理设计金属结构　　D. 电化学保护

15. 下列各种方法中，(A，C)可调节离心泵装置的出口流量。
A. 泵并联　　B. 泵串联
C. 阀门控制　　D. 减少多级泵的级数

16. 均匀控制系统通常是对(A，D)的均匀控制。
A. 流量　　B. 压力　　C. 温度　　D. 液位

17. 一般来说，前馈控制系统常用于(B，C，D)的场合。
A. 干扰因素多
B. 扰动频繁而又幅值较大
C. 主要扰动可测而不可控
D. 扰动对被控变量影响显著，单靠反馈控制难以达到要求的情况

18. 气动活塞式执行机构振荡的原因为(A，B，C，D)。
A. 执行机构输出力不够　　B. 汽缸压力不足
C. 气源压力不够　　D. 放大器节流孔堵塞

19. 单参数控制系统中，调节阀的气开为 + A，气关阀为 - A，调节阀开大被调参数上升为 + B，下降为 - B，则(B，C)。
A. A × B = +，调节器选正作用　　B. A × B = +，调节器选反作用
C. A × B = -，调节器选正作用　　D. A × B = -，调节器选反作用

20. 设备误差是计量误差的主要来源之一，它可分为(A，B，C)。
A. 标准器误差　　B. 测量装置误差　　C. 附件误差　　D. 随机误差

21. 常用的消除定值系统误差的方法，除了消除误差源外，还有(A，B，C，D)。
A. 交换法　　B. 加修正值法　　C. 替代法　　D. 抵消法

22. 河床式取水构筑物按照进水管型式的不同，分为(A，B，C，D)等取水类型。
A. 自流管　　B. 虹吸管　　C. 水泵直吸式　　D. 桥墩式

23. 河床式取水构筑物与岸边式基本相同，但用伸入江河中的(B，C)来代替岸边式进水间的进水孔。
A. 集水间　　B. 进水管　　C. 取水头部　　D. 水泵吸水管

24. 输水管定线和布置时，应遵循(A，B，D)的原则。
A. 尽量做到线路短
B. 力求全部或部分重力输水
C. 保证两条输水管线
D. 尽可能沿现有道路或规划道路定线

25. 在环状管网平差计算时，必须符合(A，B)水力条件。
A. 任一节点的流量代数和等于零
B. 任一闭合环路内各管段水头损失的代数和等于零
C. 两相邻节点的流量代数和等于零
D. 管网内基环各管段水头损失的代数和等于零

26. 原料用水是指直接作为原料或作为原料的一部分而使用的水，下列行业中(A，B，C)

的原料用水消耗是其用水的主要部分。

A. 食品 B. 医药 C. 酿造 D. 钢铁

27. 下列选项中，(A，B，D)是冷却水处理的三大任务。

A. 防止腐蚀 B. 防止结垢 C. 防止气蚀 D. 防止微生物危害

28. 双层滤料的组成为(A，D)。

A. 上层采用相对密度小、粒径大的轻质滤料

B. 上层采用相对密度大、粒径小的重质滤料

C. 下层采用相对密度小、粒径大的轻质滤料

D. 下层采用相对密度大、粒径小的重质滤料

29. 下列滤池中，基于"反粒度"过滤原理的为(A，B，D)。

A. 上向流滤池 B. 双层滤池 C. 虹吸滤池 D. 双向流滤池

30. 泵站管理的主要任务为(A，D)。

A. 安全运行 B. 水泵保养 C. 减少噪声 D. 降低电耗

31. 某轴流泵装置使用变角调节，当安装角调大时，该系统的(B，D)。

A. 扬程减小 B. 扬程增大 C. 流量减小 D. 流量增大

32. 水泵在运行中，其机械损失应包括(A，B，C)等。

A. 泵轴和轴封装置之间的摩擦损失 B. 圆盘损失

C. 泵轴和轴承之间的摩擦损失 D. 摩阻损失

33. 对于异步电动机，当改变(B，C，D)可以调节其转速。

A. 电源电压 B. 电源频率

C. 电动机极对数 D. 转差率

34. 出口调节式液力耦合器的特点为(A，B)。

A. 移动排油导管来改变充油量 B. 流道中进油量始终不变

C. 调速范围比进口调节式窄 D. 限于传递较小功率

35. 下列调速方法中，(A，C，D)能实现无级调速。

A. 变频调速 B. 变极调速

C. 可控硅串级调速 D. 液力耦合器调速

36. 藻类生长的三要素是(A，C，D)。

A. 空气 B. 有机物 C. 水 D. 阳光

37. 下列投影图中，(C，D)属于正投影图。

A. 透视图 B. 斜轴测图 C. 正轴测图 D. 三视图

简答题

1. 中和反应在实际生产中有哪些用途？

答：①化学分析中测定溶液的酸或碱的浓度。②水处理工艺中废酸、废碱的处理等。

2. 为什么铝、铁容器可以盛装浓硝酸和浓硫酸而不能盛装稀酸？

答：①铝、铁在浓硝酸、浓硫酸中能发生钝化现象；②由于浓硝酸、浓硫酸具有强氧化性，可将铝、铁表面氧化，生成一层致密的氧化物薄膜，从而阻止了进一步反应；③稀酸氧化性差或无氧化性，不能使铁、铝表面生成氧化物薄膜，故稀酸不能用铁、铝做容器；④浓硝酸低于98%就很容易腐蚀铝容器而造成漏酸。

3. 简述管道检修的验收标准。

答：①检修记录准确齐全；②管道油漆完好无损，附件灵活好用，运行一周无泄漏；③提交下列技术资料，设计变更及材料代用通知单，材质、零部件合格证，隐蔽工程记录，检修记录(含单线图)，焊缝质量检验报告，试验记录。

4. 简述电化学腐蚀过程。

答：电化学腐蚀过程由三个环节组成：①金属在阳极溶解，变成金属离子进入溶液中，电子留在金属上；②电子从阳极流到阴极；③在阴极，流来的电子被溶液中能够吸收电子的物质所吸收。

5. 简述纯电感和纯电容电路中交流电压和电流的关系。

答：①在纯电感电路中，在相位上电流滞后电压90°，在数值上 $U=IX_L$；②在纯电容电路中，在相位上电流超前电压90°，在数值上 $U=IX_C$。

6. 何谓隔爆型电气设备和增安型电气设备？

答：隔爆型电气设备是具有隔爆外壳的电气设备，是指能把点燃爆炸性混合物的部件封闭在一个外壳内，该外壳能承受内部爆炸性混合物的爆炸压力，并阻止向周围的爆炸性混合物传爆的电气设备。增安型电气设备是在正常运行条件下，不会产生点燃爆炸性混合物的火花或危险温度，并在结构上采取措施，提高其安全程度，以避免在正常和规定过载条件下出现点燃现象的电气设备。

7. 高浊度水的沉淀处理工艺流程通常分为哪几类？

答：自然沉淀—混凝沉淀工艺，该流程先以自然沉淀作为预处理，然后再进行混凝沉淀处理；混凝沉淀工艺处理高浊度水一般有两种方法，一是使用聚丙烯酰胺配合普通混凝剂，可以将含砂量约20～40kg/m^3的高浊度原水一次处理至出水符合滤前水要求；二是先投加聚丙烯酰胺进行初次混凝沉淀，再投加普通混凝剂进行二次沉淀，使出水浊度达到滤前水要求。

8. 为什么"反粒度"过滤能提高滤池性能？

答：由于单层滤池滤料粒径循水流方向逐渐增大，使截留在滤层中的杂质分布不均匀，表层最多，越向下越少，以致表层水头损失增加很快，过滤周期明显缩短。而"反粒度"过滤使滤料粒径循水流方向逐渐减小，即过滤水流先经过粗粒滤料，再依次流过粒度更小的滤料，使得滤层中杂质分布趋于均匀，滤层含污能力提高，滤层水头损失增加减缓，过滤周期将延长。

9. 泵站管理中，运行日志填写的主要内容及其目的是什么？

答：泵站操作人员应定时记录机组的开停时间、出水量、扬程、温升、电流、电压、电力消耗和保养检修记录。填写运行日志的目的为：①可以掌握水泵机组的技术状态，为检修提供依据；②依靠这些原始资料，可以分析机组的技术经济指标，为技术改造提供依据。

10. 离心泵机组检修后在试车前应检查哪些项目？

答：①电气设备正常，电动机转向应符合规定方向；②各紧固连接部分应牢固，不得松动；③润滑、水封、冷却及其管路通畅；④润滑正常，盘车灵活；⑤进出口阀门启闭灵活。

11. 简述给水管网管理的基本内容。

答：①建立健全管网的技术档案资料；②组织管网的日常运行调度；③定期进行管网的

测流、测压；④管网渗漏的检查与修复；⑤管道的清洗和防腐；⑥管道设备的维护和检修；⑦管道的小修、大修和抢修；⑧管网的扩建与技术改造。

计算题

1. 某物质含钠43.4%，碳11.3%，氧45.3%，该物质是什么，写出其分子式。

解： 求出该物质中 Na、C、O 原子个数之比，即可得出其分子式。

设 A 为分子式，根据计算化合物中某元素百分含量的方法，可得

$$A \times \frac{43.4\%}{23} : A \times \frac{11.3\%}{12} : A \times \frac{45.3\%}{16} = 1.89 : 0.94 : 2.83 = 2 : 1 : 3$$

该物质为碳酸钠，分子式为 Na_2CO_3。

答： 该物质为碳酸钠，分子式 Na_2CO_3。

2. 将156.2g 100℃的饱和 KCl 溶液冷却至0℃，可析出多少克 KCl 晶体？已知 KCl 的溶解度 100℃为56.2g，0℃为28.2g。

解： 根据溶解度的定义，100℃时156.2gKCl 饱和溶液中溶剂(水)的质量为：

$$(100 + 56.2) : 100 = 156.2 : x$$

则

$$x = \frac{156.2 \times 100}{100 + 56.2} = 100\text{g}$$

溶质的质量为 $156.2 - 100 = 56.2$g。

而溶液冷却至0℃时只能溶解28.2g，故应析出 KCl 晶体质量为：

$$56.2 - 28.2 = 28\text{g}$$

答： 溶液冷却至0℃可析出28gKCl 晶体。

3. 在室温25℃，大气压力为100015Pa 时，取气体试样100mL，换算为标准状况下的气体体积为多少毫升？

解： 根据气体方程式：

$$\frac{P_1 V_1}{T_1} = \frac{P_0 V_0}{T_0}$$

则

$$\frac{100 \times 100015}{273 + 25} = \frac{101325 \times V_0}{273}$$

$$V_0 = 90.43\text{mL}$$

答： 换算为标准状况下气体的体积为90.43mL。

4. 某水泵的吸入管为 $\phi 108\text{mm} \times 4\text{mm}$，出水管为 $\phi 76\text{mm} \times 2.5\text{mm}$，已知吸水管中水的流速为1.5m/s，求出水管中水流速度。

解： $d_1 = 108 - 2 \times 4 = 100\text{mm}$，$d_2 = 76 - 2 \times 2.5 = 71\text{mm}$，$v_1 = 1.5\text{m/s}$

由于该水泵系统运行时符合恒定流条件，故可运用质量守恒方程，即

$$\frac{v_1}{v_2} = \left(\frac{d_2}{d_1}\right)^2$$

$$v_2 = v_1\left(\frac{d_1}{d_2}\right)^2 = 1.5 \times (100/71)^2 = 3\text{m/s}$$

答： 压出管中水的流速为3m/s。

5. 某闭合回路中电源电动势 $E = 24\text{V}$，内阻 $r = 1\Omega$，负载电阻 $R = 5\Omega$，试求该电路的电流 I。

解：
$$I=\frac{E}{R+r}=\frac{24}{5+1}=\frac{24}{6}=4\text{ A}$$

答：该闭合回路的电流 $I=4A$。

6. 已知某交流电路中，$u=311\sin 314t\text{V}$，$R=11\Omega$，求电路中的电流瞬时值。

解：电压的有效值：$U=U_m/\sqrt{2}=311/\sqrt{2}=220\text{V}$

电流的有效值：$I=U/R=220/11=20\text{A}$

电流的瞬时值：$i=\sqrt{2}I\sin 314t=28.3\sin 314t\text{A}$

答：电路中电流为 $28.3\sin 314t\text{A}$。

7. 如图所示，某混联电路电压 $U=220\text{V}$，已知 $R_1=10\Omega$、$R_2=10\Omega$、$R_3=4\Omega$、$R_4=4\Omega$，求该电路的电流 I。

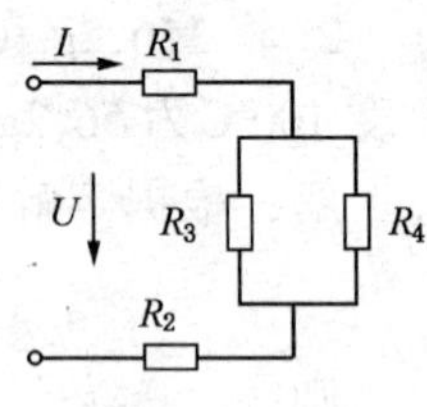

解：
$$I=\frac{U}{R_1+R_2+\dfrac{R_3R_4}{R_3+R_4}}=\frac{220}{10+10+\dfrac{4\times4}{4+4}}=\frac{220}{22}=10\text{A}$$

答：该回路的电流 $I=10A$。

8. 某水泵在转速 $n_1=950\text{r/min}$ 时额定流量 $Q_1=42\text{L/s}$，扬程 $H_1=38.2\text{m}$，当转速调整为 720r/min 时，求该水泵额定工作点对应的等效率点的流量和扬程。

解：①∵ $Q_1/Q_2=n_1/n_2$

∴ $Q_2=n_2/n_1\cdot Q_1=720/950\times42=31.8\text{L/s}$

② ∵ $H_1/H_2=(n_1/n_2)^2$

∴ $H_2=(n_2/n_1)^2\cdot H_1=(720/950)^2\times38.2=21.9\text{m}$

答：该水泵额定工作点对应的等效率点的流量为 31.8L/s，扬程为 21.9m。

9. 由某台 12sh 型离心泵铭牌查得，在最高效率时，$Q=684\text{m}^3/\text{h}$，$H=10\text{m}$，$n=1450$ r/min,求该水泵的比转数。

解：∵ $n_s=\dfrac{3.65n\sqrt{Q}}{H^{3/4}}$

由于 sh 型是双吸式离心泵，故公式中 Q 取 $684/2=342\text{m}^3/\text{h}$

∴
$$n_s=\frac{3.65n\sqrt{Q}}{H^{3/4}}=\frac{3.65\times1450\times\sqrt{342/3600}}{10^{3/4}}=288$$

答：该水泵的比转数为 288。

10. 某美国文献报道了一份 $n'_s=1800$ 离心泵试验资料，问该泵折算为我国采用的单位时，其比转数为多少？

解：∵我国的比转数为美国的比转数的 0.0706 倍，即 $n_s=0.0706n'_s$。

∴ $n_s = 0.0706 \times 1800 = 127$

答：该泵折算为我国单位时的比转数为 127。

11. 如图所示，某一水位恒定的高位槽，水位距管道出口的垂直距离为 7m，管内径为 100mm，已知总的能量损失为 6.5m 水柱，求该管路输水量为多少？

解：取高位槽水位为 1－1′截面，水管出口为 2－2′截面，以 2－2′截面中心线的水平面为基准面。

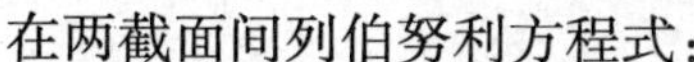

在两截面间列伯努利方程式：

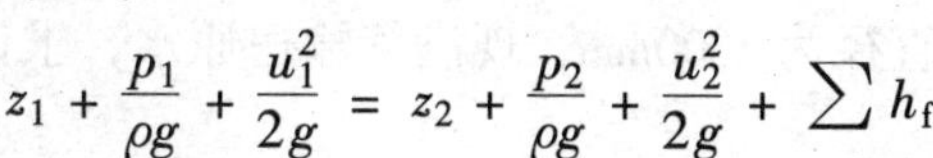

$$z_1 + \frac{p_1}{\rho g} + \frac{u_1^2}{2g} = z_2 + \frac{p_2}{\rho g} + \frac{u_2^2}{2g} + \sum h_f$$

其中，$z_1 = 7\text{m}$，$p_1 = p_a$，$u_1 \approx 0$；

$$z_2 = 0, p_2 = p_a, \sum h_f = 6.5\text{m}$$

$$u_2 = \sqrt{0.5 \times 2 \times 9.8} = 3.13\text{m/s}$$

$$Q = 3600Au_2 = 3600 \times 0.785 \times 0.1^2 \times 3.13 = 88.5\text{m}^3/\text{h}$$

答：该管路输水量为 $88.5\text{m}^3/\text{h}$。

12. 如图所示，某水处理车间利用水射器投加混凝剂溶液，入口管道直径为 65mm，喷嘴直径为 15mm。已知入口处的静压力为 300kPa，压力管道中水的流量为 $20\text{m}^3/\text{h}$，密度为 1000kg/m^3，压头损失忽略不计，试求喷嘴出口处的静压力。

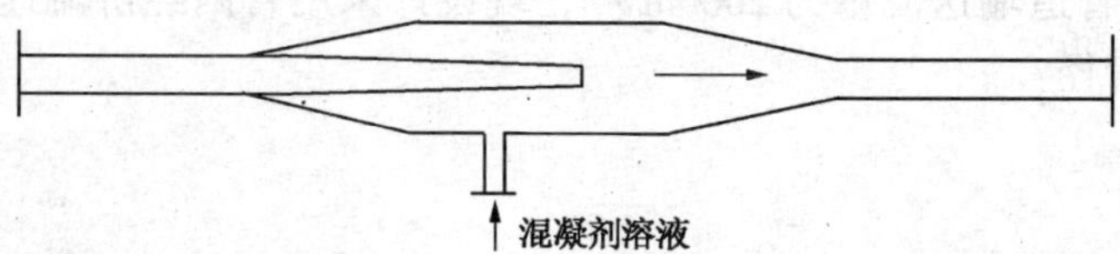

解：取入口管为 1－1′截面，喷嘴口处为 2－2′截面，以管道中心线的水平面为基准面。在两截面间列伯努利方程式：

$$z_1 + \frac{p_1}{\rho g} + \frac{u_1^2}{2g} = z_2 + \frac{p_2}{\rho g} + \frac{u_2^2}{2g} + \sum h_f$$

其中，$z_1 = 0$，$p_1 = 3.0 \times 10^5\text{Pa}$，

$$u_1 = \frac{15}{3600 \times 0.785 \times 0.065^2} = 1.26\text{m/s}$$

$$z_2 = 0, u_2 = u_1\left(\frac{d_1}{d_2}\right)^2 = 1.26 \times \left(\frac{0.065}{0.015}\right)^2 = 23.6\text{m/s}$$

$$\sum h_f = 0$$

将数据代入公式得：

$$\frac{3.0 \times 10^5}{1000 \times 9.8} + \frac{1.26^2}{2 \times 9.8} = \frac{p_2}{1000 \times 9.8} + \frac{23.6^2}{2 \times 9.8}$$

$$p_2 = 22314\text{Pa} = 22.3\text{kPa}$$

答：喷嘴出口处的静压力为 22.3kPa。

13. 某反应池混凝中水头损失为 0.27m，反应时间为 20min，已知水的黏度为 0.001Pa·s，

求该反应池的速度梯度。

解：

$$G = \sqrt{\frac{\gamma h}{\mu T}}$$

其中，$\gamma = 9800\text{N/m}^3$，$h = 0.27\text{m}$，$T = 20 \times 60 = 1200\text{s}$，

$$\mu = 0.001\text{Pa·s}$$

故，$G = 47\text{s}^{-1}$

答：该反应池的平均速度梯度为 47s^{-1}。

14. 已知某钢管的公称直径为 1000mm，现满管输送原水，求该管道的水力半径。

解：

$$R = \frac{A}{\chi} = \frac{0.25\pi D^2}{\pi D} = 0.25D = 0.25 \times 1000 = 250\text{mm}$$

答：该管道的水力半径为 250mm。

15. 已知某平流式沉淀池长 50m，宽 15m，水深 3.0m，该沉淀池纵向设置两道隔墙，每格宽 5m，求其水力半径。

解：

$$R = \frac{A}{\chi} = \frac{5 \times 3}{3 \times 2 + 5} = \frac{15}{11} = 1.36\text{m}$$

答：该沉淀池的水力半径为 1.36m。

16. 已知某给水管道输送流量为 $2000\text{m}^3/\text{h}$，现设计采用管内经济流速为 1.2m/s，应选用公称直径为多少的管径？

解：

$$D = \sqrt{\frac{4Q}{v\pi}}$$

$$Q = \frac{2000}{3600} = 0.56\text{m}^3/\text{s}$$

故，$D = \sqrt{\dfrac{4 \times 0.56}{1.2 \times 3.14}} = 0.768\text{m} = 768\text{mm}$，管径的公称直径应取 800mm。

答：应选用公称直径为 800mm 的管径。

17. 某给水管道长 300m，管径为 100mm，输送流量为 10L/s。已知其沿程阻力系数为 0.033，求该管道的沿程损失。

解：

$$h_f = \lambda \frac{l}{d} \frac{v^2}{2g}$$

其中，$v = \dfrac{Q}{0.25\pi d^2} = \dfrac{0.01}{0.25 \times 3.14 \times 0.1^2} = 1.27\text{m/s}$

则，$h_f = \dfrac{0.033 \times 300 \times 1.27^2}{0.1 \times 2 \times 9.8} = 8.2\text{m}$

答：该管道的沿程损失为 8.2m。

18. 华北某石化工业区，居住区计划人口为 4 万人，其中 80% 室内有给水排水卫生设备及淋浴设备，20% 还有集中热水供应。根据我国居住区生活用水定额标准，室内有给水排水

卫生设备及淋浴设备采用 180L/人 d，室内有给水排水卫生设备及淋浴设备并有集中热水供应者采用 200L/人 d。求该居住区设计最高日生活用水量为多少？

解：

$$Q = \sum \frac{Nq}{1000} = \frac{40000 \times (0.8 \times 180 + 0.2 \times 200)}{1000} = 7360\text{m}^3/\text{d}$$

答： 该居住区设计最高日生活用水量为 $7360\text{m}^3/\text{d}$。

19. 取一定量的某石英砂滤料，在 105℃下烘干称质量为 34.6g，然后放入过滤桶中，用清水过滤一段时间，量出滤层体积为 22.5mL。已知石英砂的密度为 $2.65 \times 10^3\text{kg/m}^3$，求该滤料的孔隙率。

解：

$$m = 1 - \frac{M}{\rho V} = 1 - \frac{34.6}{2.65 \times 22.5} = 0.42$$

答： 该滤料的孔隙率为 0.42。

20. 某台离子交换器的直径为 2.5m，内装树脂层的高度为 1.6m，已知该树脂的湿真密度为 $1.15 \times 10^3\text{kg/m}^3$，湿视密度为 $0.75 \times 10^3\text{kg/m}^3$，求该交换器内装树脂量。

解：

$$V = \frac{1}{4}\pi D^2 H = 0.25 \times 3.14 \times 2.5^2 \times 1.6 = 7.85\text{m}^3$$

$$\omega = V\rho = 7.85 \times 0.75 \times 10^3 = 5887.5\text{kg} = 5.9\text{t}$$

答： 该交换器内装树脂量 5.9t。

21. 一无阀滤池内装石英砂 5.0m^3，产水量 $10\text{m}^3/\text{h}$，运行周期为 50h，进水浊度为 10mg/L，出水浊度为 2mg/L，求该滤池的除浊率和泥渣容量？

解： ① 除浊率

$$\begin{aligned}\lambda &= [(C_{入} - C_{出})/C_{入}] \times 100\% \\ &= [(10 - 2) \div 10] \times 100\% \\ &= 80\%\end{aligned}$$

② 泥渣容量

$$\begin{aligned}W &= (C_{入} - C_{出})Q/V \\ &= [(10 - 2) \times 500] \div 5 \div 1000 \\ &= 0.8\text{kg/m}^3\end{aligned}$$

答： 该滤池的除浊率是 80%，泥渣容量是 0.8kg/m^3。

22. 今有含 NaOH 和 Na_2CO_3 的样品 1.1790g 在溶液内用酚酞作指示剂，加 1.000mol/L 的 HCl 溶液 28.16mL，溶液刚好变为无色。再加甲基橙作指示剂，用该酸滴定，则需 0.14mL，计算样品中 NaOH 及 Na_2CO_3 的质量分数。

解： ① NaOH 的质量分数为

$$\begin{aligned}\omega_{\text{NaOH}} &= (V_1 - V_2)c \times 0.04000 \div m_{样} \times 100\% \\ &= (28.16 - 0.14) \times 1.000 \times 0.04000 \div 1.1790 \times 100\% \\ &= 95.06\%\end{aligned}$$

② Na_2CO_3 的质量分数为

$$\omega_{NaOH} = 2V_2c \times 0.05300 \div m_{样} \times 100\%$$
$$= 2 \times 0.14 \times 1.000 \times 0.05300 \div 1.1790 \times 100\%$$
$$= 1.26\%$$

答：此样品中 NaOH 的质量分数是 95.06%，Na_2CO_3 的质量分数是 1.26%。

23. 有一台 H 离子交换器，已知其直径为 2.5m，再生剂用量为 1650kg(30%的工业 HCl 溶液)，再生液流速控制在 5m/h，再生液浓度控制在 2%。又知 2%HCl 溶液的密度为 1.01g/cm^3。试计算进酸时稀释 30%HCl 的压力水流量需多少？进酸时间约为多少小时？

解：① $Q = (d/2)^2\pi\upsilon$
$= 0.785 \times 2.5^2 \times 5$
$= 24.5m^3/h$

② $W = Q\rho$
$= 24.5 \times 1.01$
$= 24.7t/h$

③ $24.7 - 24.7 \times 2\% \div 30\% = 23.1t/h$

④ $T = 1650 \times 10^{-3} \times 30\% \div 24.7 \div 2\% = 1h$

答：稀释 30%HCl 的压力水流量需 23.1t/h，进酸时间约为 1h。

24. 某水处理除盐系统中，强酸阳离子交换器进水的碱度为 3.3mmol/L，出水的酸度为 4.2mmol/L。已知其树脂装载量为 $8m^3$，周期制水量为 1200t，试求该阳树脂的工作交换容量。

解： $(3.3 + 4.2) \times 1200 \div 8 = 1125mmol/L$

答：该阳树脂的工作交换容量 1125mmol/L。

25. 一台 H 离子交换器的装树脂量为 $7.86m^3$，阳树脂的工作交换容量为 $800mol/m^3$，再生剂耗量为 55g/mol。再生一台 H 离子交换器需 30%的工业 HCl 多少千克？

解：$G_G = VER \div 1000 \div \varepsilon$
$= 7.86 \times 800 \times 55 \div 1000 \div 30\%$
$= 1153kg$

答：再生一台 H 离子交换器需 30%的工业 HCl 约 1153kg。

净水处理模块

判断题

1. 滤池承托层能防止滤料从配水系统中流失，对均布冲洗水没有作用。 (×)

正确答案：滤池承托层能防止滤料从配水系统中流失，对均布冲洗水也有一定的作用。

2. 多层滤料的含污能力高出单层滤料 1 倍左右。 (√)

3. 在保证水质的前提下三层滤料的滤速应比双层滤料的滤速低。 (×)

正确答案：在保证水质的前提下三层滤料的滤速应比双层滤料的滤速高。

4. 液氯一般采用电解食盐水溶液制成氯气，然后经过冷却制得。 (√)

5. 氧气瓶或氯气瓶不得装液氨，部分零件材质为铜的容器也不可装液氨。 (√)

6. 粉末活性炭可以和二氧化氯同时投加，作为预处理工艺。 (×)

正确答案：由于粉末活性炭和二氧化氯能互相作用，两者不能同时投加，所以在投加活性炭时，不进行预氯化处理。

7. 斜板斜管沉淀池是基于浅层理论而发展起来的。 (√)

8. 理想沉淀池中悬浮杂质总的去除率大于沉淀池的沉淀效率。（×）

正确答案：理想沉淀池悬浮杂质总的去除率等于沉淀池的沉淀效率。

9. 当滤速相同时，双层滤料反冲洗周期比单层滤料的反冲洗周期短。（×）

正确答案：当滤速相同时，双层滤料反冲洗周期比单层滤料的反冲洗周期长。

10. 上向流滤池表层设置格网或格栅目的是防止滤料层膨胀。（√）

11. 等速滤池的水头损失保持不变。（×）

正确答案：等速滤池的水头损失随过滤时间而逐渐增加。

12. 当滤池冲洗滤层膨胀起来后，处于悬浮状态下的滤料对冲洗水流的阻力等于它们在水中的重量。（√）

13. 在快滤池中，水头损失增加值自上而下逐渐减小。（√）

14. 活性炭过滤器中，铺设海绵的作用是增加弹性。（×）

正确答案：活性炭过滤器中，铺设海绵的作用是阻止藻类等大颗粒杂质渗透进去。

15. 设计反冲洗排水槽时，主要要考虑能否均匀地排出废水。（√）

16. V形滤池的滤速一般为7～20m/h。（√）

17. 活性炭可以有效地用于以有机污染物为主的给水和城市污水处理中。（√）

18. 滤池运行初期，负水头的产生主要是由滤料填装不均匀造成的。（√）

19. 采用管井方式取地下水，其井深一般在10～1000m。（√）

20. 深井泵主要用于抽升深井地下水的设备，主要由泵体、扬水管和传动装置三大部分组成。（√）

21. V形槽在滤池过滤过程中处于淹没状态。（√）

22. 按渗渠与隔水底板之间的关系，分为完整式和非完整式渗渠。（√）

23. 气浮池是一种依靠附着于固体颗粒上的微气泡，使其迅速浮上水面实现固、液分离的处理构筑物。（√）

24. 使用漂白粉化学清洗快滤池的滤料，主要为了除去滤层中的有机杂质。（√）

25. 活性炭可通过再生方法将被吸附物质去除，使之恢复吸附性能。（√）

26. 一般情况下，快滤池反冲洗排水浊度在100mg/L以下时，即可停止冲洗。（×）

正确答案：一般情况下，快滤池反冲洗排水浊度在20～50mg/L以下时，即可停止冲洗。

27. 在过滤过程中，随着时间的延续，过滤阻力将会逐渐增大。（√）

28. 为了保证出水水质，V形滤池冲洗增加了气水同冲的步骤，在气水同时冲洗时水冲强度比单独水冲强度要大一倍。（×）

正确答案：为了保证出水水质，V形滤池冲洗增加了气水同冲的步骤，单独水冲强度比气水同时冲洗时水冲强度要大一倍。

29. 冬季水温低，水的黏度大，水洗滤池所需的反冲洗强度可相应减小。（√）

30. 使用氨水查找氯气泄漏在各种环境下均适用。（√）

31. 滤池工作中，杂质穿透深度越大，则滤层的含污能力越高，其处理效果越好。（√）

单选题

1. 多层滤料的各层相对密度自上而下（ B ）。

A. 相同　　B. 依次增大

C. 依次减小　　D. 中间层小，上下两层大

2. 下列措施中，(D)不能有效地提高混凝效果。

A. 调整 pH 值　　B. 投加适量的石灰

C. 投加助凝剂　　D. 降低水温

3. 关于臭氧消毒的说法，错误的是(B)。

A. 能氧化水中的酚　　B. 在管网中持续保持杀菌能力

C. 耗电量大，成本高　　D. 不受水中氨氮和 pH 值的影响

4. 臭氧的物理性质是(C)。

A. 常温常压下为气体、无色、不稳定、无味

B. 常温常压下为液体、无色、不稳定、有臭味

C. 常温常压下为气体、淡蓝色、不稳定、有臭味

D. 常温常压下为气体、淡红色、不稳定、有臭味

5. GB 15892—1995 规定，饮用水处理所用的优等品固体聚合氯化铝的氧化铝含量不小于(D)。

A. 28.0%　　B. 29.0%　　C. 30.0%　　D. 32.0%

6. 工业用液氯以体积百分比计含水量不大于(B)。

A. 0.06%　　B. 0.05%　　C. 0.04%　　D. 0.03%

7. 在理想沉淀池中，下列说法中错误的是(D)。

A. 颗粒处于自由沉降状态　　B. 水流沿着水平方向移动

C. 颗粒沉到水底不再返回水流中　　D. 颗粒沉降速度是变化的

8. 沉淀池的截留沉速与表面负荷率的数值关系为(B)。

A. 截留沉速大　　B. 相等　　C. 截留沉速小　　D. 随机变化

9. 悬浮颗粒在理想沉淀池中的沉淀效率与(A)相关。

A. 表面负荷率　　B. 水深　　C. 池长　　D. 水平流速

10. 在混合和絮凝过程中，控制水力条件的最基本参数是(A)。

A. 速度梯度　　B. 混合时间　　C. 絮凝时间　　D. 混合设备参数

11. 相邻水层的水流速度差与它们之间的距离比称为(B)，通常用 G 表示。

A. 水流梯度　　B. 速度梯度　　C. 流量梯度　　D. 速度比例

12. 混合阶段适宜的速度梯度是(C)1/s。

A. 100 ~ 300　　B. 300 ~ 500　　C. 500 ~ 1000　　D. 1000 ~ 1500

13. 自混合池进口至出口速度梯度应是(C)。

A. 不变　　B. 逐渐增大　　C. 逐渐减小　　D. 先增大后再减小

14. 絮凝阶段适宜的平均速度梯度是(A)1/s。

A. 20 ~ 70　　B. 80 ~ 100　　C. 100 ~ 120　　D. 120 ~ 150

15. 下列絮凝池类型中，(C)属于水力絮凝池。

A. 涡轮式　　B. 水平轴式　　C. 旋流式　　D. 摆动梁式

16. 与平流沉淀池相比，斜管沉淀池的(B)。

A. 水力半径大　　B. 雷诺数小　　C. 弗劳德数小　　D. 水流属紊流状态

17. 斜管沉淀池的水力条件参数通常为(A)。

A. Re 小于 200，Fr 大于 10^{-4}　　B. Re 大于 200，Fr 小于 10^{-4}

C. *Re* 小于 200，*Fr* 小于 10^{-4}　　D. *Re* 大于 200，*Fr* 大于 10^{-4}

18. 在等速过滤中，下列说法中错误的是(D)。
A. 滤池水位逐渐升高　　B. 水头损失随时间逐渐增大
C. 滤池出口水量保持不变　　D. 滤池进水量随时间逐渐减少

19. 关于变速过滤的说法，正确的是(D)。
A. 滤池水位保持不变　　B. 水头损失逐渐增大
C. 无阀滤池是变速滤池　　D. 滤池进水量随时间逐渐减少

20. 目前我国快滤池冲洗主要采用(D)方式。
A. 低速冲洗　　B. 中速冲洗
C. 增加空气助冲的高速冲洗　　D. 无空气助冲的高速冲洗

21. 下列快滤池中，(A)不会产生负水头。
A. 无阀滤池　　B. 普通快滤池
C. 移动冲洗罩滤池　　D. 压力滤池

22. 活性炭吸附等温线表示(B)的关系。
A. 吸附质数量与吸附容量　　B. 吸附容量与溶液浓度
C. 吸附容量与温度　　D. 温度与溶液浓度

23. 由于活性炭具有(C)使它具有去除水中一些金属离子的功能。
A. 发达的孔隙结构　　B. 巨大的表面积
C. 氧官能团　　D. 发达的孔隙结构与巨大的表面积

24. 水中加入活性炭除臭除味，主要是利用它的(A)作用。
A. 吸附　　B. 氧化　　C. 还原　　D. 生物降解

25. 管井最重要的组成部分是(D)。
A. 沉淀管　　B. 井室　　C. 井壁管　　D. 过滤器

26. 深井泵的传动轴一般用(C)连接。
A. 橡胶包套　　B. 法兰联轴节　　C. 螺纹联轴节　　D. 内杆联轴节

27. 下列各种类型泵中，(C)属于容积式泵。
A. 轴流泵　　B. 混流泵　　C. 隔膜泵　　D. 螺旋泵

28. 容积式水泵的使用范围侧重于(A)。
A. 低流量、高扬程　　B. 大流量、高扬程
C. 低流量、低扬程　　D. 大流量、低扬程

29. 渗渠一般用于开采水层厚度小于(D)m、渠底埋藏深度小于 6m 的地下水，也可用于冬季冰情严重的河床取水。
A. 8　　B. 7　　C. 6　　D. 5

30. 与沉淀池相比，气浮池存在(B)的缺点。
A. 负荷难以控制　　B. 运行费用高　　C. 耗药剂量高　　D. 出水水质不稳定

31. 中、小阻力配水系统的承托层厚度大约为(B)mm。
A. 150 ~ 200　　B. 200 ~ 250　　C. 300 ~ 350　　D. 450 ~ 500

32. 当转子加氯机的压力水源中断时，(B)将使中转玻璃罩内真空破坏。
A. 水射器　　B. 平衡水箱　　C. 旋风分离器　　D. 弹簧薄膜阀

33. 当氯瓶中压力小于0.05MPa时，转子加氯机的(C)可保证氯瓶内氯气应有余压，不允许被抽吸成真空的安全要求。

A. 中转玻璃罩　B. 水射器　C. 弹簧薄膜阀　D. 平衡水箱

34.《室外给水设计规范》规定，当快滤池的进水浊度在(C)mg/L以下时，无烟煤－石英砂双层滤料的正常滤速以10~14m/h为宜。

A. 20　B. 15　C. 10　D. 5

35. 氨水查找氯气泄漏时，利用生成(D)晶体微粒形成白色烟雾的原理。

A. OCl^-　B. 氨水　C. HOCl　D. 氯化铵

36. 若氯瓶出氯口处发生大量氯气泄漏而无法控制，常用的处理方法为(C)。

A. 关严针型阀　B. 拧紧易熔安全塞

C. 将氯瓶推入石灰水事故坑　D. 人工用水冲

多选题

1. 理想沉淀池中，在沉速一定的条件下，正确的说法是(A，B，D)。

A. 增加沉淀池表面积可提高去除率

B. 沉淀池表面积越大则产水量越多

C. 增加沉淀池表面积不能提高去除率

D. 沉淀池容积一定时，池身浅则表面积大，去除率则高

2. 提高滤池过滤效果的办法有(A，B，C，D)。

A. 采用上向流过滤　B. 采用多层滤料

C. 采用双向流过滤　D. 采用双层滤料

3. 下列滤池中，(A，B)属于变速滤池。

A. 普通快滤池　B. 移动冲洗罩滤池

C. 无阀滤池　D. 虹吸滤池

4. 为保证反冲洗均匀排水，普通快滤池排水槽设置须符合(A，B，C，D)要求。

A. 高度要适当

B. 排水槽口力求水平

C. 排水槽总面积不大于滤池总面积的25%

D. 相邻两槽中心距为1.5~2.0m

5. V形滤池控制反冲洗过程的主要参数是(A，B，D)。

A. 过滤周期　B. 出水浊度　C. 滤速　D. 滤层水头损失

6. 快滤池中，滤料截留杂质的特点为(A，B，C)。

A. 过滤初期，较大粒径的杂质能够透过上层

B. 截留杂质的粒径从上往下依次减小

C. 滤料的含污能力随时间逐渐变小

D. 滤料的含污能力不变化

7. 快滤池滤料的表面污染物和滤层中泥球可定期使用化学清洗法除去，通常采用的药剂有(A，B，D)。

A. 氢氧化钠　B. 漂白粉　C. 硫酸铜　D. 盐酸

8. 在V形滤池滤料表面结泥球时，其处理方法为(A，B，C，D)。

A. 调整冲洗强度　　B. 缩短工作周期
C. 使用漂白粉浸泡滤床　　D. 更换滤料

9. 快滤池反冲洗跑砂的原因为(A，B，C，D)。
A. 冲洗强度过大　　B. 滤料级配不当
C. 冲洗水分布不均匀　　D. 承托层发生扰动

10. 当加氯间发生少量氯气泄漏时，常用的处理方法为(A，B)。
A. 关严针形阀　　B. 拧紧易熔安全塞
C. 将滤瓶推入石灰水事故坑　　D. 开启水幕喷淋系统

11. 下列快滤池中，(B，C，D)不会出现负水头现象。
A. 普通快滤池　B. 虹吸滤池　C. 移动罩滤池　D. 无阀滤池

简答题

1. 简述滤料有效粒径 d_{10} 和不均匀系数 K_{80} 的含义。

答： d_{10} 表示通过滤料重量 10% 筛孔孔径，它反映滤料中细颗粒的尺寸；$K_{80}=d_{80}/d_{10}$，K_{80} 愈大，表示粗细颗粒尺寸相差愈大，滤料粒径愈不均匀。

2. 低温对混凝效果有什么影响？为什么？

答： 低温水处理困难，主要原因有：①金属盐类水解是吸热反应，水温低时，混凝剂水解困难。②低温水的黏度大，水中杂质的布朗运动强度减弱，不利于脱稳胶粒互相凝聚；同时因黏度大导致水流剪力增大，影响絮凝体的成长。

3. 在水处理中使用粉末活性炭时，炭液的调配浓度和投加浓度一般为多少？

答： ①调配浓度：为缩小炭液池容积，一般采用调配浓度为 5%～8%，使用量大的时候可以提高到 10%。②投加浓度：为使炭液快速扩散，与水体充分混合，可采用压力水稀释强制扩散，降低投加浓度。通常稀释水量为 6～10 倍。

4. 简述活性炭过滤器的吸附原理。

答： 吸附过程就是活性炭的颗粒表面形成了一层平衡的表面浓度，再把有机物质吸附到活性炭颗粒内。产生吸附的原因是由于分子间和分子内键与键之间存在的吸附力。这种力是物质聚集状态中分子间存在着的一种较弱的相互作用力，即范德华力。

5. V 形滤池工作特点有哪些？

答： ①恒水位恒速过滤；②采用均质滤料；③冲洗时采用气水反冲加表面扫洗；④承托层较薄；⑤冲洗时滤池保持微膨胀。

6. 简述普通快滤池滤料的铺设步骤。

答： 先铺设承托层，要求从下而上从粗到细一层层铺设，严格控制各层厚度，做到厚薄均匀；滤池灌水至排水槽槽顶处，从整个滤池表面向水中投入所需的滤料，然后放水刮平滤料，再进行反冲洗；多层滤料铺设时应铺一层冲洗一层，一般铺设的滤料层厚度必须比设计值要高 5～10cm。

7. 活性炭的热再生的过程分为几个阶段？

答： ①加热干燥；②解吸以取出挥发性物质；③大量有机物的热解；蒸汽和热解的气体产物从炭粒的孔隙中排出。

8. 负水头对普通快滤池的过滤产生哪些影响？

答： 负水头会导致溶解于水中的气体释放出来而形成气囊。气囊对过滤有破坏作用，一是减少有效过滤面积，使过滤时的水头损失及滤速增加，严重时会破坏滤后水质；二是气囊会穿过滤层上升，将部分细滤料或轻质滤料带出，破坏滤层结构，反冲洗时更易将滤料带出滤池。

9. 当滤料层经常性地发生含泥量增加时，如何处理？

答：收集滤池生产操作各环节数据；提高沉淀处理效果，控制滤池进水浊度小于10mg/L；调整滤池滤速和工作周期；增加滤池反冲洗强度或延长冲洗时间；更换表层滤料。

10. 普通快滤池避免出现负水头的方法有哪些？

答：增加滤层砂面上的水深；提高滤池出水位置，使之等于或高于滤层表面。

软化除盐处理模块

判断题

1. 进水中含有微量 Na^+ 时，Ⅰ型强碱性阴树脂仍具有一定的除硅能力。 (√)

2. 树脂变质后，可通过复苏处理恢复树脂的交换能力。 (×)

正确答案：树脂变质后，复苏处理恢复不了树脂的交换能力。

3. 弱碱性阴离子交换树脂不能使用弱碱进行再生。 (×)

正确答案：弱碱性阴离子交换树脂可以使用弱碱进行再生。

4. 碳酸钠的水解程度是随着锅炉压力的增高而增高的。 (√)

5. 用弱碱性阴树脂处理水时，其进水 pH 值宜控制在较低水平。 (√)

6. 分流固定床进再生剂时，应分步顶压。 (×)

正确答案：分流固定床进再生剂时，由于上部和下部同时进，所以无需顶压。

7. 对于再生式浮动床，运行时水向上流，再生时再生液向下流。 (×)

正确答案：对于再生式浮动床，运行时水向下流，再生时再生液向上流。

8. 浮动床运行自床层失效算起，依次为落床、再生、成床、向下流清洗、置换和向上流清洗、运行六步。 (×)

正确答案：浮动床运行自床层失效算起，依次为落床、再生、置换、向下流清洗、成床和向上流清洗、运行六步。

9. 提升床运行程序依次为下室反洗、往下室送树脂、上室反洗、往上室送树脂、落床、再生和置换、正洗、运行。 (√)

10. 因移动床的各种运行周期通常是按时间控制的，故其对进水水质和水量变化的适应性好。 (×)

正确答案：因移动床的各种运行周期通常是按时间控制的，故其对进水水质和水量变化的适应性差。

11. 移动床清洗时，水在清洗塔内由上而下流经树脂。 (×)

正确答案：移动床清洗时，水在清洗塔内由下而上流经树脂。

12. 当离子交换器间断运行，或者其流量和进水水质发生变化时，可通过进水含盐量来确定离子交换器的失效终点。 (×)

正确答案：当离子交换器间断运行，或者其流量和进水水质发生变化时，应通过出水水质来确定离子交换器的失效终点。

13. 原水水质的变化对流动床、移动床的影响大。 (√)

14. 采用强、弱型树脂联合应用工艺的新型离子交换除盐水处理系统，可降低再生剂用

量和制取优良除盐水。 (√)

15. 当原水碱度较高，化学除盐宜采用强酸阳离子－除碳－弱碱阴离子－强碱阴离子系统处理。 (×)

正确答案：当原水碱度较高，化学除盐宜采用弱酸阳离子－强酸阳离子－除碳－强碱阴离子系统。

16. 在锅炉给水中，溶有多种气体，其中对热力设备危害最大的是二氧化碳。 (×)

正确答案：在锅炉给水中，溶有多种气体，其中对热力设备危害最大的是氧气和二氧化碳。

17. 淋水盘式除氧器淋水盘堵塞时，易发生水击现象。 (√)

18. 热力除氧器即以蒸汽通入除氧器内，把要除氧的水加热到相应压力下的过热温度。 (×)

正确答案：热力除氧器即以蒸汽通入除氧器内，把要除氧的水加热到相应压力下的饱和温度。

19. 热力除氧水温达沸点时，气水界面上的水蒸气压力大于外界压力。 (×)

正确答案：热力除氧水温达沸点时，气水界面上的水蒸气压力和外界压力相等。

20. 在微絮凝过滤处理中，混凝剂的投加地点对出水水质有很大的影响。 (√)

21. 离子交换膜的膜面电阻越小，膜的电导性越好。 (√)

22. 在相同的风水比条件下，拉希瓷环比多面空心塑料球有更好的除碳效果。 (×)

正确答案：在相同的风水比条件下，多面空心塑料球较拉希瓷环有更好的除碳效果。

23. 混合床失效程度愈大，分层愈难。 (×)

正确答案：混合床失效程度愈小，分层愈难。

24. 树脂表面存在油膜，易造成反洗时流失树脂。 (√)

25. 进水浊度的增高，会使阳床的反洗水量增加，但不会影响阳床的周期制水量。 (×)

正确答案：进水浊度的增高，不仅会使阳床的反洗水量增加，且会降低阳床的周期制水量。

26. 离子交换器逆流再生过程中的一个关键问题是使交换剂不乱层。 (√)

27. 混合床反洗分层后，阳树脂在上、阴树脂在下。 (×)

正确答案：混合床反洗分层后，阴树脂在上、阳树脂在下。

单选题

1. 强碱性阴树脂在常温下再生时，下列离子中(D)从树脂层被置换出来的速度最慢。

A. SO_4^{2-}　B. Cl^-　C. HCO_3^-　D. $HSiO_3^-$

2. 与强碱性树脂相比，弱碱性 OH 型树脂具有(C)的特点。

A. 交换性能好，易用碱再生　B. 交换性能好，不易用碱再生

C. 交换性能差，易用碱再生　D. 交换性能差，不易用碱再生

3. 弱碱性树脂的交换能力随进水 pH 值的上升而(C)。

A. 上升　B. 不变　C. 下降　D. 无法确定

4. 弱碱性阴树脂对(D)无吸着能力。

A. HCO_3^-　B. Cl^-　C. NO_3^-　D. $HSiO_3^-$

5. 强酸性阳树脂由 Na 型变成 H 型，树脂体积会(A)。

A. 增加　　B. 不变　　C. 减少　　D. 无法确定

6. 强碱性阴树脂可耐受的最高温度为(D)℃。

A. 120　　B. 100　　C. 80　　D. 60

7. 下列树脂中，(C)树脂最容易发生化学降解而产生胶溶现象。

A. 强酸性　　B. 弱酸性　　C. 强碱性　　D. 弱碱性

8. Ⅱ型强碱性阴树脂比Ⅰ型强碱性阴树脂(C)。

A. 碱性强、交换容量大　　B. 碱性强、交换容量小

C. 碱性弱、交换容量大　　D. 碱性弱、交换容量小

9. 弱酸性树脂具有(A)的特点。

A. 交换容量高、再生比耗低　　B. 交换容量高、再生比耗高

C. 交换容量低、再生比耗高　　D. 交换容量低、再生比耗低

10. 若阳树脂发生氧化，则其含水量(C)。

A. 减少　　B. 不变　　C. 增多　　D. 无法确定

11. 新树脂在使用前一般用盐酸溶液预处理，目的是除去新树脂中的(A)。

A. 重金属离子　　B. 低聚物　　C. 硅　　D. 油脂

12. 浓度为31.0%的工业盐酸中，铁的含量应不大于(C)。

A. 0.001%　　B. 0.005%　　C. 0.01%　　D. 0.05%

13. 随着再生次数的增多，活性炭的(B)。

A. 炭分随之增加，吸附能力逐渐提高　　B. 炭分随之增加，吸附能力逐渐降低

C. 炭分随之减少，吸附能力逐渐提高　　D. 炭分随之减少，吸附能力逐渐降低

14. 碳酸盐硬度经钠离子处理后的生成物是(B)。

A. Na_2CO_3　　B. $NaHCO_3$　　C. NaOH　　D. Na_3PO_4

15. 非碳酸盐硬度经钠离子处理后的生成物是(A)。

A. 中性盐　　B. 酸式盐　　C. 碱式盐　　D. 碱

16. 阴床进水硅酸含量愈大，树脂除硅(B)愈大。

A. 全交换容量　　B. 工作交换容量　　C. 交换容量　　D. 平衡交换容量

17. 在钠离子交换软化处理中，其出水主要控制(D)的含量。

A. Ca^{2+}、Na^+　　B. Mg^{2+}、Na^+　　C. Ca^{2+}、H^+　　D. Ca^{2+}、Mg^{2+}

18. 分流再生固定床进再生剂，采用(D)的方式。

A. 上部进、下部排　　B. 下部进、上部排

C. 下部进、中间排　　D. 上部和下部进、中间排

19. 运行式浮动床床层的体外清洗周期与进水的(C)有关。

A. pH　　B. 余氯　　C. 浊度　　D. COD

20. 移动床运行过程中，两次落床之间交换塔运行的时间，称其为一个(A)。

A. 大周期　　B. 小周期　　C. 全周期　　D. 单周期

21. 为了便于混合床中阳、阴树脂的分层，其阴、阳树脂的湿真密度差应大于(C)。

A. 5%～10%　　B. 10%～15%　　C. 15%～20%　　D. 20%～30%

22. 锅炉补给水处理中，混合床常用的阴阳树脂体积比一般为(B)。

A. 3:1　　B. 2:1　　C. 1:1　　D. 1:2

23. 双层床离子交换设备结构与(C)相同。

A. 顺流固定床　　B. 移动床　　C. 对流固定床　　D. 混合床

24. 双层床的再生方式采用(B)方式再生。

A. 顺流　　B. 对流　　C. 分流　　D. 体外

25. 为了保证出水水质，阳双层床中强酸树脂层高不低于(D)mm。

A. 200~400　　B. 300~500　　C. 400~600　　D. 600~800

26. 离子交换过程失效的确定，通常采用(D)。

A. 按离子交换工作时间确定　　B. 按计算周期流量来设定

C. 按再生剂消耗量确定　　D. 按出水水质标准确定

27. 与流动床运行过程比较，移动床运行过程中不同的是(C)。

A. 树脂流动　　B. 树脂体外再生　　C. 起床落床　　D. 连续运行

28. 氢-钠离子串联系统中，钠罐前设除碳器，是为了避免有二氧化碳的水通过钠罐时产生(B)。

A. Na_2CO_3　　B. $NaHCO_3$　　C. NaOH　　D. NaCl

29. 对于中压锅炉补给水的处理可采用双级钠型强酸阳离子交换处理，其出水残留硬度可低于(D)mmol/L。

A. 5　　B. 0.5　　C. 0.05　　D. 0.005

30. 当要求出水水质电导率 $<5\mu s/cm$、$SiO_2<0.1mg/L$ 时，离子交换处理可采用(D)。

A. 双级钠交换　　B. 氢、钠交换

C. 强阳、弱碱交换　　D. 强阳、除碳、强碱交换处理

31. 一级复床除盐水水质指标 SiO_2(D)$\mu g/L$。

A. ≤30　　B. ≤50　　C. ≤70　　D. ≤100

32. 在化学水处理中再生排放的酸和碱废液必须经处理后排放，其排放水的 pH 值控制范围为(C)。

A. 6~11　　B. 5~8　　C. 6~9　　D. 7

33. 稀释(C)时，释放出大量热量。

A. 盐酸　　B. 食盐　　C. 硫酸　　D. 碳酸钠

34. 用硫酸再生阳床时采用分步再生法，再生液先以(A)进行再生，然后逐步调整浓度、流速。

A. 低浓度、高流速　　B. 低浓度、低流速

C. 高浓度、高流速　　D. 高浓度、低流速

35. 一般中压以上的锅炉，大都以(D)除氧为主。

A. 解析　　B. 电化学　　C. 化学　　D. 热力

36. 给水加氨的目的是调节水的(C)。

A. 碱度　　B. 导电度　　C. pH 值　　D. 含氨量

37. 在 25℃条件下，当水的 pH 值大于(D)时水中没有二氧化碳。

A. 4.3　　B. 6.8　　C. 7.0　　D. 8.3

38. 热力除氧原理基于(D)。

A. 阿基米德定律　　B. 质量守恒定律

C. 能量守恒定律　　D. 亨利定律

39. 热力除氧过程中，不仅能除去氧气，而且还会使(B)发生分解。

A. CO_3^{2-}　　B. HCO_3^-　　C. CO_2　　D. CO

40. 膜分离法是利用(B)为分离介质，当膜两侧存在某种推动力时，使溶剂与溶质或微粒分离的方法。

A. 渗透膜　　B. 选择性透过膜　　C. 导电膜　　D. 滤膜

41. 分流再生式固定床，特别适于用(B)再生阳离子交换树脂。

A. 盐酸　　B. 硫酸　　C. 硝酸　　D. 碳酸

42. 分流再生式固定床的中间排液装置位于(D)。

A. 压实层表面　　B. 压实层中

C. 压实层与树脂层之间　　D. 树脂层中

43. 水力循环澄清池利用(D)吸入活性泥渣。

A. 离心力作用　　B. 推力作用　　C. 机械作用　　D. 流体作用

44. 浮动床的进水浊度应小于(A)mg/L。

A. 2　　B. 5　　C. 10　　D. 15

45. 浮动床运行的瞬时最小流速不允许小于(B)m/h。

A. 4　　B. 7　　C. 10　　D. 20

46. 移动床输脂管上的阀门宜采用(D)。

A. 截止阀　　B. 闸阀　　C. 蝶阀　　D. 转心球阀

47. 无压力式流动床进水的流速不能太快，主要是防止(A)。

A. 出水带出树脂　　B. 出水水质恶化

C. 树脂乱层　　D. 树脂磨损增大

48. 逆流再生过程中，离子交换树脂乱层会造成(B)。

A. 底部排水装置损坏

B. 树脂层中盐类离子的分布层次遭破坏

C. 跑树脂

D. 中间排水装置损坏

49. 在下列离子交换器中，结构相对简单的是(A)固定床。

A. 顺流式　　B. 逆流式　　C. 分流式　　D. 混合式

50. 顺流固定床采用辐射型再生装置时，一般设置(B)根辐射管。

A. 4　　B. 8　　C. 12　　D. 16

51. 离子交换器中排装置一般采用(D)材质。

A. 碳钢衬胶　　B. 碳钢　　C. 聚氯乙烯　　D. 不锈钢

52. 混合床离子交换器一般不采用(C)方式。

A. 体内再生　　B. 体外再生

C. 阳树脂外移再生　　D. 阴树脂外移再生

53. 向上流过滤器的特点为(D)。

A. 出水水质好　　B. 滤速高

C. 滤料粒径均匀　　D. 滤层截污能力大

54. 离子交换膜膜面电阻是一定条件下单位面积的电阻值，该值随膜的(D)而减小。

A. 交换容量的增加、含水量的减小　　B. 交换容量的减小、含水量的增加

C. 交换容量和含水量的减小　　D. 交换容量和含水量的增加

55. 在下列离子交换树脂的官能团中，(D)属于带有极性非离子型官能团。

A. —SO_3H　　B. —COOH　　C. —$N(CH_3)_3Cl$　　D. —$N(CH_3)H$

56. 除碳器填料的作用是增加水的(B)。

A. 温度　　B. 分散度　　C. 流速　　D. 阻力

57. 在食盐再生系统中，一般通过(A)来控制再生液浓度。

A. 调节吸液阀开度　　B. 调节喷射器压力水流量

C. 调节浓盐水浓度　　D. 调节喷射器压力水压力

58. 强酸性阳树脂贮存时，需转成(C)。

A. H 型　　B. Ca 型　　C. Na 型　　D. Mg 型

59. 离子交换器工作时树脂产生污堵的主要原因为(C)。

A. 树脂再生不彻底　　B. 树脂碎裂

C. 进水浑浊　　D. 树脂粒径大

60. 在强碱性阴离子交换树脂氧化变质过程中，主要表现为(C)逐渐减少。

A. 强碱性交换基团的数量

B. 弱碱性交换基团的数量

C. 交换基团总量和强碱性交换基团的数量

D. 交换基团总量和弱碱性交换基团的数量

61. 当混合床使用未预处理的新树脂，分层较困难，其原因应为(B)。

A. 新阳、阴树脂的密度差小　　B. 新树脂内部有未聚合的有机物

C. 新树脂的失效程度低　　D. 新树脂结块

62. 下列各种因素中，(B)不会造成阳离子交换器再生不合格。

A. 再生剂质量差　　B. 再生液加温不够

C. 再生液分配装置损坏　　D. 逆流再生中树脂乱层

63. 若阳树脂混入阴床，则阴床出水水质表现为(A)。

A. 钠离子含量大、碱度大、电导率大

B. 钠离子含量小、碱度大、电导率大

C. 钠离子含量大、碱度小、电导率大

D. 钠离子含量小、碱度大、电导率小

64. 工业氢氧化钠溶液带橘红色，说明其中(C)的含量较高。

A. 钙　　B. 氯　　C. 铁　　D. 铝

65. 强碱性阴树脂被有机物污染的程度一般根据浸泡树脂食盐溶液的(C)来判断。

A. pH 值　　B. 电导率　　C. 色泽　　D. 化学耗氧量

66. 若阴树脂被有机物污染，通常使用(A)进行复苏处理。

A. 碱性氯化钠溶液　　B. 氢氧化钠溶液

C. 盐酸溶液　　D. 氯化钠溶液

67. 混合床中的 H 型和 OH 型树脂互相粘结，在反洗分层前可向混合床内通入(C)进行处理。

A. 盐酸溶液　　B. 氯化钠溶液

C. 氢氧化钠溶液　　D. 硫酸溶液

68. 若离子交换软化床产生偏流，则该软化床将会发生(D)。

A. 树脂工作层变薄　　B. 周期制水量升高

C. 盐耗不变　　D. 树脂工作交换容量降低

69. 为了防止阳离子交换树脂的损坏，要求进水中残余活性氯含量小于(A)mg/L。

A. 0.1　　B. 0.2　　C. 0.5　　D. 1.0

多选题

1. 离子交换树脂一般被制成球形，具有(A，B，C，D)等优点。

A. 阻力小　　B. 水流均匀　　C. 表面积大　　D. 磨损小

2. 弱碱性树脂可以使用(A，B，C，D)进行再生。

A. NaOH　　B. $NaHCO_3$　　C. KOH　　D. NH_4OH

3. 与强碱性凝胶型树脂相比较，强酸性凝胶型树脂具有(B，C，D)的特点。

A. 机械强度高　　B. 交换容量大

C. 抗有机物污染能力强　　D. 耐热性好

4. 若阳树脂发生氧化，则其发生变化为(B，C，D)。

A. 颜色变深　　B. 体积增大

C. 易碎　　D. 体积交换容量降低

5. 强碱性阴树脂在使用中常常会受到(B，C，D)等杂质的污染。

A. 悬浮物　　B. 铁的化合物　　C. 胶体硅　　D. 有机物

6. 新树脂在使用前经过预处理可达到(A，B，C，D)的目的。

A. 去除树脂中杂质　　B. 提高树脂稳定性

C. 提高树脂工作交换容量　　D. 活化树脂

7. 盐酸作为再生剂，其缺点是(A，C)。

A. 价格高　　B. 再生效果差

C. 防腐要求高　　D. 不易清除树脂的铁污染

8. 强酸性阳离子交换树脂可选择(B，D)作为再生剂。

A. 磷酸　　B. 硫酸　　C. 硝酸　　D. 盐酸

9. 水处理中，盐酸计量箱可采用(A，C，D)防腐。

A. 衬胶　　B. 铬镍钢　　C. 聚氯乙烯　　D. 玻璃钢内衬

10. 在低压锅炉的锅内处理中，加入碳酸钠的主要作用是(A，B)。

A. 消除水中钙硬度　　B. 保持锅炉水的碱度

C. 使老水垢疏松脱落　　D. 增加泥垢的流动性

11. 浮动床离子交换器可分为(A，C)浮动床。

A. 运行式　　B. 连续式　　C. 再生式　　D. 混合式

12. 运行式浮动床停运落床的方法有(A，C，D)等落床法。

A. 重力　　B. 空气　　C. 排水　　D. 压力

13. 提升床式浮动床离子交换器工作原理与浮动床基本相同，它的优点是(B，C)。

A. 再生简单　　B. 体内反洗

C. 可经常启、停，不影响水质　　D. 落床方便

14. 移动床交换系统按其运行方式分有(A，B)。

A. 多周期　　B. 单周期　　C. 大周期　　D. 小周期

15. 混合床阴、阳树脂再生方法有(A，B，C，D)。

A. 酸、碱分别流经阳、阴树脂层的两步法体内再生

B. 酸、碱同时流经阳、阴树脂层体内再生

C. 阴树脂移出体外再生

D. 阴、阳树脂外移体外再生

16. 对于除硅要求高的水，在一级复床除盐处理后增设(A，D)处理。

A. 二级强碱性阴离子交换　　B. 二级强酸性阳离子交换

C. 一级强酸、强碱　　D. 混合床

17. 用硫酸再生强酸阳树脂，采用二步法的再生特点(A，B，C，D)。

A. 防止再生中 $CaSO_4$ 沉淀析出　　B. 提高再生后工作交换容量

C. 操作复杂　　D. 再生操作时间长

18. 调节给水 pH 值的方法是(A，C)。

A. 给水氨处理　　B. 给水碱处理

C. 给水胺处理　　D. 给水联氨处理

19. 提高给水的 pH 值，可以防止给水管路中的(B，C)。

A. 腐蚀物沉积　　B. 氢去极化腐蚀

C. 金属表面保护膜的破坏　　D. 氧腐蚀

20. 热力除氧器按结构组成分为(B，C，D)除氧器。

A. 解析式　　B. 淋水盘式　　C. 喷雾式　　D. 填料式

21. 下列水处理方法中，(A，B，C)属于膜分离法。

A. 电渗析　　B. 反渗透　　C. 超滤　　D. 离子交换

22. 浮动床水垫层的作用是(A，C，D)。

A. 作为树脂层转型时体积变化的缓冲高度

B. 作为树脂层反洗膨胀的缓冲高度

C. 使水流分配均匀

D. 使再生液分配均匀

23. 在沉淀处理中，比量加药器的加药量能自动随运行时(A，B，C)等的改变而变动。

A. 水的流量　　B. 药液浓度　　C. 原水水质　　D. 泥渣浓度

24. 澄清池装设斜管的作用是(A，B，C，D)。

A. 增大沉淀面积　　B. 降低沉降高度

C. 缩短颗粒沉降时间　　D. 提高水流稳定性

25. 逆流再生固定床的压实层厚度过小，会使(A，C)。

A. 悬浮物渗入树脂层　　B. 反洗时流失树脂

C. 气顶压时中间排水装置进气不均匀　　D. 进水冲动交换剂表面

26. 顺流固定床进水装置的作用为(A，D)。

A. 均匀配水　　B. 均匀收集再生废液

C. 阻留树脂　　D. 消除水对交换剂表面的冲动

27. 下列影响因素中，(A，C)会引起阴床出水 pH 值降低。

A. 大反洗进水阀漏入进水　　B. 进碱阀漏入再生液

C. 运行阴床已失效　　D. 运行阳床已失效

简答题

1. 弱性树脂有什么特性?

答: ①弱性树脂对水中离子的交换有一定的局限性。②弱性树脂与水中离子的交换受 pH 值的限制。③弱性树脂易于再生、比耗低。④弱性树脂排出的再生废液浓度低，对环境污染小。

2. 在低压锅炉的炉内处理中，氢氧化钠药剂处理的主要作用是什么?

答: ①消除水中的碳酸盐硬度和镁硬度；②使细小发散的碳酸钙质点稳定；③保持炉水具有一定的碱度，避免产生腐蚀。

3. 软化与除盐的区别?

答: ①离子交换软化处理主要除去水中 Ca、Mg 离子的硬度；②离子交换除盐处理主要除去水中酸根与金属的盐类。

4. 简述混合床的工作过程。

答: 混合床的工作过程分为反洗分层、再生、树脂混合、正洗、交换运行。

三、技能操作鉴定要素细目表

鉴定范围						鉴定点	
一级		二级		三级		代码	名　称
代码	名　称	代码	名　称	代码	名　称		
A	技能要求（通用模块）	A	通用设备的使用与维护	A	使用设备	001	轴流泵的投运操作
						002	往复式空压机投运前的检查
						003	往复式空压机的投运操作
						004	往复式空压机的停运操作
						005	离心式压缩机的投运操作
						006	自吸式离心泵的投运操作
						007	pH 电极法的测定

续表

鉴定范围						鉴定点	
一级		二级		三级		代码	名称
代码	名称	代码	名称	代码	名称		
				B	维护设备	001	运行电机的检查维护
						002	往复式空压机的运行维护
						003	离心式压缩机的运行维护
						004	活塞式压缩机的运行维护
		B	通用机械设备事故判断与处理	A	判断事故	001	离心泵振动大的原因分析
						002	离心泵组的杂音辨别
						003	离心泵产生汽蚀的原因分析
						004	轴流泵不上量的原因分析
						005	离心式压缩机振动大的原因分析
				B	处理事故	001	离心泵输送流量逐渐减小的处理
						002	罗茨风机振动过大的处理
						003	往复式空压机油压降低的处理
						004	往复式空压机排气量降低的处理
B	技能要求（净水处理模块）	A	工艺操作	A	开车准备	001	双层滤料滤池承托层和滤料的铺设步骤
				B	开车操作	001	生产水系统的开车操作
				C	正常操作	001	V形滤池负荷调整
						002	生活水中余氯的快速测试
				D	停车操作	001	生活水系统的停运操作
		B	设备使用与维护	B	维护设备	001	离心泵安装后的验收
						002	水压试验
		C	事故判断与处理	A	判断事故	001	加氯消毒系统常见故障的判断及处理
				B	处理事故	001	闸阀开不动的处理
						002	输水管道爆裂的处理
						003	加氯系统出现漏氯的处理
		D	绘图与计算	A	绘图	001	绘制生活水处理系统流程图
						002	绘制两台同型号离心泵并联工作的工况变化图
						003	绘制单吸单级离心泵的结构图
C	技能要求（软化除盐处理模块）	A	工艺操作	A	开车准备	001	新阳树脂的预处理操作
						002	新阴树脂的预处理操作
						003	阳树脂和阴树脂的鉴别操作
				B	开车操作	001	一级复床除盐系统投运操作
						002	一级复床加混床除盐系统投运操作
						003	移动床交换塔的运行操作

续表

鉴定范围						鉴定点	
一级		二级		三级		代码	名称
代码	名称	代码	名称	代码	名称		
						004	移动床再生塔的运行操作
						005	双塔多周期移动床再生清洗塔的运行操作
				C	正常操作	001	阳床顺流再生操作
						002	逆流再生操作的注意事项
						003	阳床无顶压逆流大反洗再生操作
						004	阴床无顶压逆流小反洗再生操作
						005	阳床气顶压大反洗再生操作
						006	阴床气顶压小反洗再生操作
						007	阳床水顶压大反洗再生操作
						008	阴床水顶压小反洗再生操作
						009	混床同步再生操作
						010	混床的两步法再生操作
						011	运行式浮动阳床再生操作
						012	阳双层床大反洗再生操作
						013	阴双层床小反洗再生操作
						014	阳双室床再生操作
						015	阴双室床再生操作
				D	停车操作	001	一级复床除盐系统停运操作
						002	一级复床加混床除盐系统停运操作
		B	设备使用与维护	A	使用设备	001	721 型分光光度计的操作
				B	维护设备	001	比色仪器的维护
		C	事故判断与处理	A	判断事故	001	混床反洗分层不明显的原因分析
						002	软化床周期制水量减少的原因分析
						003	阳床出水水质下降的原因分析
						004	阴床出水水质下降的原因分析
						005	阴树脂工作交换容量下降的原因分析
				B	处理事故	001	阳床出水有硬度的处理
						002	阴床出水中有过量钠的处理
						003	除盐水箱水质劣化的处理
						004	再生液进不了床体的处理
						005	固定床离子交换器再生时发生倒灌的处理
						006	混床分层不明显的处理
						007	阳床再生后出水钠大的处理
						008	阴床再生后出水硅大的处理
		D	绘图与计算	A	绘图	001	绘制逆流再生离子交换器结构图
						002	绘制水力循环澄清池结构图
						003	绘制无阀滤池结构图

四、技能操作试题

通用模块

试题1：往复式空压机投运前的检查

（考核时间：25min）

序号	考核内容	考核要点	配分	评分标准	检测结果	扣分	得分	备注
1	准备工作	穿戴劳保用品	3	未穿戴整齐扣3分				
		用具准备	2	用具选择不正确扣2分				
2	润滑工作	清洗机器内部，然后加入规定牌号的润滑油，检查油位指示器所示油位高度是否符合要求，同时用人工方法向机身十字头滑道的摩擦面上注入足够的油量，避免初开车时因缺油润滑而烧毁	20	加润滑油不符要求，每项扣10分				
				加润滑油漏项，每项扣20分				
				不清楚润滑油牌号扣10分				
3	检查联接件	检查各联接件的结合与紧固情况，有松动之处应及时紧固。联轴器防护罩应完好	15	操作内容不符要求，每项扣3分				
				检查漏项，每项扣5分				
4	开启冷却水	检查水管路流通情况，打开总进水管的截止阀，并检查各分支水管流动情况是否畅通无阻	15	检查漏项，每项扣5分				
				操作漏项，每项扣5分				
5	检查压力表	校正压力表，检查气压表和油压表安装情况是否正常	10	检查漏项，每项扣5分				
				操作漏项，每项扣5分				
6	检查安全阀	检查安全阀应完好，并经校验合格	10	检查漏项，每项扣5分				
				操作漏项，每项扣5分				
7	空运转检查	观察和判断运动机构是否灵活。用手扳转飞轮，使压缩机空运转二、三转，如有卡住或碰撞现象应查出原因，予以消除	20	操作内容不符要求，每项扣5分				
				操作漏项，每项扣10分				
8	使用工具	正确使用工具	2	工具使用不正确扣2分				
		正确维护工具	3	工具乱摆乱放扣3分				
9	安全及其他	按国家法规或企业规定		违规一次总分扣2分；严重违规停止操作			—	
		在规定时间内完成操作		每超时1min总分扣3分，超时3min停止操作			—	
		合　计	100					

试题2：往复式空压机的投运操作

（考核时间：20min）

序号	考核内容	考核要点	配分	评分标准	检测结果	扣分	得分	备注
1	准备工作	穿戴劳保用品	3	未穿戴整齐扣3分				
		用具准备	2	用具选择不正确扣2分				

续表

序号	考核内容	考核要点	配分	评分标准	检测结果	扣分	得分	备注
2	启动空压机	开空压机对空排气阀，按空压机“启动”按钮，检查电流表指示应正常，无明显晃动和激增现象，电流不超过额定值	20	未先开对空排气阀扣10分				
				操作漏项，每项扣5分				
				检查漏项，每项扣5分				
3	投缓冲罐	开缓冲罐进口阀，开空压机出口阀，关空压机对空排气阀。待缓冲罐压力升高，开缓冲罐放水阀。当缓冲罐放水阀排清洁空气后，开缓冲罐出口阀，开空气分离器进口阀	25	操作顺序不当，每项扣5分				
				操作漏项，每项扣10分				
4	投空气净化装置	当干燥器两塔压力相等时，将空气净化装置投入运行	10	操作漏项扣10分				
5	投贮气罐	开空气过滤器出口阀，开贮气罐进气阀，关缓冲罐放水阀。待贮气罐压力升高，开贮气罐放水阀。当贮气罐放水阀排清洁空气后，开贮气罐出口阀，关放水阀	25	操作顺序不当，每项扣5分				
				操作漏项，每项扣10分				
6	观察空气净化装置运行	空气净化装置投运后，值班人员应观察一个工作周期方能离开	10	检查漏项扣10分				
7	使用工具	正确使用工具	2	工具使用不正确扣2分				
		正确维护工具	3	工具乱摆乱放扣3分				
8	安全及其他	按国家法规或企业规定		违规一次总分扣2分；严重违规停止操作			—	
		在规定时间内完成操作		每超时1min总分扣3分，超时3min停止操作			—	
		合　计	100					

试题3：往复式空压机的停运操作

（考核时间：15min）

序号	考核内容	考核要点	配分	评分标准	检测结果	扣分	得分	备注
1	准备工作	穿戴劳保用品	3	未穿戴整齐扣3分				
		用具准备	2	用具选择不正确扣2分				
2	停空气净化装置	将空气净化装置开关旋至“停运”位置，停空气净化装置	20	操作漏项扣20分				
3	停空压机	按空压机“停运”按钮，停空压机	20	操作漏项扣20分				
4	放水	打开缓冲罐放水阀、贮气罐放水阀	20	操作漏项，每项扣10分				

续表

序号	考核内容	考核要点	配分	评分标准	检测结果	扣分	得分	备注
5	关闭冷却水	关闭冷却水总进水管的截止阀	15	操作漏项扣15分				
6	关闭系统阀门	当压缩空气系统表压降至“0”时，系统所属阀门应全部关闭	20	操作漏项，每项扣5分				
7	安全及其他	按国家法规或企业规定		违规一次总分扣2分；严重违规停止操作			—	
		在规定时间内完成操作		每超时1min总分扣3分，超时3min停止操作			—	
合计			100					

试题4：离心式压缩机的投运操作

（考核时间：15min）

序号	考核内容	考核要点	配分	评分标准	检测结果	扣分	得分	备注
1	准备工作	穿戴劳保用品	3	未穿戴整齐扣3分				
		工具、用具准备	2	工具选择不正确扣2分				
2	启动	按下启动按钮，主机开始运行	10	操作不当扣10分				
3	启动后的检查	检查各级振动值、油温、油压是否正常	20	一处未检查扣5分				
		检查入口阀是否稍开，入口管真空表有无显示	10	一处未检查扣5分				
		根据油温打开油冷器、回水阀，使油温保持正常	10	操作不当扣5分				
4	参数调整	检查压缩机各部位无异常后，全开入口阀，关闭出口放空阀	20	检查或操作漏项，每项扣10分				
		检查各点参数正常后，慢慢关闭储气罐放空阀，当罐内压力达到规定值时，打开储气罐出口阀	20	检查或操作漏项，每项扣10分				
5	使用工具	正确使用工具	2	工具使用不正确扣2分				
		正确维护工具	3	工具乱摆乱放扣3分				
6	安全及其他	按国家法规或企业规定		违规一次总分扣2分；严重违规停止操作			—	
		在规定时间内完成操作		每超时1min总分扣3分，超时3min停止操作			—	
合计			100					

试题 5：pH 电极法的测定

（考核时间：20min）

序号	考核内容	考核要点	配分	评分标准	检测结果	扣分	得分	备注
1	准备工作	穿戴劳保用品	5	未穿戴整齐扣 5 分				
2	仪器校正	仪器开启半小时后，按仪器说明书的规定，进行调零、温度补偿以及满刻度校正等手续	20	操作漏项，每项扣 10 分				
				操作过程不规范，每项扣 3 分				
3	pH 计定位	定位用的标准缓冲溶液应选用一种其 pH 值与被测溶液相近的。在定位前，先用蒸馏水冲洗电极及测试烧杯 2 次以上，然后用干净滤纸将电极底部残留的水滴轻轻吸干。将定位溶液倒入测试烧杯内，浸入电极，调整仪器零点、温度补偿及满刻度校正。最后根据所用定位缓冲液的 pH 值将 pH 计定位。重复 1～2 次，直到误差在允许范围内	35	操作漏项，每项扣 5 分				
				操作不规范，每项扣 3 分				
				缓冲溶液选择不当扣 5 分				
				不清楚定位的误差允许范围扣 5 分				
4	复定位	将上述定位后的 pH 计对另一 pH 值的标准缓冲溶液进行测定。如所测结果与复定位缓冲溶液的 pH 值相差在规定范围内，即可认为仪器和电极均属正常，可以进行 pH 值的测定	15	操作漏项，每项扣 5 分				
				未重复定位扣 15 分				
5	测定 pH 值	将复定位后的电极和测试烧杯，反复用蒸馏水冲洗 2 次以上，再用被测水样冲洗 2 次以上。然后将电极浸入被测溶液，即可读取仪表指示的 pH 值。测定完毕后，应将电极用蒸馏水反复冲洗干净，然后将 pH 电极浸泡在蒸馏水中备用	25	操作漏项，每项扣 5 分				
				操作不规范，每项扣 3 分				
6	安全及其他	按国家法规或企业规定		违规一次总分扣 2 分；严重违规停止操作			—	
		在规定时间内完成操作		每超时 1min 总分扣 3 分，超时 3min 停止操作			—	
		合　计	100					

试题 6：运行电机的检查维护

（考核时间：15min）

序号	考核内容	考核要点	配分	评分标准	检测结果	扣分	得分	备注
1	准备工作	穿戴劳保用品	5	未穿戴整齐扣 5 分				

续表

序号	考核内容	考核要点	配分	评分标准	检测结果	扣分	得分	备注
2	检查运行参数	检查电机电流是否超过允许值	10	未检查扣10分				
		检查电机电压是否在规定范围内	10	未检查扣10分				
3	检查电机完好情况	检查电机接线应良好	10	检查漏项，每项扣5分				
		检查电机地脚螺栓应紧固	10	检查漏项，每项扣5分				
4	检查轴承润滑情况	检查轴承的润滑是否正常，对滑动轴承应注意油环是否转动，油腔内油是否充满到正常油位	10	未检查添加扣10分				
5	检查电机运转情况	检查电机声响和振动有否超常现象	10	未检查扣10分				
		检查滑环上有无火花	10	未检查扣10分				
		电机各部分温升是否在规定值范围以内，有无焦烟味	15	检查漏项，每项扣5分				
		电机及附近清洁且无任何杂物，以免卷入电机内	10	未检查清理扣10分				
6	安全及其他	按国家法规或企业规定		违规一次总分扣2分；严重违规停止操作			—	
		在规定时间内完成操作		每超时1min总分扣3分，超时3min停止操作			—	
		合　计	100					

试题7：离心泵振动大的原因分析

（考核时间：20min）

序号	考核内容	考核要点	配分	评分标准	检测结果	扣分	得分	备注
1	准备工作	穿戴劳保用品	5	未穿戴整齐扣5分				
2	水力振动原因	气蚀引起的振动	10	不清楚现象和原因扣10分				
		小流量运行引起的振动	5	不清楚现象和原因扣5分				
		水击引起的振动	10	不清楚现象和原因扣10分				
3	机械振动原因	转子不平衡引起的振动。原因有泵的口环磨损、叶轮腐蚀或局部腐蚀、轴弯曲等	15	不清楚现象和原因，每项扣5分				
		临界转速引起的振动	5	不清楚现象和原因扣5分				
		找中心不正引起的振动。原因有泵找中心不准确、基础刚度不够、温度变化使部件胀缩，使中心变动、转子弯曲、对轮加工质量不好或轴承磨损引起中心变动等	20	不清楚现象和原因，每项扣5分				
		转子与固定部分摩擦引起的振动	10	不清楚现象和原因扣10分				
		底脚螺丝松动或灌浆时不牢引起的振动	10	不清楚现象和原因扣10分				
		驱动机引起的振动	10	不清楚现象和原因扣10分				

续表

序号	考核内容	考核要点	配分	评分标准	检测结果	扣分	得分	备注
4	安全及其他	按国家法规或企业规定		违规一次总分扣2分；严重违规停止操作			—	
		在规定时间内完成操作		每超时1min总分扣3分，超时3min停止操作			—	
		合　计	100					

试题8：离心泵产生气蚀的原因分析

（考核时间：10min）

序号	考核内容	考核要点	配分	评分标准	检测结果	扣分	得分	备注
1	准备工作	穿戴劳保用品	5	未穿戴整齐扣5分				
2	吸入液原因	吸入池中液位过低	10	未指出扣10分				
		吸入压力降低	5	未指出扣5分				
		吸入液温度升高	10	未指出扣10分				
3	吸入管路原因	底阀、滤网、吸入阀、吸入管堵塞或失灵	20	分析漏项，每项扣5分				
		吸入管路过细、过长	20	分析漏项，每项扣10分				
4	泵的原因	叶轮入口堵塞	5	未指出扣5分				
		泵允许吸上真空高度过低	5	未指出扣5分				
5	流量原因	流量过低导致吸入液升温	10	未指出扣10分				
		流量过高导致吸入真空过大	10	未指出扣10分				
6	安全及其他	按国家法规或企业规定		违规一次总分扣2分；严重违规停止操作			—	
		在规定时间内完成操作		每超时1min总分扣3分，超时3min停止操作			—	
		合　计	100					

试题9：离心式压缩机振动大的原因分析

（考核时间：15min）

序号	考核内容	考核要点	配分	评分标准	检测结果	扣分	得分	备注
1	准备工作	穿戴劳保用品	5	未穿戴整齐扣5分				
2	润滑油原因	润滑油温度过低或太脏	30	未检查油温扣15分				
				未检查油质量扣15分				
3	转子不平衡原因	叶轮过脏	10	不清楚现象和原因扣10分				
		转子装配不平衡	10	不清楚现象和原因扣10分				
		转动零部件不平衡	10	不清楚现象和原因扣10分				

续表

序号	考核内容	考核要点	配分	评分标准	检测结果	扣分	得分	备注
4	传动原因	传动装置不同心	10	不清楚现象和原因扣10分				
		联轴器磨损	15	不清楚现象和原因扣15分				
5	驱动机原因	驱动机引起的振动	10	不清楚现象和原因扣10分				
6	安全及其他	按国家法规或企业规定		违规一次总分扣2分；严重违规停止操作			—	
		在规定时间内完成操作		每超时1min总分扣3分，超时3min停止操作			—	
合　计			100					

试题10：离心泵输送流量逐渐减小的处理

（考核时间：20min）

序号	考核内容	考核要点	配分	评分标准	检测结果	扣分	得分	备注
1	准备工作	穿戴劳保用品	3	未穿戴整齐扣3分				
		工具、用具准备	2	工具选择不正确扣2分				
2	增压减量的处理	检查出口阀未开足，开足	5	未检查扣5分				
				处理不当扣2分				
		出口阀阀板若脱落，停泵检修	10	未检查扣10分				
				处理不当扣5分				
		若单向阀失灵，停泵检修	5	未检查扣5分				
				处理不当扣2分				
		若泵后系统堵塞，及时消除	10	未检查扣10分				
				处理不当扣5分				
3	减压减量的处理	若泵吸口有杂物，清除	5	未检查扣5分				
				处理不当扣2分				
		泵吸口漏气，消除	5	未检查扣5分				
				处理不当扣2分				
		若进口液位降低，补足液位	10	未检查扣10分				
				处理不当扣5分				
		若轴封泄漏量大，消除	5	未检查扣5分				
				处理不当扣2分				
		检查进口阀未开足，开足	5	未检查扣5分				
				处理不当扣2分				
		若口环磨损，停泵检修	5	未检查扣5分				
				处理不当扣2分				
		若进口阀阀板脱落，停泵检修	10	未检查扣10分				
				处理不当扣5分				

续表

序号	考核内容	考核要点	配分	评分标准	检测结果	扣分	得分	备注
		若叶轮脱落、装反或损坏，停泵检修	10	未检查扣10分				
				处理不当扣5分				
		若电机转速降低或反转，联系电工调整	5	未检查扣5分				
				处理不当扣2分				
4	使用工具	正确使用工具	2	工具使用不正确扣2分				
		正确维护工具	3	工具乱摆乱放扣3分				
5	安全及其他	按国家法规或企业规定		违规一次总分扣2分；严重违规停止操作			—	
		在规定时间内完成操作		每超时1min总分扣3分，超时3min停止操作			—	
		合　计	100					

试题11：罗茨风机振动过大的处理

（考核时间：15min）

序号	考核内容	考核要点	配分	评分标准	检测结果	扣分	得分	备注
1	准备工作	穿戴劳保用品	3	未穿戴整齐扣3分				
		工具、用具准备	2	工具选择不正确扣2分				
2	振动过大原因及相应的处理方法	若转子不平衡，联系检修调整	15	未检查扣15分				
				处理不当扣7分				
		若轴承失效，联系检修更换	15	未检查扣15分				
				处理不当扣7分				
		若齿轮损坏，联系修理或更换	15	未检查扣15分				
				处理不当扣7分				
		若紧固件松动，进行紧固	15	检查漏项，每项扣5分				
				处理不当扣7分				
		若有磨卡现象，联系解体修理	15	未检查扣15分				
				处理不当扣7分				
		若工况点不合适，调整工况点	15	未检查扣15分				
				不清楚额定出力扣7分				
3	使用工具	正确使用工具	2	工具使用不正确扣2分				
		正确维护工具	3	工具乱摆乱放扣3分				
4	安全及其他	按国家法规或企业规定		违规一次总分扣2分；严重违规停止操作			—	
		在规定时间内完成操作		每超时1min总分扣3分，超时3min停止操作			—	
		合　计	100					

试题12：往复式空压机油压降低的处理

（考核时间：20min）

序号	考核内容	考核要点	配分	评分标准	检测结果	扣分	得分	备注
1	准备工作	穿戴劳保用品	5	未穿戴整齐扣5分				
2	补充润滑油	检查油位，补充润滑油	25	检查处理漏项扣25分				
3	消除吸油管接头泄露	检查吸油管接头，泄漏的应消除	25	检查处理漏项扣25分				
4	修理油泵安全阀	检查油泵安全阀，弹簧损坏的应更换	25	检查处理漏项扣25分				
5	清洗油泵过滤网	清洗油泵过滤网	20	检查处理漏项扣20分				
6	安全及其他	按国家法规或企业规定		违规一次总分扣2分；严重违规停止操作			—	
		在规定时间内完成操作		每超时1min总分扣3分，超时3min停止操作			—	
		合　计	100					

试题13：往复式空压机排气量降低的处理

（考核时间：20min）

序号	考核内容	考核要点	配分	评分标准	检测结果	扣分	得分	备注
1	准备工作	穿戴劳保用品	5	未穿戴整齐扣5分				
2	消除漏气缺陷	检查气体管路及冷却器，有漏气缺陷的，检修消除	25	检查处理漏项扣25分				
3	检查进气门	检查进气门是否打开，未打开的修理正常	25	检查处理漏项扣25分				
4	修理气阀	检查阀片、阀座是否严密或损坏，损坏的检修处理	25	检查处理漏项扣25分				
5	修理活塞环	检查活塞环是否磨损或损坏，异常的应修理或更换	20	检查处理漏项扣20分				
6	安全及其他	按国家法规或企业规定		违规一次总分扣2分；严重违规停止操作			—	
		在规定时间内完成操作		每超时1min总分扣3分，超时3min停止操作			—	
		合　计	100					

净水处理模块

试题1：双层滤料滤池承托层和滤料的铺设步骤

（考核时间：15min）

序号	考核内容	考核要点	配分	评分标准	检测结果	扣分	得分	备注
1	准备工作	穿戴劳保用品	3	未穿戴整齐扣3分				
		工具、用具准备	2	工具选择不正确扣2分				
2	承托层铺设步骤	检查配水管是否完好	5	未检查扣5分				
		首先铺设粒径为32~64mm的承托层厚度为150~200mm	10	高度不符合标准扣5分				
		依次铺设粒径为16~32、8~16、4~8、2~4mm的承托层各100mm	10	本层顶面高度未高出配水系统孔眼扣10分				
		铺设应轻拿轻放，防止弄坏砾石	10	操作不当扣10分				
		每层粒径的砾石平整后方可铺设上一层砾石	10	未平整扣10分				
3	滤料铺设步骤	铺设石英砂400mm	10	未平整滤料扣5分				
				厚度不符合扣5分				
		铺设无烟煤300~400mm	10	未平整滤料扣5分				
				厚度不符合扣5分				
4	使用前处理	先放水浸泡，然后反冲洗	10	未按要求反冲洗扣10分				
		反冲洗后对滤料加消毒剂消毒，浸泡时间满足规范要求	10	未对滤料消毒扣10分				
		充分反冲洗后静置备用	5	反冲洗未静置即投运扣5分				
5	使用工具	正确使用工具	2	工具使用不正确扣2分				
		正确维护工具	3	工具乱摆乱放扣3分				
6	安全及其他	按国家法规或企业规定		违规一次总分扣2分；严重违规停止操作			—	
		在规定时间内完成操作		每超时1min总分扣3分，超时3min停止操作			—	
合　计			100					

试题2：生活水中余氯的快速测试

（考核时间：15min）

序号	考核内容	考核要点	配分	评分标准	检测结果	扣分	得分	备注
1	准备工作	穿戴劳保用品	3	未穿戴整齐扣3分				
		工具、用具准备	2	工具选择不正确扣2分				
2	测定前检查确认	检查试剂盐酸—邻联甲苯胺溶液	5	未检查扣5分				
		确认余氯为0.2、0.4、0.6、0.8、1.0mg/L标准比色液	5	未确认扣5分				

续表

序号	考核内容	考核要点	配分	评分标准	检测结果	扣分	得分	备注
3	测定操作程序	用待测水样清洗采样瓶；然后采取水样，吸取100mL水样于比色管中，并加入1mL盐酸—邻联甲苯胺溶液	15	采样操作不正确扣5分				
				取样操作不正确扣5分				
				加试剂操作不正确扣5分				
		混合均匀，立即与余氯标准比色液进行比色，其结果代表水中游离性余氯。比色应在光线较均匀的地方，避免日光直射	20	未均匀混合扣5分				
				游离性余氯测定不正确扣5分				
				比色结果判断不正确扣5分				
				比色光线选择不正确扣5分				
		将水样静置5～10min，再进行比色，其结果代表水中总余氯	15	静置时间不对扣5分				
				总余氯测定不正确扣10分				
4	注意事项	若水温低于10℃时，应将水样瓶浸入热水中或放在暖气片上进行升温，使水样温度升到30～40℃进行比色	15	对低温水样测试时，未升温比色扣10分				
				升温方法不正确扣5分				
				温度控制不正确扣5分				
		水样加入试剂后，其pH值应低于1.3，因为pH值高时显色不正常	5	比色时未考虑pH值影响因素扣5分				
		水样中余氯很高时，加入试剂后产生橘黄色；余氯很低时会产生淡蓝色，此时可再加入1mL试剂，使其产生正常颜色，以便比色	10	水样余氯很高时产生的变化及处理不熟悉扣5分				
				水样余氯很低时产生的变化及处理不熟悉扣5分				
5	使用工具	正确使用工具	2	工具使用不正确扣2分				
		正确维护工具	3	工具乱摆乱放扣3分				
6	安全及其他	按国家法规或企业规定		违规一次总分扣2分；严重违规停止操作			—	
		在规定时间内完成操作		每超时1min总分扣3分，超时3min停止操作			—	
		合　　计	100					

试题3：离心泵安装后的验收

（考核时间：30min）

序号	考核内容	考核要点	配分	评分标准	检测结果	扣分	得分	备注
1	准备工作	穿戴劳保用品	3	未穿戴整齐扣3分				
		工具、用具准备	2	工具选择不正确扣2分				
2	资料验收	资料验收	10	没有验收扣10分				
3	检查设备	检查润滑系统是否完好	5	未检查扣5分				
4		检查油封系统是否完好	5	未检查扣5分				
5		检查冷却水系统是否畅通无泄漏	5	未检查扣5分				
6		检查压力表是否正确	5	未检查扣5分				

续表

序号	考核内容	考核要点	配分	评分标准	检测结果	扣分	得分	备注
7	试车	正向盘车是否灵活	15	未盘车扣15分				
8		点试是否有杂音	15	未点试扣15分				
9		带负荷运行24h(指明即可)	10	未指明扣10分				
10		检查轴承温度、振动、密封及润滑情况	10	未检查扣10分				
11		检查电流、压力、流量是否符合铭牌和满足生产需要	10	未检查扣10分				
12	使用工具	正确使用工具	2	工具使用不正确扣2分				
		正确维护工具	3	工具乱摆乱放扣3分				
13	安全及其他	按国家法规或企业规定		违规一次总分扣2分；严重违规停止操作			—	
		在规定时间内完成操作		每超时1min总分扣3分，超时3min停止操作			—	
合　计			100					

试题4：水压试验

（考核时间：30min）

序号	考核内容	考核要点	配分	评分标准	检测结果	扣分	得分	备注
1	准备工作	穿戴劳保用品	3	未穿戴整齐扣3分				
		工具、用具准备	2	工具选择不正确扣2分				
2	操作程序	试验管段的长度不大于1km	5	未考虑，扣5分				
3		试验前，地下管道应回填土不小于0.5m	5	未考虑说明，扣5分				
4		试验管道的两端以管堵封住，并加支撑	10	未操作，扣10分				
5		开启进水阀，向试验管段充水，排除空气	10	未操作，扣10分				
6		对于钢管，试压前管道充水24h后进行强度试验	10	未说明，扣10分				
7		关闭进水阀，开启试压泵将试验管段升压至试验压力，钢管强度试验压力为工作压力加490kPa，恒压至少10min	10	错误一处，扣5分				
8		检查管道、附件和接口的渗漏情况，如无严重泄漏，可判定强度试验合格	10	未判断，扣10分				
9		严密性试验：将试验管段升压至试验压力，关闭试压泵的出口阀，记录压力下降98kPa所需的时间 T_1(min)	10	错误一处，扣5分				

续表

序号	考核内容	考核要点	配分	评分标准	检测结果	扣分	得分	备注
10		打开试压泵的出口阀，将试验管段升压至试验压力，迅速关闭试压泵的出口阀，打开量水阀放水，记录压力下降 98kPa 所需的时间 T_2(min)，同时测量放出的水量 V(L)	10	错误一处，扣 5 分				
11		计算试验管段的渗水量 $q = V/(T_1 - T_2)$(L/min)，与规范比较	10	未计算，扣 5 分；未与规范比较，扣 5 分				
12	使用工具	正确使用工具	2	工具使用不正确扣 2 分				
		正确维护工具	3	工具乱摆乱放扣 3 分				
13	安全及其他	按国家法规或企业规定		违规一次总分扣 2 分；严重违规停止操作			—	
		在规定时间内完成操作		每超时 1min 总分扣 3 分，超时 3min 停止操作			—	
		合　计	100					

试题 5：加氯消毒系统常见故障的判断及处理

（考核时间：20min）

序号	考核内容	考核要点	配分	评分标准	检测结果	扣分	得分	备注
1	准备工作	穿戴劳保用品	3	未穿戴整齐扣 3 分				
		工具、用具准备	2	工具选择不正确扣 2 分				
2	操作程序	少量漏氯	20	未关紧针形阀扣 5 分				
				未更换接头垫片扣 5 分				
				未更新泄漏连接管扣 5 分				
				未轻轻拧紧安全塞扣 5 分				
3		不可制止大量漏氯	10	未戴好防毒面具或氧气呼吸器将钢瓶滚入事故坑中扣 10 分				
4		加氯机加氯量减少	20	未检查水压扣 5 分				
				未检查水射器扣 5 分				
				未检查液氯量扣 5 分				
				未清理滤网扣 5 分				
5		加氯机流量计浮球粘滞	10	未拆卸清洗或除湿扣 10 分				
6		加氯机进水	10	未检查清理或更换加氯机扣 15 分				
7		加氯机流量计结冰	10	未关针形阀，从氯瓶上卸下加氯管，保持水射器运行，请专业人员检修扣 10 分				
8		液氯钢瓶外壁结霜	10	未将氯瓶两嘴口连线与地面垂直或接错扣 5 分				
				未提高室温或给氯瓶增加热量扣 5 分				

续表

序号	考核内容	考核要点	配分	评分标准	检测结果	扣分	得分	备注
9	使用工具	正确使用工具	2	工具使用不正确扣 2 分				
		正确维护工具	3	工具乱摆乱放扣 3 分				
10	安全及其他	按国家法规或企业规定		违规一次总分扣 2 分；严重违规停止操作			—	
		在规定时间内完成操作		每超时 1min 总分扣 3 分，超时 3min 停止操作			—	
		合　　计	100					

试题 6：输水管道爆裂的处理

（考核时间：30min）

序号	考核内容	考核要点	配分	评分标准	检测结果	扣分	得分	备注
1	准备工作	穿戴劳保用品	3	未穿戴整齐扣 3 分				
		工具、用具准备	2	工具选择不正确扣 2 分				
2	通用处理要求	立即汇报调度部门与上级主管部门	10	未及时联系扣 10 分				
3		降低负荷	10	未降低负荷扣 5 分				
4		具备局部停运爆裂管道条件应立即切出，同时投运备用管道	10	操作错误扣 10 分				
5		停泵需报请调度部门同意后方可执行	10	未按程序执行扣 5 分				
6	危及到人民生命财产安全的处理	具备局部停运爆裂管道条件应立即切出，同时投运备用管道	10	操作错误扣 5 分				
7		不能局部停运爆裂管道应立即报请调度部门申请停泵	10	未申请扣 5 分				
8		切换到备用管道再开泵	10	操作错误扣 10 分				
9	源水管道爆裂的处理	生产及生活泵房应降低负荷	5	未降低生产、生活水负荷扣 5 分				
10		必要时报请调度室申请停生活水机泵	5	未按程序操作扣 5 分				
11		及时调整加药管线与加药量	5	未及时调整扣 5 分				
12	生产水管道爆裂的处理	必要时以生活水为紧急水源补充生产水需要	5	操作不当扣 5 分				
13	生活水管道爆裂的处理	注意消毒系统的运行情况，水压过低应停运	5	未及时处理扣 5 分				
14	安全及其他	按国家法规或企业规定		违规一次总分扣 2 分；严重违规停止操作			—	
		在规定时间内完成操作		每超时 1min 总分扣 3 分，超时 3min 停止操作			—	
		合　　计	100					

试题7：加氯系统出现漏氯的处理

（考核时间：20min）

序号	考核内容	考核要点	配分	评分标准	检测结果	扣分	得分	备注
1	准备工作	穿戴劳保用品	3	未穿戴整齐扣3分				
		工具、用具准备	2	工具选择不正确扣2分				
2	操作程序	氯瓶针形阀密封不严	10	未将其关紧或用盖帽封闭扣10分				
3		氯瓶易熔安全塞漏氯	10	未轻轻拧紧安全塞扣10分				
4		加氯机进氯管接头不严	10	未使用新的铅垫扣10分				
5		加氯机进氯管管身破裂	10	未更换进氯管扣10分				
6		加氯机本体泄漏	10	未检查修理或更换加氯机扣10分				
7		针形阀损坏	15	未戴好防毒面具或氧气呼吸器将其旋紧，或将钢瓶滚入事故坑中扣15分				
8		易熔安全塞冲脱	15	未戴好防毒面具或氧气呼吸器装上盖帽，或将钢瓶滚入事故坑中扣15分				
9		液氯钢瓶破裂	10	未戴好防毒面具或氧气呼吸器将其滚入事故坑中扣10分				
10	使用工具	正确使用工具	2	工具使用不正确扣2分				
		正确维护工具	3	工具乱摆乱放扣3分				
11	安全及其他	按国家法规或企业规定		违规一次总分扣2分；严重违规停止操作			—	
		在规定时间内完成操作		每超时1min总分扣3分，超时3min停止操作			—	
		合　计	100					

试题8：绘制生活水处理系统流程图

（考核时间：30min）

序号	考核内容	考核要点	配分	评分标准	检测结果	扣分	得分	备注
1	准备工作	工具、用具准备	5	未自带工具扣5分				
2	图形绘制	图纸幅面选择正确	5	图纸幅面选择错误扣5分				
		绘图比例准确	5	绘图比例错误扣5分				
		图面布置完好	5	图面布置不匀称、美观扣5分				
		生活水处理系统工艺流程走向正确，排布合理，构筑物排布符合实际情况，设备位置准确并整齐	30	工艺流程排布不合理扣5分				
				流程连接画错一处扣2分				
				漏画设备或构筑物一处扣3分				
				设备或构筑物画错一处扣3分				
3	绘图标注	预处理系统构筑物、设备的标注符合要求	15	设备位号和名称标注错一处扣2分				
				构筑物标注错误一处扣2分				
		管线标注符合要求	15	管路流程线上缺介质流向、来源或去向一处扣2分				
				管径标注错误一处扣2分				

续表

序号	考核内容	考核要点	配分	评分标准	检测结果	扣分	得分	备注
4	图例	图例要求完整	10	缺图例扣10分				
				图例错一处扣2分				
5	标题栏	标题栏要求完整	5	缺标题栏扣5分				
				标题栏错一处扣2分				
6	卷面情况	绘图卷面清晰、整洁	5	卷面不整洁扣5分				
7	安全及其他	按国家法规或企业规定		违规一次总分扣2分；严重违规停止操作			—	
		在规定时间内完成操作		每超时1min总分扣3分，超时3min停止操作			—	
合　计			100					

试题9：绘制两台同型号离心泵并联工作的工况变化图

（考核时间：30min）

序号	考核内容	考核要点	配分	评分标准	检测结果	扣分	得分	备注
1	准备工作	工具、用具准备	5	未自带工具扣5分				
2	图形绘制及说明	图纸幅面选择正确	5	图纸幅面选择错误扣5分				
		图面布置完好	5	图面布置不匀称、美观扣5分				
		图示确定离心泵单泵工作时工况点	15	特性曲线错误扣10分				
				标注错误扣5分				
		绘制同型号、同水位、对称布置的两台离心泵并联工作的工况变化图，并作文字说明	30	特性曲线错误扣10分				
				工况点错误扣10分				
				说明错误扣5分				
		绘制不同型号、相同水位下的两台离心泵并联工作的工况变化图，并作文字说明	30	特性曲线错误扣10分				
				工况点错误扣10分				
				说明错误扣5分				
3	标题栏	标题栏要求完整	5	缺标题栏扣5分				
				标题栏错一处扣2分				
4	卷面情况	绘图卷面清晰、整洁	5	卷面不整洁扣5分				
5	安全及其他	按国家法规或企业规定		违规一次总分扣2分；严重违规停止操作			—	
		在规定时间内完成操作		每超时1min总分扣3分，超时3min停止操作			—	
合　计			100					

试题 10：绘制单吸单级离心泵的结构图

（考核时间：30min）

序号	考核内容	考核要点	配分	评分标准	检测结果	扣分	得分	备注
1	准备工作	工具、用具准备	5	未自带工具扣 5 分				
2	图形绘制	图纸幅面选择正确	5	图纸幅面选择错误扣 5 分				
		绘图比例准确	5	绘图比例错误扣 5 分				
		图面布置完好	5	图面布置不匀称、美观扣 5 分				
		单吸单级离心泵的结构图正确，排布合理，符合实际情况，各组成部分位置准确并整齐	30	排布不合理扣 5 分				
				各组成部分连接画错一处扣 2 分				
				漏画一处扣 3 分				
				结构错误一处扣 3 分				
3	绘图标注	标注各组成部分的名称，符合实际	15	名称标注错一处扣 2 分				
				漏标一处扣 2 分				
		标注离心泵的结构尺寸，符合实际	15	尺寸标注错误一处扣 2 分				
				尺寸标注漏标一处扣 2 分				
4	图例	图例要求完整	10	缺图例扣 10 分				
				图例错一处扣 2 分				
5	标题栏	标题栏要求完整	5	缺标题栏扣 5 分				
				标题栏错一处扣 2 分				
6	卷面情况	绘图卷面清晰、整洁	5	卷面不整洁扣 5 分				
7	安全及其他	按国家法规或企业规定		违规一次总分扣 2 分；严重违规停止操作			—	
		在规定时间内完成操作		每超时 1min 总分扣 3 分，超时 3min 停止操作			—	
		合　计	100					

软化除盐处理模块

试题 1：新阳树脂的预处理操作

（考核时间：30min）

序号	考核内容	考核要点	配分	评分标准	检测结果	扣分	得分	备注
1	准备工作	穿戴劳保用品	5	未穿戴整齐扣 5 分				
2	食盐水处理	将新阳树脂装入阳离子交换器中，用约 2 倍于树脂体积的 10% NaCl 溶液浸泡树脂 18～20h 以上。用水冲洗树脂至排出水不呈黄色为止。反洗以除去混在树脂中机械杂质和细碎树脂粉末	35	浸泡液浓度、体积、浸泡时间不符要求，分别扣 10 分				
				未冲洗树脂扣 10 分				
				反洗强度不足或跑正常颗粒树脂扣 5 分				
				未反洗树脂扣 20 分				

续表

序号	考核内容	考核要点	配分	评分标准	检测结果	扣分	得分	备注
3	稀氢氧化钠处理	用约2倍于树脂体积的2% NaOH溶液浸泡树脂2～4h。冲洗树脂至排出水接近中性为止	30	浸泡液浓度、体积、浸泡时间不符要求分别扣10分				
				未冲洗树脂扣10分				
4	稀盐酸处理	用约2倍于树脂体积的5% HCl溶液浸泡树脂2～4h。冲洗树脂至排出水接近中性为止	30	浸泡液浓度、体积、浸泡时间不符要求分别扣10分				
				未冲洗树脂扣10分				
5	安全及其他	按国家法规或企业规定		违规一次总分扣2分；严重违规停止操作			—	
		在规定时间内完成操作		每超时1min总分扣3分，超时3min停止操作			—	
合计			100					

试题2：新阴树脂的预处理操作

（考核时间：30min）

序号	考核内容	考核要点	配分	评分标准	检测结果	扣分	得分	备注
1	准备工作	穿戴劳保用品	5	未穿戴整齐扣5分				
2	食盐水处理	将新阴树脂装入阴离子交换器中，用约2倍于树脂体积的10% NaCl溶液浸泡树脂18～20h以上。用水冲洗树脂至排出水不呈黄色为止。反洗以除去混在树脂中机械杂质和细碎树脂粉末	35	浸泡液浓度、体积、浸泡时间不符要求，分别扣10分				
				未冲洗树脂扣10分				
				反洗强度不足或跑正常颗粒树脂扣5分				
				未反洗树脂扣20分				
3	稀盐酸处理	用约2倍于树脂体积的5% HCl溶液浸泡树脂2～4h。冲洗树脂至排出水接近中性为止	30	浸泡液浓度、体积、浸泡时间不符要求分别扣10分				
				未冲洗树脂扣10分				
4	稀氢氧化钠处理	用约2倍于树脂体积的2% NaOH溶液浸泡树脂2～4h。冲洗树脂至排出水接近中性为止	30	浸泡液浓度、体积、浸泡时间不符要求分别扣10分				
				未冲洗树脂扣10分				
5	安全及其他	按国家法规或企业规定		违规一次总分扣2分；严重违规停止操作			—	
		在规定时间内完成操作		每超时1min总分扣3分，超时3min停止操作			—	
合计			100					

试题3：阳树脂和阴树脂的鉴别操作

（考核时间：20min）

序号	考核内容	考核要点	配分	评分标准	检测结果	扣分	得分	备注
1	准备工作	穿戴劳保用品	3	未穿戴整齐扣3分				
		工具、用具准备	2	工具选择不正确扣2分				

续表

序号	考核内容	考核要点	配分	评分标准	检测结果	扣分	得分	备注
2	取样	取树脂样品 2mL，置于 30mL 的试管中，用吸管吸去树脂层上部的水	15	操作内容不符要求，每项扣 5 分				
				操作漏项，每项扣 10 分				
3	加稀盐酸	加入 1mol/L HCl 溶液 5mL，摇动 1~2min，将上部清液吸去，这样重复操作 2~3 次	25	加入溶液浓度、体积不符要求，每项扣 10 分				
				操作漏项，每项扣 10 分				
4	清洗	加入纯水摇动清洗后，将上部清液吸去，这样重复操作 2~3 次	15	操作内容不符要求，每项扣 5 分				
				操作漏项，每项扣 10 分				
5	显色	加入已酸化的 10% $CuSO_4$（其中含 1% H_2SO_4）5mL，摇动 1min，放置 5min。如树脂呈浅绿色，即为阳树脂；如树脂不变色，则为阴树脂	35	加入溶液浓度、体积不符要求，每项扣 10 分				
				其他操作内容不符要求，每项扣 5 分				
				操作漏项，每项扣 10 分				
				树脂鉴别结果判断错误扣 20 分				
6	使用工具	正确使用工具	2	工具使用不正确扣 2 分				
		正确维护工具	3	工具乱摆乱放扣 3 分				
7	安全及其他	按国家法规或企业规定		违规一次总分扣 2 分；严重违规停止操作			—	
		在规定时间内完成操作		每超时 1min 总分扣 3 分，超时 3min 停止操作			—	
合计			100					

试题 4：一级复床除盐系统投运操作

（考核时间：30min）

序号	考核内容	考核要点	配分	评分标准	检测结果	扣分	得分	备注
1	准备工作	穿戴劳保用品	3	未穿戴整齐扣 3 分				
		工具、用具准备	2	工具选择不正确扣 2 分				
2	投运除碳器	按规定的步骤投用除碳器	10	操作错误，每项扣 5 分				
3	投运清水泵	开阳床排空气阀、正洗进水阀。投用清水泵，向阳床供水	20	操作顺序错误，每项扣 5 分				
				操作漏项，每项扣 10 分				
				投用清水泵操作不规范，每项扣 3 分				
4	投运阳床	待床内空气排尽，开正洗排水阀，关排空气阀。待阳床正洗合格后，开出水阀，关正洗排水阀，向除碳器送水	20	操作顺序错误，每项扣 5 分				
				操作漏项，每项扣 10 分				
				未监测正洗排水是否合格扣 5 分				
5	投运中间水泵	开阴床空气阀、正洗进水阀。投用中间水泵，向阴床供水	20	未按顺序操作，每项扣 5 分				
				操作漏项，每项扣 10 分				
				投用中间水泵操作不规范，每项扣 3 分				

续表

序号	考核内容	考核要点	配分	评分标准	检测结果	扣分	得分	备注
6	投运阴床	待阴床内空气排尽，开阴床正洗排水阀，关空气阀。待阴床正洗合格后，开阴床出水阀，关正洗排水阀。向除盐水箱送水	20	操作顺序错误，每项扣5分				
				操作漏项，每项扣10分				
				未监测正洗排水是否合格扣5分				
7	使用工具	正确使用工具	2	工具使用不正确扣2分				
		正确维护工具	3	工具乱摆乱放扣3分				
8	安全及其他	按国家法规或企业规定		违规一次总分扣2分；严重违规停止操作			—	
		在规定时间内完成操作		每超时1min总分扣3分，超时3min停止操作			—	
		合　计	100					

试题5：一级复床加混床除盐系统投运操作

（考核时间：30min）

序号	考核内容	考核要点	配分	评分标准	检测结果	扣分	得分	备注
1	准备工作	穿戴劳保用品	3	未穿戴整齐扣3分				
		工具、用具准备	2	工具选择不正确扣2分				
2	投运除碳器	按规定的步骤投用除碳器	10	操作错误，每项扣5分				
3	投运清水泵	开阳床排空气阀、正洗进水阀。投用清水泵，向阳床供水	20	操作顺序错误，每项扣5分				
				操作漏项，每项扣10分				
				投用清水泵操作不规范，每项扣3分				
4	投运阳床	待床内空气排尽，开正洗排水阀，关排空气阀。待阳床正洗合格后，开出水阀，关正洗排水阀，向除碳器送水	15	操作顺序错误，每项扣5分				
				操作漏项，每项扣10分				
				未监测正洗排水是否合格扣5分				
5	投运中间水泵	开阴床空气阀、正洗进水阀。投用中间水泵，向阴床供水	20	未按顺序操作，每项扣5分				
				操作漏项，每项扣5分				
				投用中间水泵操作不规范，每项扣3分				
6	投运阴床	待阴床内空气排尽，开阴床正洗排水阀，关空气阀。待阴床正洗合格后，开混床空气阀、正洗进水阀。开阴床出水阀，关正洗排水阀	15	操作顺序错误，每项扣5分				
				操作漏项，每项扣10分				
				未监测正洗排水是否合格扣5分				
7	投运混床	待混床内空气排尽，开混床正洗排水阀，关空气阀。待正洗合格后，开混床出水阀，关正洗排水阀，向除盐水箱送水	10	操作顺序错误，每项扣5分				
				操作漏项，每项扣10分				
				未监测正洗排水是否合格扣5分				

续表

<table>
<tr><th>序号</th><th>考核内容</th><th>考核要点</th><th>配分</th><th>评分标准</th><th>检测结果</th><th>扣分</th><th>得分</th><th>备注</th></tr>
<tr><td rowspan="2">8</td><td rowspan="2">使用工具</td><td>正确使用工具</td><td>2</td><td>工具使用不正确扣2分</td><td></td><td></td><td></td><td></td></tr>
<tr><td>正确维护工具</td><td>3</td><td>工具乱摆乱放扣3分</td><td></td><td></td><td></td><td></td></tr>
<tr><td rowspan="2">9</td><td rowspan="2">安全及其他</td><td>按国家法规或企业规定</td><td rowspan="2"></td><td>违规一次总分扣2分；严重违规停止操作</td><td></td><td></td><td>—</td><td></td></tr>
<tr><td>在规定时间内完成操作</td><td>每超时1min总分扣3分，超时3min停止操作</td><td></td><td></td><td>—</td><td></td></tr>
<tr><td colspan="3">合　计</td><td>100</td><td></td><td></td><td></td><td></td><td></td></tr>
</table>

试题6：阳床顺流再生操作

（考核时间：40min）

<table>
<tr><th>序号</th><th>考核内容</th><th>考核要点</th><th>配分</th><th>评分标准</th><th>检测结果</th><th>扣分</th><th>得分</th><th>备注</th></tr>
<tr><td rowspan="2">1</td><td rowspan="2">准备工作</td><td>穿戴劳保用品</td><td>3</td><td>未穿戴整齐扣3分</td><td></td><td></td><td></td><td></td></tr>
<tr><td>工具、用具准备</td><td>2</td><td>工具选择不正确扣2分</td><td></td><td></td><td></td><td></td></tr>
<tr><td rowspan="4">2</td><td rowspan="4">反洗</td><td rowspan="4">开再生阳床反洗排水阀，缓缓开启反洗进水阀，反洗流量由小逐步增大，使树脂慢慢膨胀并稳定在上监视孔处。待反洗水清澈后，关反洗进水阀、反洗排水阀</td><td rowspan="4">20</td><td>操作漏项或次序不当，每项扣10分</td><td></td><td></td><td></td><td></td></tr>
<tr><td>反洗强度、时间不足扣5分</td><td></td><td></td><td></td><td></td></tr>
<tr><td>反洗水流量增大过快扣20分</td><td></td><td></td><td></td><td></td></tr>
<tr><td>反洗跑正常颗粒扣10分</td><td></td><td></td><td></td><td></td></tr>
<tr><td rowspan="3">3</td><td rowspan="3">进酸</td><td rowspan="3">待树脂全部落床后，开阳床进酸阀、阳酸喷射器进水阀、正洗排水阀。投运再生水泵，调节流量至规定值。开阳酸喷射器进酸阀、阳酸计量箱出酸阀，并调整酸浓度至规定值</td><td rowspan="3">35</td><td>操作漏项或次序不当，每项扣10分</td><td></td><td></td><td></td><td></td></tr>
<tr><td>投运再生水泵操作不规范，每项扣3分</td><td></td><td></td><td></td><td></td></tr>
<tr><td>酸浓度调整不当、喷射器流量调整不当分别扣10分</td><td></td><td></td><td></td><td></td></tr>
<tr><td rowspan="3">4</td><td rowspan="3">置换</td><td rowspan="3">进完规定量的酸后，关阳酸计量箱出酸阀、阳酸喷射器进酸阀。置换至规定时间或正洗排水废液中酸度小于规定值。停运再生水泵，关阳床正洗排水阀、进酸阀、阳酸喷射器进水阀</td><td rowspan="3">25</td><td>操作漏项或次序不当，每项扣10分</td><td></td><td></td><td></td><td></td></tr>
<tr><td>停运再生水泵操作不规范，每项扣3分</td><td></td><td></td><td></td><td></td></tr>
<tr><td>置换时间不足或过长扣5分</td><td></td><td></td><td></td><td></td></tr>
<tr><td rowspan="2">5</td><td rowspan="2">正洗</td><td rowspan="2">开阳床空气阀、正洗进水阀。待床内空气排尽，开正洗排水阀，关空气阀。正洗至排水合格，关正洗进水阀、正洗排水阀</td><td rowspan="2">10</td><td>操作漏项或次序不当，每项扣5分</td><td></td><td></td><td></td><td></td></tr>
<tr><td>正洗流量过大或过小扣2分</td><td></td><td></td><td></td><td></td></tr>
<tr><td rowspan="2">6</td><td rowspan="2">使用工具</td><td>正确使用工具</td><td>2</td><td>工具使用不正确扣2分</td><td></td><td></td><td></td><td></td></tr>
<tr><td>正确维护工具</td><td>3</td><td>工具乱摆乱放扣3分</td><td></td><td></td><td></td><td></td></tr>
<tr><td rowspan="2">7</td><td rowspan="2">安全及其他</td><td>按国家法规或企业规定</td><td rowspan="2"></td><td>违规一次总分扣2分；严重违规停止操作</td><td></td><td></td><td>—</td><td></td></tr>
<tr><td>在规定时间内完成操作</td><td>每超时1min总分扣3分，超时3min停止操作</td><td></td><td></td><td>—</td><td></td></tr>
<tr><td colspan="3">合　计</td><td>100</td><td></td><td></td><td></td><td></td><td></td></tr>
</table>

试题 7：逆流再生操作的注意事项

（考核时间：20min）

序号	考核内容	考核要点	配分	评分标准	检测结果	扣分	得分	备注
1	准备工作	穿戴劳保用品	5	未穿戴整齐扣 5 分				
2	反洗操作要点	在反洗过程中禁止突然增大流量，防止石英砂乱层和跑树脂。树脂脱水情况下，反洗前应充水浸泡一段时间。大反洗时，流量应由小逐步增大	35	反洗中突然增大流量扣 20 分				
				树脂脱水直接反洗扣 35 分				
				大反洗流量增大过快扣 10 分				
3	防止树脂乱层	再生过程中应防止树脂乱层。顶压水或压缩空气应稳定。无顶压情况下，再生液应低流速	30	顶压水量或压缩空气压力控制标准不清楚扣 20 分				
				再生液流速控制标准不清楚扣 10 分				
4	防止漏再生液	再生前应检查相关阀门的开闭正常。再生过程中，监督运行床及除盐水电导率变化，防止漏酸碱。再生结束仍要检查相关阀门的开闭正常	30	检查漏项，每项扣 5 分				
				再生过程未监督水质扣20 分				
5	安全及其他	按国家法规或企业规定		违规一次总分扣 2 分；严重违规停止操作			—	
		在规定时间内完成操作		每超时 1min 总分扣 3 分，超时 3min 停止操作			—	
合计			100					

试题 8：阳床无顶压逆流大反洗再生操作

（考核时间：50min）

序号	考核内容	考核要点	配分	评分标准	检测结果	扣分	得分	备注
1	准备工作	穿戴劳保用品	3	未穿戴整齐扣 3 分				
		工具、用具准备	2	工具选择不正确扣 2 分				
2	大反洗	开再生阳床反洗排水阀，缓缓开启大反洗进水阀，反洗流量由小逐步增大，使树脂慢慢膨胀并稳定在上监视孔处。待反洗水清澈后，关大反洗进水阀	20	操作漏项，每项扣 10 分				
				大反洗强度、时间不足扣 5 分				
				大反洗流量增大过快扣 20 分				
				大反洗跑正常颗粒扣 10 分				
3	放水	待树脂全部落床后，开阳床空气阀、中间排水阀。待放水完毕，关反洗排水阀	10	操作漏项或次序不当，每项扣 5 分				
4	进酸	开阳床进酸阀、阳酸喷射器进水阀。投运再生水泵，调节流量至规定值。开阳酸喷射器进酸阀、阳酸计量箱出酸阀，并调整酸浓度至规定值	20	操作漏项或次序不当，每项扣 10 分				
				投运再生水泵操作不规范，每项扣 3 分				
				酸浓度调整不当、喷射器流量调整不当分别扣 10 分				

续表

序号	考核内容	考核要点	配分	评分标准	检测结果	扣分	得分	备注
5	置换	进完规定量的酸后，关阳酸计量箱出酸阀、阳酸喷射器进酸阀。置换至规定时间或中间排水废液中酸度小于规定值。停运再生水泵，关阳酸喷射器进水阀、阳床进酸阀、中间排水阀	20	操作漏项或次序不当，每项扣10分				
				停运再生水泵操作不规范，每项扣3分				
				置换时间不足或过长扣5分				
6	小正洗	开阳床正洗进水阀。待床内空气排尽，开中间排水阀，关排空气阀，调节小正洗流量至规定值	10	操作漏项或次序不当，每项扣5分				
				小正洗流量过大或过小扣3分				
7	大正洗	小正洗至规定时间，开阳床正洗排水阀，关中间排水阀。正洗至排水合格，关正洗进水阀、正洗排水阀	10	操作漏项或次序不当，每项扣5分				
				正洗合格标准不清楚扣5分				
				大正洗流量过大或过小扣3分				
8	使用工具	正确使用工具	2	工具使用不正确扣2分				
		正确维护工具	3	工具乱摆乱放扣3分				
9	安全及其他	按国家法规或企业规定		违规一次总分扣2分；严重违规停止操作			—	
		在规定时间内完成操作		每超时1min总分扣3分，超时3min停止操作			—	
		合　计	100					

试题9：阴床无顶压逆流小反洗再生操作

（考核时间：50min）

序号	考核内容	考核要点	配分	评分标准	检测结果	扣分	得分	备注
1	准备工作	穿戴劳保用品	3	未穿戴整齐扣3分				
		工具、用具准备	2	工具选择不正确扣2分				
2	小反洗	开再生阴床反洗排水阀、小反洗进水阀。调节流量使压实层能充分松动，又不至于将正常颗粒冲走。待反洗水清澈后，关小反洗进水阀	20	操作漏项，每项扣10分				
				小反洗强度、时间不足扣5分				
				小反洗跑正常颗粒扣10分				
3	放水	待压实层全部沉降后，开阴床空气阀、中间排水阀。待放水完毕，关反洗排水阀	10	操作漏项、次序不当，每项扣5分				
4	进碱	开阴床进碱阀、阴碱喷射器进水阀。投运再生水泵，调节流量至规定值。开阴碱喷射器进碱阀、阴碱计量箱出碱阀，并调整碱浓度至规定值	20	操作漏项、次序不当，每项扣10分				
				投运再生水泵操作不规范，每项扣3分				
				碱浓度调整不当、喷射器流量调整不当分别扣10分				

续表

序号	考核内容	考核要点	配分	评分标准	检测结果	扣分	得分	备注
5	置换	进完规定量的碱后，关阴碱计量箱出碱阀、阴碱喷射器进碱阀。置换至规定时间或中间排水废液中电导率小于规定值。停运再生水泵，关阴碱喷射器进水阀、阴床进碱阀、中间排水阀	20	操作漏项、次序不当，每项扣10分				
				停运再生水泵操作不规范，每项扣3分				
				置换时间不足或过长扣5分				
6	小正洗	开阴床正洗进水阀。待床内空气排尽，开中间排水阀，关空气阀，调节小正洗流量至规定值	10	操作漏项、次序不当，每项扣10分				
				小正洗流量过大或过小扣5分				
7	大正洗	小正洗至规定时间，开阳床正洗排水阀，关中间排水阀。正洗至排水合格，关正洗进水阀、正洗排水阀	10	操作漏项、次序不当，每项扣5分				
8	使用工具	正确使用工具	2	工具使用不正确扣2分				
		正确维护工具	3	工具乱摆乱放扣3分				
9	安全及其他	按国家法规或企业规定		违规一次总分扣2分；严重违规停止操作			—	
		在规定时间内完成操作		每超时1min总分扣3分，超时3min停止操作			—	
		合　计	100					

试题10：阳床气顶压大反洗再生操作

（考核时间：50min）

序号	考核内容	考核要点	配分	评分标准	检测结果	扣分	得分	备注
1	准备工作	穿戴劳保用品	3	未穿戴整齐扣3分				
		工具、用具准备	2	工具选择不正确扣2分				
2	大反洗	开再生阳床反洗排水阀，缓缓开启大反洗进水阀，反洗流量由小逐步增大，使树脂慢慢膨胀并稳定在上监视孔处。待反洗水清澈后，关大反洗进水阀	15	操作漏项，每项扣10分				
				大反洗强度、时间不足扣5分				
				大反洗进水操作过快扣10分				
				大反洗跑正常颗粒扣10分				
3	放水	待树脂全部落床后，开阳床空气阀、中间排水阀。待放水完毕，关反洗排水阀、空气阀、中间排水阀	10	操作漏项，每项扣10分				
				操作不规范，每项扣3分				
4	顶压	开阳床顶压进气阀，调节压缩空气减压阀开度，使床内压力稳定在0.03～0.05MPa	10	操作漏项，每项扣10分				
				压力调节不当扣10分				
5	进酸	开阳床中间排水阀、进酸阀、阳酸喷射器进水阀。投运再生水泵，调节流量至规定值。开阳酸喷射器进酸阀、阳酸计量箱出酸阀，并调整酸浓度至规定值	20	操作漏项、次序不当，每项扣10分				
				投运再生水泵操作不规范，每项扣3分				
				酸浓度调整不当、喷射器流量调整不当分别扣10分				

续表

序号	考核内容	考核要点	配分	评分标准	检测结果	扣分	得分	备注
6	置换	进完规定量的酸后，关阳酸计量箱出酸阀、阳酸喷射器进酸阀。置换至规定时间或中间排水废液中酸度小于规定值。停运再生水泵，关阳酸喷射器进水阀、阳床进酸阀、中间排水阀、顶压进气阀	20	操作漏项、次序不当，每项扣10分				
				停运再生水泵操作不规范，每项扣3分				
				置换时间不足或过长扣5分				
7	小正洗	开阳床空气阀、正洗进水阀。待床内空气排尽，开中间排水阀，关空气阀，调节小正洗流量至规定值	10	操作漏项或次序不当，每项扣10分				
				小正洗流量过大或过小扣5分				
8	大正洗	小正洗至规定时间，开阳床正洗排水阀，关中间排水阀。正洗至排水合格，关正洗进水阀、正洗排水阀	5	操作漏项、次序不当，每项扣2分				
9	使用工具	正确使用工具	2	工具使用不正确扣2分				
		正确维护工具	3	工具乱摆乱放扣3分				
10	安全及其他	按国家法规或企业规定		违规一次总分扣2分；严重违规停止操作			—	
		在规定时间内完成操作		每超时1min总分扣3分，超时3min停止操作			—	
		合　　计	100					

试题11：阴床气顶压小反洗再生操作

（考核时间：50min）

序号	考核内容	考核要点	配分	评分标准	检测结果	扣分	得分	备注
1	准备工作	穿戴劳保用品	3	未穿戴整齐扣3分				
		工具、用具准备	2	工具选择不正确扣2分				
2	小反洗	开再生阴床反洗排水阀、小反洗进水阀。调节流量使压实层能充分松动，又不至于将正常颗粒冲走。待反洗水清澈后，关小反洗进水阀	15	操作漏项，每项扣10分				
				小反洗强度、时间不足扣5分				
				小反洗跑正常颗粒扣10分				
3	放水	待压实层全部沉降后，开阴床空气阀、中间排水阀。待放水完毕，关反洗排水阀、空气阀、中间排水阀	10	操作漏项，每项扣10分				
				操作不规范，每项扣3分				
4	顶压	开阴床顶压进气阀，调节压缩空气减压阀开度，使床内压力稳定在0.03~0.05MPa	10	操作漏项，每项扣10分				
				压力调节不当扣10分				

续表

序号	考核内容	考核要点	配分	评分标准	检测结果	扣分	得分	备注
5	进碱	开阴床中间排水阀、进碱阀、阴碱喷射器进水阀。投运再生水泵，调节流量至规定值。开阴碱喷射器进碱阀、阴碱计量箱出碱阀，并调整碱浓度至规定值	20	操作漏项、次序不当，每项扣10分				
				投运再生水泵操作不规范，每项扣3分				
				碱浓度调整不当、喷射器流量调整不当分别扣10分				
6	置换	进完规定量的碱后，关阴碱计量箱出碱阀、阴碱喷射器进碱阀。置换至规定时间或中间排水废液中电导率小于规定值。停运再生水泵，关阴碱喷射器进水阀、阴床进碱阀、中间排水阀、顶压进气阀	20	操作漏项、次序不当，每项扣10分				
				停运再生水泵操作不规范，每项扣3分				
				置换时间不足或过长扣5分				
7	小正洗	开阴床空气阀、正洗进水阀。待床内空气排尽，开中间排水阀，关空气阀，调节小正洗流量至规定值	10	操作漏项、次序不当，每项扣10分				
				小正洗流量过大或过小扣5分				
8	大正洗	小正洗至规定时间，开阴床正洗排水阀，关中间排水阀。正洗至排水合格，关正洗进水阀、正洗排水阀	5	操作漏项、次序不当，每项扣2分				
9	使用工具	正确使用工具	2	工具使用不正确扣2分				
		正确维护工具	3	工具乱摆乱放扣3分				
10	安全及其他	按国家法规或企业规定		违规一次总分扣2分；严重违规停止操作			—	
		在规定时间内完成操作		每超时1min总分扣3分，超时3min停止操作			—	
		合　计	100					

试题12：阳床水顶压大反洗再生操作

（考核时间：40min）

序号	考核内容	考核要点	配分	评分标准	检测结果	扣分	得分	备注
1	准备工作	穿戴劳保用品	3	未穿戴整齐扣3分				
		工具、用具准备	2	工具选择不正确扣2分				
2	大反洗	开再生阳床反洗排水阀，缓缓开启大反洗进水阀，反洗流量由小逐步增大，使树脂慢慢膨胀并稳定在上监视孔处。待反洗水清澈后，关大反洗进水阀、反洗排水阀	20	操作漏项，每项扣10分				
				大反洗强度、时间不足扣5分				
				大反洗流量增大过快扣20分				
				大反洗跑正常颗粒扣10分				
3	顶压	待树脂全部落床后，开阳床中间排水阀，稍开正洗进水阀，调节顶压水流量至规定值	10	操作漏项扣10分				
				顶压水流量过大或过小扣5分				

续表

序号	考核内容	考核要点	配分	评分标准	检测结果	扣分	得分	备注
4	进酸	开阳床进酸阀、阳酸喷射器进水阀。投运再生水泵，调节流量至规定值。开阳酸喷射器进酸阀、阳酸计量箱出酸阀，并调整酸浓度至规定值	25	操作漏项、次序不当，每项扣10分				
				投运再生水泵操作不规范，每项扣3分				
				酸浓度调整不当、喷射器流量调整不当分别扣10分				
5	置换	进完规定量的酸后，关阳酸计量箱出酸阀、阳酸喷射器进酸阀。置换至规定时间或中间排水废液中酸度小于规定值。停运再生水泵，关阳酸喷射器进水阀、阳床进酸阀、中间排水阀	25	操作漏项、次序不当，每项扣10分				
				停运再生水泵操作不规范，每项扣3分				
				置换时间不足或过长扣5分				
6	正洗	开阳床排空气阀，开大阳床正洗进水阀。待床内空气排尽，开正洗排水阀，关排空气阀。正洗至排水合格，关正洗进水阀、正洗排水阀	10	操作漏项或次序不当，每项扣5分				
				正洗流量过大或过小扣3分				
7	使用工具	正确使用工具	2	工具使用不正确扣2分				
		正确维护工具	3	工具乱摆乱放扣3分				
8	安全及其他	按国家法规或企业规定		违规一次总分扣2分；严重违规停止操作			—	
		在规定时间内完成操作		每超时1min总分扣3分，超时3min停止操作			—	
		合　计	100					

试题13：阴床水顶压小反洗再生操作

（考核时间：40min）

序号	考核内容	考核要点	配分	评分标准	检测结果	扣分	得分	备注
1	准备工作	穿戴劳保用品	3	未穿戴整齐扣3分				
		工具、用具准备	2	工具选择不正确扣2分				
2	小反洗	开再生阴床反洗排水阀、小反洗进水阀。调节流量使压实层能充分松动，又不至于将正常颗粒冲走。待反洗水清澈后，关小反洗进水阀、反洗排水阀	20	操作漏项，每项扣10分				
				小反洗强度、时间不足扣5分				
				小反洗跑正常颗粒扣10分				
3	顶压	待压实层全部沉降后，开阴床中间排水阀，稍开正洗进水阀，调节顶压水流量至规定值	10	操作漏项扣10分				
				顶压水流量过大或过小扣5分				
4	进碱	开阴床进碱阀、阴碱喷射器进水阀。投运再生水泵，调节流量至规定值。开阴碱喷射器进碱阀、阴碱计量箱出碱阀，并调整碱浓度至规定值	25	操作漏项、次序不当，每项扣10分				
				投运再生水泵操作不规范，每项扣3分				
				碱浓度调整不当、喷射器流量调整不当分别扣10分				

续表

序号	考核内容	考核要点	配分	评分标准	检测结果	扣分	得分	备注
5	置换	进完规定量的碱后，关阴碱计量箱出碱阀、阴碱喷射器进碱阀。置换至规定时间或中间排水废液中电导率小于规定值。停运再生水泵，关阴碱喷射器进水阀、阴床进碱阀、中间排水阀	25	操作漏项、次序不当，每项扣10分				
				停运再生水泵操作不规范，每项扣3分				
				置换时间不足或过长扣5分				
6	正洗	开阴床排空气阀，开大阴床正洗进水阀。待床内空气排尽，开正洗排水阀，关排空气阀。正洗至排水合格，关正洗进水阀、正洗排水阀	10	操作漏项、次序不当，每项扣5分				
				正洗流量过大或过小扣3分				
7	使用工具	正确使用工具	2	工具使用不正确扣2分				
		正确维护工具	3	工具乱摆乱放扣3分				
8	安全及其他	按国家法规或企业规定		违规一次总分扣2分；严重违规停止操作			—	
		在规定时间内完成操作		每超时1min总分扣3分，超时3min停止操作			—	
合　计			100					

试题14：混床同步再生操作

（考核时间：60min）

序号	考核内容	考核要点	配分	评分标准	检测结果	扣分	得分	备注
1	准备工作	穿戴劳保用品	3	未穿戴整齐扣3分				
		工具、用具准备	2	工具选择不正确扣2分				
2	反洗分层	开再生混床反洗排水阀，缓缓开启反洗进水阀，反洗流量由小逐步增大，使树脂慢慢膨胀并稳定在上监视孔处。待床体内阳、阴树脂分界面清晰、反洗排水清澈后，关反洗进水阀、反洗排水阀	15	操作漏项、次序不当，每项扣2分				
				反洗强度、时间不足扣5分				
				反洗进水操作过快扣5分				
				反洗跑正常颗粒扣2分				
3	放水	待树脂全部落床后，开混床空气阀、正洗排水阀。放水至树脂面上100～200mm时关正洗排水阀	5	操作漏项、次序不当，每项扣3分				
				放水未至规定位置扣3分				
4	预喷射	开混酸喷射器进水阀、混碱喷射器进水阀、混床进酸阀、进碱阀，稍开中间排水阀。投运再生水泵，调节流量至规定值。调整中间排水阀开度使混床内液面保持在树脂面上100～200mm处	15	操作漏项、次序不当，每项扣3分				
				投运再生水泵操作不规范，每项扣2分				
				喷射器流量调整不当扣3分				
				中间排水阀开度调节不当扣5分				

续表

序号	考核内容	考核要点	配分	评分标准	检测结果	扣分	得分	备注
5	进酸碱	开混酸计量箱出酸阀、混碱计量箱出碱阀、混酸喷射器进酸阀、混碱喷射器进碱阀，并调整酸、碱浓度至规定值。进完规定量的酸、碱后，关混酸计量箱出酸阀、混碱计量箱出碱阀、混酸喷射器进酸阀、混碱喷射器进碱阀	15	操作漏项、次序不当，每项扣3分				
				酸、碱浓度调整不当，每项扣3分				
6	置换	置换至树脂内酸、碱液全部排出。停运再生水泵，关混酸喷射器进水阀、混碱喷射器进水阀、混床进酸阀、进碱阀、中间排水阀	15	操作漏项、次序不当，每项扣3分				
				停运再生水泵操作不规范，每项扣2分				
				置换时间不足或过长扣2分				
7	串联正洗	开混床正洗进水阀。待床内空气排尽，开正洗排水阀，关空气阀，调节正洗流量至规定值。待正洗排水合格，关正洗进水阀、正洗排水阀	10	操作漏项、次序不当，每项扣3分				
				正洗流量过大或过小扣2分				
				正洗时间不足或过长扣2分				
8	混合及正洗	开混床空气阀、正洗排水阀。放水至树脂面上100～200mm时关正洗排水阀。缓慢开启混床进压缩空气阀，使床内树脂充分扰动3～5min，关进压缩空气阀。快开正洗进水阀、正洗排水阀。待树脂沉降，关正洗排水阀。待床内空气排尽，开正洗排水阀，关空气阀，调节正洗流量至规定值。正洗至排水合格，关正洗进水阀、正洗排水阀	15	操作漏项、次序不当，每项扣3分				
				混合不均匀扣5分				
				正洗流量过大或过小扣2分				
				正洗时间不足或过长扣2分				
9	使用工具	正确使用工具	2	工具使用不正确扣2分				
		正确维护工具	3	工具乱摆乱放扣3分				
10	安全及其他	按国家法规或企业规定		违规一次总分扣2分；严重违规停止操作			—	
		在规定时间内完成操作		每超时1min总分扣3分，超时3min停止操作			—	
合计			100					

试题15：运行式浮动阳床再生操作

（考核时间：40min）

序号	考核内容	考核要点	配分	评分标准	检测结果	扣分	得分	备注
1	准备工作	穿戴劳保用品	3	未穿戴整齐扣3分				
		工具、用具准备	2	工具选择不正确扣2分				

续表

<table>
<tr><th>序号</th><th>考核内容</th><th>考核要点</th><th>配分</th><th>评分标准</th><th>检测结果</th><th>扣分</th><th>得分</th><th>备注</th></tr>
<tr><td rowspan="3">2</td><td rowspan="3">预喷射</td><td rowspan="3">开再生阳浮床进酸阀、倒U形管上的排水阀，开阳酸喷射器进水阀。投运再生水泵，调节流量至规定值</td><td rowspan="3">20</td><td>操作漏项，每项扣5分</td><td></td><td></td><td></td><td></td></tr>
<tr><td>喷射器流量调整不当扣5分</td><td></td><td></td><td></td><td></td></tr>
<tr><td>投用再生水泵操作不规范，每项扣3分</td><td></td><td></td><td></td><td></td></tr>
<tr><td rowspan="2">3</td><td rowspan="2">进酸</td><td rowspan="2">开阳酸喷射器进酸阀、阳酸计量箱出酸阀，并调整酸浓度至规定值</td><td rowspan="2">15</td><td>操作漏项，每项扣5分</td><td></td><td></td><td></td><td></td></tr>
<tr><td>酸浓度调整不当扣5分</td><td></td><td></td><td></td><td></td></tr>
<tr><td rowspan="3">4</td><td rowspan="3">置换</td><td rowspan="3">进完规定量的酸后，关阳酸计量箱出酸阀、阳酸喷射器进酸阀。停运再生水泵，关阳浮床进酸阀、阳酸喷射器进水阀。开上部进水阀，以进再生液相同的流速进行置换</td><td rowspan="3">20</td><td>操作漏项、次序不当，每项扣5分</td><td></td><td></td><td></td><td></td></tr>
<tr><td>停运再生水泵操作不规范，每项扣3分</td><td></td><td></td><td></td><td></td></tr>
<tr><td>置换流量调整不当扣5分</td><td></td><td></td><td></td><td></td></tr>
<tr><td rowspan="3">5</td><td rowspan="3">向下清洗</td><td rowspan="3">置换至规定时间，开大上部进水阀进行清洗。清洗结束后，关上部进水阀、倒U形管上的排水阀</td><td rowspan="3">15</td><td>操作漏项、次序不当，每项扣5分</td><td></td><td></td><td></td><td></td></tr>
<tr><td>置换时间不足或过长扣5分</td><td></td><td></td><td></td><td></td></tr>
<tr><td>清洗流量过大或过小扣2分</td><td></td><td></td><td></td><td></td></tr>
<tr><td rowspan="3">6</td><td rowspan="3">向上清洗</td><td rowspan="3">全开向上清洗排水阀，快开入口阀至所需流速，以20～30m/h的流速成床清洗。清洗结束转为运行或备用</td><td rowspan="3">20</td><td>操作漏项或次序不当，每项扣5分</td><td></td><td></td><td></td><td></td></tr>
<tr><td>清洗流量过大或过小扣2分</td><td></td><td></td><td></td><td></td></tr>
<tr><td>不清楚成床流速扣5分</td><td></td><td></td><td></td><td></td></tr>
<tr><td rowspan="2">7</td><td rowspan="2">使用工具</td><td>正确使用工具</td><td>2</td><td>工具使用不正确扣2分</td><td></td><td></td><td></td><td></td></tr>
<tr><td>正确维护工具</td><td>3</td><td>工具乱摆乱放扣3分</td><td></td><td></td><td></td><td></td></tr>
<tr><td rowspan="2">8</td><td rowspan="2">安全及其他</td><td>按国家法规或企业规定</td><td rowspan="2"></td><td>违规一次总分扣2分；严重违规停止操作</td><td></td><td></td><td>—</td><td></td></tr>
<tr><td>在规定时间内完成操作</td><td>每超时1min总分扣3分，超时3min停止操作</td><td></td><td></td><td>—</td><td></td></tr>
<tr><td colspan="3">合　计</td><td>100</td><td></td><td></td><td></td><td></td><td></td></tr>
</table>

试题16：阳双层床大反洗再生操作

（考核时间：90min）

<table>
<tr><th>序号</th><th>考核内容</th><th>考核要点</th><th>配分</th><th>评分标准</th><th>检测结果</th><th>扣分</th><th>得分</th><th>备注</th></tr>
<tr><td rowspan="2">1</td><td rowspan="2">准备工作</td><td>穿戴劳保用品</td><td>3</td><td>未穿戴整齐扣3分</td><td></td><td></td><td></td><td></td></tr>
<tr><td>工具、用具准备</td><td>2</td><td>工具选择不正确扣2分</td><td></td><td></td><td></td><td></td></tr>
<tr><td rowspan="2">2</td><td rowspan="2">小反洗</td><td rowspan="2">开阳双层床反洗排水阀、小反洗进水阀。调节流量使压实层能充分松动，又不至于将正常颗粒冲走。待反洗水清澈后，关小反洗进水阀</td><td rowspan="2">6</td><td>操作漏项，每项扣2分</td><td></td><td></td><td></td><td></td></tr>
<tr><td>小反洗强度、时间不足，扣1分</td><td></td><td></td><td></td><td></td></tr>
<tr><td>3</td><td>放水</td><td>待压实层全部沉降后，开空气阀、中间排水阀。待放水完毕，关反洗排水阀、空气阀、中间排水阀</td><td>4</td><td>操作漏项，每项扣1分</td><td></td><td></td><td></td><td></td></tr>
</table>

续表

序号	考核内容	考核要点	配分	评分标准	检测结果	扣分	得分	备注
4	顶压	开阳双层床顶压进气阀，调节压缩空气减压阀开度，使床内压力稳定在规定值	6	操作漏项、次序不当，每项扣2分				
				不清楚压力调节值扣2分				
5	预喷射	开阳床中间排水阀、进酸阀、阳酸喷射器进水阀。投运再生水泵，调节流量至规定值	7	操作漏项、次序不当，每项扣3分				
				投运再生水泵操作不规范，每项扣2分				
				喷射器流量调整不当扣2分				
6	进酸	开阳酸喷射器进酸阀、阳酸计量箱出酸阀，并调整酸浓度至规定值	5	操作漏项、次序不当，每项扣2分				
				酸浓度调整不当扣2分				
7	置换	进完规定量的酸后，关阳酸计量箱出酸阀、阳酸喷射器进酸阀。置换至规定时间或中间排水废液中酸度小于规定值。停运再生水泵，关阳酸喷射器进水阀、阳床进酸阀、中间排水阀、顶压进气阀	8	操作漏项、次序不当，每项扣3分				
				停运再生水泵操作不规范，每项扣2分				
				置换时间不足或过长扣1分				
8	大反洗	开阳双层床进水阀、空气阀，交换器进满水关闭进水阀、空气阀。开启反洗排水阀，缓缓开启大反洗进水阀，反洗流量由小逐步增大，使树脂慢慢膨胀并稳定在上监视孔处。待分层良好后，关大反洗进水阀。待树脂层全部沉降后，开中间排水阀、空气阀。待放水完毕，关反洗排水阀、空气阀、中间排水阀	8	操作漏项、次序不当，每项扣2分				
				大反洗强度、时间不足扣1分				
				大反洗进水操作过快扣3分				
				大反洗跑正常颗粒扣3分				
9	放水	待压实层全部沉降后，开空气阀、中间排水阀。待放水完毕，关反洗排水阀、空气阀、中间排水阀	4	操作漏项，每项扣1分				
10	顶压	开阳双层床顶压进气阀，调节压缩空气减压阀开度，使床内压力稳定在规定值	6	操作漏项、次序不当，每项扣2分				
				不清楚压力调节值扣2分				
11	预喷射	开阳床中间排水阀、进酸阀、阳酸喷射器进水阀。投运再生水泵，调节流量至规定值	7	操作漏项、次序不当，每项扣3分				
				投运再生水泵操作不规范，每项扣2分				
				喷射器流量调整不当扣2分				
12	进酸	开阳酸喷射器进酸阀、阳酸计量箱出酸阀，并调整酸浓度至规定值	5	操作漏项、次序不当，每项扣2分				
				酸浓度调整不当扣2分				
13	置换	进完规定量的酸后，关阳酸计量箱出酸阀、阳酸喷射器进酸阀。置换至规定时间或中间排水废液中酸度小于规定值。停运再生水泵，关阳酸喷射器进水阀、阳床进酸阀、中间排水阀、顶压进气阀	8	操作漏项、次序不当，每项扣3分				
				停运再生水泵操作不规范，每项扣2分				
				置换时间不足或过长扣1分				

续表

序号	考核内容	考核要点	配分	评分标准	检测结果	扣分	得分	备注
14	进水	开阳双层床空气阀、正洗进水阀	3	操作漏项，每项扣2分				
15	小正洗	待床内空气排尽，开中间排水阀，关空气阀，调节小正洗流量至规定值	6	操作漏项、次序不当，每项扣5分				
16	大正洗	小正洗至规定时间，开阳床正洗排水阀，关中间排水阀。正洗至排水合格，关正洗进水阀、正洗排水阀	7	操作漏项、次序不当，每项扣5分				
				正洗时间不足或过长扣2分				
17	使用工具	正确使用工具	2	工具使用不正确扣2分				
		正确维护工具	3	工具乱摆乱放扣3分				
18	安全及其他	按国家法规或企业规定		违规一次总分扣2分；严重违规停止操作			—	
		在规定时间内完成操作		每超时1min总分扣3分，超时3min停止操作			—	
合　计			100					

试题17：一级复床除盐系统停运操作

（考核时间：15min）

序号	考核内容	考核要点	配分	评分标准	检测结果	扣分	得分	备注
1	准备工作	穿戴劳保用品	3	未穿戴整齐扣3分				
		工具、用具准备	2	工具选择不正确扣2分				
2	停运中间水泵	停运中间水泵	20	操作漏项，每项扣10分				
				未按规范操作，每项扣5分				
3	停运阴床	关阴床正洗进水阀、出水阀。开排气阀，放水消压后关排气阀	20	操作漏项，每项扣5分				
4	停运清水泵	停运清水泵	20	操作漏项，每项扣10分				
				未按规范操作，每项扣5分				
5	停运阳床	关阳床正洗进水阀、出水阀。开排气阀，放水消压后关排气阀	20	操作漏项，每项扣5分				
6	停运除碳器	停运除碳器	10	操作漏项扣10分				
7	使用工具	正确使用工具	2	工具使用不正确扣2分				
		正确维护工具	3	工具乱摆乱放扣3分				
8	安全及其他	按国家法规或企业规定		违规一次总分扣2分；严重违规停止操作			—	
		在规定时间内完成操作		每超时1min总分扣3分，超时3min停止操作			—	
合　计			100					

试题 18：比色仪器的维护

（考核时间：15min）

序号	考核内容	考核要点	配分	评分标准	检测结果	扣分	得分	备注
1	准备工作	穿戴劳保用品	5	未穿戴整齐扣 5 分				
2	防止震动	比色仪器应安放在牢固的工作台上，移动时应将检流计短路，以防检流计受震动影响读数的准确度	25	安放不牢固扣 25 分				
				移动仪器时未将检流计短路扣 10 分				
3	防止腐蚀	使用仪器过程中应防止腐蚀气体侵蚀仪器机件，并应注意比色槽及比色皿架的清洁，免受侵蚀	25	不知防止腐蚀扣 10 分				
				比色槽及比色皿架脏，每项扣 10 分				
4	防止受潮	比色仪器应放在比较干燥的地方，并在仪器中安放硅胶，如发现硅胶变色及时更换	25	未安放硅胶扣 25 分				
				硅胶变色未及时更换扣 10 分				
5	防止强光照射	比色仪器应放在半暗室中。要防止强光直接照射和长时间连续照射	20	不知防止强光照射扣 20 分				
6	安全及其他	按国家法规或企业规定		违规一次总分扣 2 分；严重违规停止操作			—	
		在规定时间内完成操作		每超时 1min 总分扣 3 分，超时 3min 停止操作			—	
		合　计	100					

试题 19：软化床周期制水量减少的原因分析

（考核时间：20min）

序号	考核内容	考核要点	配分	评分标准	检测结果	扣分	得分	备注
1	准备工作	穿戴劳保用品	5	未穿戴整齐扣 5 分				
2	树脂原因	进水浊度过高使树脂受污染	10	未检查扣 10 分				
		反洗不彻底使树脂受污染	5	未检查扣 5 分				
		树脂高度下降	10	未检查扣 10 分				
		树脂老化或氧化降解	10	未检查扣 10 分				
		生水中 Al^{3+}、Fe^{3+} 等阳离子量多，树脂中毒	10	未检查扣 15 分				
3	再生剂原因	再生剂质量差	15	未检查扣 15 分				
4	再生参数原因	再生剂用量不足	10	不清楚再生剂用量扣 10 分				
		再生液浓度不当	10	不清楚再生液浓度扣 10 分				
		再生液流速不当	10	不清楚再生液流速扣 10 分				
5	水流不均原因	排水系统损坏使水流不均匀	5	未检查扣 5 分				

续表

序号	考核内容	考核要点	配分	评分标准	检测结果	扣分	得分	备注
6	安全及其他	按国家法规或企业规定		违规一次总分扣2分；严重违规停止操作			—	
		在规定时间内完成操作		每超时1min总分扣3分，超时3min停止操作			—	
		合　计	100					

试题20：阳床出水水质下降的原因分析

（考核时间：20min）

序号	考核内容	考核要点	配分	评分标准	检测结果	扣分	得分	备注
1	准备工作	穿戴劳保用品	5	未穿戴整齐扣5分				
2	运行阳床泄露原因	检查运行阳床反洗进水阀是否误开或渗漏	15	未检查扣15分				
		检查运行阳床进酸阀是否误开或渗漏	10	未检查扣10分				
3	再生阳床泄露原因	检查再生阳床出水阀是否误开或渗漏	10	未检查扣10分				
4	再生质量原因	树脂老化或受污染使再生质量下降	20	未检查扣20分				
		再生操作不当使再生质量下降	20	未检查扣20分				
5	运行阳床水流不均原因	阳床集水装置损坏造成偏流	10	未检查扣10分				
6	进水原因	进水浊度过高	10	未检查扣10分				
7	安全及其他	按国家法规或企业规定		违规一次总分扣2分；严重违规停止操作			—	
		在规定时间内完成操作		每超时1min总分扣3分，超时3min停止操作			—	
		合　计	100					

试题21：阴树脂工作交换容量下降的原因分析

（考核时间：20min）

序号	考核内容	考核要点	配分	评分标准	检测结果	扣分	得分	备注
1	准备工作	穿戴劳保用品	5	未穿戴整齐扣5分				
2	树脂原因	反洗不彻底使树脂板结	5	未检查扣5分				
		树脂被有机物污染	10	未检查扣10分				
		树脂被胶体硅污染	10	未检查扣10分				
		树脂被铁、铜等重金属污染	10	未检查扣10分				
		树脂老化或氧化降解	5	未检查扣5分				

续表

序号	考核内容	考核要点	配分	评分标准	检测结果	扣分	得分	备注
3	再生剂原因	再生剂含杂质过多	20	未检查扣20分				
4	再生参数原因	再生剂用量不足	5	不清楚再生剂用量扣5分				
		再生伴热不够	10	不清楚再生液应控制温度扣10分				
		再生液浓度不当	5	不清楚再生液浓度扣5分				
		再生液流速不当	10	不清楚再生液流速扣10分				
5	水流不均原因	排水系统损坏使水流不均匀	5	未检查扣5分				
6	安全及其他	按国家法规或企业规定		违规一次总分扣2分；严重违规停止操作			—	
		在规定时间内完成操作		每超时1min总分扣3分，超时3min停止操作			—	
	合　计		100					

试题22：阳床出水有硬度的处理

（考核时间：25min）

序号	考核内容	考核要点	配分	评分标准	检测结果	扣分	得分	备注
1	准备工作	穿戴劳保用品	5	未穿戴整齐扣5分				
2	检查运行阳床阀门	检查运行阳床反洗进水阀，若误开则关闭；若渗漏则加关或检修阀门	25	检查漏项扣25分				
				处理漏项扣15分				
3	分析运行阳床出水	经检查分析，确系运行阳床深度失效的，立即停运失效的阳床，并排除系统中不合格的阳床出水	25	检查漏项扣25分				
				处理漏项扣15分				
		检查系阳床再生不合格造成出水有硬度的，对再生过程逐项检查处理	20	检查漏项扣20分				
				处理漏项扣10分				
4	检查再生阳床阀门	检查再生阳床出水阀，若误开则关闭；若渗漏则加关或检修阀门	25	检查漏项扣25分				
				处理漏项扣15分				
5	安全及其他	按国家法规或企业规定		违规一次总分扣2分；严重违规停止操作			—	
		在规定时间内完成操作		每超时1min总分扣3分，超时3min停止操作			—	
	合　计		100					

试题 23：阴床出水中有过量钠的处理

（考核时间：25min）

序号	考核内容	考核要点	配分	评分标准	检测结果	扣分	得分	备注
1	准备工作	穿戴劳保用品	5	未穿戴整齐扣 5 分				
2	检查运行阳床阀门	检查运行阳床反洗进水阀、进酸阀，若误开则关闭；若渗漏则加关或检修阀门	20	检查漏项，每项扣 10 分				
				处理漏项，每项扣 5 分				
3	检查运行阴床阀门	检查运行阴床进碱阀，若误开则关闭；若渗漏则加关或检修阀门	15	未检查扣 15 分				
				处理漏项，每项扣 5 分				
4	解失效床	运行阳床出水钠大，切换备用阳床运行	15	检查处理漏项扣 15 分				
5	阳床投运把关	阳床投运时充分冲洗，出水合格后，方可投运	10	检查处理漏项扣 10 分				
6	调整再生操作	阳床再生不合格的，对整个再生进行检查、调整	15	未检查、调整再生参数扣 15 分				
				处理漏项，每项扣 5 分				
7	分离树脂	检验阴树脂中是否混入阳树脂。若混入阳树脂。则卸出树脂，进行分离	20	未检验是否混入阳树脂扣 20 分				
				处理漏项，每项扣 10 分				
8	安全及其他	按国家法规或企业规定		违规一次总分扣 2 分；严重违规停止操作			—	
		在规定时间内完成操作		每超时 1min 总分扣 3 分，超时 3min 停止操作			—	
		合　计	100					

试题 24：除盐水箱水质劣化的处理

（考核时间：25min）

序号	考核内容	考核要点	配分	评分标准	检测结果	扣分	得分	备注
1	准备工作	穿戴劳保用品	5	未穿戴整齐扣 5 分				
2	检查阀门	立即停止再生工作，检查阴阳床或混床的出口阀、酸碱进口阀等的可靠性。若有泄漏现象，立即加关或检修	30	检查处理漏项，每项扣 5 分				
3	检查运行床水质	检查正在运行阴阳床或混床的水质。发现失效的，立即停运	30	检查处理漏项，每项扣 10 分				
4	排除不合格水	根据需要与可能，解列除盐水箱，排除不合格的除盐水	10	检查处理漏项扣 10 分				
5	加强锅内水处理	不合格除盐水已送入锅炉，须针对情况，加强锅内水处理	15	检查处理漏项，每项扣 5 分				

续表

序号	考核内容	考核要点	配分	评分标准	检测结果	扣分	得分	备注
6	监督再生过程	再生过程中密切注意床体内压力，若其压力大于交换器出口母管的压力时，立即开大排废酸碱的阀门或关小酸碱的进口阀	10	检查处理漏项，每项扣5分				
7	安全及其他	按国家法规或企业规定		违规一次总分扣2分；严重违规停止操作			—	
		在规定时间内完成操作		每超时1min总分扣3分，超时3min停止操作			—	
	合　计		100					

试题25：再生液进不了床体的处理

（考核时间：25min）

序号	考核内容	考核要点	配分	评分标准	检测结果	扣分	得分	备注
1	准备工作	穿戴劳保用品	5	未穿戴整齐扣5分				
2	降低背压	检查床体再生排水阀、进再生液阀的开度，将其开大，降低背压至合适值	20	未调整背压扣20分				
				调整操作不当，每项扣5分				
3	疏通管道	检查进再生液管是否堵塞，及时消除设备缺陷	20	检查漏项，每项扣10分				
		检查计量箱出液管是否堵塞，及时进行疏通或检修		处理漏项，每项扣5分				
4	检修阀门	检查再生液阀门是否损坏，及时消除设备缺陷	20	检查漏项，每项扣10分				
				处理漏项，每项扣5分				
5	检修喷射器	检查水力喷射器是否堵塞，及时消除设备缺陷	15	未检查扣15分				
				不清楚处理方法扣10分				
6	调整水源压力	检查水源压力是否正常，调整压力值	20	未检查调整扣20分				
				不清楚正常压力值扣10分				
7	安全及其他	按国家法规或企业规定		违规一次总分扣2分；严重违规停止操作			—	
		在规定时间内完成操作		每超时1min总分扣3分，超时3min停止操作			—	
	合　计		100					

试题26：固定床离子交换器再生时发生倒灌的处理

（考核时间：25min）

序号	考核内容	考核要点	配分	评分标准	检测结果	扣分	得分	备注
1	准备工作	穿戴劳保用品	5	未穿戴整齐扣5分				

续表

序号	考核内容	考核要点	配分	评分标准	检测结果	扣分	得分	备注
2	背压过高的处理	进再生液时交换器压力未调整好的，立即调整顶压	15	未检查调整扣 15 分				
				不清楚顶压值扣 10 分				
		交换器进再生剂阀未开或开度小的，立即开大	20	未检查调整扣 20 分				
				调整操作不当扣 10 分				
		交换器排再生废液阀未开或开度小的，立即开大	15	未检查调整扣 15 分				
				调整操作不当扣 10 分				
3	喷射器损坏的处理	检查水力喷射器的工况，发现污堵或损坏时，立即停止再生，检修喷射器	15	未检查扣 15 分				
				不清楚处理方法扣 10 分				
4	水源压力波动的处理	检查水源压力是否正常，异常的立即调整压力值	15	未检查调整扣 15 分				
				不清楚正常压力值扣 10 分				
5	阀门渗漏的处理	检查运行交换器再生液入口阀的严密性，若往出倒水时，立即停运交换器，更换阀门	15	未检查扣 15 分				
				不清楚处理方法扣 10 分				
6	安全及其他	按国家法规或企业规定		违规一次总分扣 2 分；严重违规停止操作			—	
		在规定时间内完成操作		每超时 1min 总分扣 3 分，超时 3min 停止操作			—	
		合　计	100					

试题 27：混床分层不明显的处理

（考核时间：25min）

序号	考核内容	考核要点	配分	评分标准	检测结果	扣分	得分	备注
1	准备工作	穿戴劳保用品	5	未穿戴整齐扣 5 分				
2	充分反洗	反洗分层过程中，在不跑树脂的前提下，增大反洗强度，尽可能使树脂充分膨胀	30	操作不当，每项扣 10 分				
		反洗时间应充足	20	处理漏项扣 20 分				
3	氢氧化钠处理树脂	由于失效程度不深、抱团等原因，造成分层困难。可用氢氧化钠溶液自上而下通过树脂层，静置后再重新反洗分层	30	操作不当，每项扣 10 分				
4	选用树脂	应选用混床专用树脂，混床阴、阳树脂的湿真密度差应在 15%～20%以上，粒径、均一系数符合要求	10	不清楚树脂要求，每项扣 5 分				
5	更换树脂	混床阳树脂颗粒破碎较多时，需考虑更换树脂	5	处理漏项扣 5 分				
6	安全及其他	按国家法规或企业规定		违规一次总分扣 2 分；严重违规停止操作			—	
		在规定时间内完成操作		每超时 1min 总分扣 3 分，超时 3min 停止操作			—	
		合　计	100					

试题 28：阴床再生后出水硅大的处理

（考核时间：25min）

序号	考核内容	考核要点	配分	评分标准	检测结果	扣分	得分	备注
1	准备工作	穿戴劳保用品	5	未穿戴整齐扣 5 分				
2	检查再生剂质量	分析再生剂质量，使用符合标准的再生剂	20	检查漏项扣 20 分				
3	检查树脂高度	检查阴床树脂层高度应符合要求，不足的则补充至正常高度	10	检查漏项扣 10 分				
4	调整再生参数	调整再生参数。再生剂量达到规定；再生液流速、浓度符合要求；顶压时维持适当的压力，再生过程中，避免树脂乱层；再生液加热至规定温度	40	未调整再生参数扣 40 分				
				处理漏项，每项扣 10 分				
5	复苏或更换树脂	树脂受污染或老化的，复苏或更换树脂	15	未检查树脂性能扣 15 分				
				处理漏项，每项扣 10 分				
6	检修损坏设备	因阴床内设备损坏，造成再生液偏流，检修处理	10	检查漏项扣 10 分				
7	安全及其他	按国家法规或企业规定		违规一次总分扣 2 分；严重违规停止操作			—	
		在规定时间内完成操作		每超时 1min 总分扣 3 分，超时 3min 停止操作			—	
		合　计	100					

试题 29：绘制逆流再生离子交换器结构图

（考核时间：30min）

序号	考核内容	考核要点	配分	评分标准	检测结果	扣分	得分	备注
1	准备工作	工具、用具准备	5	未自带工具扣 5 分				
2	图形绘制	图纸幅面选择正确	5	图纸幅面选择错误扣 5 分				
		绘图比例准确	5	绘图比例错误扣 5 分				
		图面布置完好	5	图面布置不匀称、美观扣 5 分				
		逆流再生离子交换器结构图正确，排布合理，符合实际情况，各组成部分位置准确并整齐	30	排布不合理扣 5 分				
				各组成部分连接画错一处扣 2 分				
				漏画一处扣 3 分				
				结构错误一处扣 3 分				
3	绘图标注	标注各组成部分的名称，符合实际	15	名称标注错一处扣 2 分				
				漏标一处扣 2 分				
		标注交换器的结构尺寸，符合实际	15	尺寸标注错误一处扣 2 分				
				尺寸标注漏标一处扣 2 分				
4	图例	图例要求完整	10	缺图例扣 10 分				
				图例错一处扣 2 分				

续表

序号	考核内容	考核要点	配分	评分标准	检测结果	扣分	得分	备注
5	标题栏	标题栏要求完整	5	缺标题栏扣5分				
				标题栏错一处扣2分				
6	卷面情况	绘图卷面清晰、整洁	5	卷面不整洁扣5分				
7	安全及其他	按国家法规或企业规定		违规一次总分扣2分；严重违规停止操作			—	
		在规定时间内完成操作		每超时1min总分扣3分，超时3min停止操作			—	
		合　计	100					

试题30：绘制无阀滤池结构图

（考核时间：30min）

序号	考核内容	考核要点	配分	评分标准	检测结果	扣分	得分	备注
1	准备工作	工具、用具准备	5	未自带工具扣5分				
2	图形绘制	图纸幅面选择正确	5	图纸幅面选择错误扣5分				
		绘图比例准确	5	绘图比例错误扣5分				
		图面布置完好	5	图面布置不匀称、美观扣5分				
		无阀滤池结构正确，排布合理，符合实际情况，各部件及阀门位置准确并整齐	30	图形排布不合理扣5分				
				连接部位画错一处扣2分				
				漏画部件一处扣3分				
				部件位置画错一处扣3分				
3	绘图标注	标注组成部分的名称，符合实际	15	名称标注错一处扣2分				
				阀门标注错误一处扣2分				
		标注管线管径和流向，符合实际	15	管线上缺介质流向、来源或去向一处扣2分				
				管径标注错误一处扣2分				
4	图例	图例要求完整	10	缺图例扣10分				
				图例错一处扣2分				
5	标题栏	标题栏要求完整	5	缺标题栏扣5分				
				标题栏错一处扣2分				
6	卷面情况	绘图卷面清晰、整洁	5	卷面不整洁扣5分				
7	安全及其他	按国家法规或企业规定		违规一次总分扣2分；严重违规停止操作			—	
		在规定时间内完成操作		每超时1min总分扣3分，超时3min停止操作			—	
		合　计	100					

第四部分

技　师

一、理论知识鉴定要素细目表

行业通用理论知识鉴定要素细目表

鉴定范围						鉴定点		
一级		二级		三级		代码	名称	重要程度
代码	名称	代码	名称	代码	名称			
A	基本要求	B	基础知识	B	识图基础知识	001	设备布置图基础知识	X
						002	管道布置图基础知识	X
						003	化工设备图尺寸标注方法	X
						004	装配图内容	X
				D	质量基础知识	001	ISO 9000 族标准质量管理审核的依据	X
						002	ISO 9001 标准质量管理体系的总体思路	X
				E	计算机基础知识	001	数据库的概念	X
						002	数据表的建立	X
						003	PowerPoint 课件的制作	X
B	相关知识	E	管理知识	A	生产管理	001	生产的管理	X
						002	设备的管理	X
						003	现场的管理	X
				B	编写技术文件	001	生产总结报告的常用格式	X
						002	技术论文的结构内容	X
						003	技术论文标题拟订的基本原则	X
						004	技术论文摘要拟订的基本原则	X
						005	技术论文编写的基本要素	X
						006	装置标定报告主要内容	X
						007	装置验收报告主要内容	X
						008	工艺技术规程主要内容	X
						009	岗位操作法的主要内容	X
						010	检修方案的主要内容	X
						011	开工方案的主要内容	X
						012	停工方案的主要内容	X
				C	技术改进	001	技术改造的目的	X
						002	技术改造的程序	X
						003	技术改造方案的主要内容	X
						004	技术改造的有关步骤	X
						005	技术改造申请书的编写格式	X
						006	技术革新成果的鉴定知识	X
						007	技术改造的注意事项	X
						008	技术革新成果报告的主要内容	X

续表

鉴定范围						鉴定点		
一级		二级		三级		代码	名称	重要程度
代码	名称	代码	名称	代码	名称			
		F	培训与指导	A	培训与指导	001	专项培训方案制定的要求	X
						002	培训教学常用方法	X
						003	培训教案编写的要求	X
						004	培训教学的组织实施	X
						005	评估培训效果的意义	X

工种理论知识鉴定要素细目表

鉴定范围						鉴定点		
一级		二级		三级		代码	名称	重要程度
代码	名称	代码	名称	代码	名称			
A	基本要求	B	基础知识	G	石油化工基本常识	001	加氢精制的工艺特点	Z
						002	加氢裂化的工艺特点	Z
						003	石油的热加工工艺特点	Z
				H	化学基础知识	001	烷烃的特性	Y
						002	烯烃的特性	Z
						003	炔烃的特性	Z
						004	苯的特性	Y
						005	卤烃的特性	X
						006	有机化学的相关计算	Y
				I	水力学基础知识	001	流体运动的动量方程式	X
						002	明渠水流的流态形式	Y
				J	机械设备基础知识	001	离心泵的相关计算	X
						002	设备可靠性的概念	X
						003	设备可靠性的常用度量	X
						004	常用腐蚀调查的方法	Y
						005	常见的腐蚀环境类型	Y
				K	电气基础知识	001	电磁感应的概念	Y
						002	同步电动机的工作原理	Z
						003	电功率及功率因数的分析计算	X
						004	三相交流电路的分析与计算	X
				L	仪表基础知识	001	电导率表的构造特点	X
						002	水处理常用测量仪表的特性	X
						003	PLC 系统的特点	Y
						004	先进控制的概念	Z
				M	计量基础知识	001	测量仪表准确度的概念	X
						002	测量结果的有效数字	X
						003	测量数据的修约规则	X

续表

鉴定范围						鉴定点		
一级		二级		三级		代码	名称	重要程度
代码	名称	代码	名称	代码	名称			
B	相关知识（通用模块）	A	工艺操作	A	供水系统基本知识	001	斗槽式取水构筑物的特点	X
						002	移动式取水构筑物的特点	X
						003	海水取水的特点	Y
						004	给水管网的管径确定	X
						005	水体富营养化的特征	Y
						006	含铁地下水的水质特点	X
				B	工业用水预处理知识	001	曝气除铁法的原理	X
						002	锰砂过滤除铁法的原理	Y
						003	影响二价铁氧化反应的因素	X
				C	水泵及泵站基础理论知识	001	离心泵的基本方程式	X
						002	管路系统的节能途径	X
						003	水泵的选择原则	X
						004	泵房的布置要求	Y
						005	吸水管路的布置要求	X
						006	出水管路的布置要求	X
		B	设备使用与维护	A	使用设备	001	水泵机组的安装	X
						002	压力表的选用要求	X
						003	计量泵的类型	Y
						004	给水管道的埋设要求	Y
				B	维护设备	001	金属材料腐蚀的环境因素	Y
						002	金属腐蚀的形态	Y
						003	设备检修的要求	X
						004	设备管理制度的内容	X
		C	绘图与计算	A	绘图	001	剖视图的概念	X
						002	剖视图的剖切方法	X
						003	剖视图的种类	X
						004	局部放大图的表示方法	X
						005	选择零件视图的原则	X
						006	在零件图上标注尺寸的要求	Y
						007	零件的尺寸基准	Y
				B	计算	001	水泵安装高度的计算	X
						002	射流泵的计算	Y
						003	三相异步电动机的相关计算	Y
						004	树脂含水率的计算	Z

续表

鉴定范围						鉴定点		
一级		二级		三级		代码	名称	重要程度
代码	名称	代码	名称	代码	名称			
						005	软化处理的相关计算	Z
						006	含盐量的计算	Z
						007	酸碱耗的计算	X
						008	除碳器的相关计算	Y
C	相关知识（净水处理模块）	A	工艺操作	A	原辅材料基础知识	001	臭氧的制备	Z
						002	水处理用石英砂滤料技术标准要求	Y
						003	水处理用无烟煤滤料技术标准要求	Y
				B	水处理专业知识	001	提高过滤效率的途径	X
						002	大阻力配水系统的特点	Y
						003	小阻力配水系统的特点	Y
						004	生活水水质标准的修订情况	Z
						005	低温低浊水的处理特点	X
						006	影响过滤效果的因素	X
						007	水质与疾病的关系	Z
D	相关知识（软化除盐处理模块）	A	工艺操作	A	原辅材料基础知识	001	离子交换树脂的合成	Z
						002	离子交换树脂的选用	X
						003	苯乙烯系强碱型阴离子交换树脂的全交换容量的测定	Y
						004	离子交换树脂的装填要求	X
						005	阳树脂和阴树脂的鉴别	X
						006	强酸性阳树脂和弱酸性阳树脂的鉴别	X
						007	强酸性阴树脂和弱酸性阴树脂的鉴别	X
						008	离子交换树脂的质量标准要求	Y
				B	软化除盐处理专业知识	001	大氮肥装置水汽质量控制要求标准	Y
						002	水的除盐工艺方法及其特点	X
						003	锅炉排污的目的和方式	Y
						004	锅炉水处理的特点	X
						005	离子交换水处理系统的选择	X
						006	离子交换器中树脂的利用率	X
						007	双室床的工作特点	X
						008	双室浮床的工作特点	X
						009	变径双室浮床的工作特点	X
						010	满室床的工作特点	X
						011	炉外水处理与炉内水处理的关系	Y

续表

鉴定范围						鉴定点		
一级		二级		三级		代码	名称	重要程度
代码	名称	代码	名称	代码	名称			
						012	凝结水的除盐处理的特点	Y
						013	工艺冷凝液处理工艺流程特点	Y
						014	锅炉给水加氨处理的原理	Y
						015	锅炉给水加氨处理的注意事项	Y
						016	化学除氧的工作原理	X
						017	化学除氧的分类及其特点	X
						018	炉水磷酸盐处理的目的	Z
						019	炉水磷酸盐处理的原理	Z
						020	炉水磷酸盐处理的投加要求	Z
						021	炉水磷酸盐处理时的注意事项	Z
						022	电磁过滤器的工作原理	Y
						023	电渗析除盐原理	Y
						024	电渗析除盐工艺的特点	Y
						025	反渗透膜的种类	Y
						026	反渗透除盐处理的原理	Y
						027	影响反渗透膜性能的因素	Y
						028	蒸馏法除盐处理的工作原理	Z
		B	设备使用与维护	A	使用设备	001	活性炭过滤器的工艺特点	Y
						002	防止离子交换树脂污染的措施	X
						003	浮动床离子交换器的结构	X
						004	离子交换软化系统的选择	X
						005	离子交换树脂的保管要求	X
						006	常用热力除氧器的类型	Y
						007	常用热力除氧器的结构特点	Z
						008	覆盖过滤器的结构特点	Y
						009	覆盖过滤器的使用	Y
						010	深层净化混床的特点	X
						011	粉末树脂覆盖过滤器的特点	Y
				B	维护设备	001	除氧器的维护保养	Z
						002	离子交换器的电火花试验的目的	Y
						003	离子交换器的电火花试验的方法	Z

续表

鉴定范围						鉴定点		
一级		二级		三级		代码	名称	重要程度
代码	名称	代码	名称	代码	名称			
		C	事故判断与处理	A	判断事故	001	硬水在锅炉内结垢的原因	Y
						002	化学除氧的影响因素	Y
						003	温度对离子交换树脂的影响	X
						004	离子交换树脂的钙污染	X
						005	离子交换树脂的铝污染	X
						006	离子交换树脂的硅污染	X
						007	热力除氧效果的影响因素	Z
				B	处理事故	001	离子交换树脂铁污染的处理	X
						002	离子交换树脂铝污染的处理	X
						003	离子交换树脂钙污染的处理	X
						004	离子交换树脂硅污染的处理	Y
						005	离子交换树脂油污染的处理	Y
						006	离子交换树脂有机物污染的处理	X

二、理论知识试题

行业通用理论知识试题

判断题

1. 设备布置图是构思建筑图的前提，建筑图又是设备布置图的依据。 (√)

2. 化工设备图中，如图管道立面图，其平面图为。 (×)

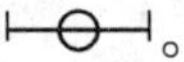

正确答案：化工设备图中，如图管道立面图，其平面图为。

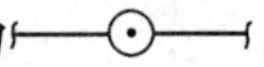

3. 在化工设备图中，由于零件的制造精度不高，故允许在图上将同方向(轴向)的尺寸注成封闭形式。 (√)

4. 装配图中，当序号的指引线通过剖面线时，指引线的方向必须与剖面线平行。 (×)

正确答案：装配图中当序号的指引线通过剖面线时，指引线的方向必须与剖面线不平行。

5. 只有 ISO 9000 质量保证模式的标准才能作为质量审核的依据。 (×)

正确答案：除 ISO 9000 族质量标准以外，还有其他一些国际标准可以作为质量审核的依据。

6. ISO 9000:2000 版标准减少了过多强制性文件化要求，使组织更能结合自己的实际，控制体系过程，发挥组织的自我能力。 (√)

7. 数据库就是存储和管理数据的仓库。 (×)

正确答案：数据库就是按一定结构存储和管理数据的仓库。

8. 在计算机应用软件中 VFP 数据表中日期字段的宽度一般为 10 个字符。 (×)

正确答案：在计算机应用软件中 VFP 数据表中日期字段的宽度一般为 8 个字符。

9. 在应用软件 PowerPoint 中可以插入 WAV 文件、AVI 影片，但不能插入 CD 音乐。（×）

正确答案： 在 PowerPoint 中可以插入 WAV 文件、AVI 影片，也能够插入 CD 音乐。

10. 在应用软件 PowerPoint 中播放演示文稿的同时，单击鼠标右键，选择“指针选项”中的“画笔”选项，此时指针会自动的变成一支画笔的形状，按住鼠标左键，就可以随意书写文字了。（√）

11. 基本生产过程在企业的全部生产活动中居主导地位。（√）

12. 企业的生产性质、生产结构、生产规模、设备工装条件、专业化协作和生产类型等因素都会影响企业的生产过程组织，其中影响最大的是生产规模。（×）

正确答案： 企业的生产性质、生产结构、生产规模、设备工装条件、专业化协作和生产类型等因素都会影响企业的生产过程组织，其中影响最大的是生产类型。

13. 日常设备检查是指专职维修人员每天对设备进行的检查。（×）

正确答案： 日常设备检查是指操作者每天对设备进行的检查。

14. 现场管理是综合性、全面性、全员性的管理。（√）

15. 通过对工艺指标分析和对比可以找出设备运行中存在的不足和问题，指导有目的地加以优化和改进。（√）

16. 关键词是为了文献标引工作，从论文中选取出来，用以表示全文主要内容信息款目的单词或术语，一般选用 3～8 个词作为关键词。（√）

17. 技术论文的摘要是对各部分内容的高度浓缩，可以用图表和化学结构式说明复杂的问题，并要求对论文进行自我评价。（×）

正确答案： 技术论文的摘要是对各部分内容的高度浓缩，在摘要中不可以用图表和化学结构式，不要对论文进行自我评价。

18. 理论性是技术论文的生命，是检验论文价值的基本尺度。（×）

正确答案： 创见性是技术论文的生命，是检验论文价值的基本尺度。

19. 生产准备应包括：组织机构（附组织机构图）、人员准备及培训、技术准备及编制《投料试车总体方案》（附投料试车统筹网络图）、物资准备、资金准备、外部条件准备和营销准备。（√）

20. 工艺技术规程侧重于主要规定设备如何操作。（×）

正确答案： 工艺技术规程侧重于主要规定设备为何如此操作。

21. 岗位操作法应由车间技术人员根据现场实际情况编写，经车间主管审定，并组织有关专家进行审查后，由企业主管批准后执行。（√）

22. 技术改造的过程中竣工验收时应以基础设计为依据。（×）

正确答案： 技术改造的过程中竣工验收的依据是批准的项目建议书、可行性研究报告、基础设计（初步设计）、有关修改文件及专业验收确认的文件。

23. 技术改造项目正式验收后要按照对技术经济指标进行考核标定，编写运行标定报告。（×）

正确答案： 技术改造项目正式验收前要按照对技术经济指标进行考核标定，编写运行标定报告。

24. 培训需求分析是培训方案设计和制定的基础和指南。（√）

25. 案例教学因受到案例数量的限制，并不能满足每个问题都有相应案例的需求。（√）

26. 主题是培训教案的灵魂，提纲是教案的血脉，素材是培训教案的血肉。 (√)

27. 在培训活动中，学员不仅是学习资料的摄取者，同时也是一种可以开发利用的宝贵的学习资源。 (√)

28. 对内容、讲师、方法、材料、设施、场地、报名的程序等方面的评价属于结果层面的评价。 (×)

正确答案： 对内容、讲师、方法、材料、设施、场地、报名的程序等方面的评价属于反应层面的评价。

单选题

1. 设备布置图中，用(B)线来表示设备安装基础。

A. 细实　B. 粗实　C. 虚　D. 点划

2. 如图 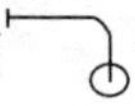 为一根管道空间走向的平面图，它的左视图是(B)。

A. 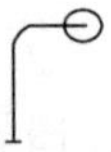　B. 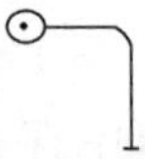　C. 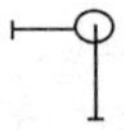　D.

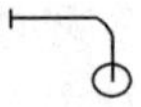

3. 在储罐的化工设备图中，储罐的筒体内径尺寸 ϕ2000 表示的是(A)尺寸。

A. 特性　B. 装配　C. 安装　D. 总体

4. 关于零件图和装配图，下列说法不正确的是(C)。

A. 零件图表达零件的大小、形状及技术要求

B. 装配图是表示装配及其组成部分的连接、装配关系的图样

C. 零件图和装配图都用于指导零件的加工制造和检验

D. 零件图和装配图都是生产上的重要技术资料

5. 在 ISO 9000 族标准中，可以作为质量管理体系审核的依据是(A)。

A. GB/T 19001　B. GB/T 19000　C. GB/T 19021　D. GB/T 19011

6. 按 ISO 9001:2000 标准建立质量管理体系，鼓励组织采用(A)方法。

A. 过程　B. 管理的系统

C. 基于事实的决策　D. 全员参与

7. 目前，比较流行的数据模型有三种，下列不属于这三种的是(D)结构模型。

A. 层次　B. 网状　C. 关系　D. 星形

8. 在计算机应用软件中 VFP 数据库中浏览数据表的命令是(A)。

A. BROWS　B. SET　C. USE　D. APPEND

9. 在应用软件 PowerPoint 中演示文稿的后缀名是(C)。

A. doc　B. xls　C. ppt　D. ppl

10. 在生产过程中，由于操作不当造成原材料、半成品或产品损失的，属于(A)事故。

A. 生产　B. 质量　C. 破坏　D. 操作

11. 对设备进行清洗、润滑、紧固易松动的螺丝、检查零部件的状况，这属于设备的(C)保养。

A. 一级　B. 二级　C. 例行　D. 三级

12. 分层管理是现场 5S 管理中(C)常用的方法。

A. 常清洁　B. 常整顿　C. 常组织　D. 常规范

13. 目视管理是现场5S管理中(D)常用的方法。

A. 常组织　B. 常整顿　C. 常自律　D. 常规范

14. 按规定中、小型建设项目应在投料试车正常后(D)内完成竣工验收。

A. 两个月　B. 一年　C. 三个月　D. 半年

15. 下列叙述中，(A)不是岗位操作法中必须包含的部分。

A. 生产原理　B. 事故处理

C. 投、停运方法　D. 运行参数

16. 下列选项中，不属于标准改造项目的是(A)。

A. 重要的技术改造项目　B. 全面检查、清扫、修理

C. 消除设备缺陷，更换易损件　D. 进行定期试验和鉴定

17. 在停车操作阶段不是技师所必须具备的是(D)。

A. 组织完成装置停车吹扫工作

B. 按进度组织完成停车盲板的拆装工作

C. 控制并降低停车过程中物耗、能耗

D. 指导同类型的装置停车检修

18. 下列选项中，属于技术改造的是(C)。

A. 原设计系统的恢复的项目　B. 旧设备更新的项目

C. 工艺系统流程变化的项目　D. 新设备的更新项目

19. 为使培训计划富有成效，一个重要的方法是(A)。

A. 建立集体目标

B. 编成训练班次讲授所需的技术和知识

C. 把关于雇员的作茧自缚情况的主要评价反馈给本人

D. 在实施培训计划后公布成绩

20. 在培训教学中，案例法有利于参加者(D)。

A. 提高创新意识　B. 系统接受新知识

C. 获得感性知识　D. 培养分析解决实际问题能力

21. 课程设计过程的实质性阶段是(C)。

A. 课程规划　B. 课程安排　C. 课程实施　D. 课程评价

22. 正确评估培训效果要坚持一个原则，即培训效果应在(B)中得到检验。

A. 培训过程　B. 实际工作　C. 培训教学　D. 培训评价

多选题

1. 设备布置图必须具有的内容是(A，B，D)。

A. 一组视图　B. 尺寸及标注　C. 技术要求　D. 标题栏

2. 在化工设备图中，当控制元件位置与任一直角坐标轴平行时，可用(A，C，D)表示。

A.　B.　45°　C.　D.

3. 在化工设备图中，可以作为尺寸基准的有(A，B，C，D)。
A. 设备筒体和封头的中心线　B. 设备筒体和封头时的环焊缝
C. 设备法兰的密封面　D. 设备支座的底面
4. 在化工设备图中，可以作为尺寸基准的有(A，B，D)。
A. 设备筒体和封头的中心线　B. 设备筒体和封头时的环焊缝
C. 设备人孔的中心线　D. 管口的轴线和壳体表面的交线
5. 下列叙述中，不正确的是(A，B，D)。
A. 根据零件加工、测量的要求而选定的基准为工艺基准。从工艺基准出发标注尺寸，能把尺寸标注与零件的加工制造联系起来，使零件便于制造、加工和测量
B. 装配图中，相邻零件的剖面线方向必须相反
C. 零件的每一个方向的定向尺寸一律从该方向主要基准出发标注
D. 零件图和装配图都用于指导零件的加工制造和检验
6. 在 ISO 9000 族标准中，内部质量体系审核的依据是(A，B，C，D)。
A. 合同要素　B. 质量文件
C. ISO 9000 族标准　D. 法律、法规要求
7. ISO 9001 标准具有广泛的适用性，适用于(B，D)。
A. 大中型企业　B. 各种类型规模及所有产品的生产组织
C. 制造业　D. 各种类型规模及所有产品的服务的组织
8. 在计算机应用软件中 VFP 能用来建立索引的字段是(C，D)字段。
A. 通用型(图文型)　B. 备注(文本型)　C. 日期　D. 逻辑
9. 关于幻灯片的背景，说法不正确的是(A，C，D)。
A. 只有一种背景　B. 可以是图片　C. 不能更改　D. 以上都错
10. 企业在安排产品生产进度计划时，对市场需求量大，而且比较稳定的产品，其全年任务可采取(A，B)。
A. 平均分配的方式　B. 分期递增方法
C. 抛物线形递增方式　D. 集中轮番方式
11. 设备的一级维护保养的主要内容是(A，B，C)。
A. 彻底清洗、擦拭外表　B. 检查设备的内脏
C. 检查油箱油质、油量　D. 局部解体检查
12. 现场目视管理的基本要求是(A，B，C，D)。
A. 统一　B. 简约　C. 鲜明　D. 实用
13. 在月度生产总结报告中对工艺指标完成情况的分析应包括(A，B，C，D)。
A. 去年同期工艺指标完成情况　B. 本月工艺指标完成情况
C. 计划本月工艺指标情况　D. 未达到工艺指标要求的原因
14. 技术论文标题拟订的基本要求是(B，C，D)。
A. 标新立异　B. 简短精练　C. 准确得体　D. 醒目
15. 技术论文摘要的内容有(A，C，D)。
A. 研究的主要内容　B. 研究的目的和自我评价
C. 获得的基本结论和研究成果　D. 结论或结果的意义

16. 技术论文的写作要求是(A，B，D)。

A. 选题恰当　B. 主旨突出　C. 叙述全面　D. 语言准确

17. 装置标定报告的目的是(A，B，D)。

A. 进行重大工艺改造前为改造设计提供技术依据

B. 技术改造后考核改造结果，总结经验

C. 完成定期工作

D. 了解装置运行状况，获得一手资料，及时发现问题，有针对性地加以解决

18. 下列选项中，属于竣工验收报告的内容有(A，B，C，D)。

A. 工程设计　B. 竣工决算与审计　C. 环境保护　D. 建设项目综合评价

19. “三级验收”是指(B，C，D)验收。

A. 个人　B. 班组　C. 车间　D. 厂部

20. 在技术改造过程中(A，B，C)的项目应该优先申报。

A. 解决重大安全隐患　B. 生产急需项目

C. 效益明显项目　D. 技术成熟项目

21. 在技术改造方案中(A，C，D)设施应按设计要求与主体工程同时建成使用。

A. 环境保护　B. 交通　C. 消防　D. 劳动安全卫生

22. 技术改造申请书应包括(A，B，C，D)。

A. 项目名称和立项依据　B. 项目内容和改造方案

C. 项目投资预算及进度安排　D. 预计经济效益分析

23. 进行技术革新成果鉴定必要的条件是(A，B，C，D)。

A. 技术革新确实取得了良好的效果

B. 申报单位编制好技术革新成果汇报

C. 确定鉴定小组人员、资格

D. 确定鉴定的时间、地点和参加人员，提供鉴定时所需各种要求

24. 培训方案应包括(A，B，C，D)等内容。

A. 培训目标　B. 培训内容　C. 培训指导者　D. 培训方法

25. 在职工培训活动中，培训的指导者可以是(A，B，C，D)。

A. 组织的领导　B. 具备特殊知识和技能的员工

C. 专业培训人员　D. 学术讲座

26. 在职工培训中，案例教学具有(A，B，C)等优点。

A. 提供了一个系统的思考模式

B. 有利于使受培训者参与企业实际问题的解决

C. 可得到有关管理方面的知识与原则

D. 有利于获得感性知识，加深对所学内容的印象

27. 在职工培训中，讲授法的缺点是(A，B，D)。

A. 讲授内容具有强制性　B. 学习效果易受教师讲授水平的影响

C. 适用的范围有限　D. 没有反馈

28. 培训教案一般包括(A，B，C，D)等内容。

A. 培训目标　B. 教学设计　C. 培训目的　D. 重点、难点

29. 编写培训教案的基本技巧是(A，B，C，D)。

A. 确立培训的主题　B. 构思培训提纲　C. 搜集素材　D. 整理素材

30. 培训项目即将实施之前需做好的准备工作包括(A，B，C，D)。

A. 通知学员　B. 后勤准备　C. 确认时间　D. 准备教材

31. 生产管理或计划部门对培训组织实施的(A，B)是否得当具有发言权。

A. 培训时机的选择　B. 培训目标的确定

C. 培训计划设计　D. 培训过程控制

32. 在评估培训效果时，行为层面的评估，主要包括(B，C，D)等内容。

A. 投资回报率　B. 客户的评价　C. 同事的评价　D. 主管的评价

33. 培训评估的作用主要有(B，D)等几个方面。

A. 提高员工的绩效和有利于实现组织的目标

B. 保证培训活动按照计划进行

C. 有利于提高员工的专业技能

D. 培训执行情况的反馈和培训计划的调整

简答题

1. 在 ISO 9000 族标准中质量体系审核的依据包括哪些内容？

答：①相关的质量保证模式标准(一般是 ISO 9001、9002、9003)；②质量手册或质量管理手册或质量保证手册；③程序文件；④质量计划；⑤合同或协议；⑥有关的法律、法规。

2. 简述生产过程的基本内容。

答：①生产准备过程；②基本生产过程；③辅助生产过程；④生产服务过程。

3. 什么是设备检查？设备检查的目的是什么？

答：①设备检查是指对设备的运行状况、工作性能、磨损腐蚀程度等方面进行检查和校验；②设备检查能够及时查明和清除设备隐患，针对发现的问题提出解决的措施，有目的地做好维修前的准备工作，以缩短维修时间，提高维修质量。

4. 现场管理有哪些具体要求？

答：①组织均衡生产；②实现物流有序化；③设备状况良好；④纪律严明；⑤管理信息准确；⑥环境整洁，文明生产；⑦组织好安全生产，减少各种事故。

5. 经济指标分析时应注意什么？

答：①指标的准确性。指标的采集汇总必须准确，错误的数据缺乏参照和分析性，甚至产生错误的结论。②指标的可比性。在进行指标分析时通常要在相同运行的状况下进行比较，通常要参照上个月和去年同期的指标。如果运行的状况发生变化要对指标进行相应的修正，否则就失去了指标的可比性。③突出指标分析指导的作用。通过指标分析和对比要找出设备运行中存在的不足和问题，指导有目的地加以优化和改进。

6. 国家标准技术论文应该包括哪些内容？

答：技术论文应包括题目、作者、摘要、关键词、引言、正文、结论、致谢、参考文献、附录等十个部分。

7. 通常情况下技术论文的结构是怎样的？

答：在通常情况下技术论文的正文结构应该是按提出问题——分析问题——提供对策来布置的。①要概括情况、阐述背景、说明意义、提出问题。②在分析问题时必须观点明确，既要抓住矛盾的主要方面，又不能忽视次要方面，析因探源，寻求出路。③要概括前文，肯定中心论点，提出工作对策。提供的对策要有针对性和必要的论证。

8. 技术论文摘要的要求是什么？

答：摘要文字必须十分简练，篇幅大小一般限制字数不超过论文字数的5%。论文摘要不要列举例证，不讲研究过程，不用图表，不给化学结构式，也不要作自我评价。

9. 简述技术论文的写作步骤。

答：①选题，确定论文的主攻方向和阐述或解决的问题。选题时一般要选择自己感兴趣的和人们关心的“焦点”问题；②搜集材料，要坚持少而精的原则，做到必要、可靠、新颖，同时必须充分；③研究资料，确定论点，选出可供论文作依据的材料，支持论点；④列出详细的提纲，使想法和观点文字化、明晰化、系统化，从而可以确定论文的主调和重点。提纲拟订好后，可以遵循论文写作的规范和通常格式动笔拟初稿。

10. 在竣工验收报告中关于工程建设应包括哪些内容？

答：①工程建设概况；②工程建设组织及总体统筹计划；③工程进度控制；④工程质量控制；⑤工程安全控制；⑥工程投资控制；⑦未完工程安排；⑧工程建设体会。

11. 工艺技术规程应包括哪些内容？

答：①总则；②原料、中间产品、产品的物、化性质以及产品单耗；③工艺流程；④生产原理；⑤设备状况及设备规范；⑥操作方法；⑦分析标准；⑧安全计划要求。

12. 岗位操作法应包括哪些内容？

答：①名称；②岗位职责和权限；③本岗位与上、下游的联系；④设备规范和技术特性，原料产品的物、化性质；⑤开工准备；⑥开工操作步骤；⑦典型状况下投、停运方法和步骤；⑧事故预防、判断及处理；⑨系统流程图；⑩运行参数正常范围和各种试验。

13. 检修方案应包括哪些内容？

答：①设备运行情况；②检修组织机构；③检修工期；④检修内容；⑤检修进度图；⑥检修的技术要求；⑦检修任务落实情况；⑧安全防范措施；⑨检修备品、备件；⑩检修验收内容和标准。

14. 在开车准备阶段技师应具备哪些技能要求？

答：①能完成开车流程的确认工作；②能完成开车化工原材料的准备工作；③ 能按进度组织完成开车盲板的拆装操作；④能组织做好装置开车介质的引入工作；⑤能组织完成装置自修项目的验收；⑥能按开车网络图计划要求，组织完成装置吹扫、试漏工作；⑦能参与装置开车条件的确认工作。

15. 开工方案应包括哪些内容？

答：①开工组织机构；②开工的条件确认；③开工前的准备条件；④开工的步骤及应注意的问题；⑤开工过程中事故预防和处理；⑥开工过程中安全分析及防范措施；⑦附录，重要的参数和控制点、网络图。

16. 停工方案应包括哪些内容？

答：①设备运行情况；②停工组织机构；③停工的条件确认；④停工前的准备条件；⑤停工的步骤及应注意的问题；⑥停工后的隔绝措施；⑦停工过程中事故预防和处理；⑧停工过程中安全分析及防范措施；⑨附录，重要的参数和控制点。

17. 技术改造的目的是什么?

答:通过采用新技术、新工艺,解决制约系统安、稳、优生产运行的问题,推动技术进步和技术创新,更好地提高企业经济效益。

18. 技术改造的前期准备是什么?

答:通过选题和论证确定技术改造的项目和内容,提出立项申请和改造方案。经领导和专家批准后,进行改造设计和设计审查。改造项目确定后,需及时落实资金,完成设备、材料的采购,落实施工单位,组织设计交底。

19. 技术改造方案的主要内容是什么?

答:①项目名称;②项目负责单位;③项目负责人;④建设立项理由和依据,包括原始状况、存在问题和改造依据;⑤改造主要内容,需要写明改造涉及装置设备及详细改造内容;⑥改造技术方案,需写明技术分析、技术要求、方案选择、设备选型及详细的技术方案,并注明动力消耗指标及公用工程配套情况;⑦预计改造效果及经济效益,包括改造后主要经济、技术指标及取得效果;经济效益(附计算式)及技术经济分析;⑧投资计划,包括主要设备材料清单和费用安排(设备询价、材料费用、安装施工费用等);⑨计划进度安排;⑩安全环保措施。

20. 技术改造的步骤是什么?

答:①前期准备,确定技术改造的项目和内容,经领导和专家批准后,进行改造设计和设计审查。改造项目确定后,需及时落实资金,完成设备、材料的采购,落实施工单位,组织设计交底。②实施阶段,根据改造设计的要求,施工单位应在规定工期内保质保量地完成改造的各项内容。在此过程中应对工程进度、工程质量、工程安全、工程投资进行重点控制。③验收阶段,改造项目完成后,应及时组织投用试车,进行性能考核,检验是否达到设计要求,在运行正常后组织进行竣工验收,并填写竣工验收报告。④后评估阶段,在设备稳定运行一段时间后,应组织对技术改造进行后评估,总结技术改造的效果和经验,根据生产运行实际情况提出建议。

21. 技术革新成果鉴定小组主要程序和主要内容是什么?

答:①听取申报单位技术革新成果汇报情况;②实地查验技术革新成果完成情况,审阅技术革新成果申报资料;③讨论对技术革新成果验收意见,签署技术革新成果验收证书;④颁发技术革新成果验收证书。

22. 在技术改造过程中施工管理时应注意什么?

答:①对改造工程施工全过程应进行组织和管理,及时发现并解决施工存在的问题,严格按照技术检修规程及施工图纸进行施工,确保工程质量和施工进度;②在施工过程中,应加强质量监督并进行实施阶段的设计协调工作,对检查发现的工程质量问题有权责令其停止施工并限期整改;③在施工过程中,应加强对施工现场安全、人身安全的监督,禁止"三违"现象的出现,对不符合要求的有权责令其停止施工并限期整改;④在施工过程中,应加强对施工周围环境的影响的监管,对施工过程中产生的废物要及时妥善处理。

23. 技术革新成果的主要内容是什么?

答:技术革新成果的主要内容是:①项目编号、成果名称、完成单位、申报日期、项目负责人、主要完成人、工作起止时间;②系统原始状况和技术难点;③实施报告,包括方案、措施、完成时间、取得成果(附图纸、资料、技术说明);④社会、经济效益;⑤申报车间审核意见、技术主管部门审核意见、专业评审小组意见和企业主管领导意见。

24. 培训方案由哪些要素组成?

答: 培训方案主要由培训目标、培训内容、培训指导者、受训者、培训日期和时间、培训场所与设备以及培训方法等要素组成。

25. 培训需求分析包括哪些内容?

答: 培训需求分析需从多维度来进行，包括组织、工作、个人三个方面：①组织分析指确定组织范围内的培训需求，以保证培训计划符合组织的整体目标与战略要求；②工作分析指员工达到理想的工作绩效所必须掌握的技能和知识；③个人分析是将员工现有的水平与预期未来对员工技能的要求进行比照，发现两者之间是否存在差距。

26. 什么是培训方案?

答: 培训方案是培训目标、培训内容、培训指导者、受训者、培训日期和时间、培训场所与设备以及培训方法的有机结合。

27. 什么是演示教学法? 在教学中演示教学法具有哪些优点?

答: 演示法是运用一定的实物和教具，通过实地示范，使受训者明白某种事务是如何完成的。演示法优点为：①有助于激发受训者的学习兴趣；②可利用多种感官，做到看、听、想、问相结合；③有利于获得感性知识，加深对所学内容的印象。

28. 如何准备教案?

答: 准备教案要从以下几个方面着手：

①做好培训需求分析。②教案的编写：确定教案的核心内容与结构；选择合适的教案模式。③培训方式的选择与应用。

29. 在培训教学的组织实施与管理的前期准备阶段，主要的工作有哪些?

答: ①确认和通知参加培训的学员；②培训后勤准备；③确认培训时间；④教材的准备；⑤确认理想的讲师。

30. 培训评估具有什么意义?

答: ①能为决策提供有关培训项目的系统信息，从而做出正确的判断。②可以促进培训管理水平的提升。③可使培训管理资源得到更广泛的推广和共享。

31. 应从哪些方面评价培训效果?

答: 主要应从以下四个层面评估培训效果：①反应，即课程刚结束时，了解学员对培训项目的主观感觉；②学习，即学员在知识、技能或态度等方面学到了什么；③行为，即学员的工作行为方式有多大程度的改变；④结果，即通过诸如质量、数量、安全、销售额、成本、利润、投资回报率等可以量度的指标来考查，看最终产生了什么结果。

工种理论知识试题

判断题

1. 加氢精制主要用于油品的精制，其主要目的是改善油品的使用性能。 (√)

2. 加氢裂化使重质油品轻质化，它同时提高了氢碳比和油品的相对分子质量。 (×)

正确答案: 加氢裂化使重质油品轻质化，它提高了氢碳比，使油品的相对分子质量减小。

3. 在热裂化、减黏裂化及焦化等热加工过程中，主要化学反应有裂解反应和缩合反应等两大类。 (√)

4. 烷烃中碳原子之间是以双键相连，其他的碳键全部被氢原子所饱和。（×）

正确答案：烷烃中碳原子之间是以单键相连，其他的碳键全部被氢原子所饱和。

5. 烯烃与卤代氢进行加成反应时，氢原子加在双键一端含氢较少的碳原子上，卤素则加在另一端含氢较多的碳原子上，这个规则叫做马尔柯夫尼可夫规则。（×）

正确答案：烯烃与卤代氢进行加成反应时，氢原子加在双键一端含氢较多的碳原子上，卤素则加在另一端含氢较少的碳原子上，这个规则叫做马尔柯夫尼可夫规则。

6. 苯不容易氧化，但较易起加成和取代反应。（×）

正确答案：苯不容易氧化和加成，但较易起取代反应。

7. 当明渠中水流由缓流状态过渡到急流状态时，会产生水跃现象。（×）

正确答案：当明渠中水流由急流状态过渡到缓流状态时，会产生水跃现象。

8. 固有可靠性是设备在设计、制造之后所具有的可靠性。（√）

9. 目视检查是腐蚀调查最常用、最基本的方法。（√）

10. 同步电动机是依据异性磁极相吸的原理，由旋转磁极吸引转子磁极并带动转子同步运转的。（√）

11. 当电导池用交流电作电源时，电导池仅表现出电阻性质。（×）

正确答案：当电导池用交流电作电源时，电导池表现出电阻和电容性质。

12. 用量程为1.6MPa的1.0级压力表比用量程为1.0MPa的1.5级压力表测量0.8MPa压力的准确度高。（×）

正确答案：用量程为1.0MPa的1.5级压力表比用量程为1.6MPa的1.0级压力表测量0.8MPa压力的准确度高。

13. 测量值属于准确数。（×）

正确答案：由于测量值具有误差，仅与真值近似，所以它属于近似数。

14. 在检定数据修约时，通常规定修约间隔为被检计量器具允许误差。（×）

正确答案：在检定数据修约时，通常规定修约间隔为被检计量器具允许误差的1/10。

15. 在移动取水构筑物中，浮船式移动比缆车式方便，受风浪的影响小，比缆车稳定。（×）

正确答案：在移动取水构筑物中，缆车式移动比浮船式方便，受风浪的影响小，比浮船稳定。

16. 当给水管网造价最小时，其相应的管网流速即为经济流速。（×）

正确答案：当管网造价与经营管理费用（主要指电费）之和最小时，其相应的管网流速即为经济流速。

17. 当湖泊富营养化后，如果断绝外来的营养物来源，很快能恢复正常。（×）

正确答案：当湖泊富营养化后，即使断绝外来的营养物来源，还需要很长时间才能逐渐恢复正常。

18. 含铁地下水中不含溶解氧是二价铁离子能稳定存在的必要条件。（√）

19. 新铺的天然锰砂滤料的除铁效果一般较好。（×）

正确答案：实践证实，新铺的天然锰砂滤料的除铁效果并不明显，只有在使用一定时间后，效果逐渐好转。

20. 加强含铁地下水的曝气过程，尽可能地散除水中的 CO_2，以提高水的 pH 值，是提高自然氧化除铁效果的重要措施。(√)

21. 对于某输水管网，当管路损失不变时，其管路效率也是一定的。(×)

正确答案： 对于某输水管网，当管路损失不变时，其管路效率将随净扬程的增加而上升。

22. 选泵的主要依据是根据用户所需要的水量、扬程及其变化规律。(√)

23. 为了使水泵能及时排出吸水管内的空气，吸水管应有沿水流方向连续下降的坡度，一般大于 0.005，以免形成气囊。(×)

正确答案： 为了使水泵能及时排出吸水管内的空气，吸水管应有沿水流方向连续上升的坡度，一般大于 0.005，以免形成气囊。

24. 为了有利于检修，止回阀一般安装在水泵与出口阀之间。(√)

25. 水泵机组的找正应在上紧螺栓状态下进行。(√)

26. 测定极低压力时，应采用液体压力表或弹簧管压力表，不能用膜盒压力表。(×)

正确答案： 测定极低压力时，应采用液体压力表或膜盒压力表，不能用弹簧管压力表。

27. 柱塞进行一冲程，泵缸内只吸入一次和排出一次工作流体，这种泵为单动往复泵。(×)

正确答案： 柱塞往复一次(即两冲程)，泵缸内只吸入一次和排出一次工作介质，这种泵为单动往复泵。

28. 给水管承插式接口的管线在弯头、三通及管端盖板等处必须设置支墩，其原因为管线输水时将产生向外的推力，会引起承插接头松动而漏水。(√)

29. 极化作用能助长金属腐蚀过程。(×)

正确答案： 极化作用能抑制金属腐蚀过程。

30. 铁的腐蚀过程就是铁金属恢复到赤铁矿、磁铁矿的状态。(√)

31. 生产装置运行维护保养是指在生产过程中由检修承包单位进行的日常巡检、状态检测、设备清扫检查、故障处理、备用设备检修及填报填写相关记录等设备检修工作。(√)

32. 画剖视图时，其剖面符号为与水平成 45°的等距平行细实线。(×)

正确答案： 画剖视图时，其剖面符号因机件材料的不同而不同。

33. 采用阶梯剖时，剖切平面转折处应是直角，且不得与视图中的轮廓线重合，在剖视图中也不应画出剖切平面转折处的轮廓线。(√)

34. 局部剖视图是局部放大图的一种特殊形式。(×)

正确答案： 局部剖视图是用剖切面局部地剖开机件所得的剖视图，而局部放大图是将机件的部分结构用大于原图样的比例画出的图形。

35. 零件图尺寸标注时，因加工误差的原因而不得出现封闭尺寸链。(√)

36. 任何一个零件都至少有三个尺寸基准。(√)

单选题

1. 加氢精制催化剂要周期性地进行更换，其原因为(A)会造成其活性下降，并导致床层压降升高。

A. 脱金属　　B. 脱硫　　C. 脱氮　　D. 脱氧

2. 下列石油炼制方法中，(C)能够加工渣油。

A. 常压蒸馏工艺　　B. 减压蒸馏工艺　　C. 焦化工艺　　D. 催化重整工艺

3. 石油炼制中，减黏裂化是一种(D)热裂化过程，其主要目的在于减小原料油的黏度，生产合格的重质燃料油和少量轻质油品，也可为其他工艺过程提供原料。

A. 浅度　　B. 中度　　C. 中深度　　D. 深度

4. 最简单的饱和烃是(A)，它是天然气的主要成分。

A. CH_4　　B. C_2H_2　　C. CH_2　　D. C_2H_4

5. 下列物质中，不能与水发生化学反应的是(D)。

A. CH_3Cl　　B. C_2H_2　　C. C_2H_4　　D. C_2H_6

6. 烯烃很容易和卤代氢起反应，生成卤代物，该反应属于(A)。

A. 加成反应　　B. 取代反应　　C. 酯化反应　　D. 加聚反应

7. 含有(D)的不饱和烃称为炔烃。

A. 单键　　B. 双键　　C. 两个双键　　D. 叁键

8. 下列物质中，既能使 $KMnO_4$ 褪色，又能使溴水褪色的是(C)。

A. 乙烷　　B. 苯　　C. 乙炔　　D. 丙烷

9. 有机物分子中，不饱和的碳原子跟其他原子或原子团直接结合生成别的物质的反应叫做(B)。

A. 聚合反应　　B. 加成反应　　C. 取代反应　　D. 酯化反应

10. 在日光或紫外线照射下，苯能与氯起加成反应，生成(D)，即俗称的杀虫剂“六六六”。

A. 二氯化苯　　B. 三氯化苯　　C. 四氯化苯　　D. 六氯化苯

11. 3,4－苯并芘是一个(C)化合物，一般呈黄色针状或片状结晶，难溶于水，有致癌作用。

A. 三苯环　　B. 四苯环　　C. 五苯环　　D. 六苯环

12. 三氯甲烷遇空气、日光和水分，容易分解生成氯化氢和(A)。

A. $COCl_2$　　B. CCl_4　　C. CO_2　　D. CHOCl

13. 四氯甲烷又称四氯化碳，其特性为(B)。

A. 易溶于水　　B. 不能燃烧　　C. 不易挥发　　D. 气化后比空气轻

14. 流体经过管道转弯处将产生一个离心力作用，为克服这个作用力，必须设置支墩加固，这个现象符合流体(D)。

A. 伯努利方程式　　B. 连续性方程式

C. 状态变化方程式　　D. 动量方程式

15. 某矩形断面明渠，流量为 $30m^3/s$，宽 8m，水深 3m，则其水流流态为(A)。

A. 缓流　　B. 临界流　　C. 层流　　D. 急流

16. 设备的可靠性是指设备在规定的时间内和规定的条件下完成(A)的可能性。

A. 规定功能　　B. 必要功能　　C. 一定功能　　D. 特定功能

17. 气体腐蚀是指金属在完全没有(B)在其表面的情况下所发生的腐蚀。

A. 湿气　　B. 湿气凝结　　C. 水气　　D. 水气凝结

18. 腐蚀疲劳是应力腐蚀开裂的特殊形式之一。在腐蚀介质和周期交变应力的相互作用下导致金属材料的(A)大大降低，因而过早地破裂。

A. 疲劳极限　　B. 强度极限　　C. 弹性极限　　D. 持久极限

19. 下列选项中，(D)属于电磁感应现象。

A. 通电导体周围产生磁场

B. 磁场对感应电流发生作用，阻碍导体运动

C. 由于导体自身电流发生变化，导体周围磁场发生变化

D. 穿过闭合线圈的磁感应线条数发生变化，一定能产生感应电流

20. 电导率表测量高纯水的电导率时，宜使用(A)。

A. 亮铂电极　　B. 铂黑电极　　C. 半导体电极　　D. 甘汞电极

21. 二氧化硅表的测量原理是光学分析法，具体为硅钼蓝法，其选用的波长为(C)nm。

A. 420～450　　B. 630～680　　C. 790～815　　D. 920～945

22. PLC 系统是(D)的简称。

A. 紧急停车系统　　B. 分散控制系统

C. 事件顺序记录　　D. 可编程控制器

23. PLC 系统主要用于(C)。

A. 控制机组的转速　　B. 连续量的模拟控制

C. 开关量的逻辑控制　　D. 与其他系统通讯

24. 下列控制方法中，(B)不属于先进控制。

A. 自适应控制　　B. 超弛控制　　C. 预测控制　　D. 神经元网络控制

25. 某 0.5 级电流表，其满量程值为 500mA，则该表的允许误差是(C)mA。

A. 0.25　　B. 0.5　　C. 2.5　　D. 5

26. 下列测量结果中，(B)为三位有效数字。

A. 1.350　　B. 0.0135　　C. 135.0　　D. 1.035

27. 按照数值修约规则，若要求数据修约至小数点后两位，正确的修约结果是(A)。

A. 0.8451 修约为 0.85　　B. 0.845 修约为 0.85

C. 0.855 修约为 0.85　　D. 0.856 修约为 0.85

28. 顺流式斗槽取水构筑物适用于(C)的河流。

A. 漂浮物较多而泥沙较少　　B. 冰凌严重而泥沙较少

C. 泥沙较多而冰凌不严重　　D. 水位季节性变化较大

29. 由于淡水资源日益匮乏，沿海城市可利用海水不经过处理而作为(B)的水源。

A. 生活饮用水　　B. 工业冷却水　　C. 绿化用水　　D. 消防用水

30. 已知某城镇最高日最高时用水量为 $3600m^3/h$，水厂设计时采用两根同管径钢管输送清水，经济流速按经验值取 1.0m/s，则应选用(B)mm 的管道。

A. 500　　B. 800　　C. 1100　　D. 1200

31. 通常含铁地下水在我国分布甚广，铁的主要存在形式为(A)。

A. $Fe(HCO_3)_2$　　B. $FeSO_4$　　C. $Fe_2(SO_4)_3$　　D. $Fe_2(CO_3)_3$

32. 当水中有溶解氧存在时，水中的二价铁易氧化成三价铁，反应式为：$4Fe^{2+} + O_2 + 2H_2O = 4Fe^{3+} + 4OH^-$，按照此式计算，每氧化 1mg/L 的 Fe^{2+} 约需要(B)mg/L 的溶解氧。

A. 0.07　　B. 0.14　　C. 0.28　　D. 0.57

33. 曝气氧化法除铁就是让含铁地下水与空气接触，空气中的 O_2 便迅速溶于水中，使 Fe^{2+} 氧化成 Fe^{3+} 进而水解生成(B)，然后沉淀和过滤将其去除。

A. $Fe_2(SO_4)_3$　　B. $Fe(OH)_3$　　C. $Fe_2(CO_3)_3$　　D. Fe_2O_3

34. 接触氧化法除铁主要是(C)的接触氧化作用，它吸附水中的二价铁在其催化作用下被溶解氧氧化。

A. 二氧化锰　　B. 锰砂　　C. 活性滤膜　　D. 石英砂

35. 离心泵的(B)决定其叶片形式。

A. 进水角　　B. 出水角　　C. 迎水角　　D. 送水角

36. 为了提高水泵的扬程和改善吸水性能，大多数离心泵在水流进入叶片时，绝对速度的方向垂直圆周速度，此时，离心泵的基本方程式可简化为 $H_{T\infty}$ =(C)。用 u_1、u_2 表示叶轮叶槽进、出口处水流的圆周速度(m/s)，c_{1u}、c_{2u}表示叶轮叶槽进、出口处水流绝对速度的圆周分速(m/s)。

A. u_2c_{1u}/g　　B. u_1c_{2u}/g　　C. u_2c_{2u}/g　　D. u_1c_{1u}/g

37. 如果要使某台水泵既要单独运行，又要并联运行，则在选泵时，应使它在并联时的工况点接近高效段的(A)。

A. 左边边界　　B. 额定效率点　　C. 右边边界　　D. 最高效率点

38. 矩形泵站内，各机组轴线平行单排并列布置形式适宜于(C)离心泵组。

A. S 型　　B. Sh 型　　C. IS 型　　D. SA 型

39. 矩形泵站内，(C)布置形式的泵房长度最小。

A. 轴线平行单排并列　　B. 轴线呈一直线单行顺列

C. 轴线平行双排交错并列　　D. 轴线呈直线双行交错顺列

40. 通常确定压力表的测量范围时，要求待测压力宜在压力表上限刻度的(B)之间。

A. 1/4 ~ 2/3　　B. 1/3 ~ 3/4　　C. 1/2 ~ 4/5　　D. 3/4 ~ 1

41. 在北方冰冻地区，某管径 800mm 的给水管道埋设时，其管底埋深在冰冻线以下的最小距离应达到(A)m。

A. 0.4　　B. 0.6　　C. 0.8　　D. 1.0

42. 设备检修要坚持“三不交工”，“三不交工”是指(C)。

A. 不符合质量标准不交工、没有检修记录不交工、检修交接不清不交工

B. 检修交接不清不交工、没有检修记录不交工、卫生不合格不交工

C. 不符合质量标准不交工、检修交接不清不交工、卫生不合格不交工

D. 不符合质量标准不交工、没有检修记录不交工、卫生不合格不交工

43. 电气设备管理要认真执行“三三二五”制，其中“五规程”是指(B)。

A. 检修规程、调试规程、运行规程、安全规程、事故处理规程

B. 检修规程、试验规程、运行规程、安全规程、事故处理规程

C. 检修规程、调试规程、运行规程、安全规程、检验规程

D. 检修规程、试验规程、运行规程、检验规程、事故处理规程

44. 假想用剖切面剖开机件，将处在观察者和剖切面之间的部分移去，而将其余部分向投影面投影所得的图形称为(B)。

A. 剖切图　B. 剖视图　C. 剖面图　D. 切面图

45. 指用两相交的剖切平面(交线垂直于某一基本投影面)剖开机件的方法称为(A)。

A. 旋转剖　B. 阶梯剖　C. 复合剖　D. 斜剖

46. 下列视图中，(C)适用于内外形状均需要表达出来的对称机件。

A. 全剖视图　B. 旋转视图　C. 半剖视图　D. 局部剖视图

47. 下列视图中，(C)是用于表达机件上较小结构的形状。

A. 局部视图　B. 局部剖视图　C. 局部放大图　D. 斜视图

48. 下列视图中，(A)是零件图中最主要的视图。

A. 主视图　B. 俯视图　C. 左视图　D. 局部放大图

49. 零件的尺寸基准中，主要基准是指决定零件(A)的基准。

A. 主要尺寸　B. 在部件中的位置　C. 内部结构　D. 加工测量

多选题

1. 根据可靠性的形成过程，可靠性可分为(A，B)。

A. 固有可靠性　B. 使用可靠性　C. 功能可靠性　D. 附加可靠性

2. 可靠性的特性值主要为(A，B，C，D)。

A. 可靠度　B. 不可靠度

C. 故障率　D. 平均故障间隔期和平均寿命

3. 常用的腐蚀调查方法为(A，B，C，D)。

A. 资料收集(包括内窥镜)　B. 测厚

C. MT/PT/UT/RT　D. 金相检查

4. 下列关于同步电动机的说法中，正确的是(B，D)。

A. 同步电动机的转速总是小于定于定子旋转磁场的转速

B. 同步电动机的定子通的是交流电，转子通的是直流电

C. 同步电动机的转子都是凸级的

D. 同步电动机的转速总是和定子旋转磁场的转速相等

5. 下列关于电功率概念的说法中，错误的是(C，D)。

A. 电功率是描述电流所做的功

B. 电功率是描述电能转化为导体内能的能力

C. 电功率是描述电流做功快慢的物理量

D. 电功率是描述电能转化为其他能量功率的物理量

6. 在三相交流电路中，关于相电压与线电压、相电流与线电流的关系，下面说法正确的是(B，C)。

A. 在Δ形连接时，负载上的线电流等于相电流

B. 在Δ形连接时，负载上的线电压等于相电压

C. 在Y形连接时，负载上的线电流等于相电流

D. 在Y形连接时，负载上的线电压等于相电压

7. 电导池电极极化分为(B，D)。

A. 压力极化　　B. 浓差极化　　C. 温度极化　　D. 化学极化

8. 光电式浊度计可分为(A，B，D)。

A. 透射光　　B. 散射光　　C. 红外线　　D. 积分球

9. 水体尤其是静止水体中，由于过量接受含(A，B)等植物营养物质，使水体生态平衡遭到破坏，表层藻类植物大量繁殖，水体底层缺氧而进行厌氧分解，产生各种有毒的、恶臭的代谢物，从而使鱼类等水生动物大量死亡的现象，称为水体的富营养化。

A. 氮　　B. 磷　　C. 硫　　D. 钠

10. 影响二价铁氧化反应的主要因素为(A，B，C，D)。

A. 有机物　　B. 溶解性硅酸　　C. 溶解氧　　D. pH 值

11. 下列方法中，(A，B，C，D)能提高管路效率。

A. 增大管径　　B. 减少管路长度

C. 减少不必要的管路附件　　D. 提高管路严密性

12. 下列关于水泵吸水管路布置的要求中，正确的是(B，C)。

A. 所有水泵吸水管上都应设阀门　　B. 每台水泵宜设置单独的吸水管

C. 吸水管应尽可能短　　D. 吸水管可以上弯越过障碍物

13. 对于供水安全性要求较高的给水泵站，在布置压水管路时，应做到(B，C，D)。

A. 任何时候能保证一台水泵和一条输水管工作

B. 能使任何一台水泵检修而不影响其他水泵的工作

C. 能使任何一台阀门检修而不影响其他水泵的工作

D. 每台水泵能输水至任何一条输水管

14. 计量泵的液力端一般有(A，B，D)等形式。

A. 机械驱动隔膜液力端　　B. 液压驱动隔膜液力端

C. 气体驱动隔膜液力端　　D. 柱塞液力端

15. 在水中，金属腐蚀的影响因素为(A，B，C，D)。

A. 溶解氧　　B. 温度　　C. pH 值　　D. 水流速度

16. 金属的局部腐蚀具有(A，B，C，D)的特点。

A. 阴阳极互相分离　　B. 阴极面积大于阳极面积

C. 阳极电位小于阴极电位　　D. 腐蚀产物无保护作用

17. 石油化工设备管理制度要求，设备检修应遵循(A，B，C，D)原则。

A. 应修必修，修必修好

B. 恢复性检修与改善性检修相结合

C. 保证设备检修质量、科学合理安排检修时间和降低检修费用

D. 以安全运行为主，设备检修周期与生产装置长周期运行相适应

18. 按照剖切范围，剖视图可分为(A，B，D)等类型。

A. 全剖视图　　B. 旋转视图　　C. 半剖视图　　D. 局部剖视图

19. 在零件图中，主视图位置的选择原则是(A，B，C)。

A. 明显反映零件的形状特征　　B. 尽量符合零件的主要加工位置

C. 尽量符合零件的工作位置　　D. 利于观察内部形状的位置

简答题

1. 何谓平均故障间隔期与平均寿命时间?

答: 平均故障间隔期是指发生故障后可修复的设备或零部件，在相邻两次故障间的平均工作时间，简称为 MTBF。平均寿命时间是指发生故障后不可修复的设备、零部件，从开始使用到发生故障的平均时间，简称为 MTTF。

2. 什么是局部腐蚀?

答: 局部腐蚀就是不均匀腐蚀，它的阴极区和阳极区是截然分开的，阴极区面积较大，阳极区面积较小，因而腐蚀高度集中在局部位置上，腐蚀强度大，危害严重。

3. 什么是点蚀?

答: 金属表面上局限在点或孔穴这样小的面积上的腐蚀，叫做点蚀，或称孔蚀，又称小孔腐蚀。点蚀对不锈钢的危害极大。点蚀的原因类似于缝隙腐蚀，点蚀孔内为局部阳极，点蚀外大面积金属或氧化皮为阴极。

4. 简述 pH 计温度补偿原理。

答: pH 计温度补偿原理是通过二次仪表的电路设计将参比电极随温度的变化补偿到25℃时参比电极的电位值。pH 计的温度补偿不能补偿溶液实际 pH 随温度的变化，因为这种变化是由溶液中各种离子平衡随温度变化产生的，无法预知和补偿。

5. 什么是预测控制系统? 最有代表性的预测控制算法是什么?

答: ①预测控制系统实质上是指预测控制算法在工业过程控制上的成功应用，预测控制算法是一类特定的计算机控制算法的总称；②最有代表性的预测控制算法，是一种基于模型的预测控制算法，这种算法的基本思想是先预测后控制，即首先利用模型预测对象未来的输出状态，然后据此以某种优化指标来计算出当前应施加于过程的控制作用。

6. 海水取水的特点是什么?

答: 海水含盐量高、腐蚀性强；海生生物影响取水，对安全可靠性构成威胁；潮汐引起水位变化大，波浪也会对取水产生冲击和破坏力；潮汐运动使泥沙移动和淤积，影响取水。

7. 提高离心泵理论扬程的途径有哪些? 依据什么?

答: 提高离心泵理论扬程的途径有：①减小叶轮叶槽出口处绝对速度与圆周速度的夹角 α_2；②增加叶轮转速 n；③加大叶轮直径 D_2。依据为离心泵的基本方程式，当 $\alpha_1 = 90°$时，理论扬程 $H_{T\infty} = u_2 c_{2u}/g$，而 $u_2 = n\pi D_2/60$，$c_{2u} = c_2\cos\alpha_2$。

8. 卧式离心泵安装时需要进行哪些找正?

答: ①水泵纵横中心线找正；②水平找正，使水泵成水平；③水泵轴线高程找正，使水

泵轴线高程与设计高程一致。

计算题

1. 燃烧某一气态有机化合物 1.5g，生成物是 1.2LCO_2(标准状况下)和 0.9g 水。已知该气态有机物对空气的相对密度为 1.04，求该物质的分子式。

解：因 1molCO_2 在标准状况下的体积为 22.4L，其中含碳 12g，故 1.12LCO_2 中含碳量为：

$$\frac{12 \times 1.12}{22.4} = 0.6\text{g}$$

又因 18g 水中含氢 2g，0.9g 水中含氢为：$\frac{2 \times 0.9}{18} = 0.1\text{g}$

碳和氢的总数为：$0.1 + 0.6 = 0.7\text{g} < 1.5\text{g}$，所以断定该物质中还有氧，

其中氧的质量为：$1.5 - 0.7 = 0.8\text{g}$。

则$\frac{0.6}{12}:\frac{0.1}{1}:\frac{0.8}{16} = 0.05:0.1:0.05 = 1:2:1$

该物质的最简式为 CH_2O，相对分子质量为 $12 + 2 + 16 = 30$

已知其对空气的相对密度为 1.04，所以该物质的相对分子质量 $M = 29 \times 1.04 = 30$

因此该物质的分子式是 CH_2O。

答：该物质分子式为 CH_2O。

2. 采用汞量法测定氯含量，现称取有机氯化物试样 1.0635g，溶解后在一定条件下将其转化为 Cl^-，然后用 $c\left[\frac{1}{2}Hg(NO_3)_2\right] = 0.2000\text{mol/L}$ 的硝酸汞标准滴定溶液滴定，消耗 30.02mL，计算试样中氯含量的质量分数。已知 Cl 的相对原子质量为 35.45。

解：Cl^- 和 $Hg(NO_3)_2$ 的反应属于配位反应，其反应式为：

$$Cl^- + \frac{1}{2}Hg(NO_3)_2 = \frac{1}{2}HgCl_2 + NO_3^-$$

故

$$\omega_{Cl} = \frac{0.2000 \times 30.02 \times 0.03545}{1.0635} \times 100\% = 20.01\%$$

答：试样中氯含量的质量分数为 20.01%。

3. 某水平变径输水管道(如图所示)，已知 d_1 为 800mm，d_2 为 600mm，a－d 断面中心处动水压强 p_1 为 0.25MPa，流量为 0.6m³/s，如不计水头损失，试求该支墩所受的轴向作用力。

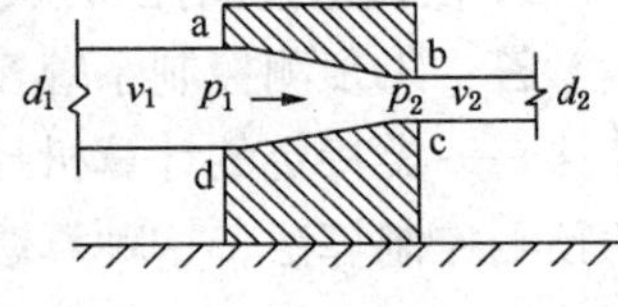

解：取 abcd 这一管流作为研究对象，设支墩对流体的轴向反作用力为 F，

由于 v_1、v_2 和 p_1 同向，F 和 p_2 同向，而与 p_1 反向，现沿水平轴方向建立动量方程式：

$$F + p_2A_2 - p_1A_1 = \rho Q(v_1 - v_2)$$

因 $v_1 = \frac{Q}{A_1} = \frac{0.6}{\pi \times 0.4^2} = 1.19\text{m/s}$，$v_2 = \frac{Q}{A_2} = \frac{0.6}{\pi \times 0.3^2} = 2.12\text{m/s}$，

根据伯努利方程 $z_1 + \frac{p_1}{\rho g} + \frac{v_1^2}{2g} = z_2 + \frac{p_2}{\rho g} + \frac{v_2^2}{2g}$，而 $z_1 = z_2$

得出 $p_2 = 248460.85\text{Pa}$

所以 $F = 1000 \times 0.6 \times (1.19 - 2.12) + 250000 \times \pi \times 0.4^2 - 248460.85 \times \pi \times 0.3^2 = 54827\text{N}$

则支墩受到的轴向作用力为 54827N

答：该支墩受到的轴向作用力为 54827N。

4. 某台离心泵输送流体的密度为 860kg/m^3，已知其理论扬程为 68m，实际扬程为 60m，理论流量为 180m^3/h，实际流量为 160m^3/h，试求该离心泵的有效功率。

解：① 水力效率 $\eta_{hyd} = H/H_T = 60/68 = 0.882$

② 容积效率 $\eta_v = Q/Q_T = 160/180 = 0.9$

③ 水力功率 $N_i = (\rho \times H_T \times Q_T)/102 = (860 \times 68 \times 0.5)/102 = 287\text{kW}$

④ 有效功率 $N_{eff} = N_i \times \eta_{hyd} \times \eta_v = 287 \times 0.882 \times 0.9 = 307\text{kW}$

答：该离心泵的有效功率为 307kW。

5. 设有 10 个灯泡投入使用，其中有 5 个使用了 4 个月后失效，2 个使用了 5 个月，3 个使用了 10 个月，求这些灯泡的平均故障率。

解：$\lambda = 10/(45 + 52 + 103) = 10/60 = 16.7\%$

答：这些灯泡的平均故障率为 16.7%。

6. 某设备的平均故障间隔期为 1000h，求其可靠度为 0.9、0.95、0.368 时的工作时间。假设设备的故障率与运转时间无关。

解：已知 $\lambda(t) =$ 常量，$MTBF = 1000\text{h}$

$\lambda = 1/MTBF = 1/1000$

$R(t) = e - \lambda t$，取对数 $\ln R(t) = -\lambda t$

$\ln 0.9 = -t_1/1000$

$\ln 0.95 = -t_2/1000$

$\ln 0.368 = -t_3/1000$

则 $t_1 = 105.4\text{h}$

$t_2 = 51.4\text{h}$

$t_3 = 1000\text{h}$

答：可靠度为 0.9、0.95、0.368 时的工作时间分别为 105.4、51.4、1000h。

7. 某同步电动机的频率为 50Hz，转速为 300r/min，试求它的极数是多少？

解：根据 $n = \dfrac{60f}{p}$，则 $p = \dfrac{60f}{n} = \dfrac{3000}{300} = 10$(对极)

答：这台同步电机的极数是 20 极。

8. 一个额定值为“220V，100W”的灯泡，接入直流 220V 电源，试计算该灯泡的电流。

解：已知 $U = 220\text{V}$，$P = 100\text{W}$

根据电功率定义式 $P = UI$，则 $I = \dfrac{P}{U} = \dfrac{100}{220} = 0.455\text{A}$

答：该灯泡流过的电流为 0.455A。

9. 某三相异步电动机的功率因数 $\cos\phi = 0.86$，效率 $\eta = 0.88$，额定电压 380V，输出功率 2.24kW，试计算此时电动机电流是多少？

解：① 输入功率 $\dfrac{P_2}{P_1} = \eta$，则 $P_1 = \dfrac{P_2}{\eta} = \dfrac{2.2}{0.88} = 2.5\text{kW}$

② 根据功率公式得：$I = \dfrac{P_1}{\sqrt{3}U \cdot \cos\phi} = \dfrac{2500}{1.732 \times 380 \times 0.86} = 4.4\text{A}$

答：此时电机流过电流为4.4A。

10. 某台Sh型离心泵，当流量为220L/s时，从水泵样本上查得允许吸上真空高度H_s = 4.8m，泵吸水口直径为300mm，吸水管路水头损失为1m。现需将该泵安装在海拔1000m的地方，当地夏季的水温为30℃，试计算其最大安装高度H_{ss}。已知海拔1000m的大气压力为9.2m水柱，水温30℃时饱和蒸汽压力为0.43m水柱。

解：

$$H'_s = H_s - (10.33 - H_a) - (H_{va} - 0.24)$$

$$= 4.8 - (10.33 - 9.2) - (0.43 - 0624) = 3.48\text{m}$$

$$v_1 = \frac{4Q}{\pi d^2} = \frac{4 \times 0.22}{3.14 \times 0.3^2} = 3.11\text{m/s}$$

则

$$H_{ss} = H'_s - \frac{v_1^2}{2g} - \Sigma h_s = 3.48 - 0.49 - 1 = 1.99\text{m}$$

答：其最大安装高度为1.99m。

11. 某离心泵吸水口直径为400mm，当流量为350L/s时，从水泵样本上查得允许吸上真空高度H_s = 5.7m。已知吸水管路水头损失为1.5m，当地大气压力为9.41×10^4Pa，试计算输送60℃水时的安装高度。已知水温60℃时饱和蒸汽压力为19.8kPa。

解：

$$H'_s = H_s - (10.33 - H_a) - (H_{va} - 0.24)$$

由于1kPa = 0.102m水柱，所以$H_a = 9.41 \times 10^4\text{Pa} = 9.6\text{m}$，$H_{va} = 19.8\text{kPa} = 2.02\text{m}$

$$H'_s = 5.7 - (10.33 - 9.6) - (2.02 - 0.24) = 3.19\text{m}$$

$$v_1 = \frac{4Q}{\pi d^2} = \frac{4 \times 0.35}{3.14 \times 0.4^2} = 2.79\text{m/s}$$

则

$$H_{ss} = H'_s - \frac{v_1^2}{2g} - \Sigma h_s = 3.19 - 0.40 - 1.5 = 1.29\text{m}$$

答：其最大安装高度为1.29m。

12. 某射流泵抽吸流量为5L/s，扬程为7m水柱，已知喷嘴前压力为30m水柱，流量为15m³/h，试求该射流泵的效率。

解：

$$\eta = \frac{Q_2 H_2}{Q_1(H_1 - H_2)} = \frac{5 \times 6}{\frac{15}{3.6} \times (30 - 6)} = 0.30$$

答：该射流泵的效率为0.30。

13. 已知某三相异步电动机额定转速为1430r/min，电源的频率为50Hz，求该电动机的额定转差率和极对数。

解：$n_1 = \dfrac{60 f_1}{p}$，而$n = 1430\text{r/min}$，故极对数$p = 2$，$n_1 = 1500\text{r/min}$

$$s = \frac{n_1 - n}{n_1} \times 100\% = \frac{1500 - 1430}{1500} \times 100\% = 4.67\%$$

答：该电动机的额定转差率为4.67%，其极对数为2。

14. 一台JO_2 - 42 - 2型异步电动机，额定转速为2900r/min，电源频率为50Hz，额定输出功率为7.5kW，最大转矩为53.9N·m，求该电动机的过载能力。

解：

$$\lambda = \frac{M_{man}}{M_n}$$

其中，

$$M_n = 9550\frac{P_2}{n_n} = \frac{9550 \times 7.5}{2900} = 24.7\text{N·m}$$

则

$$\lambda = \frac{53.9}{24.7} = 2.18$$

答：该电动机的过载能力为 2.18。

15. 已知某树脂吸收了平衡水量，现取样品 10g，用离心法除去颗粒外的水分后，称其质量为 7.45g；取其中 1.50g 作为样品，用烘干法除去内部水分后，称其质量为 0.66g，试计算该树脂的含水率。

解：

$$x = \frac{m_1 - m_2}{m_1} \times 100\% = \frac{1.50 - 0.66}{1.50} \times 100\% = 56\%$$

答：该树脂的含水率为 56%。

16. 有一并列 H－Na 离子交换软化系统，H 型交换器以出现硬度为终点，已知生水没有过剩碱度，总硬度为 1.24mmol/L，非碳酸盐硬度为 0.52mmol/L，系统残留碱度 0.4mmol/L，求进入 Na 型交换器的水占总水量的百分数应为多少？

解：

$$\begin{aligned} x &= (H_F + A_C) \div H \times 100\% \\ &= (0.52 + 0.4) \div 1.24 \times 100\% \\ &= 74.2\% \end{aligned}$$

答：进入 Na 型交换器的水占总水量的百分数应为 74.2%。

17. 在 20℃时，测得某江水的电导率为 244μS/cm，此江水的含盐量约为多少 mg/L？（1μS/cm 约合 0.75mg/L）

解：$244 \times 0.75 + 244 \times 2\% \times 5 \times 0.75 = 201\text{mg/L}$

答：此江水的含盐量约为 201mg/L。

18. 某一级复床除盐系统中，阴床 NaOH 耗量为 70g/mol，阳床 HCl 耗量为 60g/mol，求它们的再生比耗。

解：NaOH 的物质的量为 40，HCl 的物质的量为 36.5

① $B_1 = \dfrac{R_1}{M_{NaOH}} = \dfrac{70}{40} = 1.75$

② $B_2 = \dfrac{R_2}{M_{HCl}} = \dfrac{60}{36.5} = 1.64$

答：NaOH 和 HCl 的再生比耗分别为 1.75 和 1.64。

19. 有一除盐装置，其 H 离子交换器的直径为 2.0m，树脂层高度为 1.6m，进水碱度为 2.4mmol/L，出水强酸酸度为 1.1mmol/L。若 H 离子交换器一次再生用 30% 的工业 HCl（密度 $\rho = 1.15\text{g/cm}^3$）0.8m^3，一个运行周期产水量为 1436m^3。试计算阳树脂的工作交换容量、酸耗和再生剂比耗分别为多少？

解：① 工作交换容量为

$$\begin{aligned} q &= (B + A)V \div (D/2)^2 \div \pi \div h \\ &= (2.4 + 1.1) \times 1436 \div (2.0/2)^2 \div 3.14 \div 1.6 \\ &= 1000\text{mol/m}^3 \end{aligned}$$

② 酸耗为

$$\begin{aligned} W_{\mathrm{HCl}} &= V_{\mathrm{HCl}}\rho C \div (B + A) \div V \\ &= 0.8 \times 1.15 \times 30\% \times 10^6 \div (2.4 + 1.1) \div 1436 \\ &= 54.9\mathrm{g/mol} \end{aligned}$$

③ 比耗为

$$\begin{aligned} R_{\mathrm{HCl}} &= W_{\mathrm{HCl}} / M_{\mathrm{HCl}} \\ &= 54.9 \div 36.5 \\ &= 1.50 \end{aligned}$$

答：阳树脂的工作交换容量为1000mol/m³，酸耗为54.9g/mol，再生剂比耗为1.50。

20. 鼓风填料除碳器处理水量为200m³/h，工作条件下的温度修正系数为0.9，风水比要求不低于20m³/m³，求至少需要多少风量?

解：
$$\begin{aligned} Q_{\mathrm{F}} &= K_{\mathrm{WE}}aq \\ &= 0.90 \times 20 \times 200 \\ &= 3600\mathrm{m^3/h} \end{aligned}$$

答：风量至少需要3600m³/h。

净水处理模块

判断题

1. 一般情况下，当滤池面积、配水室宽度和高度一定时，小阻力配水系统的均匀性取决于开孔比，开孔比越大，则孔口阻力越小，配水均匀性越差。(√)

2. 增加混凝剂的投加量可以有效改善低温水的混凝效果。(×)

正确答案：增加混凝剂的投加量难以有效改善低温水的混凝效果。

3. 一种化合物在无嗅和无味的水中能察觉出嗅和味的最低浓度称为这种化合物的嗅阈值和味阈值。(√)

单选题

1. 水处理用的臭氧一般以空气作原料通过(B)制造而得。

A. 催化合成　B. 高压放电　C. 生化反应　D. 物理反应

2.《水处理用石英砂滤料》(CJ24·1—88)规定，水处理用石英砂滤料的密度不应小于(D)g/cm³。

A. 1.95　B. 2.05　C. 2.25　D. 2.55

3.《水处理用石英砂滤料》(CJ24 1—88)规定，水处理用单层或双层滤池的石英砂滤料粒径范围一般为(B)mm。

A. 0.3~0.8　B. 0.5~1.2　C. 1.0~1.5　D. 1.5~2.0

4.《水处理用无烟煤滤料》(CJ24 2—88)规定，水处理用无烟煤滤料的盐酸可溶率不应大于(A)。

A. 3.5%　B. 3.0%　C. 2.5%　D. 2.0%

5. 大阻力配水系统的孔口流速一般是(B)m/s。

A. 4~5　B. 5~6　C. 6~7　D. 7~8

6. 小阻力配水系统的开孔比一般为(D)。

A. 0.4%～0.7%　B. 0.6%～0.8%　C. 0.8%～1.0%　D. 1.0%～1.5%

7. 目前使用的生活饮用水国家标准是(C)年颁布实施的。

A. 1959　B. 1974　C. 1985　D. 2004

8. 卫生部颁布的《生活饮用水卫生规范》(2001)规定的常规及非常规检验项目合计(C)项。

A. 88　B. 93　C. 96　D. 99

9. 下列水处理构筑物中，(D)适合于处理低温低浊度水。

A. 平流沉淀池　B. 斜管沉淀池　C. 水力循环澄清池　D. 气浮池

10. 衡量快滤池工作能力的三个主要指标为(A)。

A. 滤速、工作周期、反冲洗耗水量

B. 工作周期、反冲洗耗水量、滤层含污能力

C. 滤速、工作周期、杂质穿透深度

D. 滤速、反冲洗耗水量、杂质截留量

11. 氟可防止龋齿，但水中含氟量过高会引起氟中毒。卫生部颁布的《生活饮用水卫生标准》(2001)规定，氟化物含量不超过(C)mg/L。

A. 0.1　B. 0.5　C. 1.0　D. 1.5

多选题

1. 制造臭氧的空气必须先进行净化和干燥，其主要目的为(C，D)。

A. 降低成本　B. 提高纯度

C. 提高臭氧发生器的效率　D. 减少腐蚀

2. 进行"反粒度"过滤可有效提高过滤效率，(B，C，D)属于"反粒度"过滤。

A. 单层滤料普通快滤池　B. 上向流过滤

C. 双向流过滤　D. 多层滤料滤池

3. 提高滤池过滤效率，可采用(A，C，D)的方法。

A. 适当提高滤速增加杂质的穿透深度　B. 增加滤料层厚度

C. 双向流过滤　D. 多层过滤

4. 快滤池配水系统的主要作用为(A，B)。

A. 使反冲洗水均匀分布　B. 均匀收集滤后水

C. 支撑滤料层　D. 使滤池进水分配均匀

5. 滤池表面截留杂质过多产生的危害为(A，B，C，D)。

A. 产生负水头　B. 增加水头损失

C. 降低过滤周期　D. 导致水质恶化

软化除盐处理模块

判断题

1. 如果新树脂的颜色较浅，则说明其质量较好。　(×)

正确答案：新树脂的颜色深浅并不能代表质量的好坏。

2. 强碱性阴树脂可与铜离子络合而显淡黄色。　(×)

正确答案：强碱性阴树脂不能与铜离子络合。

3. 一般通过测量交换容量的大小来鉴别强酸性阳树脂与弱酸性阳树脂。 （×）

正确答案：一般通过化学性质的不同来鉴别强酸性阳树脂与弱酸性阳树脂。

4. 通过树脂在中性条件下电离 OH^- 能力的不同来鉴别强碱性与弱碱性阴树脂。 （√）

5. 当水中总阳离子浓度大于 200mg/L（以 $CaCO_3$ 计）时，可采用弱型树脂，或反渗透、电渗析等方法预除盐。 （√）

6. 双室床内离子交换树脂强型树脂置于上室，弱型树脂置于下室。 （×）

正确答案：双室床内离子交换树脂强型树脂置于下室，弱型树脂置于上室。

7. 双室浮床的缺点是要求进水悬浮物含量低。 （√）

8. 给水带入锅炉内的杂质在锅内发生物理化学变化，是引起热力设备结垢、结盐和腐蚀的根源。 （√）

9. 利用 H－OH 型混合床除盐常采用很高的流速。 （√）

10. 凝结水中铁化合物的形态主要为 FeO。 （×）

正确答案：凝结水中铁化合物的形态主要为 Fe_3O_4 和 Fe_2O_3 等氧化物。

11. 气态氨和二氧化碳在水中的溶解度不完全符合气体分压定律，这是因为它们在溶解于水中的同时发生了转化成离子的反应。 （√）

12. 联氨与氧的反应及过剩联氨在高温下的分解会产生固体物。 （×）

正确答案：联氨与氧的反应及过剩联氨在高温下的分解都不会产生固体物。

13. 当炉水中 PO_4^{3-} 较多时，水中镁离子与 PO_4^{3-} 结合生成溶解度很小的 $Mg_3(PO_4)_2$。 （√）

14. 防止锅炉水磷酸盐暂时消失现象，实行高磷酸盐的锅水处理方式。 （×）

正确答案：防止锅炉水磷酸盐暂时消失现象，实行低磷酸盐的锅水处理方式或采用全挥发性处理。

15. 电磁过滤器清洗时，可以不切断向线圈供电的直流电。 （×）

正确答案：电磁过滤器清洗时，应切断向线圈供电的直流电，使磁场消失。

16. 为保证电渗析器稳定运行及提高效率，其进水浑浊度不大于 3mg/L。 （√）

17. 电渗析运行中阳极的极水呈碱性，对电极造成强烈的腐蚀。 （×）

正确答案：电渗析运行中阳极的极水呈酸性，对电极造成强烈的腐蚀。

18. 反渗透中使用的膜只允许溶质透过，而不允许溶剂通过，故此膜就称为半透膜。 （×）

正确答案：反渗透中使用的膜只允许溶剂透过，而不允许溶质通过，故此膜就称为半透膜。

19. 活性炭对水中 Cl_2 的吸附过程是一种物理吸附。 （×）

正确答案：活性炭对水中 Cl_2 的吸附过程不仅是一种物理吸附，而且对过剩 Cl_2 的水解和产生新生态氧也起了一定的加速催化作用。

20. 净化混床用于凝结水处理中，其运行特点是处理水量大，在除去凝结水中离子的同时还能有效地去除凝结水中的悬浮杂质。 （√）

21. 在凝结水处理系统中，粉末树脂覆盖过滤器具有过滤和离子交换双重功能。 （√）

22. 检修除氧器水箱时，应首先把与水箱连接的汽水系统切断，控制阀关不严时要加堵板。 （√）

23. 检验清洁、干燥的衬胶层时，电火花探头可以在胶层上停留一段时间。（×）

正确答案： 检验清洁、干燥的衬胶层时，电火花探头不得在胶层上停留。

24. 在衬胶层的电火花检测中，电火花探头与胶板的接缝呈线接触。（×）

正确答案： 在衬胶层的电火花检测中，电火花探头与胶板的接缝呈点接触。

25. 锅炉水中盐类物质，可能成为水垢，也可能成为水渣，这完全取决于它的化学成分和结晶形态。（×）

正确答案： 锅炉水中盐类物质，可能成为水垢，也可能成为水渣，这不仅决定于它的化学成分和结晶形态，而且还与析出的条件有关。

26. 在运行锅炉水中，碳酸钙常以水垢形式析出。（×）

正确答案： 在运行锅炉水中，碳酸钙常以水渣形式析出。

27. 强碱性阴树脂失效状态长期停用后再生时，需用多量的碱。（√）

单选题

1. 聚苯乙烯经过（ A ）处理，可制取强酸性阳树脂。

A. 磺化　B. 氯甲基化　C. 胺化　D. 亚甲基化

2. 在离子交换树脂合成中，（ C ）起架桥作用。

A. 单体　B. 基体　C. 交联剂　D. 骨架

3. 现有型号 201×7SC 离子交换树脂，其型号中"SC"表示（ C ）。

A. 混床专用　B. 浮床专用　C. 双层床专用　D. 三层床专用

4. 浮动床使用的树脂对（ C ）有较高要求。

A. 交换容量　B. 圆球率　C. 粒径　D. 密度

5. 氢氧型阴离子交换树脂的（ A ）基团可以与硫酸钠发生交换反应。

A. 强碱　B. 弱碱　C. 强酸　D. 弱酸

6. 阴离子交换树脂中能与中性盐进行交换反应的活性基团的数量称为（ A ）。

A. 强碱基团交换容量　B. 弱碱基团交换容量

C. 工作交换容量　D. 质量全交换容量

7. 在氯型强碱性阴离子交换树脂全交换容量的测定过程中，是用（ C ）来洗脱非中性盐分解基团上的氯离子。

A. 盐酸溶液　B. 氢氧化钠溶液

C. 氨水　D. 硝酸钠溶液

8. 离子交换器中树脂充填量按树脂的（ C ）来计算。

A. 干真密度　B. 湿真密度　C. 湿视密度　D. 粒度

9. 下列树脂类型中，转型膨胀率最大的是（ B ）性树脂。

A. 强酸　B. 弱酸　C. 强碱　D. 弱碱

10. H 型强酸性阳树脂吸着铜氨络离子后，树脂层将呈（ C ）。

A. 紫色　B. 浅绿色　C. 深蓝色　D. 深黄色

11. 某树脂用盐酸溶液再生处理，并清洗过剩盐酸残液，在加入甲基红后，树脂层呈桃红色，则该树脂不可能是（ C ）。

A. 强酸性阳树脂　　B. 弱酸性阳树脂
C. 强碱性阴树脂　　D. 弱碱性阴树脂

12. 钠型 001×7 新树脂的全交换容量应不小于(B)mmol/g。
A. 5.00　B. 4.50　C. 4.00　D. 3.50

13. 氯型 201×7 新树脂的全交换容量应不小于(D)mmol/g。
A. 4.20　B. 4.00　C. 3.80　D. 3.60

14. 一般情况下，水处理使用的离子交换树脂的粒径范围为(A)mm。
A. 0.315~1.25　B. 0.250~1.20　C. 0.40~1.65　D. 0.60~1.65

15. 石化大氮肥装置中，一级化学除盐加混床的出水电导率应≤(B)μS/cm。
A. 0.2　B. 0.3　C. 0.4　D. 0.5

16. 下列水处理方法中，(D)处理可使水的含盐量达到几乎不含离子的纯净程度，可作为深度的化学除盐方法。
A. 软化法　B. 蒸馏法　C. 电渗析法　D. 离子交换除盐

17. 锅炉连续排污，主要是为了防止锅炉水中的(D)过高。
A. pH 值　B. 含盐量　C. 含硅量　D. 含盐量和含硅量

18. 定期排污最好在锅炉(B)时进行。
A. 高负荷　B. 低负荷　C. 正常负荷　D. 高水位

19. 低压锅炉补给水采用离子交换软化处理时，要求水中悬浮物含量(A)mg/L。
A. ≤5　B. ≤10　C. ≤20　D. ≤30

20. 下列离子交换器类型中，(C)树脂的利用率最高。
A. 固定床　B. 浮动床　C. 移动床　D. 混合床

21. 变径双室浮床工艺主要适用于处理(C)的水。
A. 高含盐量　　B. 低含盐量
C. 强酸阴离子含量高　　D. 弱酸阴离子含量高

22. 一般要求满室床的进水悬浮物含量应小于(D)mg/L。
A. 5　B. 3　C. 2　D. 1

23. 锅炉内金属腐蚀产物主要为(A)的氧化物。
A. 铁　B. 铜　C. 钙　D. 镁

24. 凝结水处理普遍使用(A)。
A. H-OH 型混合床　　B. 电磁过滤器
C. NH_4-OH 型混合床　　D. 阳、阴离子交换树脂粉覆盖过滤器

25. 凝结水除油常采用的方式为(B)。
A. 离子交换　B. 覆盖过滤器　C. 电磁过滤器　D. 电渗析

26. 给水加氨后，水中的二氧化碳基本变成(A)。
A. NH_4HCO_3　B. NH_4OH　C. N_2H_4　D. $(NH_4)_2CO_3$

27. 加氨时，在氨的富集区会引起(B)合金材料的腐蚀。
A. 铁　B. 铜　C. 铝　D. 镍

28. 锅炉给水的深度除氧均在热力除氧的基础上辅以(B)除氧。

A. 氧化还原树脂　B. 化学　C. 凝汽器真空　D. 电化学

29. 在炉内处理中，最常用的磷酸盐药剂为(B)。

A. Na_2HPO_4　B. Na_3PO_4　C. NaH_2PO_4　D. K_3PO_4

30. 采用协调 pH－磷酸盐处理不仅能除去炉水中残余硬度，还能消除其(D)。

A. 氧　B. 游离二氧化碳　C. 酸性　D. 游离 NaOH

31. 采用锅炉炉水磷酸盐处理锅炉给水残余硬度应小于(D)μmol/L。

A. 20　B. 15　C. 10　D. 5

32. 磷酸三钠晶体的分子式为(D)。

A. $Na_3PO_4 \cdot 3H_2O$　B. $Na_3PO_4 \cdot 6H_2O$

C. $Na_3PO_4 \cdot 9H_2O$　D. $Na_3PO_4 \cdot 12H_2O$

33. 下列物质中，(D)可作为电磁过滤器内部填充的填料。

A. 合成纤维　B. 活性炭粉滤料　C. 石英砂　D. 纯铁小球

34. 电渗析法是利用离子交换膜对阴、阳离子具有(C)特性来除去水中的离子。

A. 选择性　B. 透过性　C. 选择透过性　D. 可逆性

35. 原水经过电渗析处理过程中，阴极将不断排出(B)。

A. 氧气　B. 氢气　C. 氯气　D. 一氧化碳

36. 反渗透处理中，膜两侧浓度差愈大，要达到反渗透的目的所需(D)。

A. 温度愈高　B. 水量愈大　C. 压力愈低　D. 压力愈大

37. 反渗透运行中的主要推动力为(C)。

A. 温度差　B. 液位差　C. 压力差　D. 浓度差

38. 用作蒸发器产生蒸汽的给水溶解氧含量应不大于(C)μg/L。

A. 30　B. 40　C. 50　D. 60

39. 在串联 H－Na 离子交换系统中，除碳器应安置在(C)。

A. H、Na 离子交换器之前　B. H、Na 离子交换器之后

C. H 离子交换器之后、Na 离子交换器之前

D. Na 离子交换器之后、H 离子交换器之前

40. 既需要除去水中硬度，又要降低水的碱度，而且要求不增加锅炉补给水的含盐量，则可采用(D)来处理。

A. 单级钠离子交换法　B. 部分钠离子交换软化法

C. 双级钠离子交换法　D. 部分氢离子交换法

41. 在(C)MPa 压力下进行除氧的除氧器叫高压除氧器。

A. 0.4　B. 0.5　C. 0.6　D. 0.7

42. 淋水盘式热力除氧器工作时，欲除氧的补给水从除氧头(A)进入。

A. 顶部　B. 中部单侧　C. 中部两侧　D. 下部

43. 在凝结水净化处理系统中，覆盖过滤器是将(D)覆盖在过滤元件上，使其形成一个均匀的微孔滤膜。

A. 离子交换膜　B. 活性炭颗粒　C. 滤网　D. 粉状滤料

44. 覆盖过滤器一般为(A)过滤器。

A. 管式　　B. 板式　　C. 层式　　D. 填料式

45. 覆盖过滤器的过滤流速一般为(B)m/h。

A. 3~9　　B. 6~12　　C. 9~15　　D. 12~18

46. 当覆盖过滤器的压降达到(C)Pa 时，需停止运行，进行爆膜。

A. $(6\sim9)\times10^4$　　B. $(9\sim12)\times10^4$

C. $(12\sim15)\times10^4$　　D. $(15\sim18)\times10^4$

47. 深层净化混床用于凝结水除盐时，其滤速一般为(D)m/h。

A. 20~60　　B. 40~80　　C. 60~100　　D. 80~120

48. 凝结水处理系统中，(D)可用作深层净化混床的前置设备，也可用作深层净化混床的后置设备，还可以取代深层净化混床作为主除盐设备。

A. 电磁过滤器　　B. 粉末活性炭覆盖过滤器

C. 管式微孔过滤器　　D. 粉末树脂覆盖过滤器

49. 在衬胶层的电火花检测中，电火花探头与(D)呈线接触。

A. 接缝　　B. 翻边　　C. 折叠处　　D. 板面

50. 在衬胶层的电火花检测中，电火花探头行走速度应在(B)m/min 范围内。

A. 1~3　　B. 3~6　　C. 6~9　　D. 9~12

51. 当温度升高时，联氨除氧的反应速度(A)。

A. 加快　　B. 不变　　C. 减慢　　D. 无法确定

52. 提高再生液温度能增加离子交换树脂的再生程度，主要是因为加快了(B)的速度。

A. 离子反应　　B. 内扩散和膜扩散　　C. 再生液流动　　D. 反离子溶解

53. 阳树脂被硫酸钙污染后，导致运行中其出水(C)。

A. 酸度升高　　B. 钠离子过早泄漏

C. 钙离子过早泄漏　　D. 硫酸根离子过早泄漏

54. 阴树脂在使用中常被重金属离子及其氧化物污染，其中最常遇到的是(A)的化合物。

A. 铁　　B. 铝　　C. 钙　　D. 镁

55. 在弱型树脂与强型树脂联合应用的系统中，为防止硅污染树脂，要从设计上保证(B)。

A. 强型树脂先失效　　B. 弱型树脂先失效

C. 强型树脂厚度高　　D. 弱型树脂厚度高

56. 强碱阴树脂被胶体硅污染后，其交换器出水(D)有二氧化硅泄漏。

A. 在初始阶段　　B. 在接近失效阶段

C. 不会　　D. 连续

57. 喷雾填料式除氧器的运行负荷应维持在额定值的(C)以上。

A. 20%　　B. 30%　　C. 50%　　D. 80%

58. 真空除氧须使给水在运行真空下达到相对应的(D)温度。

A. 过热蒸汽　　B. 低压蒸汽　　C. 高压蒸汽　　D. 饱和蒸汽

59. 防止铝污染树脂的关键是(A)。

A. 提高水预处理的沉淀和过滤效率　　B. 提高再生溶液浓度

C. 提高再生溶液温度　　D. 增大反洗强度

60. 阳离子交换树脂被铝化合物污染，常用(C)进行复苏处理。

A. 10%氯化钠溶液　　B. 5%氢氧化钠溶液

C. 10%盐酸溶液　　D. 10%硫酸溶液

61. 分流再生式固定床用硫酸再生阳树脂时，再生液应按(A)控制。

A. 上层床低浓度高流速、下层床高浓度低流速

B. 上层床低浓度低流速、下层床高浓度高流速

C. 上层床高浓度高流速、下层床低浓度低流速

D. 上层床高浓度低流速、下层床低浓度高流速

62. 强碱性阴树脂被胶体硅污染，常用加热的(B)进行复苏处理。

A. 碱性氯化钠溶液　　B. 氢氧化钠溶液

C. 盐酸溶液　　D. 氯化钠溶液

63. 被油污染的树脂，常用(D)溶液进行循环清洗处理。

A. 盐酸　　B. 硫酸　　C. 氧化钠　　D. 氢氧化钠

64. 溶液的 pH 值增高，强碱性阴树脂与腐植酸或富维酸结合的强度(C)。

A. 提高　　B. 不变　　C. 降低　　D. 无法确定

65. 弱碱性阴树脂不易被有机物污染，这主要是因为弱碱性阴树脂(C)。

A. 碱性弱　　B. 交联度高、孔隙大

C. 对有机物的吸着是可逆的　　D. 不易吸着有机物

多选题

1. 在一定条件下，当离子交换器树脂层高度增加时，则其(A，B)。

A. 树脂工作交换容量增大　　B. 树脂层阻力增大

C. 再生频繁　　D. 树脂利用率降低

2. 锅炉用水处理包括(A，C，D)。

A. 炉外化学处理　　B. 供水处理

C. 锅内加药处理　　D. 返回水处理

3. 工业锅炉水处理的具体任务包含(A，B，C，D)。

A. 汽水监督　　B. 锅炉用水处理　　C. 锅炉防腐　　D. 化学清洗

4. 与双层床相比，双室浮床的优点为(A，B，C，D)。

A. 克服了树脂乱层　　B. 提高运行流速

C. 简化再生操作　　D. 节省再生剂

5. 满室床的缺点为(B，C)。

A. 再生剂用量高　　B. 水流阻力大

C. 要求进水悬浮物含量低　　D. 操作复杂

6. 凝结水中金属腐蚀产物主要为(B，C)腐蚀产物。

A. 铝　　B. 铁　　C. 铜　　D. 锌

7. 化学除氧剂应具备(A，B，C，D)的条件。

A. 能迅速与溶于水中氧反应　　B. 反应产物和除氧剂对水汽循环无害

C. 使金属表面钝化作用　　D. 对人健康影响小

8. 联氨和水中溶解氧的反应速度受(B，C，D)的影响。

A. 压力　　B. 温度　　C. pH 值　　D. 联氨过剩量

9. 采用协调 pH—磷酸盐处理时，应根据锅水(A，C)选择药液配方。

A. pH 值(25℃)　　B. 温度　　C. PO_4^{3-} 含量　　D. 电导率

10. 锅炉水采用磷酸盐处理方式，若 PO_4^{3-} 太多，将会(A，B，D)。

A. 增加锅炉含盐量，影响蒸汽品质　　B. 容易生成磷酸镁

C. 造成酸性腐蚀　　D. 有可能生成磷酸盐铁垢

11. 原水经电渗析处理过程中，阳极不断有(A，C)放出。

A. 氧气　　B. 氢气　　C. 氯气　　D. 一氧化碳

12. 电渗析本体除盐工艺系统分为(B，C，D)等方式。

A. 交流式　　B. 直流式　　C. 循环式　　D. 部分循环式

13. 影响反渗透膜性能的因素为(A，B，C)。

A. pH 值　　B. 操作压力　　C. 温度　　D. 水量

14. 离子交换树脂储存时，要避免与(A，C，D)直接接触。

A. 铁容器　　B. 塑料容器　　C. 氧化剂　　D. 油

15. 浮动床本体装置中，床层上部为惰性树脂，其主要作用为(B，C，D)。

A. 提高再生效果

B. 防止碎树脂堵塞滤网

C. 提高水流分配的均匀性

D. 可以选用较大网目的滤网，以减少设备的运行阻力

16. 运行式浮动床中下部分配装置的作用为(A，D)。

A. 在运行或顺流时作为水流分配装置　　B. 在运行或顺流时起支承和疏水作用

C. 在再生或清洗时作为分配装置　　D. 在再生或清洗时起支承和疏水作用

17. 若储存离子交换树脂的环境温度过高时，树脂将会(A，C，D)。

A. 受到微生物污染　　B. 破碎

C. 变形　　D. 交换基团分解

18. 热力除氧器的除氧效果取决于除氧器结构和运行工况，在运行中应保证(A，B，D)。

A. 水被加热至沸腾状态　　B. 进入除氧器的水量要稳定

C. 除氧头内真空度满足要求　　D. 从除氧器解析出来的气体能通畅地排出

19. 喷雾填料式热力除氧器的特点为(A，B，C)。

A. 水经过二次除氧　　B. 工作时水喷成雾状

C. 除氧头上、下部均有蒸汽入口　　D. 工作时除氧头内处于真空状态

20. 强碱性阴树脂被铁污染，常呈现(A，B，C，D)。

A. 颜色变黑　　B. 性能降低

C. 再生效率降低　　D. 再生剂用量与清洗水耗增加

简答题

1. 简述锅炉排污的目的。

答：①控制炉水含盐量和含硅量，保证蒸汽品质；②及时排除水渣，保证锅炉安全

运行。

2. 写出给水加氨的化学反应式。

答：①$NH_3+H_2O=NH_4OH$；②$NH_4OH+H_2CO_3=NH_4HCO_3+H_2O$；③$NH_4OH+NH_4HCO_3=(NH_4)_2CO_3+H_2O$。

3. 采用协调 pH－磷酸盐处理时炉水水质应控制哪些项目？

答：①控制锅炉水的 pH 值；②控制锅炉水的碱度；③控制 R 值。

4. 锅炉水磷酸盐处理，为保证处理效果，又不影响蒸汽品质，需注意哪些？

答：①给水残留硬度应小于 5μmol/L(低压≤70μmol/L)；②应维持炉水中规定的过剩 PO_4^{3-} 的量；③及时排出生成的水渣；④药剂应比较纯净。

5. 影响联氨和水中溶解氧反应速度的主要因素有哪些？

答：①水中联氨应维持合适的过剩量，联氨过剩量愈多，除氧反应速度相对更快；②水的 pH 值应在 8.5 以上，当 pH 值在 9～11 之间时，反应速度最快；③温度升高时，反应速度急剧增加。水温在 150℃以上，联氨和水中溶解氧反应速度很快。

三、技能操作鉴定要素细目表

鉴定范围						鉴定点	
一级		二级		三级		代码	名称
代码	名称	代码	名称	代码	名称		
B	技能要求(净水处理模块)	A	工艺操作	A	开车准备	001	混凝搅拌试验注意事项
				B	开车操作	001	供水装置开车操作步骤
						002	生活水系统开车操作步骤
				D	停车操作	001	供水装置停运操作步骤
		B	设备使用与维护	B	维护设备	001	机械密封的维护
						002	填料密封的维护
		C	事故判断与处理	B	处理事故	001	中毒人员的现场施救
C	技能要求(软化除盐处理模块)	A	工艺操作	A	开车准备	001	离子交换除盐系统开车条件的检查确认
				B	开车操作	001	离子交换除盐水系统开车操作步骤
				C	正常操作	001	浮动床水力清洗操作
						002	浮动床气－水清洗操作
						003	体内抽气擦洗式浮动床抽气擦洗操作
						004	高速混床失效后的反洗操作
						005	高速混床失效后的树脂输出操作
						006	移动床的运行维护
						007	离子交换器自动控制操作
						008	澄清池的调整试验
						009	固定床再生参数的调整试验

续表

鉴定范围						鉴定点	
一级		二级		三级		代码	名称
代码	名称	代码	名称	代码	名称		
		C	事故判断与处理	A	判断事故	001	离子交换树脂污染的原因分析
						002	二级除盐水电导率突然升高的原因分析
						003	离子交换树脂污染的特征分析
				B	处理事故	001	逆流再生中顶压气源突然中断的处理
						002	离子交换树脂污染的预防
						003	阳树脂工作交换容量下降的处理
						004	阴树脂工作交换容量下降的处理
						005	混床再生不合格的处理
						006	阴树脂被铁及其氧化物污染的处理
						007	阴树脂被有机物污染的处理
		D	绘图与计算	A	绘图	001	绘制浮动床结构图

四、技能操作试题

净水处理模块

试题1：混凝搅拌试验注意事项

（考核时间：20min）

序号	考核内容	考核要点	配分	评分标准	检测结果	扣分	得分	备注
1	准备工作	穿戴劳保用品	3	未穿戴整齐扣3分				
		工具、用具准备	2	工具选择不正确扣2分				
2	试验注意事项	混凝试验场所应避免日光照射	10	未考虑场所，扣10分				
3		保证每个烧杯内的水样水质应完全一样；水样温度与原水温度尽可能接近	20	未考虑水样水质条件，扣10分				
				未考虑水温，扣10分				
4		混凝试验时，先快速搅拌1～2min，后缓慢搅拌至矾花絮凝为止	30	搅拌要求一项不对，扣20分				
5		定期对搅拌器进行空白试验，及时检查维修	10	未考虑，扣10分				
6		使用混凝试验验证加药量时，应选用与实际一致的搅拌速度和搅拌时间	20	未考虑，扣20分				

续表

序号	考核内容	考核要点	配分	评分标准	检测结果	扣分	得分	备注
7	使用工具	正确使用工具	2	工具使用不正确扣2分				
		正确维护工具	3	工具乱摆乱放扣3分				
8	安全及其他	按国家法规或企业规定		违规一次总分扣2分；严重违规停止操作				—
		在规定时间内完成操作		每超时1min总分扣3分，超时3min停止操作				—
	合　计		100					

试题2：供水装置开车操作步骤

（考核时间：15min）

序号	考核内容	考核要点	配分	评分标准	检测结果	扣分	得分	备注
1	准备工作	穿戴劳保用品	3	未穿戴整齐扣3分				
		工具、用具准备	2	工具选择不正确扣2分				
2	开车前的准备工作	确认泵房机泵具备开车条件	15	未确认源水泵房扣5分				
				未确认生产水泵房扣5分				
				未确认生活水泵房扣5分				
3		确认水处理装置具备开车条件	20	未确认加药系统扣5分				
				未确认沉淀池扣5分				
				未确认滤池扣5分				
				未确认消毒系统扣5分				
4		确认水管网具备开车条件	15	未确认源水管线扣5分				
				未确认生产水管线扣5分				
				未确认生活水管线扣5分				
5	开车操作步骤	请示调度等相关部门，批准后方可进行以下操作	5	未请示扣5分				
6		运行源水泵房机泵	5	未操作扣5分				
7		运行加药系统	5	未运行扣5分				
8		运行沉淀池	5	未运行扣5分				
9		运行生产水机泵	5	未操作扣5分				
10		运行滤池	5	未运行扣5分				
11		运行生活水机泵	5	未操作扣5分				
12		运行生活水消毒系统	5	未运行扣5分				
13	使用工具	正确使用工具	2	工具使用不正确扣2分				
		正确维护工具	3	工具乱摆乱放扣3分				

续表

序号	考核内容	考核要点	配分	评分标准	检测结果	扣分	得分	备注
14	安全及其他	按国家法规或企业规定		违规一次总分扣2分；严重违规停止操作			—	
		在规定时间内完成操作		每超时1min总分扣3分，超时3min停止操作			—	
	合　计		100					

试题3：供水装置停运操作步骤

（考核时间：15min）

序号	考核内容	考核要点	配分	评分标准	检测结果	扣分	得分	备注
1	准备工作	穿戴劳保用品	3	未穿戴整齐扣3分				
		工具、用具准备	2	工具选择不正确扣2分				
2	操作程序	请示调度等相关部门，批准后方可进行以下操作	10	未请示扣10分				
3		停运源水泵房机泵	10	未操作扣10分				
4		停运加药系统	10	未停运扣10分				
5		停运沉淀池	10	未停运扣10分				
6		停运生产水机泵	10	未操作扣10分				
7		停运生活水消毒系统	10	未停运扣10分				
8		停运滤池	10	未停运扣10分				
9		停运生活水机泵	10	未操作扣10分				
10		组织对管线、构筑物、设备的检修更新	10	未执行扣10分				
11	使用工具	正确使用工具	2	工具使用不正确扣2分				
		正确维护工具	3	工具乱摆乱放扣3分				
12	安全及其他	按国家法规或企业规定		违规一次总分扣2分；严重违规停止操作			—	
		在规定时间内完成操作		每超时1min总分扣3分，超时3min停止操作			—	
	合　计		100					

试题4：填料密封的维护

（考核时间：20min）

序号	考核内容	考核要点	配分	评分标准	检测结果	扣分	得分	备注
1	准备工作	穿戴劳保用品	3	未穿戴整齐扣3分				
		工具、用具准备	2	工具选择不正确扣2分				

续表

序号	考核内容	考核要点	配分	评分标准	检测结果	扣分	得分	备注
2	操作程序	检查填料是否压得过紧	15	未检查扣15分				
3		检查泄漏量是否符合要求	15	未检查扣15分				
4		检查填料压盖是否水平	15	未检查扣15分				
5		检查填料函与填料压盖之间有无调整空间	15	未检查扣15分				
6		检查填料是否老化	15	未检查扣15分				
7		检查填料函表面是否过热	15	未检查扣15分				
8	使用工具	正确使用工具	2	工具使用不正确扣2分				
		正确维护工具	3	工具乱摆乱放扣3分				
9	安全及其他	按国家法规或企业规定		违规一次总分扣2分；严重违规停止操作			—	
		在规定时间内完成操作		每超时1min总分扣3分，超时3min停止操作			—	
		合　计	100					

试题5：中毒人员的现场施救

（考核时间：30min）

序号	考核内容	考核要点	配分	评分标准	检测结果	扣分	得分	备注
1	准备工作	穿戴劳保用品	3	未穿戴整齐扣3分				
		工具、用具准备	2	工具选择不正确扣2分				
2	做好自身防护	判断毒物性质，戴好防毒面具，穿好防护衣后才能进入有毒现场	7	未判断毒物性质不得分				
			8	未戴防毒面具不得分				
			5	未穿防护衣不得分				
3	抢救程序	尽快将中毒人员抬离现场，移至新鲜空气处，离开中毒区域	10	缺此项不得分				
4		松解中毒者颈胸部钮扣和腰带，保持呼吸畅通	8	缺此项不得分				
5		若中毒者衣物被毒物污染，应立即脱去衣服，擦干净体表的有毒物，冬天注意保暖	8	缺此项不得分				
6		排除或中和进入中毒者体内的毒物，可用大量水冲洗，不能用干布擦	8	缺此项不得分				
7		毒物经口入体的急性中毒，可用催吐法和洗胃法	8	缺此项不得分				

续表

序号	考核内容	考核要点	配分	评分标准	检测结果	扣分	得分	备注
8		严密注意中毒者的神态，若出现呼吸或心跳停止，可采用人工呼吸胸外按压法恢复	10	缺此项不得分，人工呼吸法不正确扣5分				
9		尽快送往医院进一步处理	8	缺此项不得分				
10	切断现场毒物	在处理中毒同时想办法切断毒物外泄	5	缺此项不得分				
11		特殊部位加盲板或用围堰隔断	5	缺此项不得分				
12	使用工具	正确使用工具	2	工具使用不正确扣2分				
		正确维护工具	3	工具乱摆乱放扣3分				
13	安全及其他	按国家法规或企业规定		违规一次总分扣2分；严重违规停止操作			—	
		在规定时间内完成操作		每超时1min总分扣3分，超时3min停止操作			—	
		合　计	100					

软化除盐处理模块

试题1：离子交换除盐系统开车条件的检查确认

（考核时间：60min）

序号	考核内容	考核要点	配分	评分标准	检测结果	扣分	得分	备注
1	准备工作	穿戴劳保用品	3	未穿戴整齐扣3分				
		工具、用具准备	2	工具选择不正确扣2分				
2	调试预处理设备	检查预处理设备，澄清池、滤池、加药系统、机泵等经调试正常，能保证清水供应	10	未检查预处理设备扣10分				
				未调试预处理设备扣5分				
				检查漏项，每项扣2分				
3	检查静设备	全部静设备经水压试验合格。阀门动作良好。整个系统已进行吹扫或清洗。除盐系统所需滤料、交换剂，应符合设计规定，数量能满足运行需要。交换器内树脂已经预处理合格	20	承压容器未经水压试验合格扣5分				
				压力水管路未经水压试验合格扣5分				
				系统未吹扫或清洗干净扣5分				
				未检查阀开关可靠性扣5分				
				未检查树脂扣5分				
4	转动设备试运转	转动设备经试运转合格。压缩空气系统经试运转合格	20	检查漏项，每项扣5分				
				转动设备未试运转扣10分				
				压缩空气系统未试运转扣10分				

续表

序号	考核内容	考核要点	配分	评分标准	检测结果	扣分	得分	备注
5	调试再生系统	再生系统已经调试合格，再生剂已备好	15	再生系统未调试扣10分				
				未检查再生剂扣5分				
6	检查分析用具	手工分析器皿、药剂、仪器已齐备	10	检查漏项，每项扣2分				
7	检查有关设备	与除盐系统有关的电气、热工、化学仪表及操作盘，均应安装完毕，指示正确，操作灵活并能投入使用	15	未检查控制盘、操作盘电源，每项扣5分				
				未检查在线仪表扣5分				
				检查漏项，每项扣3分				
8	使用工具	正确使用工具	2	工具使用不正确扣2分				
		正确维护工具	3	工具乱摆乱放扣3分				
9	安全及其他	按国家法规或企业规定		违规一次总分扣2分；严重违规停止操作			—	
		在规定时间内完成操作		每超时1min总分扣3分，超时3min停止操作			—	
		合　计	100					

试题2：浮动床气－水清洗操作

（考核时间：20min）

序号	考核内容	考核要点	配分	评分标准	检测结果	扣分	得分	备注
1	准备工作	穿戴劳保用品	3	未穿戴整齐扣3分				
		工具、用具准备	2	工具选择不正确扣2分				
2	输出树脂	开空气擦洗罐顶部排水阀、进树脂阀，开浮床卸树脂阀、底部进水阀，调节流量向空气擦洗罐输树脂。待树脂全部送至空气擦洗罐，关浮床底部进水阀、卸树脂阀。关空气擦洗罐进树脂阀	25	操作漏项或次序不当，每项扣5分				
				输脂流量控制不当扣5分				
				输脂不彻底扣10分				
3	空气擦洗	开空气擦洗罐底部排水阀。放水至树脂层表面上300～500mm处，关空气擦洗罐底部排水阀，开进压缩空气阀，空气擦洗约5～10min，关进压缩空气阀	20	操作漏项或次序不当，每项扣5分				
				擦洗时间过长或过短扣5分				
				压缩空气压力、流量控制不当扣5分				
4	反洗	开空气擦洗罐底部进水阀，调节流量对树脂进行清洗	20	操作漏项或次序不当，每项扣5分				
				清洗时间不足或过长扣5分				
				树脂清洗流量控制不当扣10分				

续表

序号	考核内容	考核要点	配分	评分标准	检测结果	扣分	得分	备注
5	输入树脂	待反洗排水清澈后，开浮床顶部排水阀、进树脂阀，开空气擦洗罐卸树脂阀，关空气擦洗罐顶部排水阀。调节流量向浮床输脂。待树脂全部送回浮床，关空气擦洗罐底部进水阀、卸树脂阀，关浮床进树脂阀、顶部排水阀	25	操作漏项或次序不当，每项扣5分				
				输脂流量控制不当扣5分				
				输脂不彻底扣10分				
6	使用工具	正确使用工具	2	工具使用不正确扣2分				
		正确维护工具	3	工具乱摆乱放扣3分				
7	安全及其他	按国家法规或企业规定		违规一次总分扣2分；严重违规停止操作			—	
		在规定时间内完成操作		每超时1min总分扣3分，超时3min停止操作			—	
		合　计	100					

试题3：体内抽气擦洗式浮动床抽气擦洗操作

（考核时间：20min）

序号	考核内容	考核要点	配分	评分标准	检测结果	扣分	得分	备注
1	准备工作	穿戴劳保用品	3	未穿戴整齐扣3分				
		工具、用具准备	2	工具选择不正确扣2分				
2	擦洗	关闭浮床进口阀、出口阀，打开树脂阀。投运喷射器或真空泵由抽气管(兼反洗排水管)对床内抽气，床内真空至规定值，开浮床底部排水阀，由底部向床内进气，使树脂搅动、擦洗	35	操作漏项，每项扣5分				
				操作次序不当，每项扣3分				
				擦洗时间过长或过短扣5分				
				床内真空度控制不当扣5分				
3	进水	擦洗完成后，停运喷射器或真空泵，关浮床底部排水阀。开上筒体排水阀，稍开浮床底部进水阀，缓缓进水至浮床水满，关底部进水阀	20	操作漏项，每项扣5分				
				操作次序不当，每项扣3分				
4	反洗	待树脂充分浸润后，缓缓开启浮床底部进水阀。控制反洗强度以不跑树脂为限。待反洗排水清澈后，关浮床底部进水阀、上筒体排水阀。待树脂和惰性填料全部落回下筒体后，关闭树脂阀	35	操作漏项，每项扣5分				
				操作次序不当，每项扣3分				
				清洗时间不足或过长扣5分				
				树脂清洗流量控制不当扣10分				

续表

序号	考核内容	考核要点	配分	评分标准	检测结果	扣分	得分	备注
5	使用工具	正确使用工具	2	工具使用不正确扣2分				
		正确维护工具	3	工具乱摆乱放扣3分				
6	安全及其他	按国家法规或企业规定		违规一次总分扣2分；严重违规停止操作			—	
		在规定时间内完成操作		每超时1min总分扣3分，超时3min停止操作			—	
	合　计		100					

试题4：移动床的运行维护

（考核时间：15min）

序号	考核内容	考核要点	配分	评分标准	检测结果	扣分	得分	备注
1	准备工作	穿戴劳保用品	5	未穿戴整齐扣5分				
2	灌水启床	交换塔启床前塔内应充满水。塔内充水不满，应首先小流量灌水至满，然后再启床	15	检查漏项扣15分				
				充水操作不规范扣5分				
3	调整出力	移动床尽可能在额定出力下运行，运行流速不可过低	10	不清楚额定出力扣10分				
				运行流速过低扣5分				
4	调整再生剂用量	根据出力及时调整再生剂用量	10	检查漏项扣10分				
				再生剂用量未及时调整扣5分				
5	平衡树脂	要确保树脂正常循环，维持平衡状态	20	检查漏项，每项扣10分				
				交换塔储脂斗树脂超高或再生塔树脂亏损扣20分				
6	避免跑树脂	检查排水管头网袋中和交换塔的出水中有无树脂	10	检查漏项，每项扣5分				
7	检查程控动作	程控仪指示要与现场阀门动作情况对照检查	20	检查漏项，每项扣5分				
				未对照检查扣20分				
8	检查参数	检查再生液和清洗水流量和再生段压力	10	检查漏项，每项扣5分				
9	安全及其他	按国家法规或企业规定		违规一次总分扣2分；严重违规停止操作			—	
		在规定时间内完成操作		每超时1min总分扣3分，超时3min停止操作			—	
	合　计		100					

试题5：固定床再生参数的调整试验

（考核时间：90min）

序号	考核内容	考核要点	配分	评分标准	检测结果	扣分	得分	备注
1	准备工作	穿戴劳保用品	3	未穿戴整齐扣3分				
		工具、用具准备	2	工具选择不正确扣2分				
2	再生液流量调整试验	根据交换器内再生液的流速范围，选取几个适当的再生液流量值，进行试验。此时其他再生参数按已有的经验控制。检测不同再生液流量值下的交换器出水水质和周期制水量	25	不清楚再生液的流速范围扣5分				
				不清楚相关再生参数扣5分				
				未检测水质或制水量，每项扣5分				
				调整操作漏项，每项扣5分				
3	再生液浓度调整试验	选取几个适当的再生液浓度值，进行试验。此时其他再生参数按已有的经验控制。检测不同再生液浓度值下的交换器出水水质和周期制水量	25	选取浓度试验值不恰当扣10分				
				未在最优条件下调试扣5分				
				未检测水质或制水量，每项扣5分				
				调整操作漏项，每项扣5分				
4	再生剂用量调整试验	根据再生剂比耗范围，选取几个适当的再生剂用量值，进行试验。此时其他再生参数按已有的经验控制。检测不同再生剂用量值下的出水水质和周期制水量，进行经济性比较	25	不清楚比耗范围扣5分				
				未在最优条件下调试扣5分				
				未检测水质或制水量，每项扣5分				
				调整操作漏项，每项扣5分				
5	再生液温度调整试验	根据树脂适应的温度范围，选取几个适当的再生液温度值，进行试验。此时其他再生参数按已有的经验控制。检测不同再生液温度值下的交换器出水水质和周期制水量	15	选取温度试验值不恰当扣10分				
				未在最优条件下调试扣5分				
				未检测水质或制水量，每项扣5分				
				调整操作漏项，每项扣5分				
6	使用工具	正确使用工具	2	工具使用不正确扣2分				
		正确维护工具	3	工具乱摆乱放扣3分				
7	安全及其他	按国家法规或企业规定		违规一次总分扣2分；严重违规停止操作			—	
		在规定时间内完成操作		每超时1min总分扣3分，超时3min停止操作			—	
		合　计	100					

试题6：二级除盐水电导率突然升高的原因分析

（考核时间：20min）

序号	考核内容	考核要点	配分	评分标准	检测结果	扣分	得分	备注
1	准备工作	穿戴劳保用品	5	未穿戴整齐扣5分				
2	混床原因	运行混床进碱阀漏入再生剂	15	未检查扣15分				
		运行混床进酸阀漏入再生剂	15	未检查扣15分				
		运行混床反洗进水阀内漏	10	未检查扣10分				
		再生混床出水阀内漏	15	未检查扣15分				
		投运混床清洗不彻底或再生不合格	10	未检查扣10分				
3	阳床原因	运行阳床失效	10	未检查扣10分				
4	阴床原因	再生阴床出水阀内漏	10	未检查扣10分				
		运行阴床进碱阀漏入再生剂	10	未检查扣10分				
5	安全及其他	按国家法规或企业规定		违规一次总分扣2分；严重违规停止操作			—	
		在规定时间内完成操作		每超时1min总分扣3分，超时3min停止操作			—	
		合　计	100					

试题7：离子交换树脂污染的特征分析

（考核时间：25min）

序号	考核内容	考核要点	配分	评分标准	检测结果	扣分	得分	备注
1	准备工作	穿戴劳保用品	5	未穿戴整齐扣5分				
2	铁污染的特征	颜色明显变深，甚至呈黑色；会使树脂层压降增加和可能导致偏流；严重降低交换容量和再生效率；会使树脂含水量增加；会使阴树脂加速降解	20	未指出，每项扣4分				
3	铝污染的特征	在交换器内，有铝化物的絮凝体覆盖在树脂表面，致使树脂交换容量降低	10	未指出，每项扣5分				
4	钙污染的特征	离子交换器流出的水中发生 Ca^{2+} 和 SO_4^{2-} 过早泄漏	10	未指出，每项扣5分				

续表

序号	考核内容	考核要点	配分	评分标准	检测结果	扣分	得分	备注
5	胶体硅污染的特征	离子交换器出水连续有二氧化硅泄漏，除硅效率降低	15	未指出，扣 10 分				
6	油脂污染的特征	树脂外部颜色由棕变黑，树脂表面形成一层油膜，树脂粘在一起，导致交换容量下降、树脂水流不均匀，周期制水量明显减少	15	未指出，每项扣 3 分				
7	有机物污染的特征	强碱阴树脂污染后颜色变深，从淡黄色变为深棕色，直至黑色；树脂工作交换容量降低；出水 pH 值降低和电导率增大；出水二氧化硅含量增大；清洗时间增加	25	未指出，每项扣 5 分				
8	安全及其他	按国家法规或企业规定		违规一次总分扣 2 分；严重违规停止操作			—	
		在规定时间内完成操作		每超时 1min 总分扣 3 分，超时 3min 停止操作			—	
		合　计	100					

试题 8：逆流再生中顶压气源突然中断的处理

（考核时间：15min）

序号	考核内容	考核要点	配分	评分标准	检测结果	扣分	得分	备注
1	准备工作	穿戴劳保用品	5	未穿戴整齐扣 5 分				
2	恢复顶压	迅速检查并恢复气顶压	30	检查漏项，每项扣 10 分				
				处理迟缓扣 30 分				
3	调整参数	在气顶压不能迅速恢复情况下，立即改用水顶压；或者调整再生参数，降低再生液流速至 4m/s 左右。适当延长进再生液时间	35	未改用水顶压或降低流速扣 35 分				
				未延长进再生液时间扣 10 分				
				操作不当，每项扣 10 分				
4	增加再生剂用量	在树脂层有可能乱层的情况下，适当增加再生剂用量	30	未增加再生剂用量扣 30 分				
5	安全及其他	按国家法规或企业规定		违规一次总分扣 2 分；严重违规停止操作			—	
		在规定时间内完成操作		每超时 1min 总分扣 3 分，超时 3min 停止操作			—	
		合　计	100					

试题9：离子交换树脂污染的预防

（考核时间：25min）

序号	考核内容	考核要点	配分	评分标准	检测结果	扣分	得分	备注
1	准备工作	穿戴劳保用品	5	未穿戴整齐扣5分				
2	做好预处理工作	正确地选择和使用混凝剂，应由试验确定混凝的最佳条件，严格操作，防止铝盐、铁盐中高价金属离子后移	20	未指出预处理工作扣20分				
				把关漏项，每项扣10分				
3	严格控制进水质量	严格控制进入阳床水浊度，防止有机物对树脂的污染作用	20	未指出控制进水扣20分				
				不清楚进水标准，每项扣10分				
4	加强再生剂管理	再生剂采购中严把质量关，输送、储存中防止受到污染	15	未指出再生剂把关扣15分				
				把关漏项，每项扣5分				
5	压缩风净化	对于可能接触树脂的压缩风，必须采取净化措施，要求无水、无油	15	未指出压缩风质量扣15分				
				不清楚要求，每项扣5分				
6	严格控制再生条件	严格控制再生条件。如用硫酸再生阳树脂时应控制好再生液浓度、流速，避免生成硫酸钙沉淀；用碱再生阴树脂时应控制好再生液浓度、流速、温度，避免产生胶体硅污染	25	未指出控制再生条件扣25分				
				不清楚控制要点，每项扣5分				
7	安全及其他	按国家法规或企业规定		违规一次总分扣2分；严重违规停止操作			—	
		在规定时间内完成操作		每超时1min总分扣3分，超时3min停止操作			—	
		合　计	100					

试题10：阳树脂工作交换容量下降的处理

（考核时间：40min）

序号	考核内容	考核要点	配分	评分标准	检测结果	扣分	得分	备注
1	准备工作	穿戴劳保用品	5	未穿戴整齐扣5分				
2	控制进水质量	化验水源中铁锰等重金属的含量、浊度等，加强预处理的控制监督工作	15	处理漏项，每项扣5分				

续表

序号	考核内容	考核要点	配分	评分标准	检测结果	扣分	得分	备注
3	彻底反洗	树脂层过脏的，进行彻底的大反洗	10	处理漏项扣10分				
4	处理硫酸钙沉淀	用硫酸再生，树脂层产生硫酸钙沉淀，用盐酸溶液处理	15	处理漏项，每项扣5分				
				不清楚处理药剂种类扣15分				
				不清楚处理药剂浓度扣5分				
5	使用高质量再生剂	分析再生剂质量，使用高质量再生剂	15	未检查再生剂质量扣15分				
				不清楚再生剂质量要求扣5分				
6	调整再生参数	调整再生参数。再生剂量达到规定；再生液流速、浓度符合要求，用硫酸再生时需防止生成沉淀	20	未调整再生参数扣20分				
				不清楚再生参数，每项扣5分				
				处理漏项，每项扣5分				
7	更换树脂	化验树脂成分和含水量，测定其交换容量。若含水量超过60%以上时更换树脂；交换容量下降每年不超过5%	10	分析漏项，每项扣5分				
				不清楚老化指标扣5分				
8	活化处理	用于钠离子交换的阳树脂，定期进行活化处理	10	不清楚何时需活化处理扣5分				
				不清楚活化处理方法扣5分				
9	安全及其他	按国家法规或企业规定		违规一次总分扣2分；严重违规停止操作			—	
		在规定时间内完成操作		每超时1min总分扣3分，超时3min停止操作			—	
		合　　计	100					

试题11：阴树脂工作交换容量下降的处理

（考核时间：40min）

序号	考核内容	考核要点	配分	评分标准	检测结果	扣分	得分	备注
1	准备工作	穿戴劳保用品	5	未穿戴整齐扣5分				
2	处理钙、镁沉淀	对阳床出水和再生用水的硬度定期进行化验，以防钙、镁离子进入阴床而产生碳酸钙和氢氧化镁沉淀。一旦产生沉淀，用盐酸进行清洗	5	处理漏项，每项扣2分				
				不清楚处理药剂种类扣5分				
				不清楚处理药剂浓度扣2分				
3	处理铁污染	对再生剂和再生用水中的Fe^{2+}、Fe^{3+}，定期化验，严格控制。当阴树脂被铁污染严重时，用15%左右盐酸进行动态处理	10	处理漏项，每项扣5分				
				不清楚处理药剂种类扣10分				
				不清楚处理药剂浓度扣5分				

续表

序号	考核内容	考核要点	配分	评分标准	检测结果	扣分	得分	备注
4	处理有机物污染	当阴树脂被有机物污染时，用碱性食盐溶液进行动态处理	10	处理漏项，每项扣5分				
				不清楚处理药剂种类扣10分				
				不清楚处理药剂浓度扣5分				
5	处理胶体硅污染	当阴树脂被胶体硅污染时，用加热的氢氧化钠溶液进行动态处理	10	处理漏项，每项扣5分				
				不清楚处理药剂种类扣10分				
				不清楚处理药剂浓度扣5分				
6	活化处理	对阴树脂定期进行活化处理	10	不清楚何时需活化处理扣5分				
				不清楚活化处理方法扣5分				
7	更换树脂	定期测定阴树脂的理化性能，其交换容量下降值每年不超过20%。若阴树脂严重老化，则应更换	5	处理漏项扣5分				
				不清楚老化指标扣3分				
8	使用高质量再生剂	分析再生剂质量，使用高质量再生剂	20	未检查再生剂质量扣20分				
				不清楚再生剂质量要求扣10分				
9	调整再生参数	调整再生参数。再生剂量达到规定；再生液流速、浓度符合要求；再生液加热符合要求	25	未调整再生参数扣25分				
				不清楚再生参数，每项扣5分				
				处理漏项，每项扣5分				
10	安全及其他	按国家法规或企业规定		违规一次总分扣2分；严重违规停止操作			—	
		在规定时间内完成操作		每超时1min总分扣3分，超时3min停止操作			—	
		合　计	100					

试题12：混床再生不合格的处理

（考核时间：40min）

序号	考核内容	考核要点	配分	评分标准	检测结果	扣分	得分	备注
1	准备工作	穿戴劳保用品	5	未穿戴整齐扣5分				
2	分层明显	重新再生，反洗分层后，中排处应能看清阴、阳树脂明显的分界面	25	处理漏项，每项扣10分				
				操作不规范，每项扣5分				

续表

序号	考核内容	考核要点	配分	评分标准	检测结果	扣分	得分	备注
3	保证再生液质量	再生剂质量符合要求，再生过程中防止再生液受到污染	20	检查漏项，每项扣10分				
4	调整进碱操作	在低温季节再生混床，碱液最好加热，否则应增加用碱量，延长进碱时间	20	处理漏项，每项扣15分				
5	调整再生参数	调整再生参数，使之符合要求	25	处理漏项，每项扣5分				
				再生参数不清楚，每项扣3分				
6	混合均匀	树脂混合应均匀	5	操作不规范，每项扣3分				
7	安全及其他	按国家法规或企业规定		违规一次总分扣2分；严重违规停止操作				—
		在规定时间内完成操作		每超时1min总分扣3分，超时3min停止操作				—
		合　计	100					

试题13：阴树脂被铁及其氧化物污染的处理

（考核时间：30min）

序号	考核内容	考核要点	配分	评分标准	检测结果	扣分	得分	备注
1	准备工作	穿戴劳保用品	5	未穿戴整齐扣5分				
2	大反洗	阴树脂运行失效后，先进行充分的大反洗	30	在树脂处于再生型进行处理扣15分				
				未大反洗扣15分				
3	盐酸处理树脂	接临时管道，用10%～15%的盐酸溶液自下而上流经树脂层，并浸泡12h以上。也可配用其他络合剂协同复苏处理	40	处理漏项，每项扣10分				
				处理不规范，每项扣5分				
				不清楚处理药剂名称扣40分				
				不清楚处理药剂浓度扣20分				
4	清洗树脂	浸泡结束后，充分清洗树脂	10	处理漏项扣10分				
5	再生	恢复管道，用多量的碱再生	15	未恢复管道扣5分				
				未用多量的碱再生扣10分				
6	安全及其他	按国家法规或企业规定		违规一次总分扣2分；严重违规停止操作				—
		在规定时间内完成操作		每超时1min总分扣3分，超时3min停止操作				—
		合　计	100					

试题14：阴树脂被有机物污染的处理

（考核时间：30min）

序号	考核内容	考核要点	配分	评分标准	检测结果	扣分	得分	备注
1	准备工作	穿戴劳保用品	5	未穿戴整齐扣5分				
2	大反洗	阴树脂运行失效后，先进行充分的大反洗	20	未大反洗扣20分				
				大反洗操作漏项，每项扣10分				
3	药剂处理树脂	用NaCl(浓度10%左右)和NaOH(浓度2%左右)混合溶液浸泡16~48h，然后充分清洗树脂	45	处理漏项，每项扣10分				
				处理不规范，每项扣5分				
				不清楚处理药剂名称扣45分				
				不清楚处理药剂浓度扣20分				
				不清楚处理药剂浸泡时间扣10分				
4	加热药剂	条件许可，将处理用的溶液加热到40~50℃，效果会提高，但Ⅱ型强碱性树脂只能用40℃	15	处理不规范，每项扣10分				
5	预处理	应预先除去NaCl和NaOH混合溶液的沉淀物，或者混合液处理完后，再用盐酸处理沉淀物	15	处理不规范，每项扣10分				
6	安全及其他	按国家法规或企业规定		违规一次总分扣2分；严重违规停止操作			—	
		在规定时间内完成操作		每超时1min总分扣3分，超时3min停止操作			—	
		合　计	100					

试题15：绘制浮动床结构图

（考核时间：40min）

序号	考核内容	考核要点	配分	评分标准	检测结果	扣分	得分	备注
1	准备工作	工具、用具准备	5	未自带工具扣5分				
2	图形绘制	图纸幅面选择正确	5	图纸幅面选择错误扣5分				
		绘图比例准确	5	绘图比例错误扣5分				
		图面布置完好	5	图面布置不匀称、美观扣5分				
		浮动床结构正确，排布合理，符合实际情况，各部件及阀门位置准确并整齐	30	图形排布不合理扣5分				
				连接部位画错一处扣2分				
				漏画部件一处扣3分				
				部件位置画错一处扣3分				

续表

序号	考核内容	考核要点	配分	评分标准	检测结果	扣分	得分	备注
3	绘图标注	标注组成部分的名称，符合实际	15	名称标注错一处扣2分				
				阀门标注错误一处扣2分				
		标注管线管径和流向，符合实际	15	管线上缺介质流向、来源或去向一处扣2分				
				管径标注错误一处扣2分				
4	图例	图例要求完整	10	缺图例扣10分				
				图例错一处扣2分				
5	标题栏	标题栏要求完整	5	缺标题栏扣5分				
				标题栏错一处扣2分				
6	卷面情况	绘图卷面清晰、整洁	5	卷面不整洁扣5分				
7	安全及其他	按国家法规或企业规定		违规一次总分扣2分；严重违规停止操作			—	
		在规定时间内完成操作		每超时1min总分扣3分，超时3min停止操作			—	
		合　计	100